全国高等职业教育土建类专业应用型人才培养规划教材

AutoCAD 2014 建筑设计案例教程

张宪立 宫 伟 主 编

张 宁 副主编

電子工業出版社

Publishing House of Electronics Industry

北京 • BEIJING

内 容 简 介

本书以实用为目的，突出职业教育“理论够用，重在实践”的教学特点，采用“案例引导、任务驱动”的编写方式，激发学生的学习兴趣。

全书共 8 章，第 1 章介绍 AutoCAD 2014 的基本操作；第 2 章讲述 AutoCAD 2014 高频率绘图命令；第 3 章通过绘制室内用具，进一步掌握软件绘图命令和编辑命令；第 4 章介绍建筑工程图设计基础知识；第 5 章介绍建筑平面图的绘制；第 6 章介绍建筑立面图的绘制；第 7 章介绍建筑剖面图的绘制；第 8 章介绍建筑详图的绘制。各章之间紧密联系，前后呼应，有机协调。全书共详细介绍了 27 个案例，绘图练习中还有 23 个实例，书中附有大量的思考题与选择题以及 Autodesk 全球认证考试模拟试题。

本书将 AutoCAD 2014 基础知识与建筑设计行业实例相结合，突出了实用性和专业性，内容精炼，条理清晰，通俗易懂，实践性强。可作为高等职业院校、中等职业院校土建类专业的教学用书，也可作为企业从事产品设计与加工的工程技术人员的自学教材或培训教材。

图书在版编目（CIP）数据

AutoCAD 2014 建筑设计案例教程/张宪立，宫伟主编. —北京：电子工业出版社，2015.2
全国高等职业教育土建类专业应用型人才培养规划教材
ISBN 978-7-121-25024-8

Ⅰ. ①A… Ⅱ. ①张… ②宫… Ⅲ. ①建筑设计－计算机辅助设计－AutoCAD 软件－高等职业教育－教材
Ⅳ. ①TU201.4

中国版本图书馆 CIP 数据核字（2014）第 282028 号

策划编辑：王昭松
责任编辑：郝黎明
印　　刷：北京季蜂印刷有限公司
装　　订：北京季蜂印刷有限公司
出版发行：电子工业出版社
　　　　　北京市海淀区万寿路 173 信箱　邮编 100036
开　　本：787×1 092　1/16　印张：17　字数：435.2 千字
版　　次：2015 年 2 月第 1 版
印　　次：2015 年 2 月第 1 次印刷
定　　价：38.00 元

凡所购买电子工业出版社图书有缺损问题，请向购买书店调换。若书店售缺，请与本社发行部联系，联系及邮购电话：（010）88254888。

质量投诉请发邮件至 zlts@phei.com.cn，盗版侵权举报请发邮件至 dbqq@phei.com.cn。

服务热线：（010）88258888。

前　言

目前，AutoCAD 已经成为中国工程建设业设计领域应用最为广泛的计算机辅助设计软件之一，而作为图形数字化专用软件，由于其功能强、易掌握、使用方便、二次开发性好，受到了世界各国工程设计人员的欢迎，被广泛应用于建筑、机械、电子、化工、航天、汽车、轻纺、服装、地理、广告设计等领域。

AutoCAD 从最初的版本到现在经历了多次升级，其功能不断完善和强大，AutoCAD 2014 是美国 Autodesk 公司推出的 AutoCAD 新版本。该版本在运行速度、整体处理能力、网络功能等方面都达到了一个全新的水平，在各种 CAD 软件家族中处于领先地位，在计算机辅助设计领域有着极高的市场占有率，AutoCAD 2014 深受用户的欢迎。

为了满足高等职业技术院校的教学需要，加快我国高素质紧缺型、技能型人才培养的步伐，高职办学要以就业为导向，以市场需求制定“订单式”培养目标，要特别注重对学生的专业技能和动手能力的培养。力求做到理论与实践教学相融合，教、学、做相交错，案例式教学与企业生产要求全对接。

本书以 Autodesk 公司开发的最新绘图软件 AutoCAD 2014 为基础，把 AutoCAD 2014 使用方法和命令功能分解为若干个任务，学习操作从一个个小任务开始，由单一到综合，由简单到复杂，完全融入到企业的生产案例当中。在编写原则上，做到理论知识浅显易懂，实际训练内容丰富，使读者在短时间内提高绘图技能，成为建筑设计绘图的高手。在编写方式上，大胆创新，精选了一批富有代表性建筑工程应用实例作为组织编写教材的主线，打破章节及内容的约束，精讲案例，每个案例需要什么知识，就讲解什么知识，注意选择有利于学生自学的课外实战练习。在编写内容上，全书共详细介绍了 27 个案例，绘图练习中还有 23 个实例，书中附有大量的思考题与选择题。本书着重介绍了 AutoCAD 2014 在建筑制图方面的使用方法及技巧，每个实例都以知识重点，绘图分析开始，详尽地讲解绘图步骤。读者只需按照书中的实例进行操作，就能够迅速地掌握 AutoCAD 2014 在建筑设计方面的绘图功能。

本书的编写特点是体现工学结合的特色；突出实用性，图文并茂，少讲理论，多讲操作，一看就懂，一学就会；选取建筑案例为载体由浅入深并且有代表性和针对性；基础知识与案例有机结合，软件命令与实际应用有机结合；每一章后面的思考与练习题中给出的绘图题，可以使读者自己检测学习效果。本书以案例为教学单元，特别强调实训为主要教学手段，注意对学生动手能力的训练，加强对学生主动思维能力的培养。本书以大量的插图、丰富的应用实例、通俗的语言，结合建筑行业制图的需要和标准而编写。使得该教材不仅可供教学和从事相关专业的工作人员学习和参考，还可作为初学者或培训班的教材。既能满足初学者的需求，又能使有一定基础的用户快速掌握 AutoCAD 2014 新增功能的使用技巧。

本书在编排过程中，在思考与练习中的绘图部分，注意选用了一些来源于建筑工程设计的实际案例，相信这些内容的编入，会使一般读者在实际操作过程中不仅可以迅速且准确地掌握 AutoCAD 2014 的有关命令和绘图方法，同时还可以及时地将所学知识应用到实践中去，使读者更深入地了解该软件的各项功能和相关技巧，从而达到融会贯通、灵活应用的目的。同时，通过建筑工程方面的构件和部件实例，更加突出了该软件在工程应用中的实用价值。

全书共 8 章，每章后面都附有本章小结和练习题，附有 AutoCAD 2014 认证考试模拟试题。本书还配有教学课件、习题答案、考试试卷及所有实例的图形文件和操作过程的截屏图片，以及对读者有益的使用经验和技巧。

本书由辽宁建筑职业学院留美访问学者、美国 Autodesk 公司的 AutoCAD 优秀认证教员张宪立教授主编并对全书进行统稿。参加编写工作的还有沈阳职业技术学院宫伟、辽宁城市建设职业学院王施施、辽宁建筑职业学院张宁、大连职业技术学院王珣、辽宁建筑职业学院刘新月、郭旭、王芳、杨孝禹等。

本书中若有错误和不妥之处，敬请专家、老师和读者不吝指正。希望通过本教材的不断完善和出版，为我国计算机高端技能型专门人才培养作出更大的贡献。

张宪立

2015 年 1 月于辽宁辽阳

CONTENTS 目录

模块二 建筑工程图设计

绪论

0.1 AutoCAD 软件的发展和应用

CAD（Computer Aided Design，计算机辅助设计）诞生于 20 世纪 60 年代，是美国麻省理工大学提出的交互式图形学的研究计划，CAD 技术经过了大约 50 年的发展历史，经历了多次技术革命。AutoCAD 是美国 Autodesk 公司开发的计算机绘图辅助软件，自 1982 年 AutoCAD V1.0 问世以来，先后经过几十次升级，已发展为现在的 AutoCAD 2014 版本。AutoCAD 由一个功能有限的绘图软件发展到了现在功能强大、性能稳定、市场占有率位居世界第一的 CAD 系统，在建筑设计、机械制图、园林设计、城市规划、电子电气、冶金、模具、汽车和服装设计等行业得到了广泛的应用。统计资料表明，目前世界上有 96%的企业设计部门、数千万的用户应用该软件，在中国大约有 500 万套 AutoCAD 软件安装在各企业中。最新版的 AutoCAD 2014 集平面作图、三维造型、数据库管理、渲染着色、互联网等功能于一体，具有高效、快捷、精确、简单、易用等特点，是工程设计人员首选的绘图软件。AutoCAD 作为成熟的数字化图形设计技术已在企业中得到愈来愈广泛的应用，并已成为企业提高生产力和产品质量的重要推动力。

AutoCAD 软件的特点如下。

（1）具有完善的图形绘制功能。

（2）有强大的图形编辑功能。

（3）可以采用多种方式进行二次开发或用户定制。

（4）可以进行多种图形格式的转换，具有较强的数据交换能力。

（5）支持多种硬件设备。

（6）支持多种操作平台。

（7）具有通用性、易用性，适用于各类用户。

此外，从 AutoCAD 2000 开始，该系统又增添了许多强大的功能，如 AutoCAD 设计中心（ADC）、多文档设计环境（MDE）、Internet 驱动、新的对象捕捉功能、增强的标注功能以及局部打开和局部加载的功能，从而使 AutoCAD 系统更加完善。虽然 AutoCAD 本身的功能集已经足以协助用户完成各种设计工作，但用户还可以通过 Autodesk 开放平台以及软件开发商开发的 5000 多种应用软件把 AutoCAD 改造成为满足各专业领域的专用设计工具。围绕企业创新设计能力的提高和网络应用环境的普及，CAD 技术的发展趋势主要体现在标准化、开放式、集成化、智能化方面。

1．标准化

除了CAD支撑软件逐步实现ISO标准和工业标准外，面向应用的标准构件（零部件库）、标准化方法也已成为CAD系统中的必备内容，且向着合理化工程设计的应用方向发展。

CAD软件一般应集成在一个异构的工作平台之上，为了支持异构跨平台的环境，就要求它应是一个开放的系统，这里主要靠标准化技术来解决这个问题。目前标准有两大类：一是公用标准，主要来自国家或国际标准制定单位；另一是市场标准，或行业标准，属私有性质。前者注重标准的开放性和所采用技术的先进性，而后者以市场为导向，注重考虑有效性和经济利益。

2．开放性

CAD系统目前广泛建立在开放式操作系统平台上，在Java Linux平台上也有CAD产品，此外CAD系统都为最终用户提供二次开发环境，甚至这类环境可开发其内核源码，使用户可定制自己的CAD系统。

3．集成化

CAD技术的集成化体现在3个层次上：其一，广义CAD功能CAD/CAE/CAPP/CAM/CAQ/PDM/ERP经过多种集成形式成为企业一体化解决方案，推动企业信息化进程，目前创新设计能力（CAD）与现代企业管理能力（ERP、PDM）的集成，已成为企业信息化的重点；其二，将CAD技术能采用的算法，甚至功能模块或系统，做成专用芯片，以提高CAD系统的效率；其三，CAD基于网络计算环境实现异地、异构系统在企业间的集成，应运而生的虚拟设计、虚拟制造、虚拟企业就是该集成层次上的应用。

4．智能化

设计是一个含有高度智能的人类创造性活动领域，智能CAD是CAD发展的必然方向。从人类认识和思维的模型来看，现有的人工智能技术对模拟人类的思维活动（包括形象思维、抽象思维和创造性思维等多种形式）往往是束手无策的。因此，智能CAD不仅仅是简单地将现有的智能技术与CAD技术相结合，更要深入研究人类设计的思维模型，并用信息技术来表达和模拟它。这样不仅会产生高效的CAD系统，而且必将为人工智能领域提供新的理论和方法。CAD的这个发展趋势，将对信息科学的发展产生深刻的影响。

0.2 AutoCAD在建筑领域的应用

CAD技术以简单、快捷、存储方便等优点已在工程设计中承担着不可替代的作用，如工程设计CAD项目的管理、初步设计、分析计算、绘制工程、统计优化等。由于使用CAD使得建筑设计工作量大大降低，而且建筑设计准确性大幅度提高，许多工程都应用了计算机进行辅助设计和辅助绘图尤其建立了计算机网络辅助设计与管理后，使用CAD不仅能提高设计质量，缩短设计周期，而且还创造了良好的经济效益和社会效益，CAD技术的应用使工程设计人员如虎添翼，在更加广阔的天地里施展才华。

在建筑设计领域，AutoCAD可绘制平面图、立面图、剖面图及节点详图等工程图纸。应用特点如下。

1．样板图的使用可以大大节省时间和精力

如何能在保证绘图质量的前提下，加快建筑设计的速度是每一个建筑师考虑的问题。如果是手绘，必须每一次都花很多时间先设置好图纸的图框、标题栏、边界问题等。但这在 AutoCAD 中就十分简单了。AutoCAD 提供了设置样板图功能，包括图形边界、单位控制、图层、线型、颜色、字型图块、尺寸标注等各种命令参数，对于同一专业同一类型的大部分图纸，它们的绘图环境参数基本甚至完全相同。因此，设计师只要建立好建筑样板图文件，在以后绘制时即可直接调用或调用后进行简单修改就可以了。这样不仅可以节省很多时间和精力，而且可使自己的图形文件规范化和标准化。

建筑、结构、给排水、电气等专业所需的样板图不尽相同，如结构、给排水和电气等专业一般均是在二维空间绘图，而建筑专业还可能在三维空间绘图。建筑有总平面图、透视图、立面图、剖面图及大样图等，而其他 3 个专业一般是在建筑平面的基础上，删去一些建筑细部要素，再在其上绘制本专业细部要素和详图。因此，各专业的样板图环境有较大差异。另外，即使是同一专业图纸，由于比例不同，绘图空间不同，样板图设置也不相同，但可以通过修改已有样板图来轻易获得。

2．建立专业图库是提高效率的重要手段

在建筑设计时，有些图例是经常用到的，如门窗、楼梯等，若将这些图例制成图块，应用时直接调用，可以大大提高绘图的效率和质量。对已有图形的重新利用，是 AutoCAD 提高建筑图形绘制效率的重要手段。图块是命令并保存的一组图形对象。带有相关文字说明、参数等属性的图块称为属性块。建立图块后，就可随时在需要的时候插入它们。不管构成块的对象有多少，块本身只是一个单独的对象，可以很方便地对它进行移动、复制等编辑操作。

在协同设计时，外部参照使用户能以引用的方式将外部图形放置到当前图形中。当由多个设计师共同来完成一项设计任务时，就可以利用外部参照来辅助工作。设计时，每个设计人员都可引用同一张图形，共享设计数据并能彼此间协调设计结果。

建立专业图库时，首先要分析图形适合做图块、属性块还是外部参照图形。图块适合于形体较小、形状基本固定、需要经常调用的图形。属性块适合于形体较小、形体基本固定、需要经常调用且需标注变量或文本的图形。而外部参照适合于形体较大、调用后不需要修改的常用图形，如卫生间、厨房大样图等。其次，要建立专业图库目录。这对于建筑师方便调用、提高绘图效率大有益处。最后，就可以建立建筑师的专业图库了。在入库时应给相应图块或图形赋予有规律的、易于调用的名称。在进行实际工程设计时，建筑师往往还需要在实际操作过程中不断补充专业图库，将已经绘制好的图形存入图库已备调用，实际上专业图库建立后还有一个不断丰富、充实和调整的过程。

3．使用 AutoCAD 进行建筑制图教学的优势

学习建筑制图的目的是为了培养学生良好的空间想象力和图解能力，使他们能熟练准确地阅读及绘制有关工程图。而学生空间思维能力的培养，需要教师引导他们从三维到二维，再从二维到三维反复转换，这就需要大量的各种各样的立体模型，供他们学习揣摩，但传统的教学往往只能借助于有限的模型、挂图等辅助教学手段，远远满足不了教学的要求。对一些较复杂形体的投影图（特别是一些新的建筑施工图），在无模型、实物的情况下，尽管清清楚楚地知道它的立体形状、位置关系，可解释了半天，也无法让学生明白，使他们觉得这门课抽象难懂，这在很多方面制约着学生对图形的理解，成为学习这门课的最大障碍。然而只

要善用 AutoCAD 功能，采用多媒体教学即可完美地解决建筑制图教学中的难点。

0.3 不同版本的演变及 2014 版的新增功能

0.3.1 AutoCAD 不同版本的演变

AutoCAD 版本的演变经历了初级阶段、发展阶段、高级发展阶段与完善阶段，具体演变过程如下。

1．初级阶段

（1）AutoCAD V（ersion）1.0：1982 年 11 月正式问世。容量为一张 360Kb 的软盘，无菜单，命令需要背，其执行方式类似 DOS 命令。

（2）AutoCAD V1.2：1983 年 4 月问世。具备尺寸标注功能。

（3）AutoCAD V1.3：1983 年 8 月问世。具备文字对齐及颜色定义功能，图形输出功能。

（4）AutoCAD V1.4：1983 年 10 月问世。图形编辑功能加强。

（5）AutoCAD V2.0：1984 年 10 月问世。图形绘制及编辑功能增加，如 MSLIDE VSLIDE DXFIN DXFOUT VIEW SCRIPT 等。至此，在美国许多工厂和学校都有 AutoCAD 拷贝。

2．发展阶段

（1）AutoCAD V2.17- V2.18：1985 年问世。出现了 Screen Menu，命令不需要背，AutoLISP 初具雏形。软件为 2 张 360Kb 软盘。

（2）AutoCAD V2.5：1986 年 7 月问世。AutoLISP 有了系统化语法，使用者可改进和推广，出现了第三开发商的新兴行业，软件为 5 张 360Kb 软盘。

（3）AutoCAD V2.6：1987 年 4 月问世。新增了 3D 功能，此时 AutoCAD 已成为美国高校的必修课之一。

（4）AutoCAD R（Release）9.0：1987 年 9 月问世。出现了状态行下拉式菜单。至此，AutoCAD 开始在国外加密销售。

3．高级发展阶段

（1）AutoCAD R10.0：1988 年 10 月问世。进一步完善 AutoCAD R9.0，开始出现图形界面的对话框，CAD 的功能已经比较齐全。欧特克公司已成为千人企业。

（2）AutoCAD R11.0：1990 年 10 月问世。增加了 AME（Advanced Modeling Extension），但与 AutoCAD 分开销售。

（3）AutoCAD R12.0：1992 年 6 月问世。采用 DOS 与 Windows 两种操作环境，出现了工具条。DOS 版的最高顶峰，具有成熟完备的功能，提供完善的 AutoLISP 语言进行二次开发，许多机械、建筑和电路设计的专业 CAD 就是在这一版本上开发的。

4．完善阶段

（1）AutoCAD R13.0：1994 年 11 月问世。AME 纳入 AutoCAD 之中。

（2）AutoCAD R14.0：1997 年 2 月问世。适应 Pentium 机型及 Windows95/NT 操作环境，实现与 Internet 网络连接，操作更方便，运行更快捷，无所不到的工具条，发布了中文版本。

（3）AutoCAD 2000（AutoCAD R15.0）：1999 年问世。提供了更开放的二次开发环境，出

现了 VLisp 独立编程环境。同时 3D 绘图及编辑更方便。

5．进一步完善阶段

（1）AutoCAD 2005：2005 年 3 月问世。提供了更为有效的方式来创建和管理包含在最终文档当中的项目信息。其优势在于显著地节省时间，可以得到更为协调一致的文档，同时降低了风险。

（2）AutoCAD 2006：2006 年 3 月问世。推出最新功能：创建图形、动态图块的操作，选择多种图形的可见性，使用多个不同的插入点，贴齐到图中的图，编辑图块几何图形，数据输入和对象选择等。

（3）AutoCAD 2007：2006 年 10 月问世。拥有强大直观的界面，可以轻松而快速地进行外观图形的创作和修改，2007 版致力于提高 3D 设计效率。

（4）AutoCAD 2008：2007 年 12 月问世。提供了创建、展示、记录和共享构想所需的所有功能。将惯用的 AutoCAD 命令和熟悉的用户界面与更新的设计环境结合起来，用户能够以前所未有的方式实现并探索构想。

（5）AutoCAD 2010：2009 年 3 月问世。AutoCAD 2010 的新增功能包括新的自由形态设计工具，新的 PDF 导入、增强的发布功能，以及基于约束的参数化绘图工具。AutoCAD 2010 还支持三维打印。

（6）AutoCAD 2011：2010 年推出，具备 3D 增强功能，在 API 方面也有很多增强，运行时 Ribbon API 改进，加速文档编制功能，探索设计创意等功能。

（7）AutoCAD 2012：2011 年 5 月推出，软件整合了制图和可视化，加快了任务的执行，能够满足了个人用户的需求和偏好，能够更快地执行常见的 CAD 任务，更容易找到那些不常见的命令。新版本也能通过让用户在不需要软件编程的情况下自动操作制图从而进一步简化了制图任务，极大地提高了效率。

（8）AutoCAD 2013：2012 年 5 月推出，软件能够连接和简化您的设计和文档编制工作流程。通过欧特克公司开发 Autodesk 360 云支持的服务，从几乎任何地点访问和协作处理设计。

0.3.2 AutoCAD 2014 新增功能

1．Autodesk 360 提供云服务

Autodesk 360 具备免费且易于访问云的强大功能，可以在设计时，通过网络交互的方式和项目合作者分享，提高开发速度，借助 Autodesk 360 获得基于云的服务所提供的几乎无限的计算能力。

Autodesk 360 是一个可以提供一系列广泛特性、云服务和产品的云计算平台，可随时随地帮助客户显著优化设计、可视化、仿真以及共享流程。

Autodesk 360 渲染可通过强大的云渲染服务来减少时间和成本，该服务使用户可以通过生成真实的照片级图像和全景来提高设计可视化，无需绑定桌面或要求特定的渲染硬件。通过登录到 Autodesk 帐户，可以从任何计算机渲染 AutoCAD DWG。通过联机渲染库，可以访问多个渲染版本，将图像渲染为全景，修改渲染质量，以及将背景环境应用到渲染场景。

2．支持 Windows 8

对 Windows 8 的全面支持，AutoCAD 2014 能够在 Windows 8 中完美运行，并且增加了触屏特性。

3．动态地图，现实场景中建模

可以将设计与实景地图相结合，在现实场景中建模，更精确地预览设计效果。实景地图的支持，可以将 DWG 图形与现实的实景地图结合在一起，利用 GPS 等定位方式直接定位到指定位置上去。

4．新增文件选项卡

它在打开的图形间切换或创建新图形时非常方便，如同 Office Tab 所实现的功能一样，AutoCAD 在 2014 版本中，增加此功能，更方便我们在不同设计中进行切换。

5．图层管理器

在图层管理器上新增了合并选择，可以从图层列表中选择一个或多个图层并将在这些层上的对象合并到另外的图层上去；而被合并的图层将会自动被图形清理掉。

6．命令行增强

可以提供更智能、更高效的访问命令和系统变量，可以使用命令行来找到其他内容。命令行的颜色和透明度可以随意改变，其半透明的提示历史可显示多达几十行。且命令行具备自动更正功能，如果命令输入错误，不会再显示“未知命令”，而是会自动更正成最接近且有效的 AutoCAD 命令。

0.4　本课程的学习要求和重点

本课程将详细介绍 AutoCAD 2014 启动与退出的方法，界面的各个组成部分及其功能，图形文件的管理，数据的输入方法，图形的界限，单位图层的设置，视窗的显示控制，对象捕捉及选择对象的方法，文字的注释和编辑功能，表格的使用和尺寸标注的方法与操作技巧等。要求掌握 CAD 的基本理论、基本功能、使用技巧、CAD 的各种命令；重点要掌握建筑平面图、立面图、剖面图及节点详图的绘制，从而具备运用 CAD 绘图软件进行辅助设计的能力。

本课程的学习的重点，通过学习来源于建筑工程设计的实际案例，使读者在实际操作过程中不仅可以迅速且准确地掌握 AutoCAD 2014 的有关命令和绘图方法，同时还可以及时地将所学知识应用到实践中去，使读者更深入地了解该软件的各项功能和相关技巧，从而达到融会贯通、灵活应用的目的。同时要多操作，多练习，通过学习建筑工程方面的构件和部件实例的绘制，更加突出该软件在工程应用中的实用价值，促进高职院校培育高技能型创新实用人才。

模块一　AutoCAD 2014基本操作

第1章

AutoCAD 2014 入门

AutoCAD 是美国 Autodesk 公司开发的计算机绘图辅助软件，自 1982 年 AutoCAD V1.0 问世以来，先后经过十几次升级，已发展为现在的 AutoCAD 2014 版本。AutoCAD 2014 集平面作图、三维造型、数据库管理、渲染着色、互联网等功能于一体，具有高效、快捷、精确、简单、易用等特点，是工程设计人员首选的绘图软件之一。主要应用于建筑制图、机械制图、园林设计、城市规划、电子、模具、冶金和服装设计等诸多领域。

本模块将概略地介绍 AutoCAD 2014 启动与退出的方法，界面的各个组成部分及其功能，图形文件的管理，数据的输入方法，图形的界限、单位图层的设置，视窗的显示控制，对象捕捉及选择对象的方法，文字的注释和编辑功能、表格的使用和尺寸标注的方法与操作技巧等。

单元 1　AutoCAD 2014 的启动与退出

1.1.1　AutoCAD 2014 的启动

启动 AutoCAD 2014 有很多种方法，这里只介绍常用的 3 种方法。

1．通过桌面快捷方式

最简单的方法是直接双击桌面上的 AutoCAD 2014 快捷方式图标，即可启动 AutoCAD 2014，进入 AutoCAD 2014 工作界面。

2．通过【开始】菜单

在任务栏中，选择【开始】菜单，然后单击【所有程序】→【Autodesk】→【AutoCAD 2014-Simplified Chinese】中的 AutoCAD 2014 的可执行文件“acad.exe”，打开 AutoCAD 2014。

3．通过文件目录启动 AutoCAD 2014

双击桌面上的【我的电脑】快捷方式，打开“我的电脑”对话框，通过 AutoCAD 2014 的安装路径，找到 AutoCAD 2014 的可执行文件，单击打开 AutoCAD 2014。

1.1.2 定义初始设计

通过初始设置，可以在首次启动 AutoCAD 2014 时执行某些基本自定义操作。可以响应一系列问题，这些问题用于收集有关 AutoCAD 2014 中的特定功能和设置的信息。指定可以最好地描述用户从事的工作所属的行业，将基于任务的工具添加到默认工作空间，并指定要在创建新图形时使用的图形样板。

（1）安装完成 AutoCAD 2014。首次启动时显示初始设置，系统会提示用户选择一个行业列表。选择表中列出的行业之一，该行业应最接近可最好地描述所创建图形的工作类型。AutoCAD 中的以下功能和设置及初始设置受所选行业的影响。

（2）初始设置。用于为新图形确定与提供的 AutoCAD 2014 随附的默认样板相比时可能更适用于用户所属行业的图形样板文件。

首次打开的 AutoCAD 2014 工作界面如图 1-1 所示。

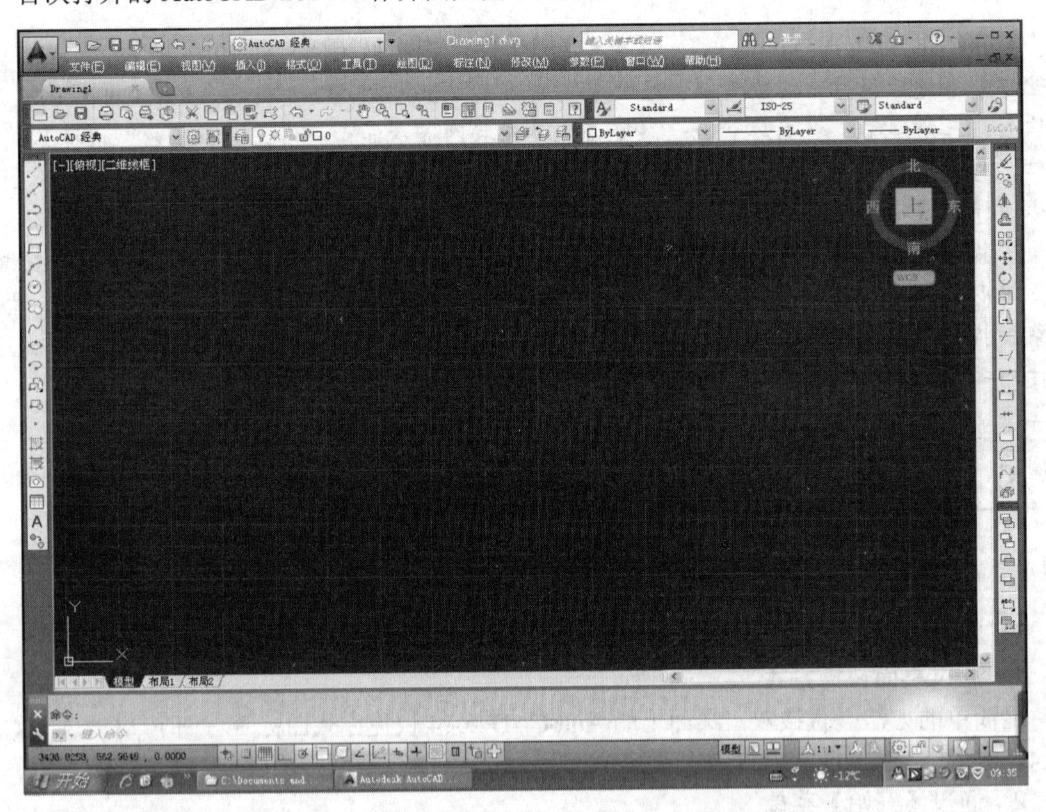

图 1-1 AutoCAD 2014 工作界面（草图与注释）

（3）新建图形。在初始设置中，可以指定创建新图形时要使用的默认图形样板。单击最上面的快速访问工具栏中如图 1-2 所示的图标。打开“选择样板”对话框，初始设置具有以下图形样板选项，如图 1-3 所示。图中“acadiso.dwt”为默认图形样板。一般都使用默认情况下安装的公制图形样板。还可以使用在初始设置中选择的行业关联的图形样板，英制或公制测量类型皆可。或者可以使用现有图形样板或者选择本地驱动器或网络驱动器上提供的现有图形样板。

图 1-2　快速访问工具栏

图 1-3　“选择样板”对话框

（4）更改工作空间。单击左上角“切换工作空间”状态栏，打开快捷菜单，如图 1-4 所示。单击【AutoCAD 经典】命令，系统打开新的工作空间。

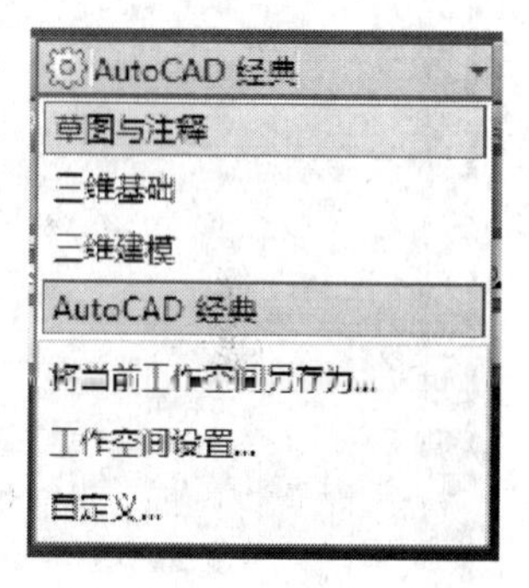

图 1-4　“切换工作空间”快捷菜单

（5）更改通过初始设置所做的设置的步骤如下。

① 单击下拉菜单栏中的【工具】→【选项】命令，弹出“选项”对话框。

② 在“选项”对话框的“用户系统配置”选项卡中，单击【初始设置】按钮，弹出“AutoCAD 2014-初始设置”对话框。

③ 在初始设置的“行业”页面中，指定可最好地描述用户从事的工作所属的行业。单击【下一页】按钮。

④ 在“优化工作空间”页面上，选择要显示在默认工作空间中的基于任务工具。单击【下一页】按钮。

⑤ 在“指定图形样板文件”页面上，选择创建图形时要使用的图形样板文件。单击【完成】按钮，返回“选项”对话框。

⑥ 在“选项”对话框中，单击【确定】按钮。

1.1.3　AutoCAD 2014 的退出

退出 AutoCAD 2014 操作系统有很多种方法，下面介绍常用的 4 种。

（1）单击 AutoCAD 2014 界面右上角的 × 按钮，退出 AutoCAD 2014 系统。

（2）单击【应用程序】按钮，选择【退出 AutoCAD】选项，退出 AutoCAD 系统。

（3）按【Alt+F4】组合键，退出 AutoCAD 系统。

（4）在命令行中输入 QUIT 或 EXIT 命令后按回车键退出 Auto CAD 系统。

【注意】 如果图形修改后尚未保存，则退出之前会出现系统警告对话框。单击【是】按钮，系统将保存文件后退出；单击【否】按钮，系统将不保存文件；单击【取消】按钮，系统将取消执行命令，返回到原 AutoCAD 2014 工作界面。

单元 2 AutoCAD 2014 的工作界面简介

在启动 AutoCAD 2014 操作系统后，就进入如图 1-5 所示的 AutoCAD 经典工作界面，此界面包括标题栏、工具栏、下拉菜单栏、模型空间、坐标图标、绘图区、命令行窗口和状态栏等部分。

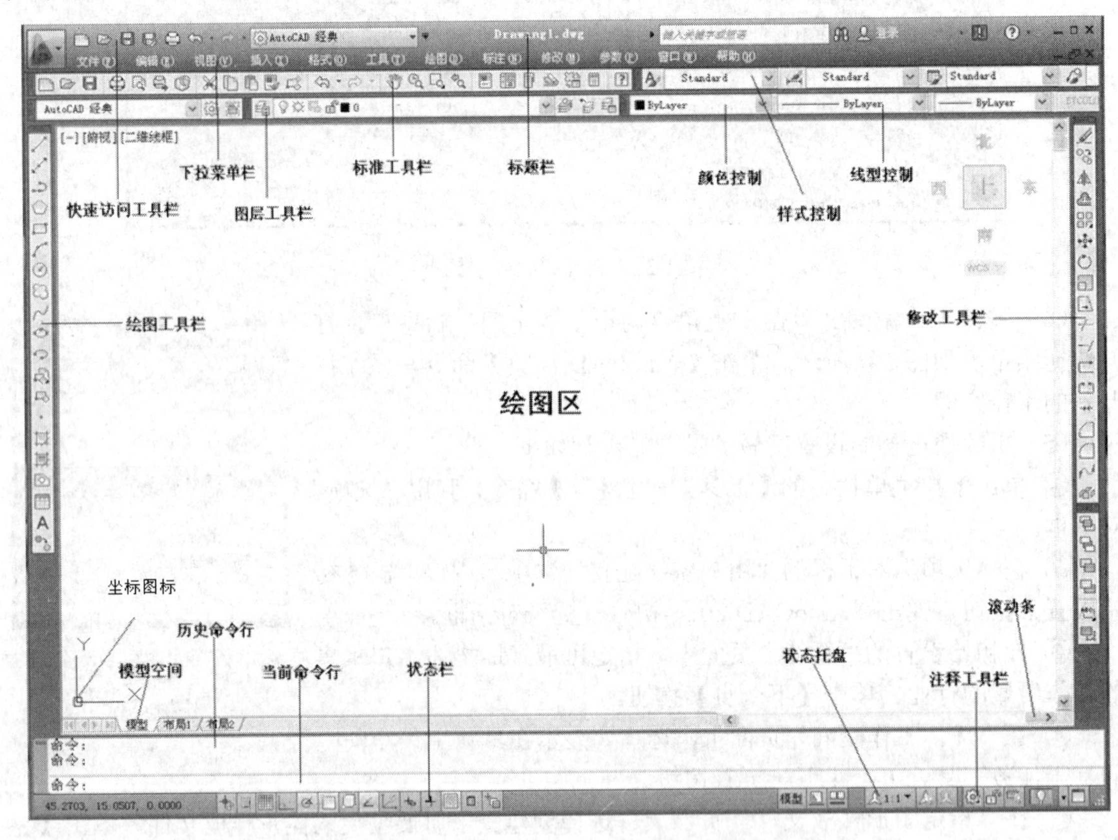

图 1-5 AutoCAD 2014 工作界面（AutoCAD 经典）

1. 快速访问工具栏

快速访问工具栏位于 AutoCAD 2014 工作界面的最顶端，用于显示常用工具，包括新建、打开、保存、放弃和重做等按钮。可以向快速访问工具栏添加无限多的工具，超出工具栏最大长度范围的工具会以弹出按钮来显示。

2. 下拉菜单栏

下拉菜单栏包括文件、编辑、视图、插入、格式、工具、绘图、标注、修改、参数、窗口和帮助 12 个主菜单项，每个主菜单下又包括子菜单。在展开的子菜单中存在一些带有“...”

符号的菜单命令，表示如果选择该命令，将弹出一个相应的对话框；有的菜单命令右端有一个黑色小三角▶，表示选择该菜单命令能够打开级联菜单；菜单项右边有【Ctrl+?】组合键的表示键盘快捷键，可以直接按下快捷键执行相应的命令，比如按下【Ctrl+N】组合键能够弹出“创建新图形”对话框。

3．工具栏

AutoCAD 2014 在界面中的工具栏是一组图标型工具的组合，用户可以通过图标方便地选择相应的命令进行操作。把光标移动到某个图标上，停留片刻图标旁即会显示相应的工具提示，同时在状态栏中显示命令名和功能说明。

默认情况下，可以看到绘图区顶部的“标准”、“图层”、“特性”和“样式”工具栏，如图 1-6 所示，以及位于绘图区左侧的“绘图”工具栏和位于绘图区右侧的“修改”工具栏，如图 1-7 所示。

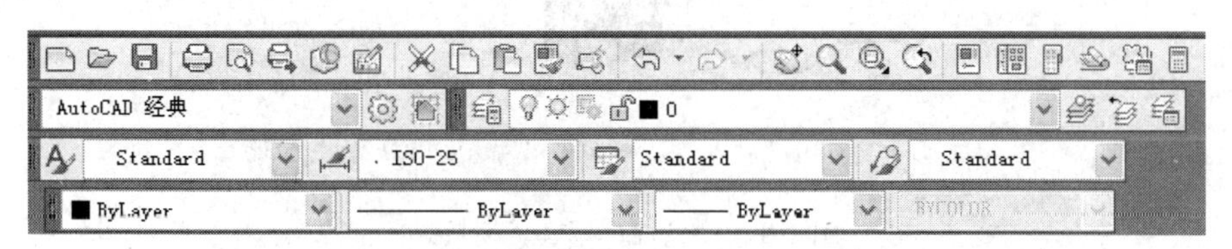

图 1-6 “图层”和“特性”工具栏

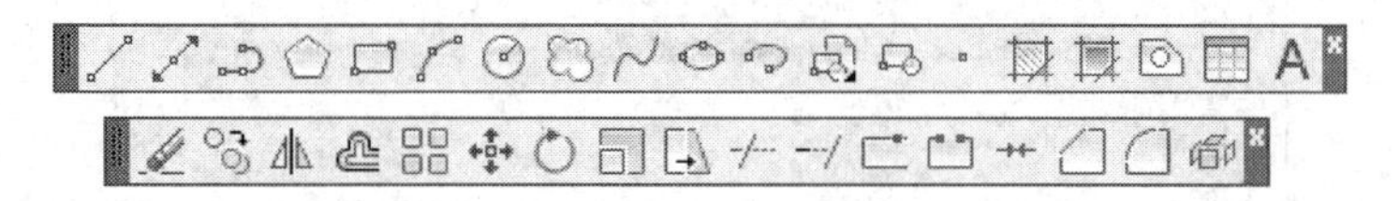

图 1-7 “绘图”和“修改”工具栏

4．绘图区

位于屏幕中间的整个白色区域是 AutoCAD 2014 的绘图区，也称为工作区域。默认设置下工作区域是一个无限大的区域，可以按照图形的实际尺寸在绘图区内任意绘制各种图形。

改变绘图区颜色方法如下。

（1）单击下拉菜单栏中的【工具】→【选项】命令，弹出“选项”对话框。

（2）选择“显示”选项卡，单击“窗口元素”组合框中的“颜色”按钮，弹出“图形窗口颜色”对话框，如图 1-8 所示。

（3）在“界面元素”下拉列表中选择要改变的界面元素，可改变任意界面元素的颜色，默认为“统一背景”；单击“颜色”下拉列表框，在展开的列表中选择“黑色”。

（4）单击【应用并关闭】按钮，返回“选项”对话框；单击【确定】按钮，将绘图窗口的颜色改为黑色，结果如图 1-9 所示。

5．命令行窗口

命令行窗口是输入命令名和显示命令提示的区域，默认的命令窗口布置在绘图区下方。AutoCAD 通过命令行的窗口反馈各种信息，如输入命令后的提示信息，包括错误信息、命令选项及其提示信息等。因此，应时刻关注在命令行窗口中出现的信息。

可以使用文本窗口的形式来显示命令窗口。按【F2】键弹出 AutoCAD 的文本窗口，可以使用文本编辑的方法进行编辑，如图 1-10 所示。

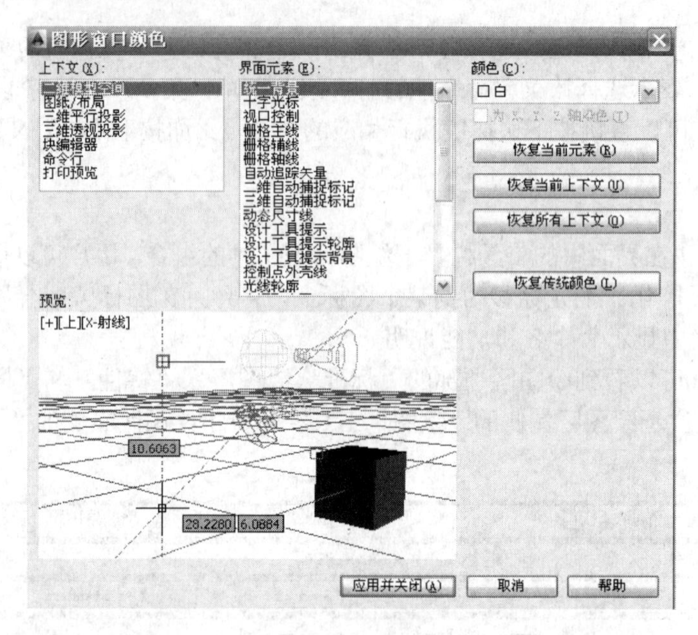

图 1-8 “图形窗口颜色”对话框

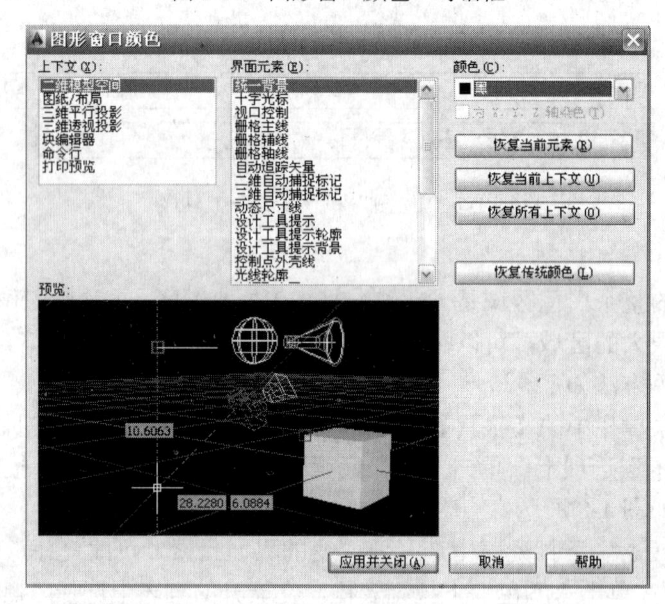

图 1-9 将绘图窗口的颜色改为黑色

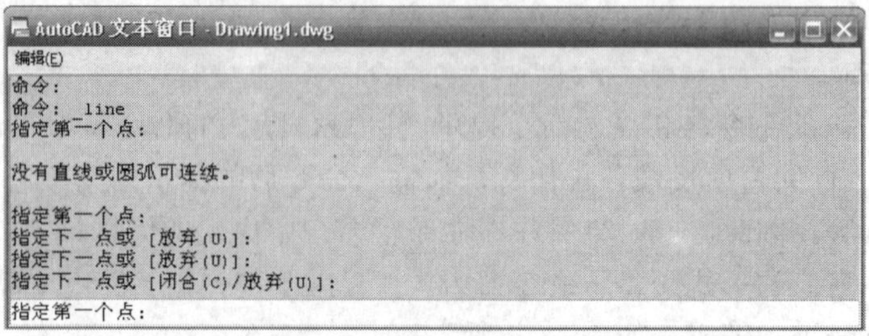

AutoCAD 文本窗口 - Drawing1.dwg

编辑(E)

```
命令:
命令: _line
指定第一个点:

没有直线或圆弧可连续。

指定第一个点:
指定下一点或 [放弃(U)]:
指定下一点或 [放弃(U)]:
指定下一点或 [闭合(C)/放弃(U)]:
指定第一个点:
```

图 1-10 文本窗口

6．状态栏

状态栏位于工作界面的最底部，左端显示当前十字光标所在位置的三维坐标，右端依次显示“推断约束”“捕捉模式”“栅格”“正交”“极轴追踪”“对象捕捉”“对象捕捉追踪”“DUCS”“动态输入”“线宽”“快捷特性”“选择循环”等共 15 个辅助绘图工具按钮，当按钮处于按下状态时，表示该按钮处于打开状态，再次单击该的按钮，可关闭相应的按钮。

键盘上的功能键【F1】～【F11】也可以作为 10 个辅助绘图工具按钮的开关。

单元 3　图形文件的管理

1.3.1　新建文件

创建新的图形文件有以下 3 种方法。

（1）单击下拉菜单栏中的【文件】→【新建】命令。

（2）单击快速访问工具栏中的【新建】命令按钮。

（3）在命令行中输入 NEW。

1.3.2　打开文件

打开已有图形文件有以下 3 种方法。

（1）单击下拉菜单栏中的【文件】→【打开】命令。

（2）单击快速访问工具栏中的【打开】命令按钮。

（3）在命令行中输入 OPEN。

执行该命令后，将弹出如图 1-11 所示的“选择文件”对话框。如果在文件列表中同时选择多个文件，然后单击【打开】按钮，可以同时打开多个图形文件。

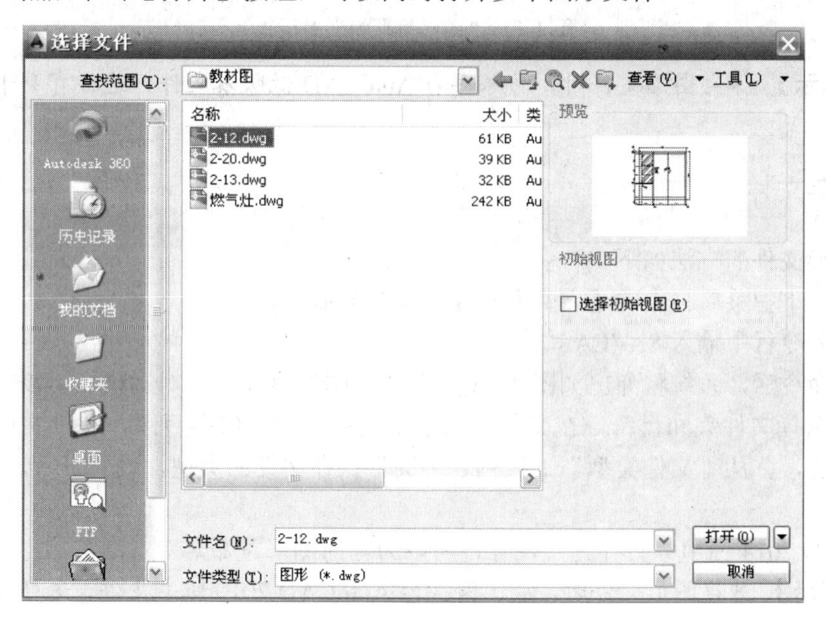

图 1-11　“选择文件”对话框

1.3.3 保存文件

保存图形文件的方法如下。

（1）单击下拉菜单栏中的【文件】→【保存】命令。

（2）单击快速访问工具栏中的【保存】命令按钮。

（3）在命令行中输入 SAVE。

执行该命令后，如果文件已命名，则 AutoCAD 自动保存；如果文件未命名，是第一次保存，系统将弹出如图 1-12 所示的“图形另存为”对话框。可以在“保存于”下拉表框中选择文件夹和盘符，在文件列表框中选择文件的保存目录，在“文件名”文本框中输入文件名，并从“文件类型”下拉列表中选择保存文件的类型，设置完成后单击【保存】按钮。

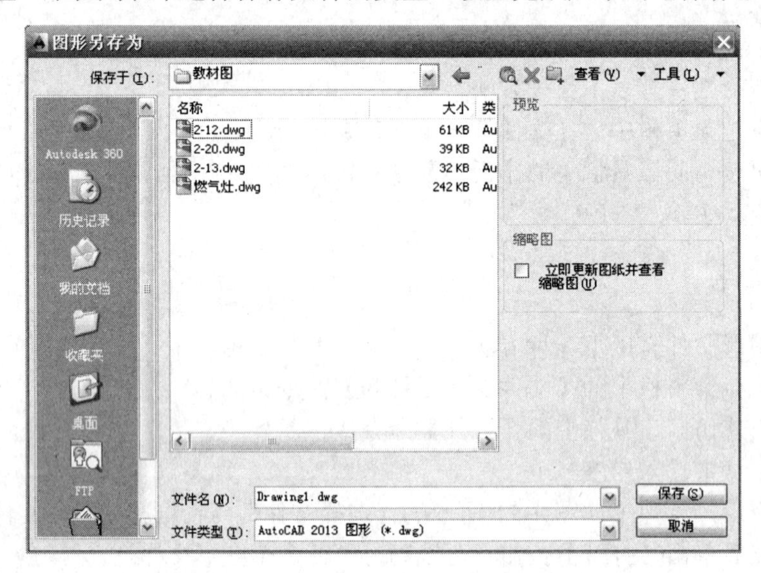

图 1-12 “图形另存为”对话框

【特别提示】 保存图形文件时，易保存为 AutoCAD 低版本文件，这样有利于文件的打开与共享。

1.3.4 另存文件

另存图形文件的方法如下。

（1）单击下拉菜单栏中的【文件】→【另存为】命令。

（2）在命令行中输入 SAVEAS。

执行该命令后，系统将弹出如图 1-13 所示的“图形另存为”对话框。可以在“保存于”下拉表框中选择文件夹和盘符，在文件列表框中选择文件的保存目录，在“文件名”文本框中输入文件名，并从“文件类型”下拉列表中选择保存文件的类型，设置好后，单击【保存】按钮。

AutoCAD 2014 使用“另存为”保存，可以为当前图形重命名。

【特别提示】 另存图形文件时，默认保存为 AutoCAD 2013 版本文件，这样有利于文件的打开与共享。

图 1-13 “图形另存为”对话框

单元 4 数据的输入方法

1. 点的输入

AutoCAD 提供了很多点的输入方法，下面介绍常用的几种。

（1）移动鼠标使十字光标在绘图区域之内移动，到合适位置时单击，在屏幕上直接拾取点。

（2）用目标捕捉方式捕捉屏幕上已有图形的特殊（捕捉）点，如端点、中点、圆心、交点、切点、垂足等。

（3）用光标拖拉出橡筋线（极轴追踪）确定方向，然后用键盘输入距离。

（4）用键盘直接输入点的坐标。

点的坐标输入通常有两种表示方法：直角坐标和极坐标。

2. 数据输入

（1）直角坐标有两种输入方式：绝对直角坐标和相对直角坐标。绝对直角坐标以原点为参考点，表达方式为（X，Y）。相对直角坐标是相对于某一特定点而言的，表达方式为（@X，Y），表示该坐标值是相对于前一点而言的相对坐标。

（2）极坐标也有两种输入方式：绝对极坐标和相对极坐标。绝对极坐标是以原点为极点，输入一个距离值和一个角度值即可指明绝对极坐标。它的表达方式为（距离<角度），其中距离代表输入点到原点之间的距离。相对极坐标是以通过相对于某一特定点的距离和偏移角度来表示的，表达方式为（@距离<角度），其中@表示相对于。

3. 距离的输入

在绘图过程中，有时需要提供长度、宽度、高度和半径等距离值。AutoCAD 提供了两种输入距离值的方式：一种是在命令行中直接输入距离值；另一种是在屏幕上拾取两点，以两点的距离确定所需的距离值。

单元 5　绘图界限和单位设置

1.5.1　设置绘图界限

在 AutoCAD 2014 中绘图，一般按照 1：1 的比例绘制。绘图界限可以控制绘图的范围，相当于手工绘图时图纸的大小。设置图形界限还可以控制栅格点的显示范围，栅格点在设置的图形界限范围内显示。

【设置实例】

以 A3 图纸为例，假设绘图比例为 1：100，设置绘图界限的操作如下。

（1）单击下拉菜单栏中的【格式】→【图形界限】命令，或者在命令行输入 LIMITS 命令，命令行提示如下：

```
命令：_limits
重新设置模型空间界限：
指定左下或 [开（ON）/关（OFF）] <0.0000，0.0000>：↓ //回车，设置左下角点为系统默认的原点位置
指定右上角点<420.0000，297.0000>：42000，29700    //输入右上角点坐标
```

【说明】 提示中的 [开（ON）/关（OFF）] 选项的功能是控制是否打开图形界限检查。选择“ON”时，系统打开图形界限的检查功能，只能在设定的图形界限内画图，系统拒绝输入图形界限外部的点。系统默认设置为“OFF”，此时关闭图形界限的检查功能，允许输入图形界限外部的点。

（2）缩放绘图界限。

```
命令：_z                                          //输入缩放命令
ZOOM 指定窗口的角点，输入比例因子（nX 或 Nxp），或者 [全部（A）/中心（C）/动态（D）/范围（E）/上一个（P）/比例（S）/窗口（W）/对象（O）] <实时>：a    //输入 a 全部选项正在重新生成模型，完成全图缩放
```

1.5.2　设置绘图单位

在绘图时应先设置图形的单位，即图上一个单位所代表的实际距离，设置方法如下。

单击下拉菜单栏中的【格式】→【单位】命令，或者在命令行输入 UNITS 或 UN，弹出“图形单位”对话框，如图 1-14 所示。

1．设置长度单位及精度

在“长度”选项区域中，可以从“类型”下拉列表提供的 5 个选项中选择一种长度单位，还可以根据绘图的需要从“精度”下拉列表中选择一种合适的精度。

2．角度的类型、方向及精度

在“角度”选项区域中，可以在“类型”下拉表中选择一种合适的角度单位，并根据绘图的需要在“精度”下拉列表中选择一种合适的精度。“顺时针”复选框用来确定角度的正方向，当该复选框没有选中时，系统默认角度的正方向为逆时针；当该复选框选中时，表示以顺时针方向作为角度的正方向。

单击【方向】按钮，将弹出“方向控制”对话框，如图 1-15 所示。该对话框用来设置角

度的 0 度方向，默认以正东的方向为 0 度角。

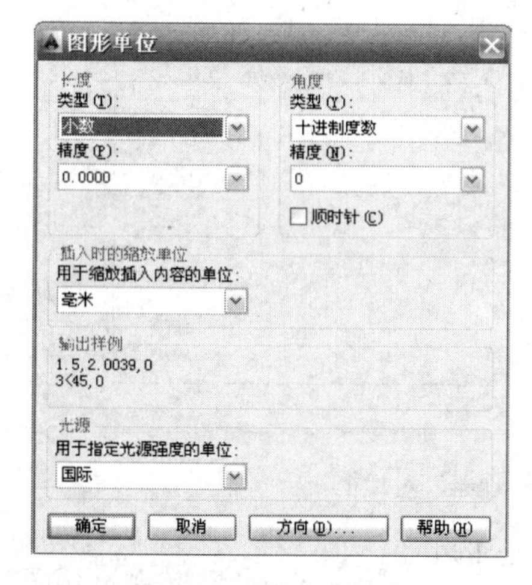

图 1-14 “图形单位”对话框

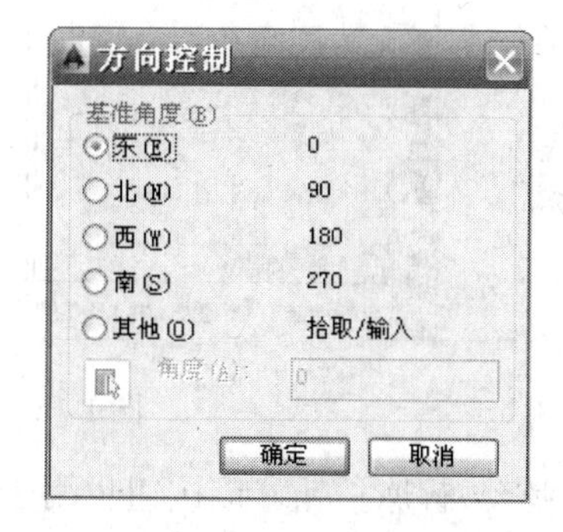

图 1-15 “方向控制”对话框

3．设置插入时的缩放单位

控制使用工具选项板拖入当前图形的块的测量单位。如果块或图形创建时使用的单位与该选项指定的单位不同，则在插入这些块或图形时，将对其按比例缩放。插入比例是源块或图形使用的单位与目标图形使用的单位之比。如果插入块时不按指定单位缩放，应在下拉列表中选择“无单位”选项。

单元 6 图层设置

图层是 AutoCAD 2014 用来组织图形的重要工具之一，用来分类组织不同的图形信息。AutoCAD 2014 的图层可以被想象为一张透明的图纸，每一个图层绘制一类图形，可以指定在该层上绘图用的线形、线宽和颜色，所有的图层叠在一起，就组成了一个 AutoCAD 的完整图形。

1．图层的特点

图层具有如下特点。

（1）每个图层对应一个图层名。其中系统默认设置的图层是“0”层，该图层不能删除。其余图层可以通过单击“图层特性管理器”对话框中的“新建图层”按钮建立，数量不限。

（2）各图层具有相同的坐标系，每一图层对应一种颜色、一种线型、一种线宽。

（3）当前图层只有一个，且只能在当前图层绘制图形。

（4）图层具有打开、关闭、冻结、解冻、锁定和解锁等特征。

2．“图层特性管理器”对话框

（1）打开“图层特性管理器”对话框。单击下拉菜单栏中的【格式】→【图层】命令，弹出“图层特性管理器”对话框，如图 1-16 所示。

（2）打开/关闭按钮。系统默认该按钮处于打开状态，此时该图层上的图形可见。单击该按钮，将变成关闭状态，此时该图层上的图形不可见。且不能打印或由绘图仪输出。但重生成图形时，图层上的实体仍将重新生成。

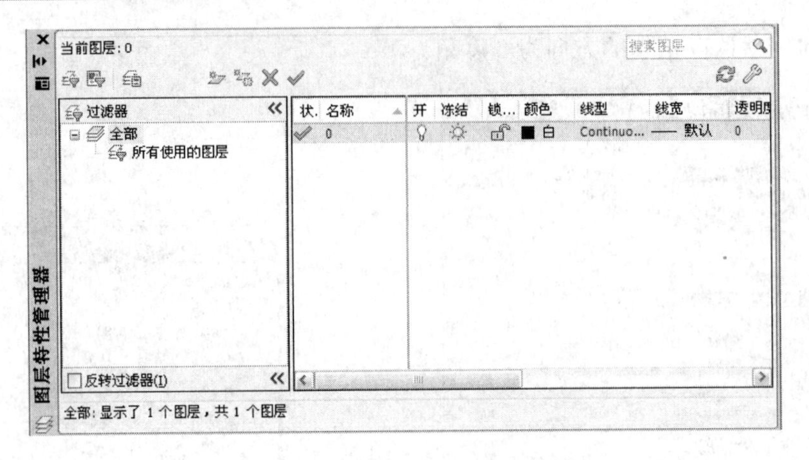

图 1-16 “图层特性管理器”对话框

（3）冻结/解冻按钮。该按钮也用于控制图层是否可见。当图层被冻结时，该层上的实体不可见且不能输出，也不能进行重生成、消隐和渲染等操作，可明显提高许多操作的处理速度；而解冻图层是可见的，可进行上述操作。

（4）锁定/解锁按钮。控制该图层上的实体是否可修改。锁定图层上的实体不能进行删除、复制等修改操作，但仍可见。且可以绘制新的图形。

（5）设置图层颜色。单击颜色图标按钮，可弹出“选择颜色”对话框，如图 1-17 所示。从中选择一种颜色作为图层的颜色。

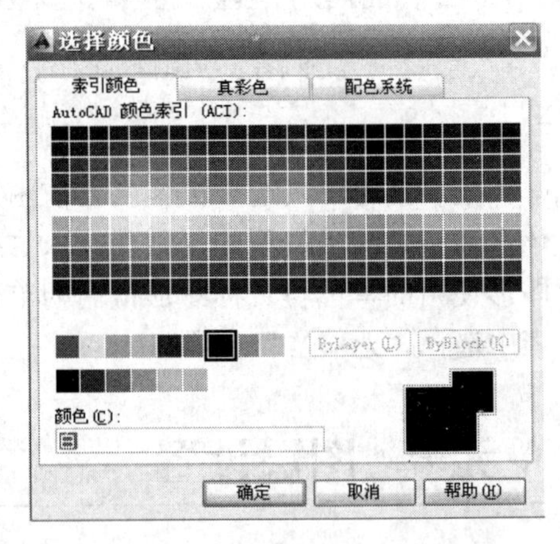

图 1-17 “选择颜色”对话框

【注意】 *一般创建图形时，要采用该图层对应的颜色，应该设置为随层“Bylayer”颜色方式。*

（6）设置图层线型。单击“图层特性管理器”对话框中“线型”下的“Continuous”，弹出“选择线型”对话框，如图 1-18 所示。如需加载其他类型的线型，只需单击【加载】按钮，即可弹出“加载或重载线型”对话框，从中可以选择各种需要的线型，如图 1-19 所示。选择“CENTER”线型，单击【确定】按钮，返回“选择线型”对话框，重新选择新线型“CENTER”，再单击【确定】按钮，最终完成新线型的设置。

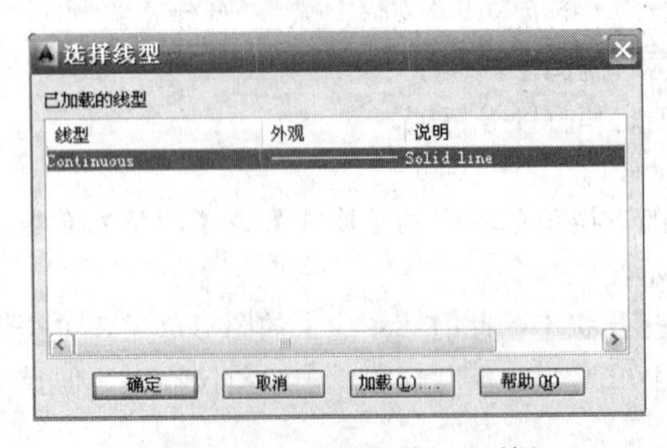

图 1-18 “选择线型”对话框

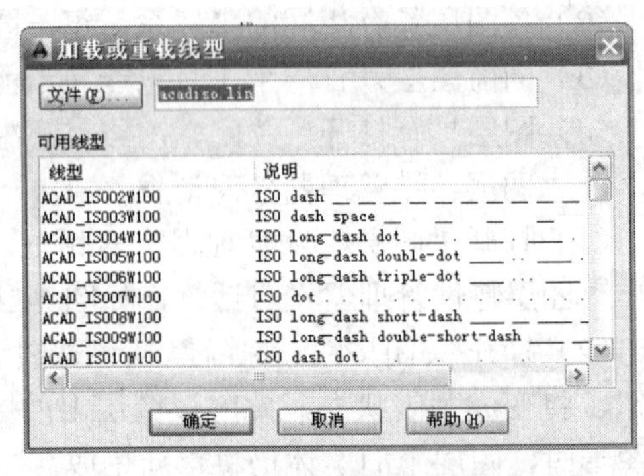

图 1-19 “加载或重载线型”对话框

【注意】 一般创建图形时，要采用该图层对应的线型，称为随层“ByLayer”线型方式。

（7）设置图层线宽。单击线宽图标按钮，弹出“线宽”对话框，从中可以选择该图层合适的线宽，如图 1-20 所示。

【注意】 单击下拉菜单栏中的【格式】→【线宽】命令，可弹出“线宽设置”对话框，如图 1-21 所示。默认线宽为 0.25mm，单击选择新线宽后，再单击【确定】按钮完成设置。

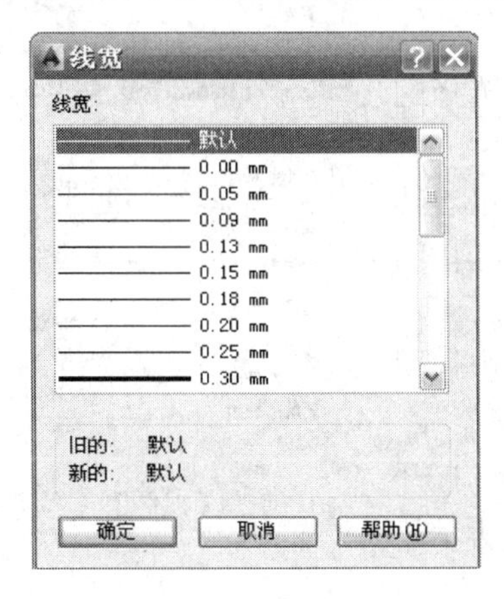

图 1-20 “线宽”对话框

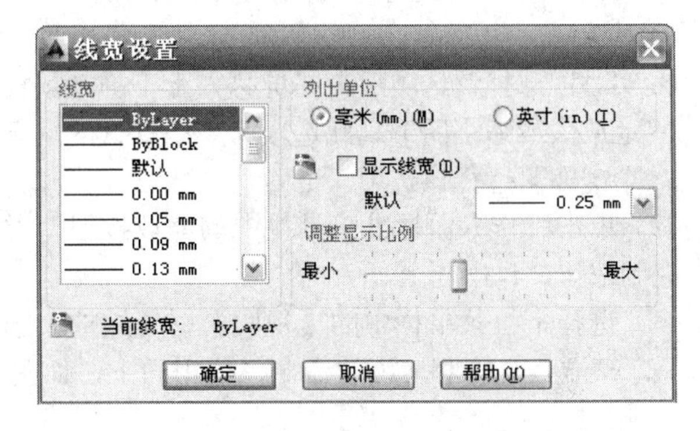

图 1-21 线宽设置对话框

单元 7　视图的显示控制

在绘图时为了能够更好地观看局部或全部图形，需要经常使用视图的缩放和平移等操作工具。

1.7.1 视图的缩放

视图的缩放有 3 种输入命令的方式。

（1）在命令行中输入 ZOOM 或 Z，命令行提示如下：

```
命令: _zoom
指定窗口的角点，输入比例因子 (nX 或 nXP)，或者 [全部 (A) /中心 (C) /动态 (D) /范围 (E) /上一个 (P) /比例 (S) /窗口 (W) /对象 (O) <实时>:
```

【各选项的功能】

- 全部（A）：选择该选项后，显示窗口将在屏幕中间缩放显示整个图形界限的范围。如果当前图形的范围尺寸大于图形界限，将最大范围的显示全部图形。
- 中心（C）：此项选择将按照输入的显示中心坐标，来确定显示窗口在整个图形范围中的位置，而显示区范围的大小，则由指定窗口的高度来确定。
- 动态（D）：该选项为动态缩放，通过构造一个视图框支持平移视图和缩放视图。
- 范围（E）：选择该选项可以将所有自己编辑的图形尽可能大的显示在窗口内。
- 上一个（P）：选择该选项将返回前一视图。当编辑图形时，经常需要对某一小区域进行放大，以便精确设计，完成后返回原来的视图，而不一定是全图。
- 比例（S）：该选项按比例缩放视图。比如：在“输入比例因子（nX 或 nXP）：”提示下，如果输入 0.5x，表示将屏幕上的图形缩小为当前尺寸的一半；如果输入 2x，表示使图形放大为当前尺寸的两倍。

- 窗口（W）：该选项用于尽可能大的显示由两个角点所定义的矩形窗口区域内的图像。此图像为系统默认的选项，可以在输入 ZOOM 命令后，不选择“W”选项，而直接用鼠标在绘图区域内指定窗口以局部放大。
- 对象（O）：该选项可以尽可能大地在窗口内显示选择的对象。
- 实时：选择该选项后，在屏幕内上下拖动鼠标，可以连续地放大或缩小图形。此选项为系统默认的选项，直接按回车键即可选择该选项。

（2）单击工作界面标准工具栏中的缩放按钮，弹出各个视图缩放控制按钮，作用同上。

（3）选择下拉菜单栏中的【视图】→【缩放】子菜单，打开其级联子菜单，选择相应缩放命令，作用同上，如图 1-22 所示。

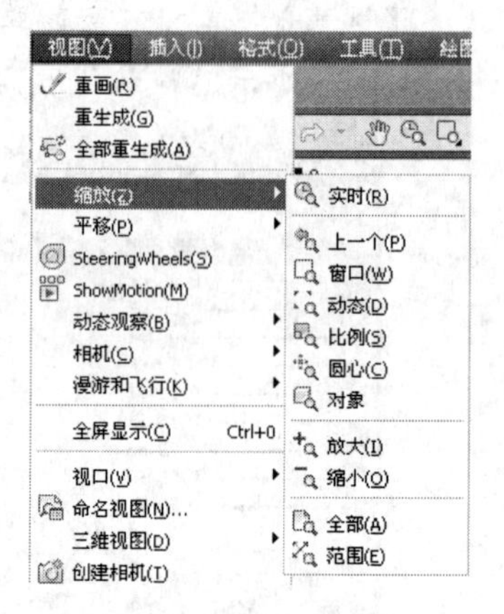

图 1-22 【视图】下拉菜单

1.7.2 视图的平移

视图的平移有 3 种输入命令的方式。

（1）在命令行中输入 PAN 或 P，此时，光标变成手形光标，按住鼠标左键在绘图区域内移动鼠标，即可实现图形的平移。

（2）单击【视图】选项卡【导航】面板中的【视图】按钮，也可输入平移命令。

（3）单击下拉菜单栏中的【视图】→【平移】→【实时】命令，也可输入平移命令。

【注意】 各种视图的缩放和平移命令在执行过程中均可以按【Esc】键提前结束。

单元 8 选择对象

在绘图与修改操作中，时时需要使用选择对象，AutoCAD 2014 提供了多种选择对象的方式。

1．执行编辑命令

执行编辑命令有两种方法。

（1）先输入编辑命令，在“选择对象”提示下，选择合适的对象。

（2）先选择对象，所有选择的对象以夹点状态显示，再输入编辑命令。

2．构造选择集的操作

在选择对象过程中，选中的对象呈虚线亮显状态，选择对象的方法如下。

（1）使用拾取框选择对象。例如：要选择圆形，在圆形的边线上单击即可。

（2）指定矩形选择区域。在“选择对象”提示下，在绘图区屏幕上单击拾取两点作为矩形的两个对角点，如果第二个角点位于第一个角点的右边，窗口以实线显示，叫做“W 窗口”，此时，完全包含在窗口之内的对象都被选中；如果第二个角点位于第一个角点的左边，窗口以虚线显示，叫做“C 窗口”，此时完全包含在窗口之内的对象以及与窗口边界相交的所有对

象均被选中。

（3）F（Fence）：栏选方式，即可以画多条直线，直线之间可以与自身相交，凡与直线相交的对象均被选中。

（4）P（Previous）：前次选择集方式，可以选择上一次选择集。

（5）R（Remove）：删除方式，用于把选择集由加入方式转换为删除方式，可以删除误选到选择集中的对象。

（6）A（Add）：添加方式，把选择集由删除方式转换为加入方式。

（7）U（Undo）：放弃前一次选择操作。

单元 9　对象捕捉工具

在绘制图形时，可以使用直角坐标和极坐标精确定位点，但是对于所需要找到的如端点、交点、中心点等的坐标是未知的，要想精确地找到这些点是很难的。AutoCAD 2014 提供的精确定位工具，可以很容易在屏幕上捕捉到这些点，从而进行精确、快速地绘图。

1.9.1　栅格

屏幕上的栅格由有规则的点矩阵组成，延伸到整个图形界限内。使用栅格与在坐标纸上绘图十分相似，利用栅格可以对齐对象并且直观地显示对象之间的距离，还能够根据需要调整栅格间距。

【操作步骤】

（1）单击状态栏中的【栅格】按钮打开栅格，再次单击【栅格】按钮关闭栅格。

（2）按【F7】功能键可以打开或关闭栅格。

（3）单击下拉菜单栏中的【工具】→【草图设置】命令，打开“草图设置”对话框，如图 1-23 所示。

图 1-23　“草图设置”对话框

【说明】 如果栅格间距设置地过小，在屏幕上不能显示出栅格点，文本窗口中会显示“栅格太密，无法显示”文字。

1.9.2 捕捉

捕捉是一个隐藏于屏幕的栅格，这种栅格能够捕捉到光标，当打开捕捉时，可以使光标只能落到某一个栅格点上。

捕捉类型可以分为“矩形捕捉”和“等轴侧捕捉”，在“草图设置”对话框中可以在“捕捉类型”区域中进行设置，如图 1-23 所示。

1.9.3 对象捕捉

AutoCAD 2014 提供了多种对象捕捉类型，使用对象捕捉方式，可以快速准确地捕捉到对象的特殊点，从而提高工作效率。

对象捕捉是一种特殊点的输入方法，该操作不能单独进行，只有在执行某个命令需要指定点时才能调用。在 AutoCAD 2014 中，系统提供的对象捕捉类型见表 1.1。

表 1.1 AutoCAD 对象捕捉类型

捕捉类型	表示方式	命令方式
端点捕捉	□	END
中点捕捉	△	MID
圆心捕捉	○	CEN
节点捕捉	⊗	NOD
象限点捕捉	◇	QUA
交点捕捉	×	INT
延伸捕捉		EXT
插入点捕捉		INS
垂足捕捉		PER
切点捕捉		TAN
最近点捕捉		NEA
外观交点捕捉	⊠	APPINT
平行捕捉	//	PAR
临时追踪点捕捉		TT
自捕捉		FRO

在 AutoCAD 窗口工具栏的任意命令按钮上右击，在弹出的快捷菜单中选择“对象捕捉”的某个选项即可。

启用对象捕捉方式的常用方法有以下几种。

（1）打开“对象捕捉”工具栏，在工具栏中选择相应的捕捉方式即可，如图 1-24 所示。

图 1-24 “对象捕捉”工具栏

（2）在命令行中直接输入所需对象捕捉命令的英文缩写。

（3）在状态栏上右击“对象捕捉”按钮，在弹出的快捷菜单选择相应选项，如图 1-25 所示。

（4）在绘图区中按住【Shift】键再右击，在弹出的快捷菜单中选择相应的捕捉方式，如图 1-26 所示。

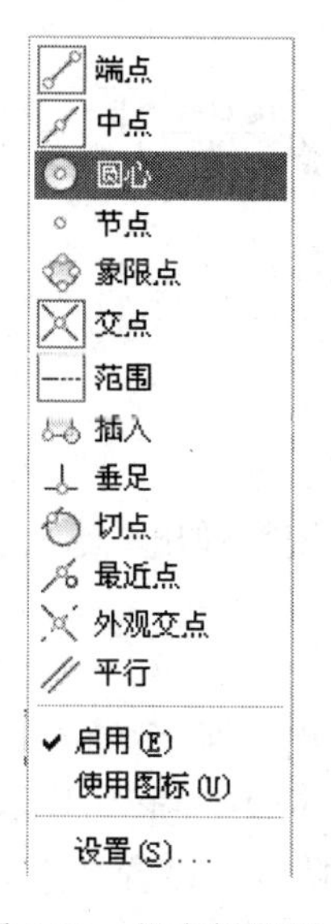

图 1-25 状态栏设置

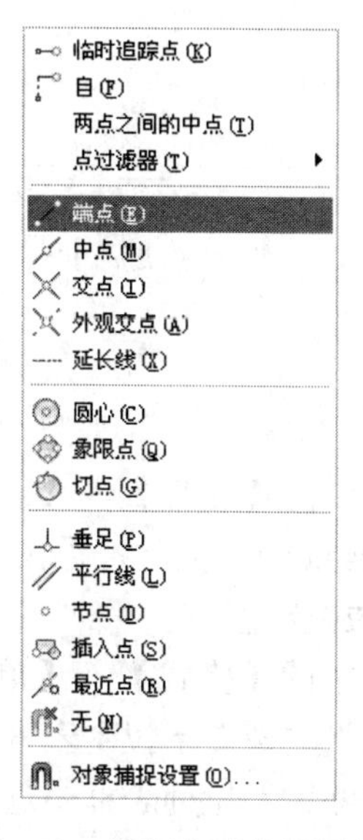

图 1-26 捕捉方式快捷菜单

以上自动捕捉设置方式可同时设置一种以上的捕捉模式，当不止一种模式启用时，AutoCAD 会根据其对象类型来优先选用捕捉模式。如在捕捉框中不止一个对象，且它们相交，则“交点”模式优先。圆心、交点、端点模式是绘图中最有用的组合，该组合可找到用户所需的大多数捕捉点。

单元 10 绘制 A3 建筑样板图

用 AutoCAD 2014 出图时，每次都要确定图幅、绘制边框、标题栏等，对这些重复的设置，我们可以建立样板图，出图时直接调用，以避免重复劳动，提高绘图效率。

本模块绘图实例是以常用的标题栏为例，介绍建立 A3 幅面建筑样板图的方法，建立的样板图结果如图 1-27 所示。

【操作步骤】

创建新图→设置图层→设置文字样式→设置捕捉样式→绘制图纸边框线和标题栏→输入标题栏内的文字并将其定义成带属性的块→保存样板图。

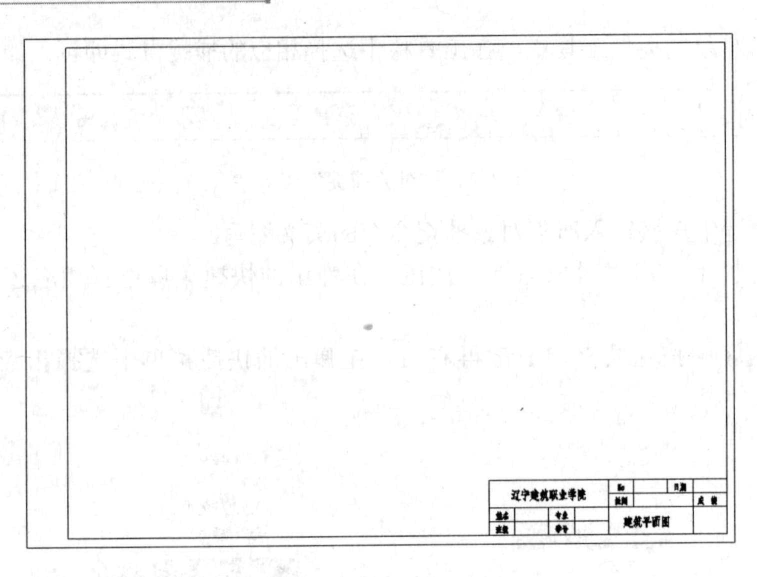

图 1-27　A3 幅面建筑样板图

1.10.1　创建新图

1. 新建文件

单击下拉菜单栏中的【文件】→【新建】命令，系统将弹出“选择文件”对话框。在文件列表中选择“acadiso.dwt”文件，单击【打开】按钮。

2. 设置长度单位及精度

单击下拉菜单栏中的【格式】→【单位】命令，弹出“图形单位”对话框，在“长度”选项区域中，可以从“类型”下拉列表框提供的 5 个选项中选择“小数”长度单位，根据建筑绘图的需要从“精度”下拉列表框中选择一种合适的精度。设置结果如图 1-28 所示。

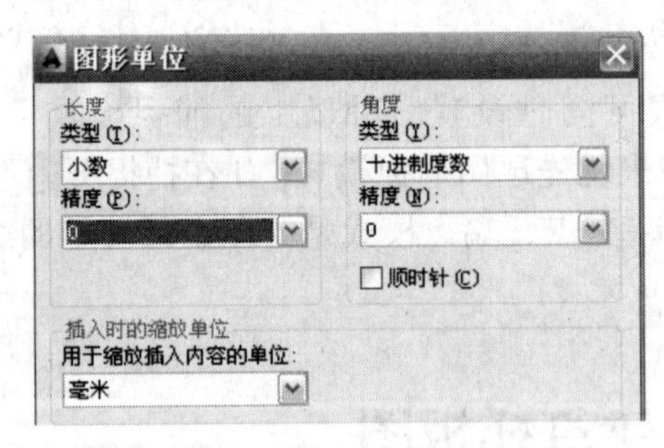

图 1-28　图形单位设置

3. 设置图幅

单击下拉菜单栏中的【格式】→【图形界限】命令，命令行提示如下：

```
命令：'_limits
重新设置模型空间界限：
指定左下角点或 [开 (ON) /关 (OFF)]  <0, 0>: ↓                //回车，默认坐标原点
指定右上角点<420, 297>: 420, 297↓                             //输入新坐标，回车
```

4. 显示图形界限

在命令行中输入 ZOOM 命令并回车，选择“全部（A）”选项，显示幅面全部范围。

1.10.2　设置图层

单击下拉菜单栏中的【格式】→【图层】命令，弹出“图层特性管理器”对话框，设置图层，如图 1-29 所示。

详细操作步骤参见 1.7，此处不再赘述。

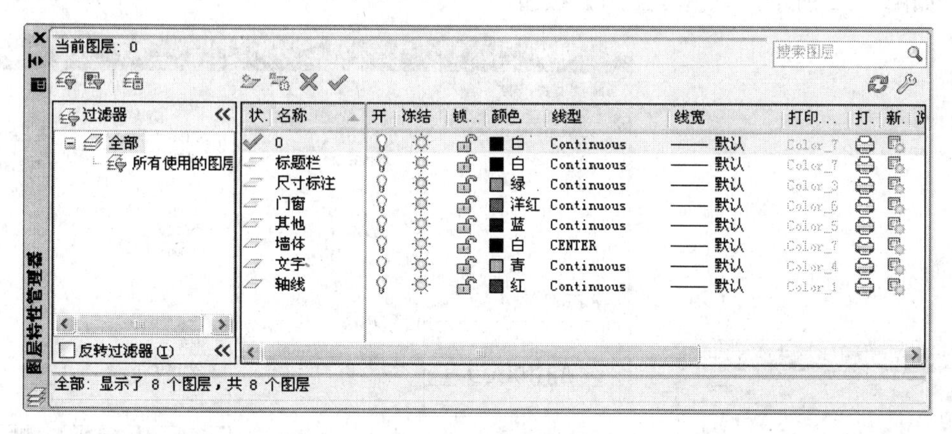

图 1 29　设置图层

1.10.3　设置文字样式

本实例要建立两个文字样式：“汉字”样式和“数字”样式。“汉字”样式采用“仿宋_GB2312”字体，不设定字体高度，宽度比例设为 0.8，用于填写工程做法、标题栏、会签栏、门窗列表、设计说明等部分的汉字；“数字”样式采用“Simplex.shx”字体，宽度比例设为 0.8，用于标注尺寸、书写数字及特殊字符等。

【操作步骤】

1．打开“文字样式”对话框

选取下拉菜单栏中的【格式】→【文字样式】命令，弹出“文字样式”对话框，利用该对话框可以新建或者修改当前文字样式，如图 1-30 所示。

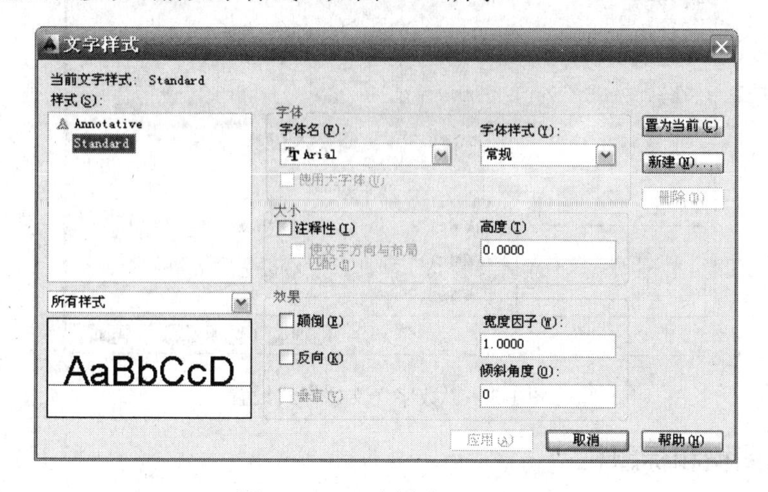

图 1-30　“文字样式”对话框

2．设置“汉字”文字样式

单击【新建】按钮，弹出“新建文字样式”对话框，如图1-31所示，在“样式名”文本框中输入新样式名“汉字”，单击【确定】按钮，返回“文字样式”对话框。从“字体名”下拉列表中选择“仿宋_GB2312”字体，“宽度因子”文本框设置为0.8，“高度”文本框保留默认值0，如图1-32所示，单击【应用】按钮。

图1-31 “新建文字样式”对话框

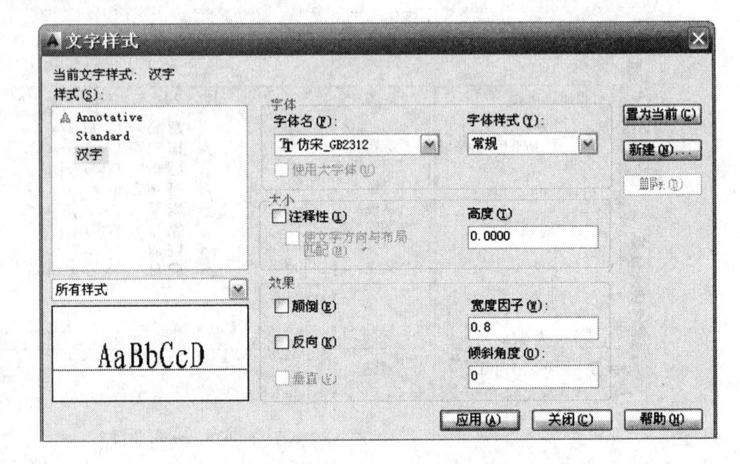

图1-32 “汉字”文字样式设置

3．设置“数字”文字样式

在“文字样式”对话框中，单击【新建】按钮，弹出“新建文字样式”对话框，在“样式名”文本框中输入新样式名“数字”，单击【确定】按钮，返回“文字样式”对话框。从“字体名”下拉列表中选择“simplex.shx”字体，“宽度因子”文本框设置为0.8，“高度”文本框保留默认值0，如图1-33所示，单击【应用】按钮，单击【关闭】按钮。

本实例创建两个文字样式，即“汉字”样式和“数字”样式。这是建筑工程图中常用的两种文字样式。

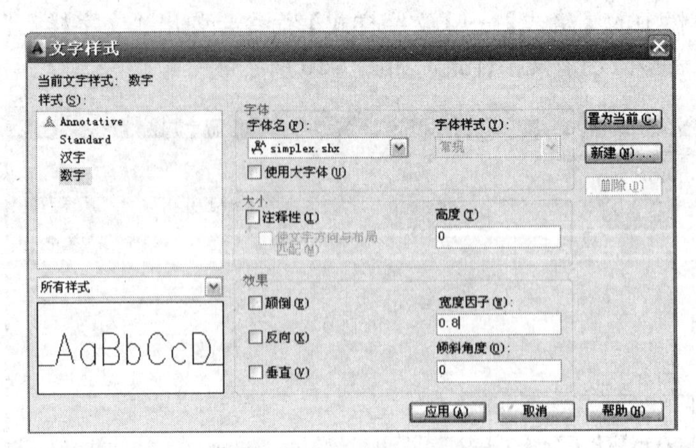

图1-33 “数字”文字样式设置

1.10.4 绘制图框和标题栏

（1）将“标题栏”图层设置为当前层。

（2）单击下拉菜单栏中的【绘图】→【矩形】命令，命令行提示如下：

```
命令：_rectang
指定第一个角点或［倒角（C）/标高（E）/圆角（F）/厚度（T）/宽度（W）]：0，0    //左下角点
指定另一个角点或［尺寸（D）]：420，297                 //绘制边长为420×297的幅面线
命令：↓                                          //回车，重复上一次的矩形命令
```

两次回车重复RECTANG命令，命令提示行如下：

```
指定第一个角点或［倒角（C）/标高（E）/圆角（F）/厚度（T）/宽度（W）]：25，5//左下角点
指定另一个角点或［面积（A）/尺寸（D）/旋转（R）]：415，292                //绘制图框线
```

（3）利用直线、偏移和修剪等命令在图框线的右下角绘制标题栏，尺寸如图1-34所示。

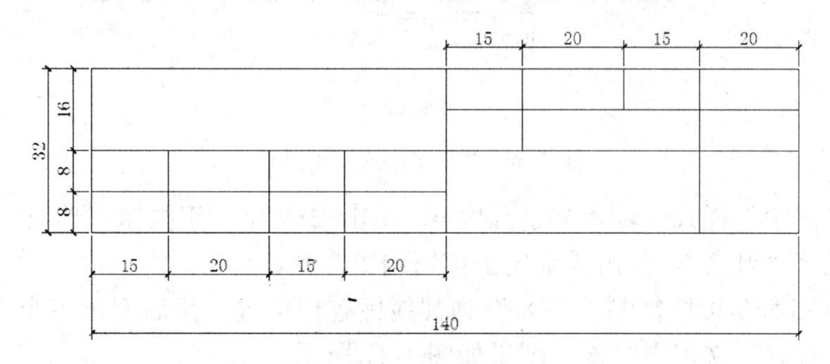

图1-34 标题栏

绘制完成的图框和标题栏如图1-35所示。

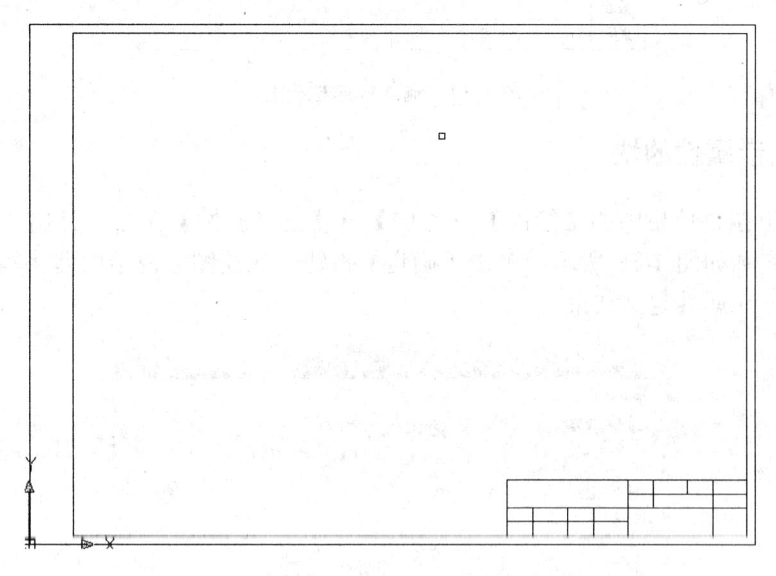

图1-35 图框和标题栏

1.10.5 输入文字

输入标题栏内的文字。

【操作步骤】

（1）将“汉字”样式设置为当前文字样式。

（2）单击下拉菜单栏中的【绘图】→【文字】→【多行文字】命令，命令行提示如下：

```
命令：_mtext
当前文字样式："汉字"  文字高度：3  注释性：否
指定第一角点：                                      //捕捉文字框左上角点
指定对角点或 [高度(H)/对正(J)/行距(L)/旋转(R)/样式(S)/宽度(W)/栏(C)]：
                                                    //捕捉文字框右下角点
```

打开“文字格式”工具栏，如图1-36所示。

图1-36 “文字格式”工具栏

（3）选择“汉字”样式，输入文字高度4，单击文字对正按钮，选取“正中MC”，在文本框中输入文字“姓名”，单击【确定】按钮结束命令。

（4）运用复制命令可以复制“姓名”到其他标题栏位置，然后双击各个文字，依次修改各个文字内容，标题栏文字内容输入结果如图1-37所示。

				No		日期	
				批阅		成绩	
姓名		专业					
班级		学号					

图1-37 输入标题栏内容

1.10.6 定义带属性的块

（1）单击下拉菜单栏中的【绘图】→【块】→【定义属性】命令，弹出“属性定义”对话框，设置其参数如图1-38所示，单击【确定】按钮，在绘图区内拾取即将写入的文字所在位置的正中点，块属性定义结束。

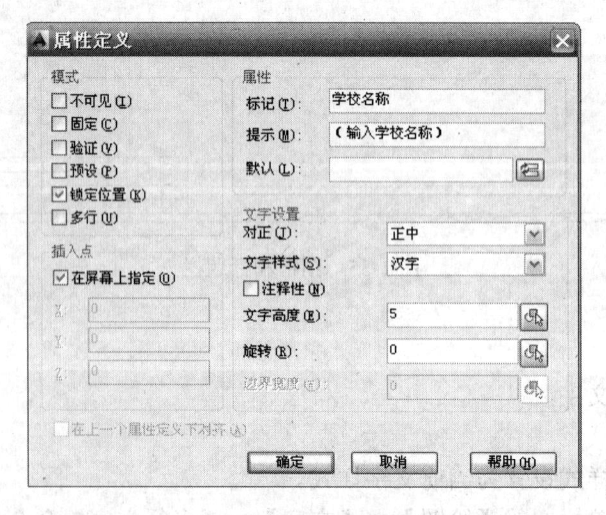

图1-38 “属性定义”对话框参数设置

（2）同重复上述命令，可以为其他的文字定义属性。“图名”的字高为 5，其他文字的字高为 3.5，结果如图 1-39 所示。

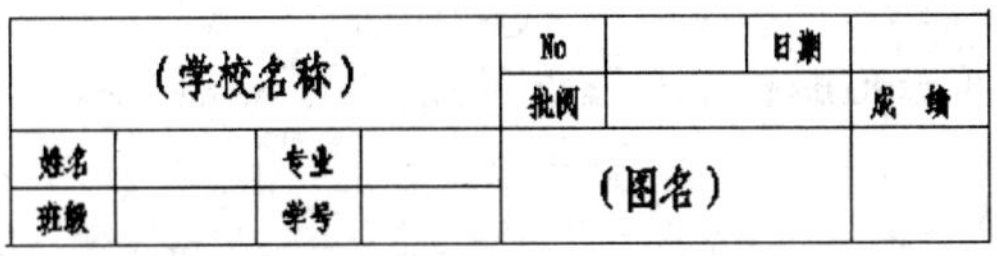

（学校名称）				No		日期	
				批阅		成绩	
姓名		专业		（图名）			
班级		学号					

图 1-39 定义图名

（3）单击下拉菜单栏中的【绘图】→【块】→【创建】命令，弹出“块定义”对话框，如图 1-40 所示。

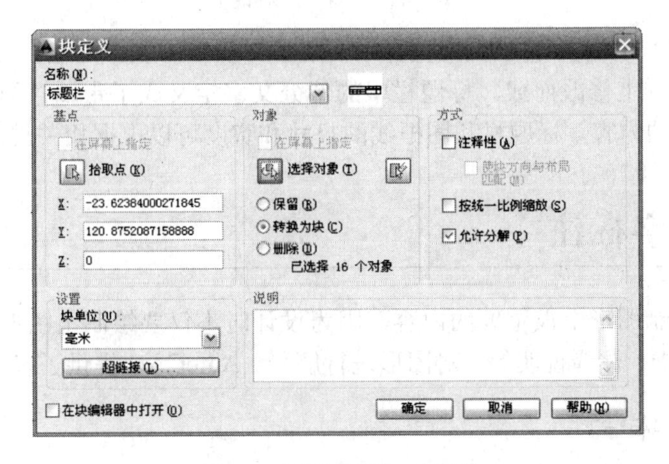

图 1-40 “块定义”对话框

（4）在“名称”下拉列表中输入块的名称“标题栏”，单击“拾取点”按钮，捕捉标题栏的右下角角点作为块的基点；单击“选择对象”按钮，选择标题栏线及其内部文字，选择“删除”单选按钮，单击【确定】按钮，标题栏块定义结束。

（5）单击绘图工具栏中的“插入块”命令按钮，弹出“插入”对话框，如图 1-41 所示。在“名称”下拉列表中选择“标题栏”选项，单击【确定】按钮，选择图框线的右下角为插入基点单击，根据命令行提示输入各项参数，依次按回车键。命令行提示如下：

```
命令：_insert                                    //激活插入命令
指定插入点或 [基点（B）/比例（S）/旋转（R）]：    //指定图框线的右下角为插入基点
输入属性值
输入图名：建筑平面图
输入学校名称：辽宁建筑职业学院↓                  //回车结束
```

【注意】 在实际绘图时，块的属性值中的各项参数应根据实际情况设置或修改。

（6）将该文件保存为样板图文件。

单击下拉菜单栏中的【文件】→【保存】命令，打开“图形另存为”对话框。从“文件类型”下拉列表中选择“AutoCAD 图形样板（*.dwt）”选项，输入文件名称“A3 建筑图模板”，单击【保存】按钮，在弹出的“样板说明”对话框中输入说明“A3 幅面建筑用模板”，单击【确定】按钮，完成设置。

【注意】 其他幅面建筑用模板只要在“A3 幅面建筑用模板”文件的基础上修改边框尺寸大小，并另存文件即可。

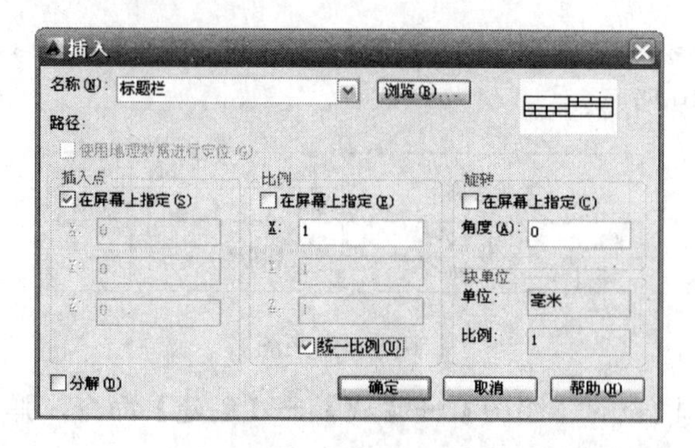

图 1-41 “插入”对话框

【实例小结】 以A3幅面样板图为例详细讲解了样板图的制作过程，其他幅面的样板图可以在此样板图的基础上修改而成。标题栏中的部分文字定义成了带属性的块，在插入时可以根据需要输入不同的内容。标题栏和图框线的尺寸和宽度可以根据相关规范设置。

单元 11　文字标注

文字注释是绘制图形中很重要的内容，因为设计时不仅要绘制出图形，通常还要加入一些文字，如技术要求、注释说明等，对图形进行解释。AutoCAD提供了多种写入文字的方法。

1.11.1　设置文字样式

【操作步骤】

单击下拉菜单栏中的【格式】→【文字样式】命令，打开“文字样式”对话框，如图1-42所示。利用该对话框可以新建或者修改当前文字样式。

图 1-42 “文字样式”对话框

本实例要求创建“汉字”文字样式和“数字”文字样式。“汉字”样式采用“仿宋_GB2312”

字体，不设定字体高度，宽度比例为 0.8，用于书写标题栏、设计说明等部分的汉字；“数字”样式采用“simplex.shx”字体，不设定字体高度，宽度比例为 0.8，用于标注尺寸等。

具体操作步骤见 1.10.3 设置文字样式，此处不再赘述。

1.11.2　单行文字标注

【操作步骤】

单击下拉菜单栏中的【绘图】→【文字】→【单行文字】命令，命令行提示如下：

```
命令：_dtext                                                    //激活单行文字命令
当前文字样式："汉字"   文字高度：2.5000  注释性：否
指定文字的起点或 [对正（J）/样式（S）]：↓                         //回车
指定高度<2.5000>:                                                //指定文字高度
指定文字的旋转角度 <0>:                                          //指定文字的倾斜角度
输入文字：
指定文字的起点或 [对正（J）/样式（S）]：j↓                        //回车
输入选项 [对齐（A）/调整（F）/中心（C）/中间（M）/右（R）/左上（TL）/中上（TC）/右上（TR）
/左中（ML）/正中（MC）/右中（MR）/左下（BL）/中下（BC）/右下（BR）]：
```

【选项说明】对正（J）

各个选项表示不同的文字对齐方式，当文字串水平排列时，系统为文字定义了 4 条线，如图 1-43 所示的顶线、中线、基线和底线。各种对齐方式具体位置如图中大写字母所示。

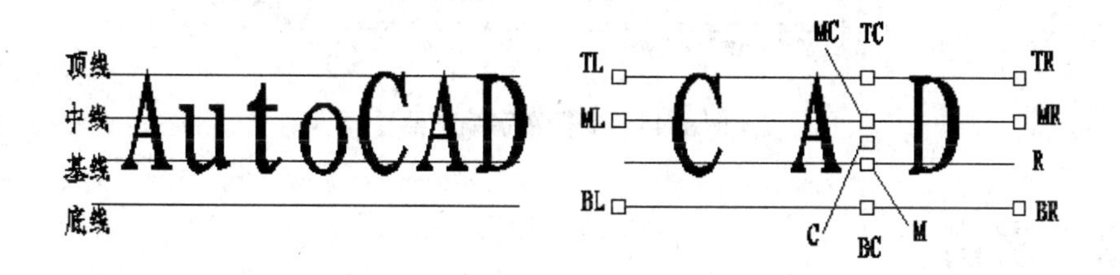

图 1-43　文字对正选项的具体位置

1.11.3　多行文字标注

【操作步骤】

单击下拉菜单栏中的【绘图】→【文字】→【多行文字】命令，命令行提示如下：

```
命令：_mtext                                                    //激活多行文字命令
当前文字样式："汉字"  文字高度：5  注释性：否
指定第一角点：                                                  //指定输入文字框第一角点
指定对角点或 [高度（H）/对正（J）/行距（L）/旋转（R）/样式（S）/宽度（W）/栏（C）]：
                                                                //指定输入文字框第二角点
```

系统弹出“文字格式”工具栏和多行文字编辑器，使用其可以输入多行文字。在“文字格式”工具栏中，选择“汉字”文字样式，文字高度设置为 10。在文字编辑器中输入相应的设计说明文字，如图 1-44 所示，最后单击【确定】按钮。

该“文字格式”工具栏和多行文字编辑器与 Word 文字软件界面相似，这里不再赘述。

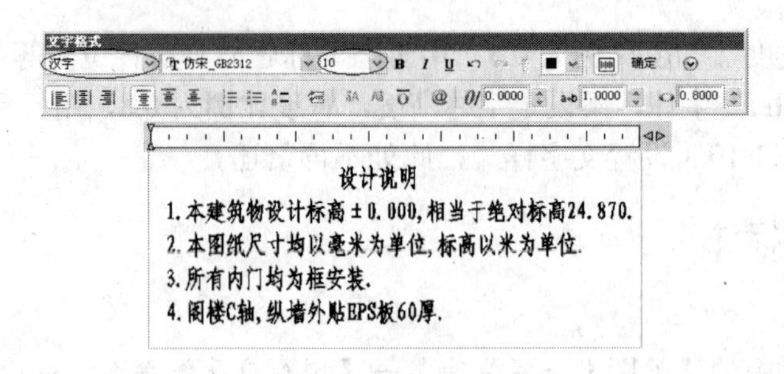

图 1-44　多行文字输入

1.11.4　多行文字编辑

【操作步骤】

单击下拉菜单栏中的【修改】→【对象】→【文字】→【编辑】命令，选取需要修改的文字，如果是单行文字，可以直接进行修改；如果是多行文字，选取文字后打开多行文字编辑器，如图 1-45 所示。选中文字后，参照前面编辑器各个按钮的功能进行编辑。

图 1-45　多行文字编辑器

单元 12　表格

使用表格绘图功能，用户可以直接插入已经设置好样式的表格。图表在图形绘制中也有大量的应用，如明细表、参数表和标题栏等。

1.12.1　设置表格样式

以门窗统计表为例，讲解表格样式的创建方法，以及表格的创建与编辑等。绘图结果如表 1-2 所示。

表 1-2　门窗统计表

门窗统计表			
序号	设计编号	规格	数
1	M-1	1300×2000	4
2	M-2	1000×2100	30
3	C-1	2400×1700	10
4	C-2	1800×1700	40

【操作步骤】

新建表格样式。单击下拉菜单栏中的【格式】→【表格样式】命令，打开“表格样式”对话框，如图1-46所示。

单击【新建】按钮，打开“创建新的表格样式”对话框，在“新样式名”文本框中输入“表格样式”，如图1-47所示，单击【继续】按钮，进入“新建表格样式：表格样式”对话框。选取“数据”单元样式，单击“文字”选项卡，将“文字样式”设置为“汉字”，“文字高度”设置为6，如图1-48所示。同样，选取“表头”单元样式，单击“文字”选项卡，将“文字样式”设置为“汉字”，“文字高度”设置为6。选取“标题”单元样式，单击“文字”选项卡，将“文字样式”设置为“汉字”，“文字高度”设置为8。单击【确定】按钮，返回“表格样式”对话框，如图1-49所示。从“样式”列表框中选择“表格样式”，单击【置为当前】按钮，将该表格样式置为当前样式。

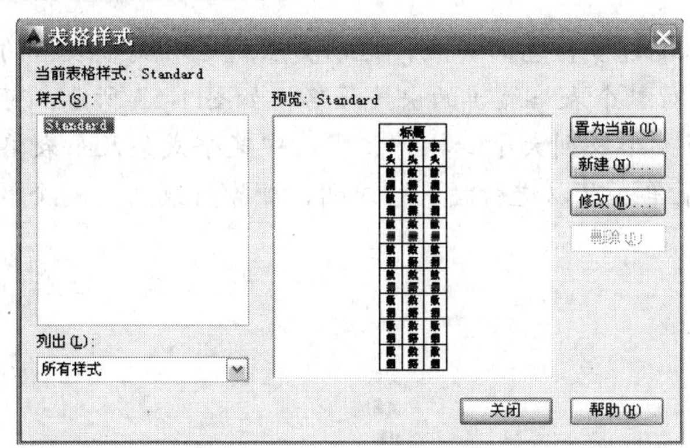

图1-46 “表格样式”对话框

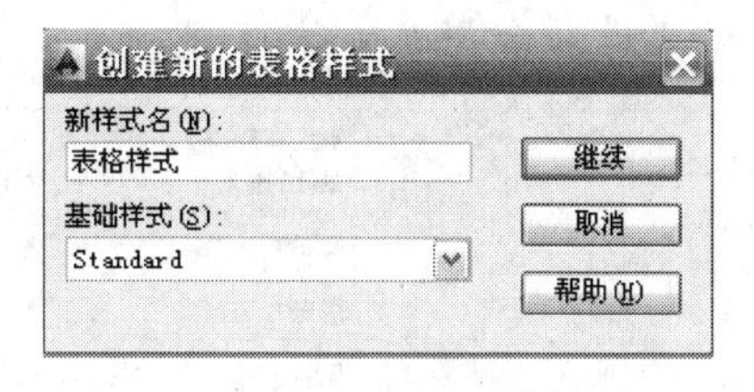

图1-47 为表格样式命名

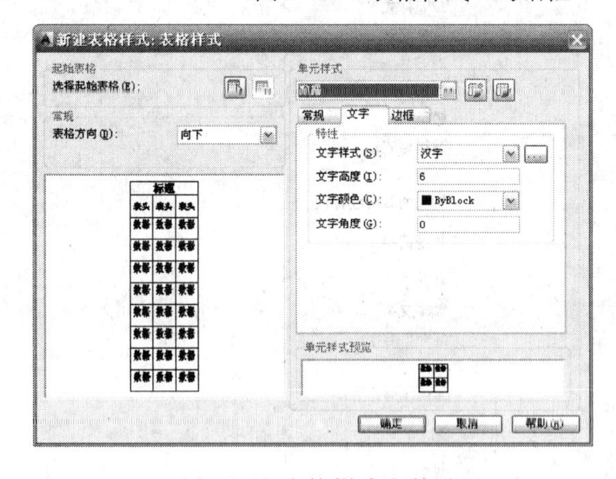

图1-48 表格样式参数设置

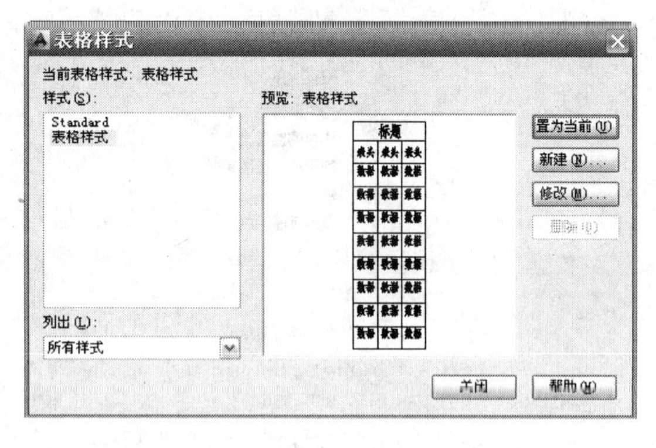

图1-49 表格样式设置完成

1.12.2 插入表格

单击下拉菜单栏中的【绘图】→【表格】命令，打开 “插入表格” 对话框。设置“列数”为4，“列宽”为50，“数据行数”为4，“行高”为2，如图1-50所示。

单击【确定】按钮，在绘图区内适当位置单击，插入表格进入表格编辑状态，按照表格内容输入文字，单击【确定】按钮即可，效果如图1-51所示。

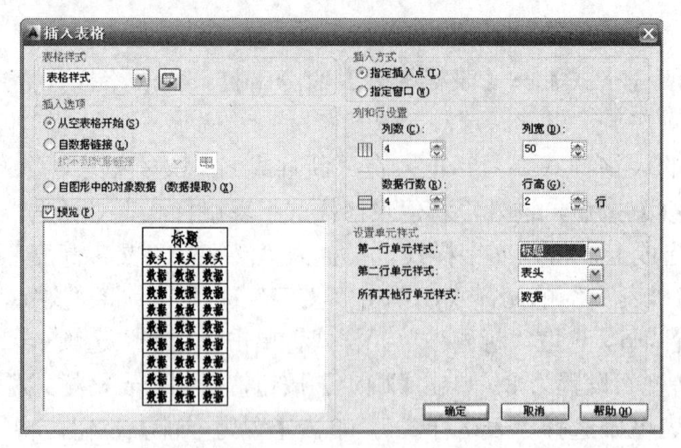

图1-50 “插入表格”对话框

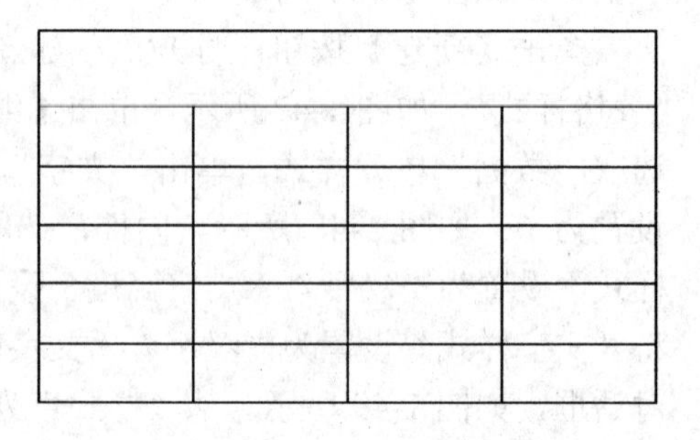

图1-51 插入表格效果

【提示】 当选中整个表格时，会出现许多蓝色的夹点，拖动夹点就可以调整表格的行宽和列宽。选中整个表格并右击，会弹出对整个表格编辑的快捷菜单，如图1-52所示，可以对整个表格进行复制、粘贴、均匀调整行大小及列大小等操作。当选中某个或某几个表格单元时，右击可弹出如图1-53所示的快捷菜单，可以进行插入行或列、删除行或列、删除单元内容、合并及拆分单元等操作。

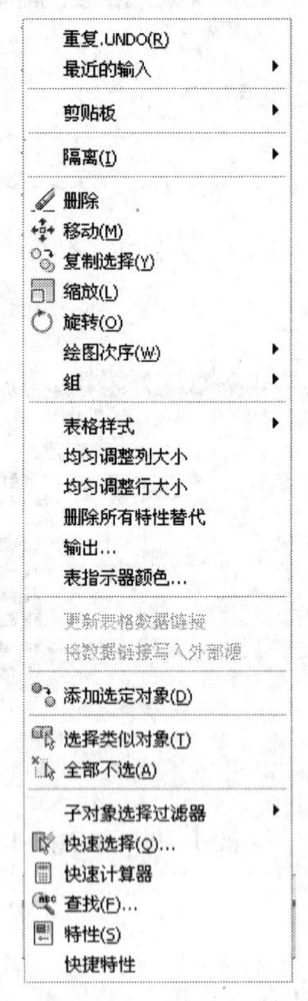

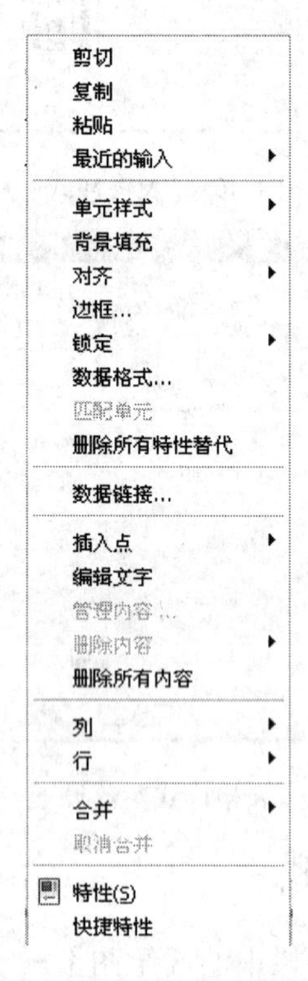

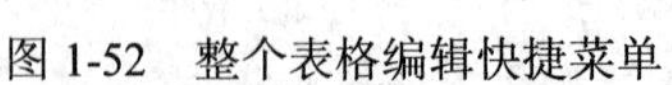

图1-52 整个表格编辑快捷菜单　　图1-53 单元格编辑快捷菜单

【说明】 本实例讲解表格及表格样式的使用方法。系统默认的“Standard”表格样式中的数据采用“Standard”文字样式，该文字样式默认的字体为“txt.shx”，该字体不识别汉字，因

此“Standard”表格样式的预览窗口中的数据显示为“？”，将“txt.shx”字体修改成能识别汉字的字体，如“仿宋_GB2312”字体等，即可显示汉字。

单元 13 尺寸标注

尺寸标注是绘制图形过程中非常重要一个环节，工程图必须有详细清晰的结构尺寸表达。尺寸标注的命令集中在【标注】下拉菜单中，如图 1-54 所示。

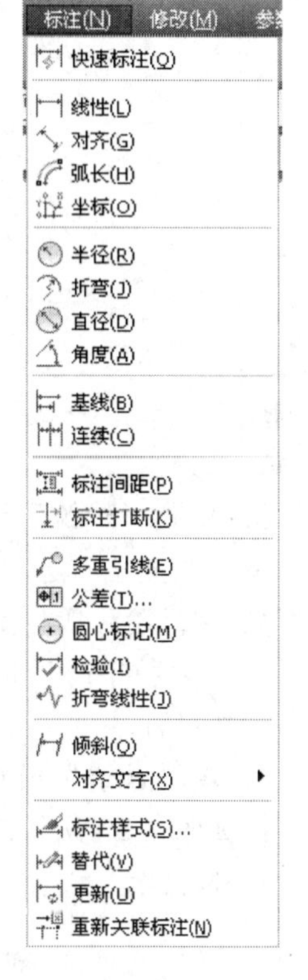

图 1-54 【标注】下拉菜单

1.13.1 设置尺寸样式

【操作步骤】

单击下拉菜单栏中的【格式】→【标注样式】命令，打开“标注样式管理器”对话框，如图 1-55 所示。

利用该管理器可以直观地设置和浏览尺寸标注的样式、新建尺寸标注样式、修改和删除已有的尺寸样式、替代尺寸样式等。

【选项说明】

1. 新建尺寸样式

单击如图 1-55 所示的【新建】按钮，打开“创建新标注样式”对话框，如图 1-56 所示。在“新样式名”文本框中输入“建筑”，单击【继续】按钮，打开“新建标注样式：建筑”对话框，如图 1-57 所示。

2. 修改“建筑”尺寸样式箭头

单击“符号和箭头”选项卡，在“箭头”区域中分别选择“第一个”和“第二个”下拉列表中的“建筑标记”选项。

“符号和箭头”选项卡，能够对箭头、圆心标记和半径折弯标注的各个参数进行设置。

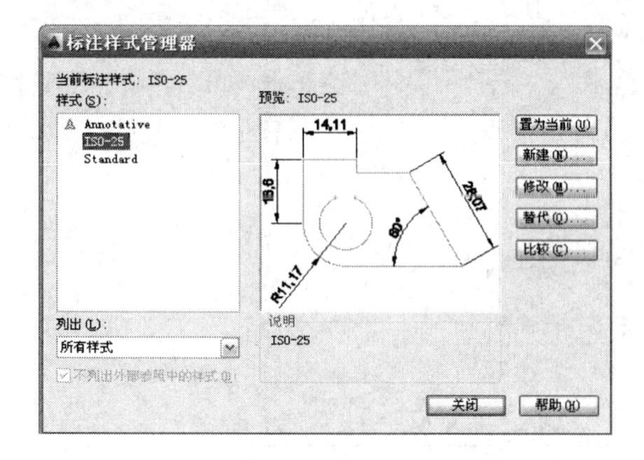

图 1-55 “标注样式管理器”对话框

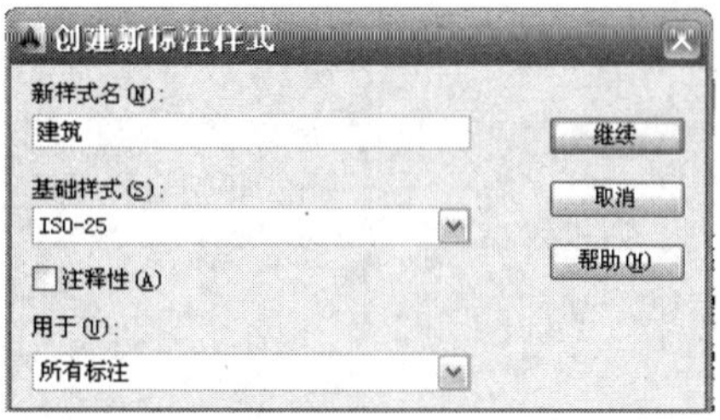

图 1-56 “创建新标注样式”对话框

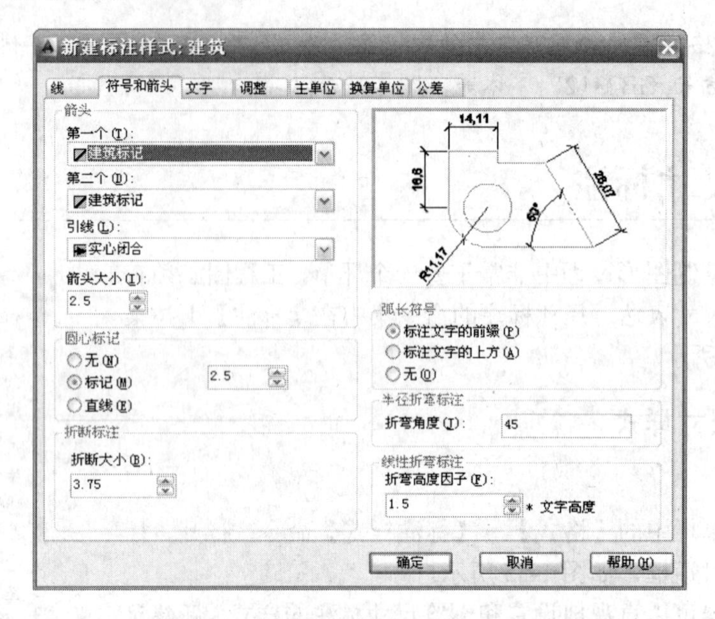

图 1-57 “新建标注样式：建筑”对话框

3．修改“建筑”尺寸样式文字

单击“文字”选项卡，在文字外观的对话栏中可以对“文字样式”“文字颜色”“填充颜色”“文字高度”等参数进行设置，如图 1-58 所示。

在“文字样式”下拉列表中选择“汉字”文字样式，单击【确定】按钮，结束“建筑”尺寸样式设置。

4．将“建筑”尺寸样式设置为当前标注样式

在如图 1-59 所示的对话框中选择“建筑”标注样式，单击【置为当前】按钮，即将“建筑”尺寸样式设置为当前标注样式，单击【关闭】按钮完成设置。

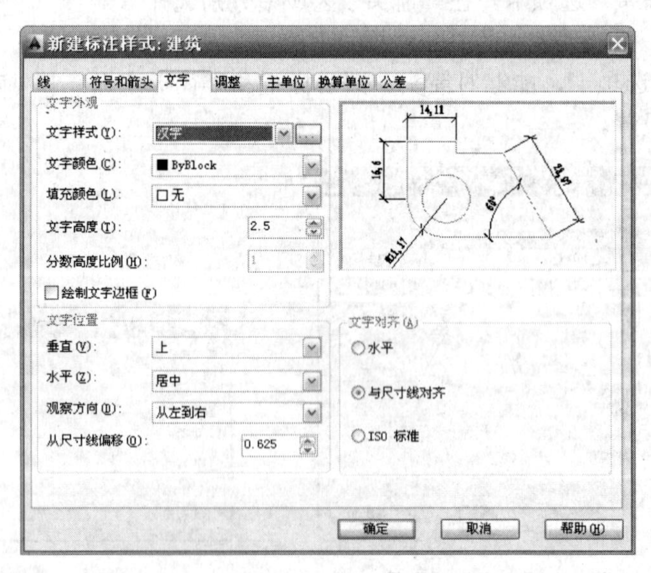

图 1-58 “文字”选项卡

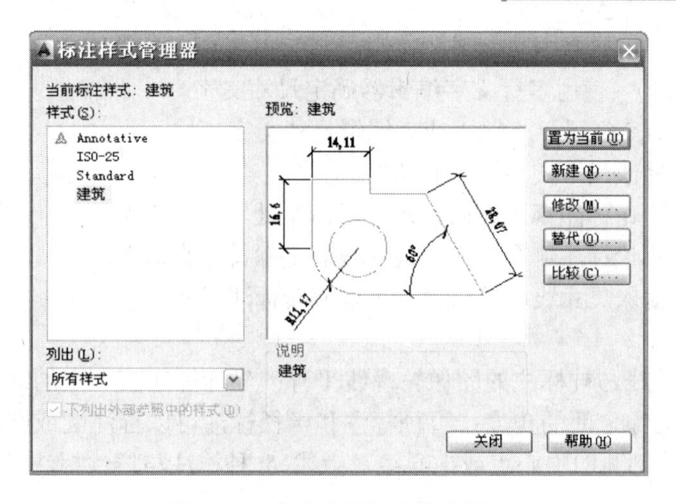

图 1-59　完成建筑标注样式设置

1.13.2　尺寸标注的类型

1．快速标注

快速尺寸标注命令可以交互地、动态地、自动地进行尺寸标注，操作中可以同时选择多个圆或者圆弧标注直径和半径，还可以同时选择多个对象进行基线标注和连续标注，因此能够节省时间。

【操作步骤】

选择下拉菜单栏中的【标注】→【快速标注】命令，命令行提示如下：

```
命令：_qdim                                              //激活快速标注命令
关联标注优先级 = 端点
选择要标注的几何图形：↓                                  //选择标注尺寸对象后回车
选择要标注的几何图形：
指定尺寸线位置或 [连续（C）/并列（S）/基线（B）/坐标（O）/半径（R）/直径（D）/基准点（P）/编辑（E）/设置（T）] <连续>：
```

【选项说明】

- 指定尺寸线位置：直接确定尺寸线的位置。
- 连续（C）：完成一系列的尺寸标注。
- 基线（B）：完成一系列交错的尺寸链标注。
- 基准点（P）：重新指定一个新的基准点。
- 编辑（E）：对已有的尺寸添加标注或者移去尺寸点。

2．线性标注

【操作步骤】

选择下拉菜单栏中的【标注】→【线性】命令，命令行提示如下：

```
命令：_dimlinear                                   //激活线性标注命令
指定第一条延伸线原点或<选择对象>：↓                 //选择标注尺寸界限第一点后回车
指定第二条延伸线原点：↓                             //选择标注尺寸界限第二点后回车
指定尺寸线位置或 [多行文字（M）/文字（T）/角度（A）/水平（H）/垂直（V）/旋转（R）]：
```

【选项说明】

- 指定尺寸线位置：单击确定尺寸线的位置，系统自动测量所标注线段的长度并标注出相应的尺寸。

- 多行文字（M）：使用多行文字编辑器确定尺寸文字。
- 文字（T）：命令行提示下输入或者编辑尺寸文字。
- 角度（A）：修改尺寸文字的倾斜角度。
- 水平（H）：不论标注哪个方向，尺寸线总是处于水平状态。
- 垂直（V）：不论标注哪个方向，尺寸线总是保持垂直放置。
- 旋转（R）：输入尺寸线旋转角度，可以旋转标注尺寸。

【操作提示】

对齐标注的尺寸线与被标注的图像轮廓线平行；坐标标注某一点的纵坐标或者横坐标；角度标注完成两个对象之间的角度；直径标注和半径标注可以标注圆或圆弧的直径和半径；圆心标注则标注圆或圆弧的中心点或中心线，上述 5 种标注与线性标注操作方法类似，此处不再赘述。

3．连续标注

选择下拉菜单栏中的【标注】→【连续】选项，命令行提示如下：

```
命令：_dimcontinue                                         //激活连续标注命令
指定第二条延伸线原点或［放弃（U）/选择（S）］ <选择>：         //指定第二个标注尺寸的原点
```

【选项说明】

在进行连续标注时，必须首先标注出一个相关的尺寸，然后指定第二条延伸线原点，即可以完成连续标注，形成一个尺寸链。连续标注是建筑工程图使用最多的标注方法。

【小结】

本案例简单介绍了 AutoCAD 2014 的启动和退出的方法；详细讲解了 AutoCAD 2014 界面的各个组成部分及其功能；介绍新建、打开和关闭文件的方法；说明了数据的几种输入方式。本案例还介绍了绘图的界限、单位、图层、视窗的显示控制、选择对象和对象捕捉等方法。通过一个实例，详细介绍了 A3 幅面建筑图模板的绘制方法。同时本模块阐述了文字的注释和编辑功能、表格的使用和尺寸标注的方法与操作技巧等。这部分内容可以使初学者很好地认识 AutoCAD 2014 的基本功能，快速掌握其操作方法，对于快速绘图也起到一定的铺垫作用。

思考与练习题 1

1．思考题

（1）AutoCAD 2014 有哪些新增工具？

（2）如何启动和退出 AutoCAD 2014？

（3）AutoCAD 2014 的界面由哪几部分组成？

（4）如何保存 AutoCAD 2014 文件？

（5）绘图界限有什么作用？如何设置绘图界限？

（6）常用的构造选择集操作有哪些？

（7）精确定位工具“捕捉”和“对象捕捉”有何区别？

（8）对象捕捉有多少种？如何激活某种对象捕捉？

（9）对象捕捉为什么不能单独使用？

（10）图形缩放命令可否改变图形实际尺寸？

（11）单行文字命令和多行文字命令有什么区别？各适用于什么情况？

（12）如何创建新的文字样式？

（13）如何创建新的表格样式？

（14）表格中的单元格能否合并？如何操作？

（15）怎样插入新的表格？

（16）写文字时“对正”选项共有多少种？

（17）设置文字样式时，文字高度的设置对写文字有什么影响？

（18）尺寸标注样式如何设置？

2．将左侧的命令与右侧的功能连接起来

SAVE	打开
OPEN	新建
NEW	保存
LAYER	缩放
LIMITS	图层
UNITS	绘图界限
PAN	平移
ZOOM	绘图单位
TEXT	创建多行文字
MTEXT	创建表格对象
STYLE	编辑文字内容
DDEDIT	创建单行文字
TABLE	创建文字样式

3．认证模拟题

（1）以下哪部分功能是 AutoCAD 2014 的新增功能？（　　）

A．动态块　　B．动态输入

C．绘制直线功能　　D．Autodesk 360 云服务

（2）以下 AutoCAD 2014 的退出方式中，正确的是（　　）。

A．单击 AutoCAD 2014 界面标题栏右边的 × 按钮，退出 AutoCAD 系统

B．单击下拉菜单栏中的【文件】→【退出】命令，退出 AutoCAD 系统

C．按键盘上的【Alt+F4】组合键，退出 AutoCAD 系统

D．在命令行中键入 QUIT 或 EXIT 命令后按回车键

（3）设置图形单位的命令是（　　）。

A．SAVE　　B．LIMITS　　C．UNITS　　D．LAYER

（4）在 ZOOM 命令中，E 选项的含义是（　　）。

A．拖动鼠标连续地放大或缩小图形　　B．尽可能大地在窗口内显示已编辑图形

C．通过两点指定一个矩形窗口放大图形　　D．返回前一次视图

（5）处于（　　）中的图形对象不能被删除。

A．锁定的图层　　B．冻结的图层　　C．“0”图层　　D．当前图层

（6）坐标值@200，100 属于（　　）表示方法？

A．绝对直角坐标　　B．相对直角坐标　　C．绝对极坐标　　D．相对极坐标

（7）以下说法正确的是（　　）。

A．逆时针角度为正值　　B．顺时针角度为负值

C．角度的正负要依据设置　　D．以上说法都不对

（8）要输入绝对坐标值为（5，5）的点，应该输入（　　）。

A．@5，5　　B．5，5　　C．5<5　　D．#5，5

（9）在打开对象捕捉模式下，只可以选择一种对象捕捉模式。（　　）

A．对　　B．错

（10）激活对象追踪时，必须激活对象捕捉。（　　）

A．错　　B．对

（11）题图 1-1 所示的控制盘为（　　）。

A．查询对象控制盘

B．三维视图控制盘

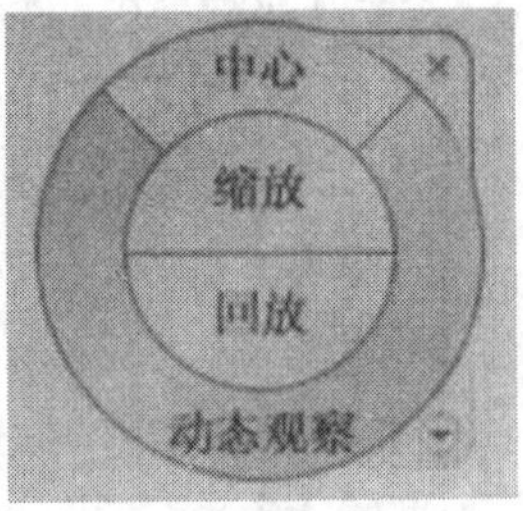

题图 1-1

（12）如果一张图纸的左下角点为（10，10），右上角点为（120，150），那么该图纸的图限范围为（　　）。

A．120×150　　B．140×110　　C．110×140　　D．10×10

（13）以下说法正确的有（　　）。

A．逆时针角度为正值　　B．顺时针角度为负值

C．角度的正负要依据设置　　D．以上都不对

（14）使用 LINE 命令绘制直线时，要至少绘制几条直线才可以使用“闭合”选项？（　　）

A．1　　B．2　　C．3　　D．4

（15）AutoCAD 提供了（　　）个命令用来绘制圆弧。

A．6　　B．11　　C．12　　D．8

（16）绘制矩形时，需要（　　）信息。

A．起始角、宽度和高度　　B．矩形四个角的坐标

C．矩形对角线的对角坐标　　D．矩形的三个相邻角坐标

（17）要快速显示整个图限范围内的所有图形，可使用（　　）命令。

A．缩放—窗口　　B．缩放—动态　　C．缩放—全部　　D．缩放—范围

（18）以下（　　）命令是多行文字命令。

A．TEXT　　B．MTEXT　　C．TABLE　　D．STYLE

（19）以下（　　）控制符表示正负公差符号。

A．%%P　　B．%%D　　C．%%C　　D．%%U

（20）表格样式中的“标题”（　　）设置在表格的下方。

A．可以　　B．不可以

（21）中文字体有时不能正常显示，它们显示为“？”，或者显示为一些乱码，使中文字体正常显示的方法有（　　）。

A．选择 AutoCAD 2006 自动安装的 txt.shx 文件

B．选择 AutoCAD 2006 自带的支持中文字体正常显示的 TTF 文件

C．在文本样式对话框中，将字体修改成支持中文的字体

D．拷贝第三方发布的支持中文字体的 SHX 文件

（22）系统默认的 Standard 文字样式采用的字体是（　　）。

A．simplex.shx　　B．仿宋_GB2312　　C．txt.shx　　D．romanc.ttf

（23）对于 TEXT 命令，下面描述正确的是（　　）。

A．只能用于创建单行文字

B．可创建多行文字，每一行为一个对象

C．可创建多行文字，所有多行文字为一个对象

D．可创建多行文字，但所有行必须采用相同的样式和颜色

（24）利用 arc 命令刚刚结束绘制一段圆弧，现在执行 Line 命令，提示“指定第一点”时，按下回车键，结果是（　　）。

A．继续提示“指定一点”

B．提示：指定下一点或{放弃（u）}

C．Line 命令结束

D．以圆弧端点为起点绘制圆弧的切线

（25）如果插入的块所使用的图形单位与图形指定的单位不同，则（　　）。

A．对象以一定比例缩放以维持视觉外观

B．英制的放大 25.4 倍

C．公制的缩小 25.4 倍

D．块将自动按照两种单位相比的等价比例因子进行缩放

4．常用快捷键速记

【A】绘圆弧

【B】定义块

【C】画圆

【D】尺寸资源管理器

【E】删除

【F】倒圆角

【G】对相组合

【H】填充

【I】插入

【S】拉伸

【T】文本输入

【W】定义块并保存到硬盘中

【L】直线

【M】移动

【X】炸开
【V】设置当前坐标
【U】恢复上一次操做
【O】偏移
【P】移动
【Z】缩放

第2章

AutoCAD 2014 高频率绘图命令

【导读】

当今大家在设计和绘制建筑施工图、结构施工图和设备施工图时经常会使用 AutoCAD 2014 软件中的绘图和修改等相关命令，由于这些相关命令经常使用，所以我们将其命名为高频率绘图命令。为了使大家能够熟练地掌握这些高频率绘图命令，编者以案例的方式由浅入深地进行分步骤讲解。

在建筑设计和绘图的过程中基本图形元素（直线、圆、圆弧和矩形）的画法是整个绘图的基础。本章首先介绍一些简单的绘图命令，给出绘制图形的知识重点、操作步骤。通过学习可以掌握基本图形的绘制方法和精确绘图工具的使用方法，掌握删除、修剪、复制、镜像、阵列等修改命令的使用，各个选项的功能；然后根据案例的需要学会多段线和图案填充的使用。

本章所选择的图形案例都是建筑工程设计中常见的，根据学习 AutoCAD 2014 和绘制图形的需要，决定内容的取舍，读者只要参照教材编写顺序，一步步地进行实际操作，就能够很快地掌握 AutoCAD 2014 高频率绘图命令的使用方法。

单元 1　绘制三角形内接圆和正多边形

【建筑构配件三维立体图案例】

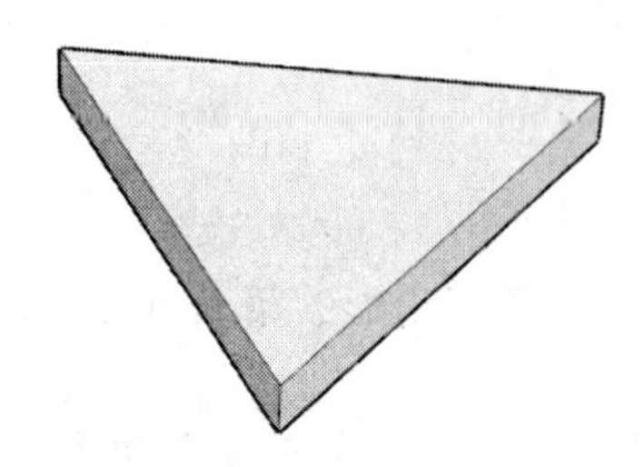

图 2-1　任意三角形

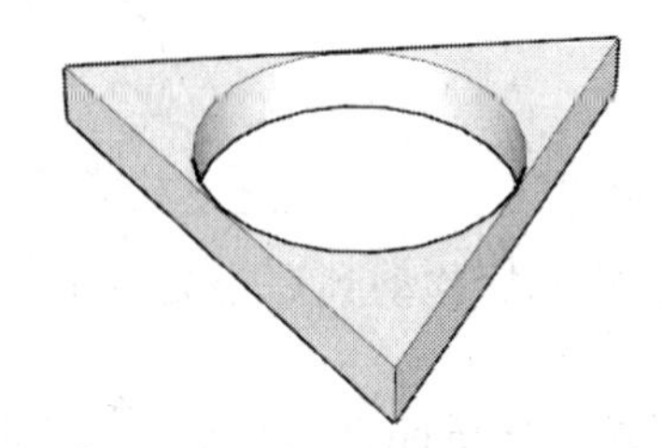

图 2-2　三角形内接圆

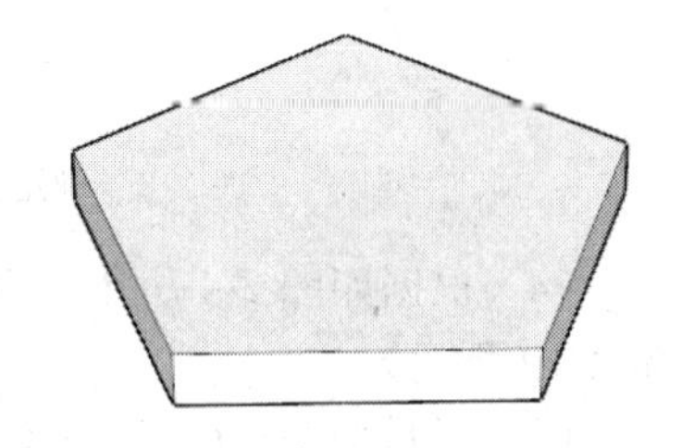

图 2-3　正五边形

2.1.1 绘制任意三角形

【案例平面图】

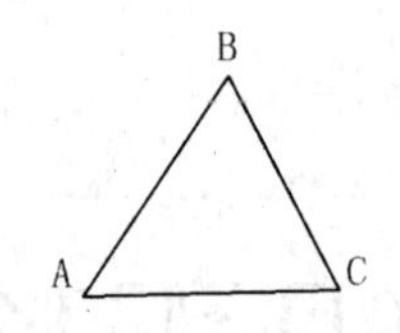

图 2-4 任意三角形

【知识重点】

本案例我们绘制一个任意尺寸样式的三角形，练习 AutoCAD 2014 中直线命令的使用方法。

【操作步骤】

（1）执行【直线】命令。执行方式如下（绘图时选择其中任意哪一种方式都可以）。

① 在命令行输入“LINE”之后按空格键或回车键，如图 2-5 所示。

② 单击下拉菜单栏中的【绘图】→【直线】命令，如图 2-6 所示。

③ 单击“默认”选项卡中的“绘图”面板→“直线”图标，如图 2-7 所示。

图 2-5 命令行输入

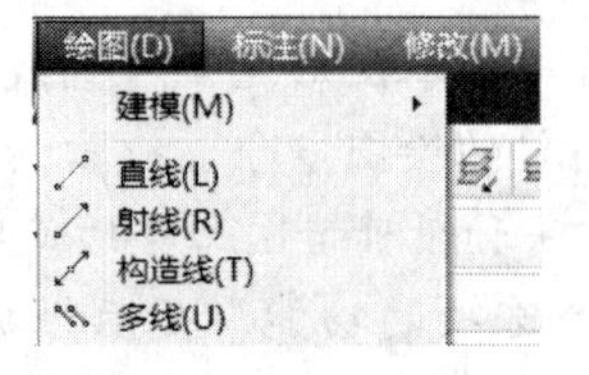

图 2-6 选择【直线】命令

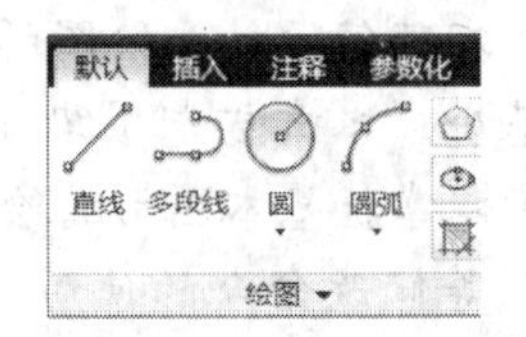

图 2-7 “默认”选项卡

（2）在绘图区域任意位置单击，确定任意三角形的第一点 A（如图 2-8 所示）。

（3）根据如图 2-4 所示案例，将光标移动到 B 点处单击，得到任意三角形的第二点 B（如图 2-9 所示）。

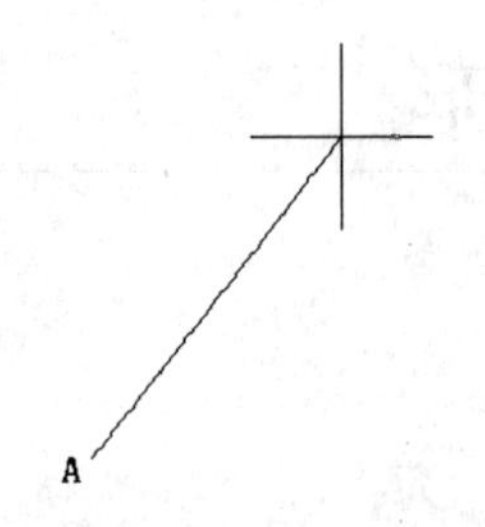

图 2-8 确定 A 点

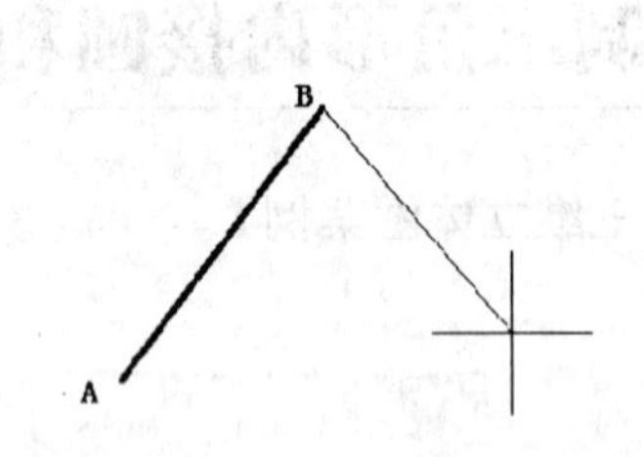

图 2-9 求 B 点

（4）根据如图 2-4 所示案例，将光标移动到 C 点处单击，得到任意三角形的第三点 C（如图 2-10 所示）。

（5）最后命令：c，输入 c 后按空格键闭合三角形（或将状态行中的“对象捕捉”功能□打开后，用鼠标直接单击任意三角形中的绘图起点 A，之后按回车键结束直线命令），到此为止任意三角形的作图完成，如图 2-11 所示。

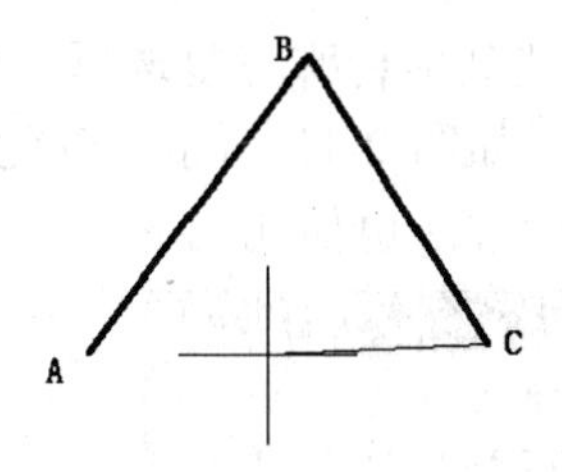

图 2-10　求 C 点

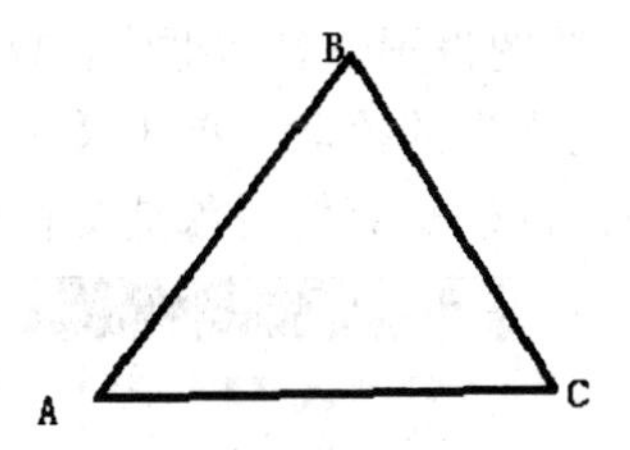

图 2-11　完成的任意三角形

2.1.2　绘制内接圆

【案例平面图】

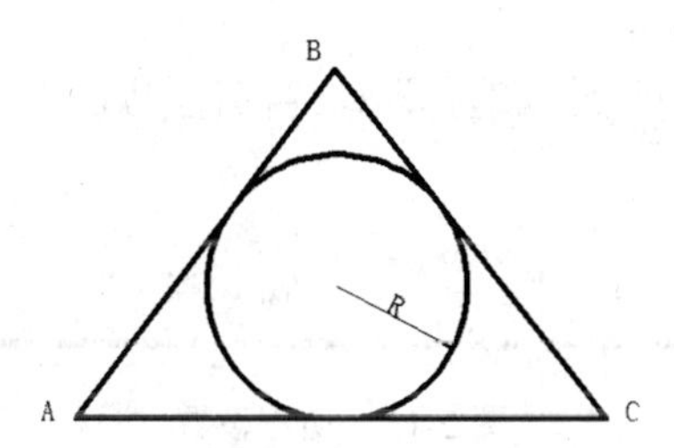

图 2-12　三角形内接圆

【知识重点】

本案例我们绘制一个任意尺寸样式的三角形内接圆（如图 2-12 所示），通过此图主要练习 AutoCAD 2014 中圆命令的使用方法和对象捕捉点的设置方法。

【操作步骤】

（1）根据上节所掌握的内容绘制任意尺寸样式的△ABC，结果如图 2-11 所示。

（2）设置“对象捕捉”点为“切点”，设置方法如下。

① 在工作界面状态栏中单击“对象捕捉”图标，结果如图 2-13 所示。

② 在“对象捕捉”功能图标上右击，在弹出的快捷菜单中选择相应的选项，如图 2-14 所示。

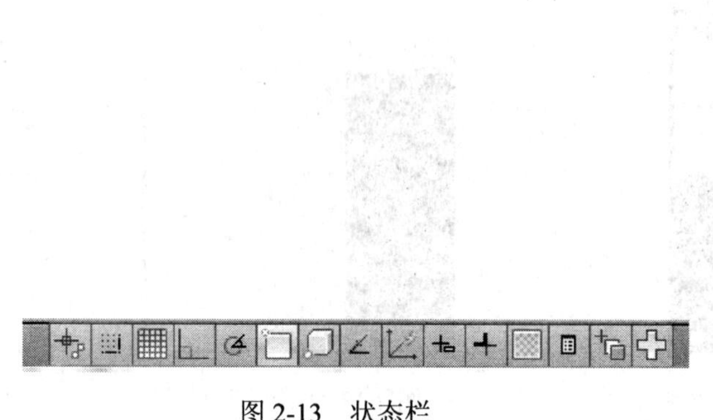

图 2-13　状态栏

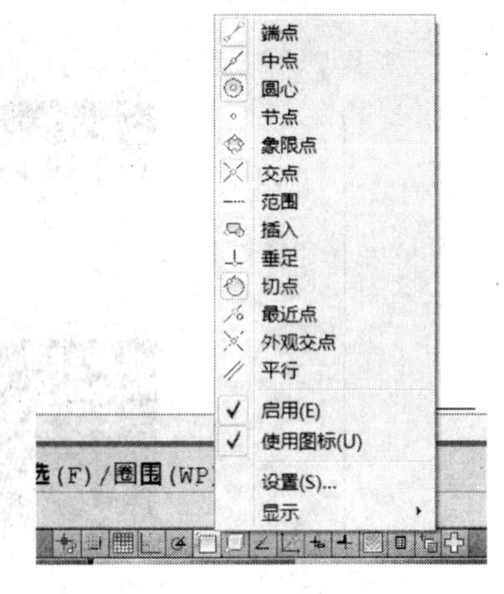

图 2-14　捕捉快捷菜单

③ 在弹出的“草图设置”对话框中，首先取消勾选其他特殊点复选框，然后勾选“切点”复选框，只保留“切点”的拾取，单击【确定】按钮，如图 2-15 所示，到此为止“切点”的捕捉功能设置完成。同理，其他对象捕捉特殊点的设置方法也如此。

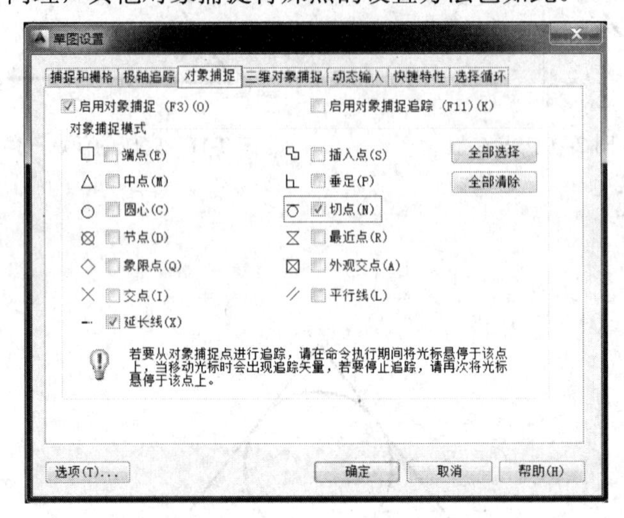

图 2-15　切点设置

（3）执行圆命令。执行方式如下（绘图时选择其中任意一种方式即可）。

① 命令行输入 CIRCLE 之后按空格或回车键，然后再输入命令：3p 并按空格或回车键，如图 2-16 所示。

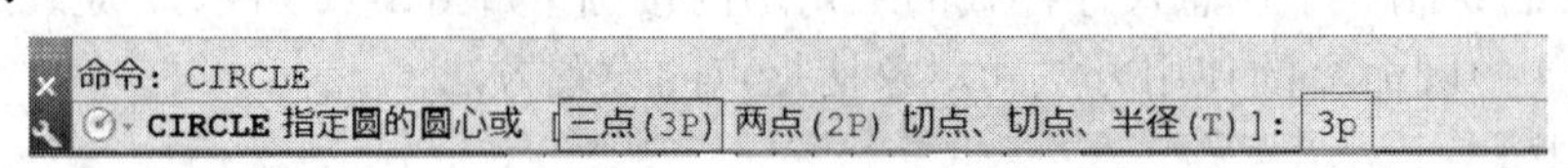

图 2-16　命令行输入命令

② 单击下拉菜单栏中的【绘图】→【圆】→【三点】命令，结果如图 2-17 所示。

③ 单击“默认”选项卡中的“绘图”面板→“圆”→“三点”图标，如图 2-18 所示。

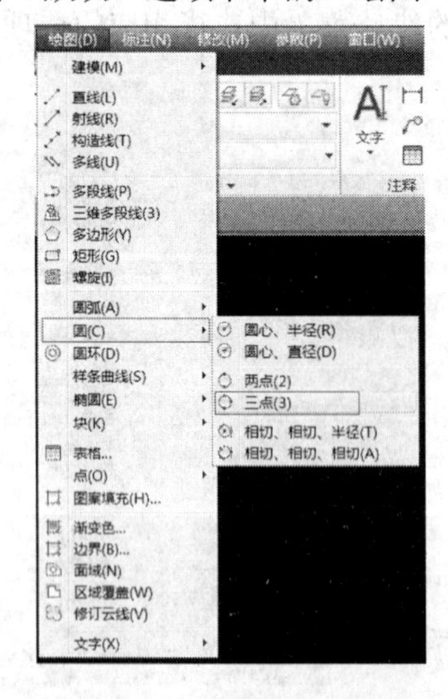

图 2-17　在下拉菜单栏中执行圆命令

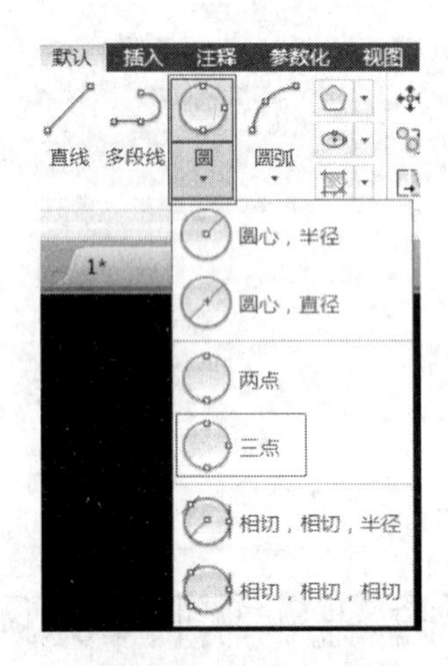

图 2-18　“绘图”面板

（4）将光标移动到 AC 线上任意位置，当出现“递延切点”符号时单击，如图 2-19 所示。

（5）将光标移动到 AB 线上任意位置，当出现“递延切点”符号时单击，如图 2-20 所示。

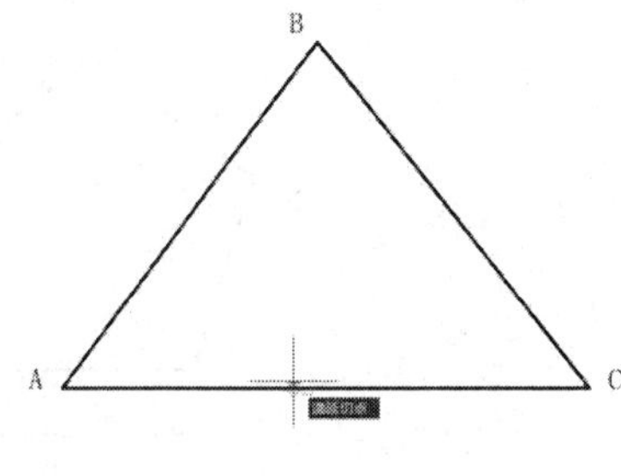

图 2-19　求切点 1

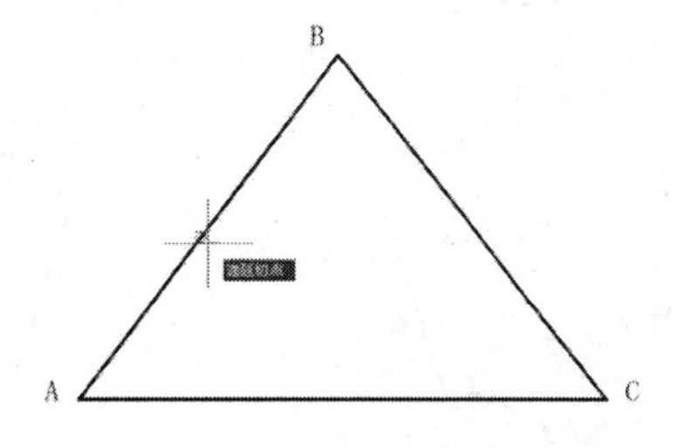

图 2-20　求切点 2

（6）将光标移动到 BC 线上任意位置，当出现“递延切点”符号时单击，如图 2-21 所示。

（7）当第 6 步中确定切点 3 的同时，任意三角形的内接圆绘制完成，如图 2-22 所示。

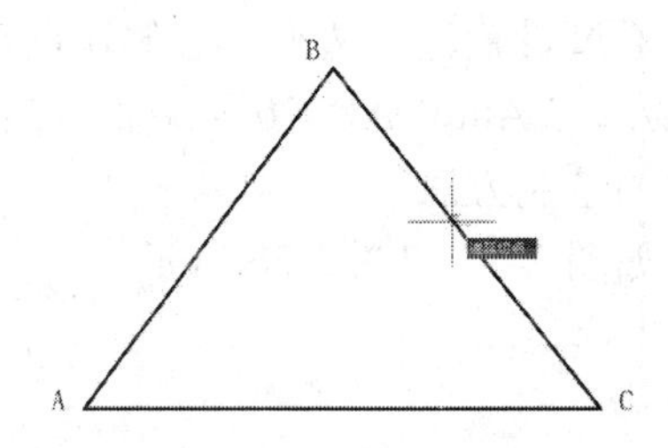

图 2-21　求切点 3

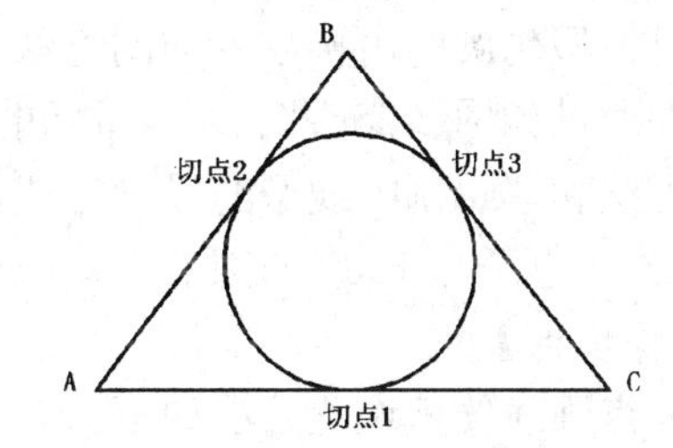

图 2-22　任意三角形内接圆的三个切点

【技巧】 在“圆”级联菜单中单击“相切、相切、相切” 菜单项，也可以完成内接圆的绘制，同时不需要设置“切点捕捉”。在功能区“绘图”面板拾取结果如图 2-23 所示，绘图下拉菜单拾取结果如图 2-24 所示。

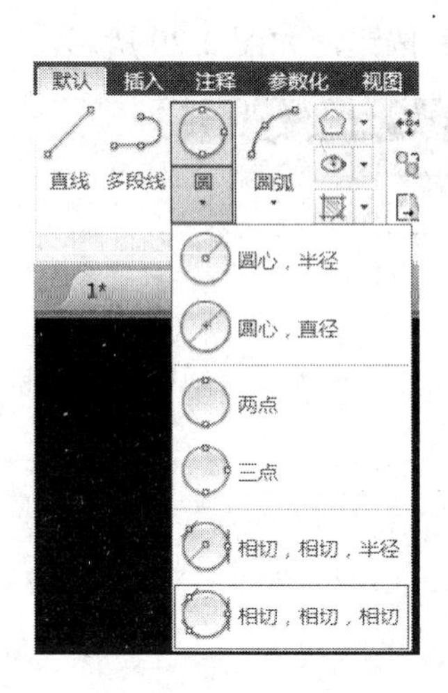

图 2-23　绘图板

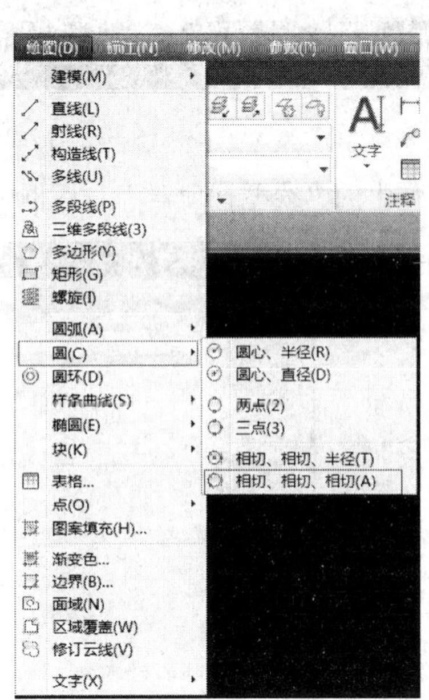

图 2-24　下拉菜单

2.1.3 绘制正多边形

【案例平面图】

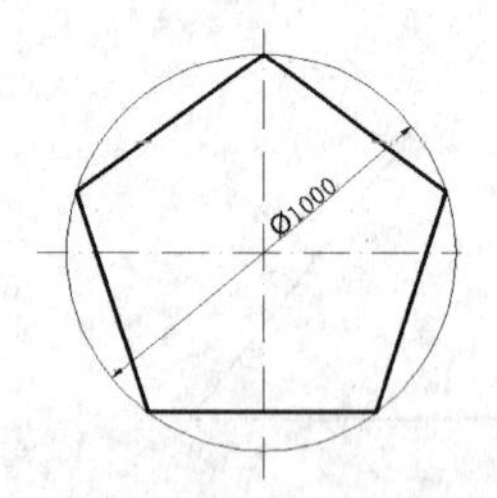

图 2-25 正五边形内接于圆

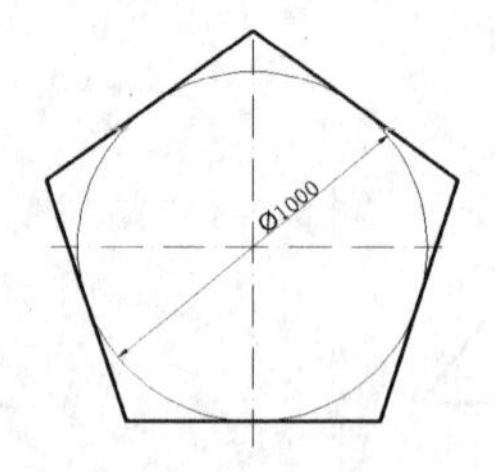

图 2-26 正五边形外切于圆

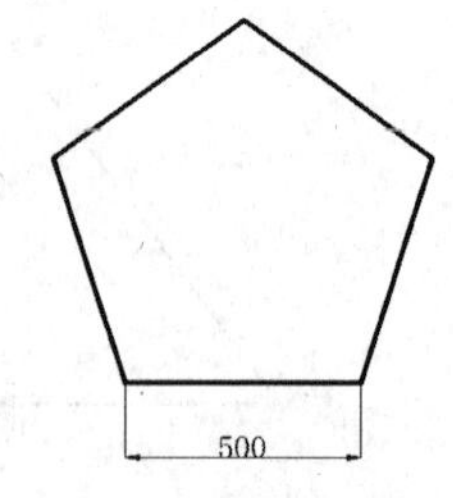

图 2-27 根据边长求正五边形

【知识重点】

在 AutoCAD 2014 中，正多边形是具有等边长的封闭图形，其边数为 3～1024。正多边形可以通过与假想圆的内接或外切的方法来绘制，也可以通过设置正多边形某边的端点来绘制。

我们通过如图 2-25～图 2-27 所示的 3 个案例，主要练习 AutoCAD 2014 中正多边形命令的使用方法和建筑制图线型的设置方式，学会正多边形的绘制方法。

1．作一直径为 1000 的圆的内接或外切正五边形，如图 2-25 和图 2-26 所示

【操作步骤】

（1）点画线线型设置方法如下。

① 选择“默认”选项卡中的“特性”面板→“线型”→“其他”选项，如图 2-28 所示。

图 2-28 “默认”选项卡

② 在弹出的“线型管理器”对话框中，单击【加载】按钮，如图 2-29 所示。

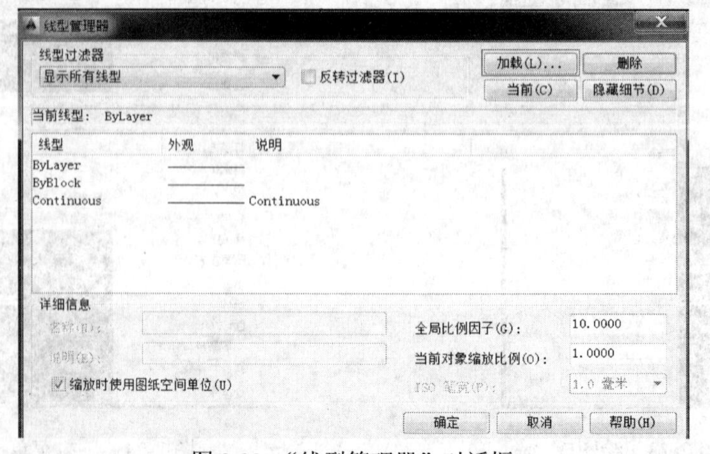

图 2-29 “线型管理器”对话框

③ 在弹出的“加载或重载线型”对话框中，“可用线型”下拉列表框中找到点画线的线型，单击【确定】按钮，返回“线型管理器”对话框，如图 2-30 所示。

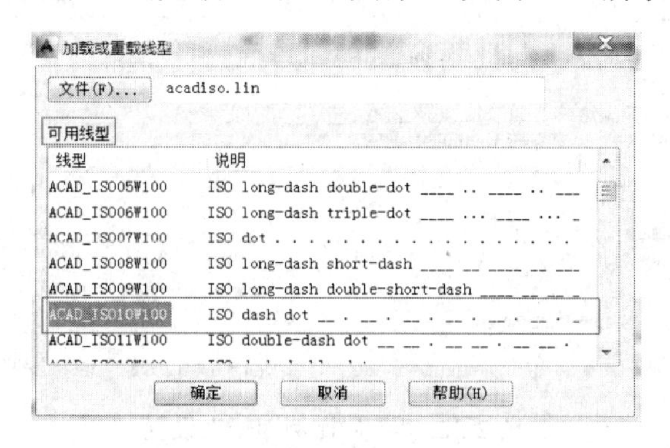

图 2-30 “加载或重载线型”对话框

④ 此时在“线型管理器”对话框中的线型已多出点画线，这证明点画线加载设置成功，然后单击该点画线，最后单击【确定】按钮，如图 2-31 所示。注意，如果在绘图时点画线显示不清楚，那么我们可以重新打开“线型管理器”对话框，对“全局比例因子”进行放大或缩小处理，最后单击【确定】按钮。

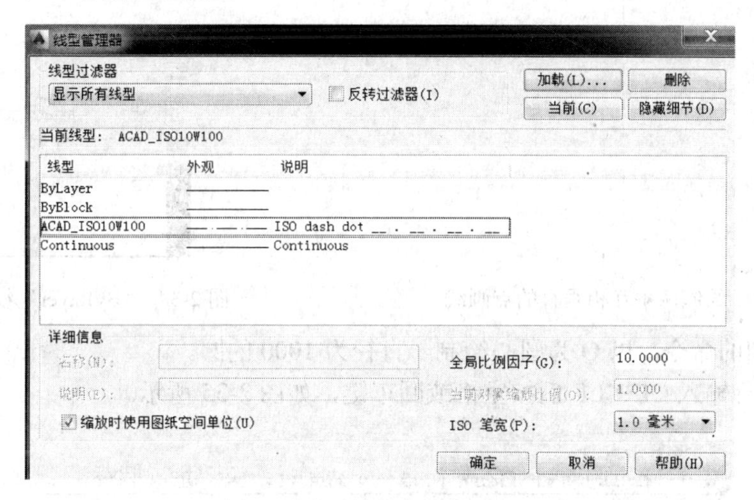

图 2-31 点画线加载成功

⑤ 打开“默认”选项卡中的“特性”面板→“线型”选项，在弹出的下拉菜单中选择点画线，将点画线线型设置为当前使用的线型，其他线型的设置方式同理。

⑥ 如果在绘图时点画线显示不清楚，则我们可以重新打开“线型管理器”对话框，“全局比例因子”进行放大或缩小处理，最后单击【确定】按钮，直至点画线绘制时显示清晰，如图 2-32 所示。

（2）执行直线命令，绘制两条相互垂直的细点画线，两条直线的交点为 O，如图 2-33 所示。注意：为保证两条点画线互相垂直，可打开状态栏中的“正交”或“极轴追综”功能。

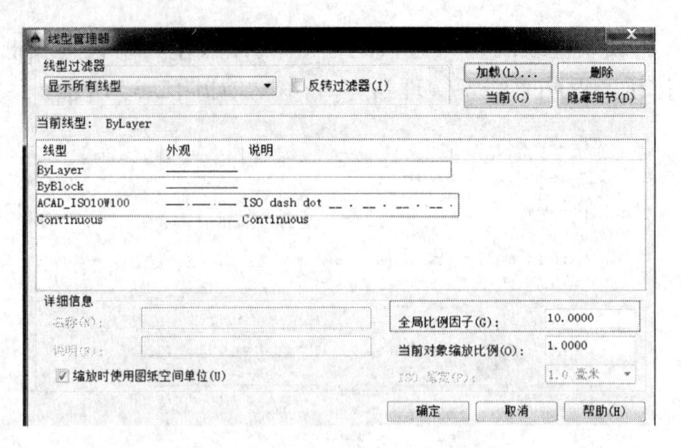

图 2-32 “全局比例因子”设置

（3）将当前线型点画线更改为“ByLayer”，选择“默认”选项卡中的“特性”面板→“线型”选项，在弹出的下拉菜单中选择“ByLayer”选项，将“ByLayer”线型设置为当前使用的线型，如图 2-34 所示。

图 2-33 绘制两条互相垂直的点画线　　图 2-34 “ByLayer”线型设置

（4）执行圆的命令，以 O 为圆心绘制一直径为 1000 的圆。

① 在命令行输入 CIRCLE 后按空格或回车键，如图 2-35 所示。

图 2-35 圆命令输入

（2）单击两条点画线的交点 O，注意此时一定要将“对象捕捉”功能打开并设置捕捉点为“交点”，如图 2-36 所示。

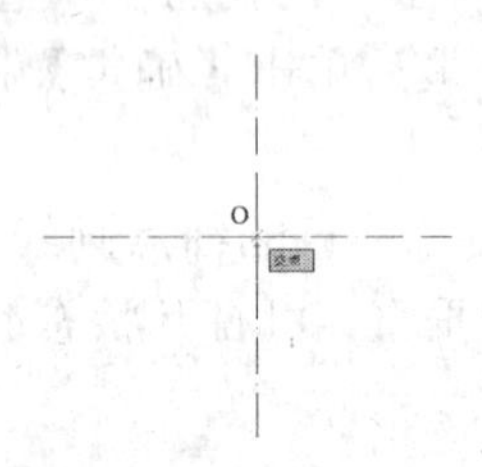

图 2-36 拾取交点

③ 输入圆的半径为500，之后按空格或回车键结束命令，如图2-37所示。

图2-37　输入半径500

（5）绘制正五边形，绘制方法如下。

① 执行多边形命令，多边形命令执行方式如下（绘图时选择其中任意一种方式即可）。

a．命令行输入POLYGON之后按空格或回车键，如图2-38所示。

b．单击下拉菜单栏中的【绘图】→【多边形】命令，如图2-39所示。

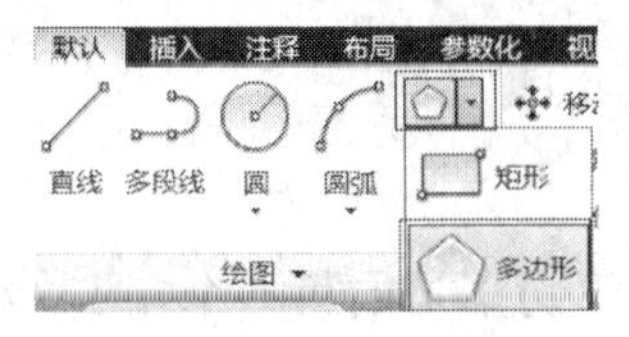

图2-38　命令行输入

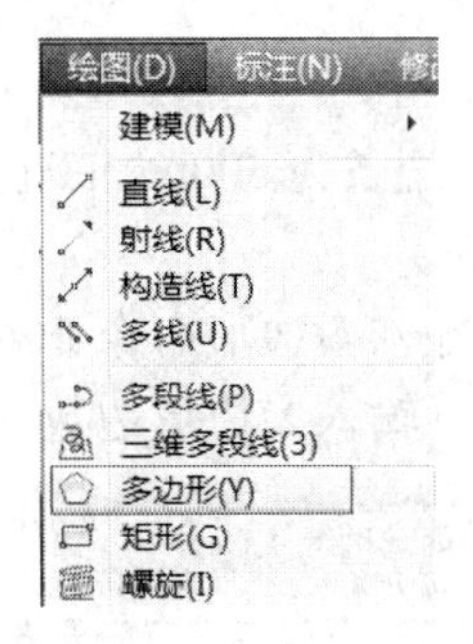

图2-39　下拉菜单输入

c．单击“默认”选项卡中的“绘图”面板→“多边形”选项，如图2-40所示。

② 在命令行输入所绘制的正多边形边数5后按空格或回车键，如图2-41所示。

图2-40　“绘图”面板输入

图2-41　输入正多边形边数5

③ 单击圆的圆心，如图2-42所示。

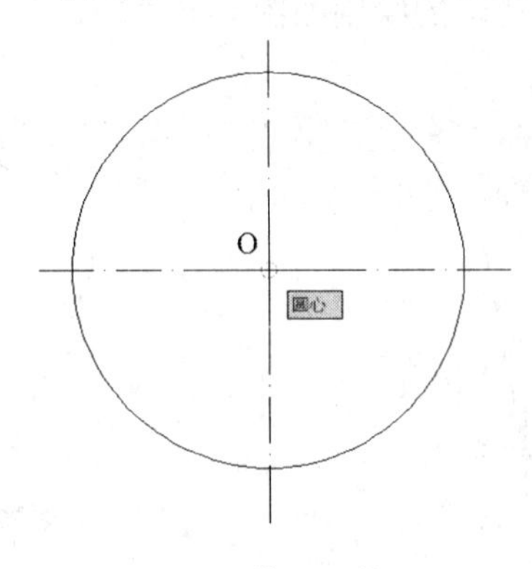

图2-42　拾取圆的圆心

④ 由于我们画的是圆内接正五边形，所以在命令行要输入i，之后按空格或回车键，如图2-43所示。注意如果是外切于圆就要输入命令C。

图 2-43　输入内接于圆命令 i

⑤ 在命令行输入圆的半径 500 后按空格或回车键结束命令，如图 2-44 所示，此时完成圆的内接正五边形作图。注意圆的外切正五边形的作图方法同理，只是要注意如图 2-43 所示 I 或 C 的选择输入不同，将决定绘制的是内接于还是外切于圆。

图 2-44　输入半径 500

2．绘制一个边长为 500 的正五边形，如图 2-27 所示

【操作步骤】

（1）在命令输入多边形命令 POLYGON 后，按空格或回车键，如图 2-45 所示。

（2）在命令行输入多边形边数 5 后，按空格或回车键，如图 2-46 所示。

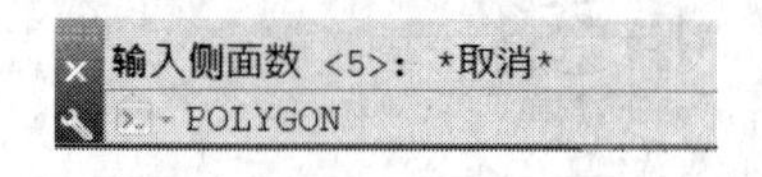

图 2-45　命令行输入

图 2-46　输入正多边形边数 5

（3）在命令行输入 e 后，按空格或回车键，如图 2-47 所示。

图 2-47　绘制多边形的方式

（4）按命令行提示，在绘图区域适当位置单击，指定正五边形边的第一个端点，如图 2-48 所示。

（5）在命令行输入@500，0，指定正五边形边的第二个端点，然后按空格或回车键结束命令，此时完成边长为 500 的正五边形的绘制如图 2-49 所示。

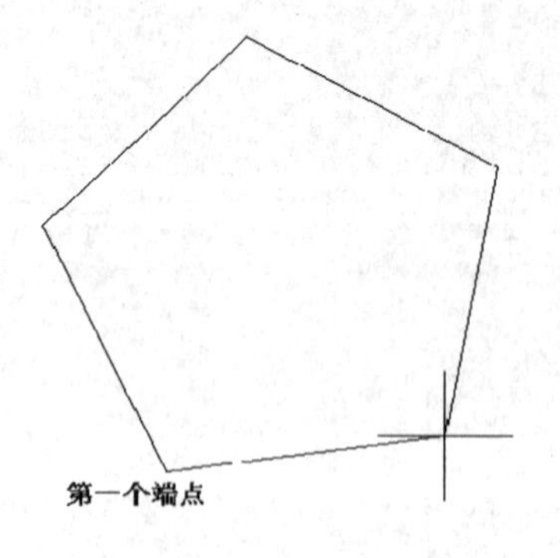

图 2-48　指定边的第一个端点

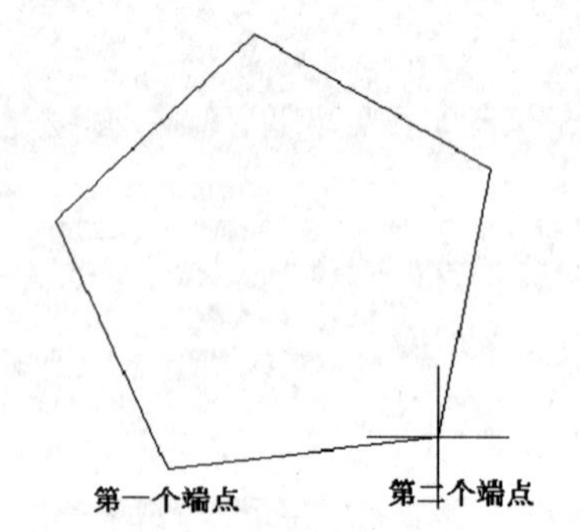

图 2-49　指定正五边形边的第二个端点

单元 2　绘制五角星

【建筑构配件三维立体图案例】

图 2-50　五角星

2.2.1　设置极轴增量角

【案例平面图】

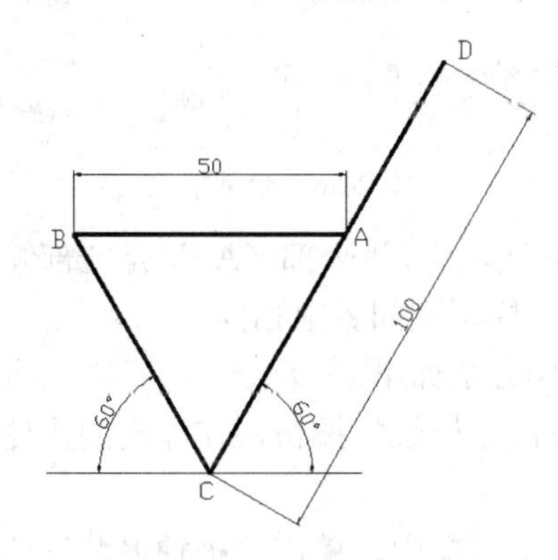

图 2-51　极轴增量角设置

【知识重点】

通过本案例的练习，使读者练习 AutoCAD 2014 中图形界限命令、极轴追踪命令的设置和使用方法。

【操作步骤】

（1）设置图形界限，为了让绘制的图形（如图 2-51 所示）的显示大小适中，我们需要设置合适的图形界限。在“格式”下拉菜单中单击“图形界限（I）”命令或者在命令行输入 LIMITS 图形界限命令并按回车键，命令提示如下。

① 在命令行输入 LIMITS 后按空格或回车键，如图 2-52 所示。

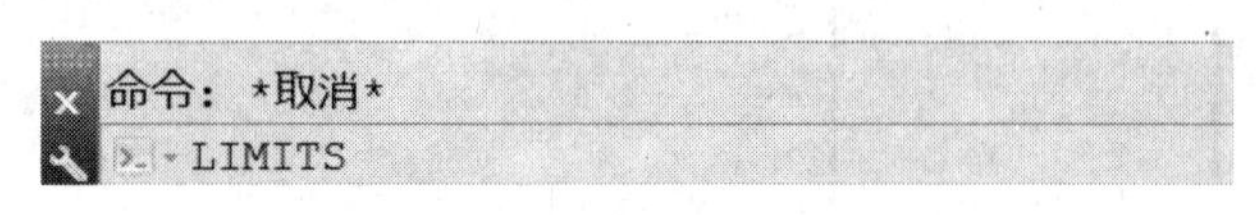

图 2-52　在命令行输入 LIMITS

② 按命令行提示指定左下角点时输入：0，0 后，按空格或回车键，如图 2-53 所示。

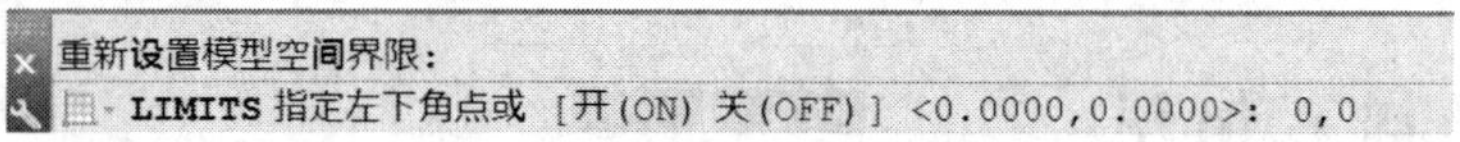

```
重新设置模型空间界限:
LIMITS 指定左下角点或 [开(ON) 关(OFF)] <0.0000,0.0000>: 0,0
```

图 2-53　输入左下角点坐标

③ 按命令行提示指定右上角点时输入：297，210 后，按空格或回车键，如图 2-54 所示。

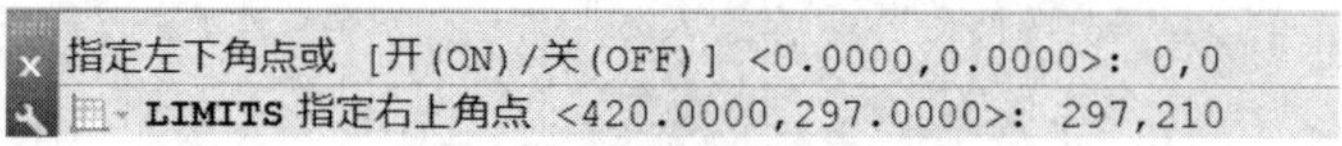

```
指定左下角点或 [开(ON)/关(OFF)] <0.0000,0.0000>: 0,0
LIMITS 指定右上角点 <420.0000,297.0000>: 297,210
```

图 2-54　输入右上角点坐标

④ 把绘图区域放大至全屏显示，在命令行输入 ZOOM（缩放）命令并按回车键，如图 2-55 所示。注意其他图幅的图形界限设置方法相同。

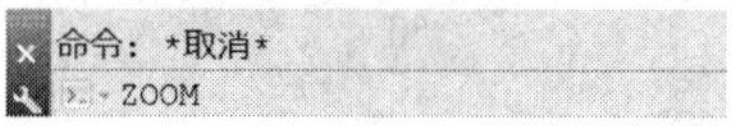

图 2-55　输入缩放命令 ZOOM

⑤ 根据命令行提示输入：all（全部缩放）后，按回车键，如图 2-56 所示。

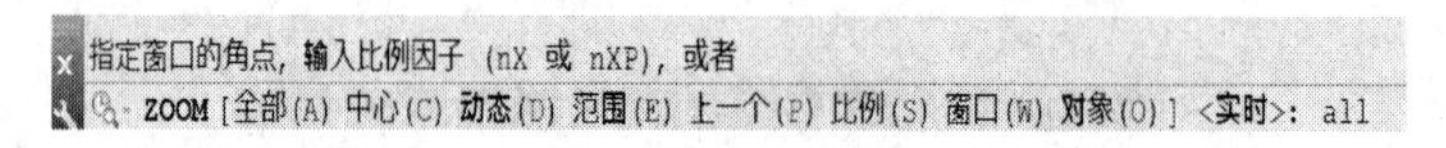

图 2-56　全部缩放

【选项解释】ZOOM 命令的选项中，“全部（A）”是全部缩放命令，可以将绘制图形范围设定为使用图形界限命令设置的模型空间界限相同。

（2）设置极轴增量角，操作方法如下。

① 在工作界面状态栏中右击“极轴”按钮，在弹出的快捷菜单中选择“设置”选项，如图 2-57 所示。

② 在打开的“草图设置”对话框中，单击“极轴追踪”选项卡，勾选“启用极轴追踪”复选框，在“增量角”下拉列表框中，选取“30”，单击【确定】按钮，如图 2-58 所示。注意：其他任意角度极轴增量角设置同理。

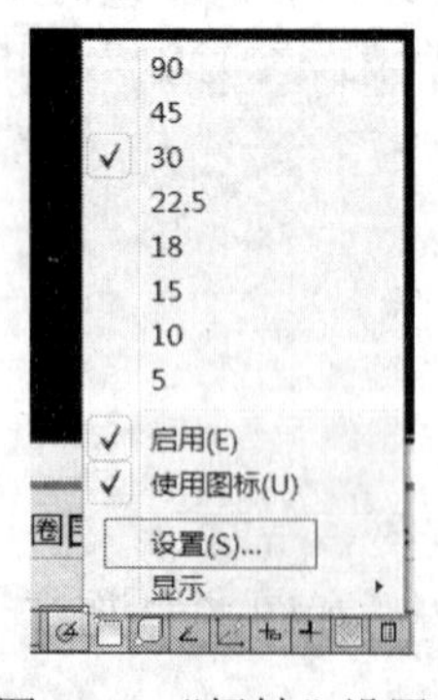

图 2-57　“极轴”设置

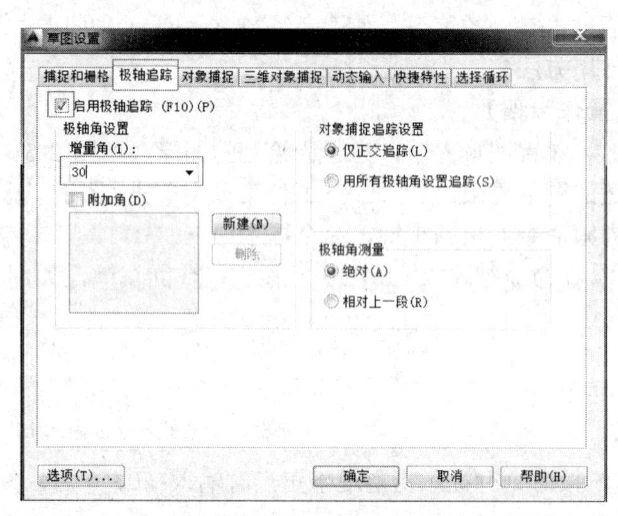

图 2-58　极轴增量角设置

（3）绘制如图 2-51 所示极轴增量角的操作方法如下。

① 启动“极轴”命令。

② 执行直线命令，方法是在命令行输入 line 后，按空格或回车键。

③ 在绘图区域适合位置单击，指定 A 点，如图 2-59 所示。

④ 将光标水平向左移动一段距离并且出现极轴追踪线时在命令行输入 50，按空格或回车键，此时得到 B 点，如图 2-60 所示。

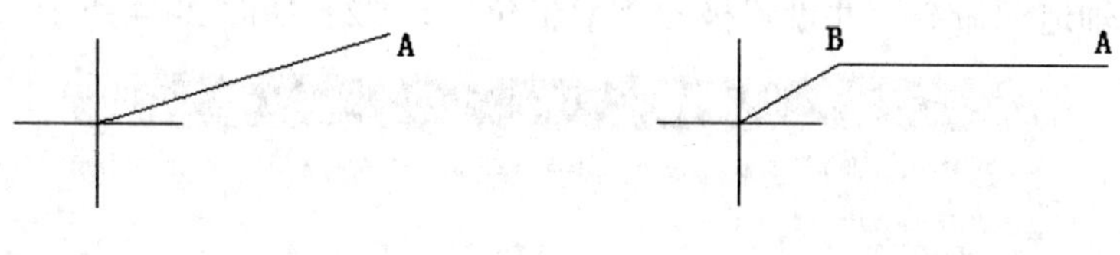

图 2-59　指定 A 点　　　　图 2-60　得到 B 点绘制直线

⑤ 将光标向右下方移动，当极轴显示条中出现<300° 同时出现极轴追踪线时在命令行输入 50，按空格或回车键，此时得到 C 点，如图 2-61 所示。

⑥ 将光标向右上方移动，当极轴显示条中出现<60° 同时出现极轴追踪线时在命令行输入 100，按空格或回车键，此时得到 D 点，如图 2-62 所示。

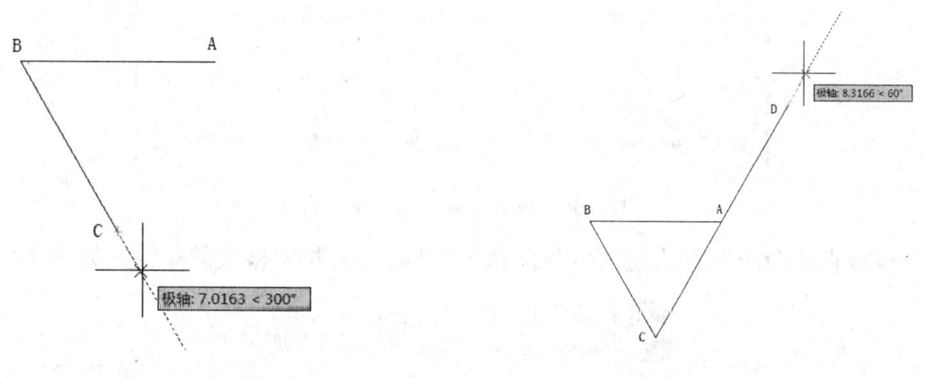

图 2-61　得到 C 点绘制直线　　　　图 2-62　完成绘制图形

⑦ 按回车键结束命令，完成图形的绘制，如图 2-51 所示。

2.2.2　画五角星

【案例平面图】

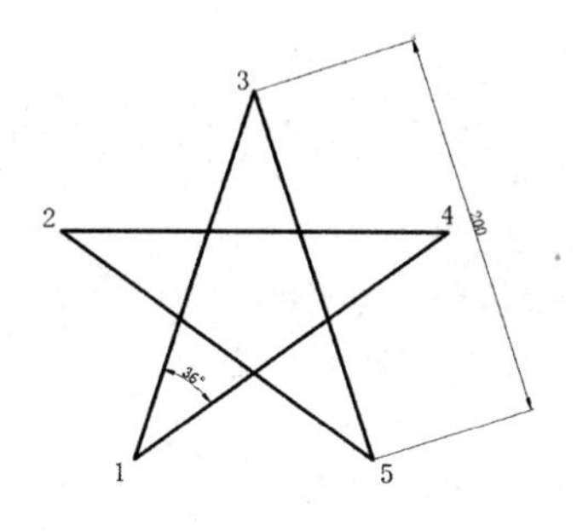

图 2-63　正五角星

【知识重点】

在 AutoCAD 2014 中，绘制五角星的方法有多种，本节重点是使同学们能够运用极轴追踪命令和直线命令相互配合绘制如图 2-63 所示的正五角星，从而使同学们更加熟练地掌握设置极轴增量角的方法。

【操作步骤】

（1）新建绘图区域并设置图形界限为 297，210，设置方法参照上节内容。

（2）启动极轴追踪命令，并设置极轴“增量角”为 72，如图 2-64 所示。

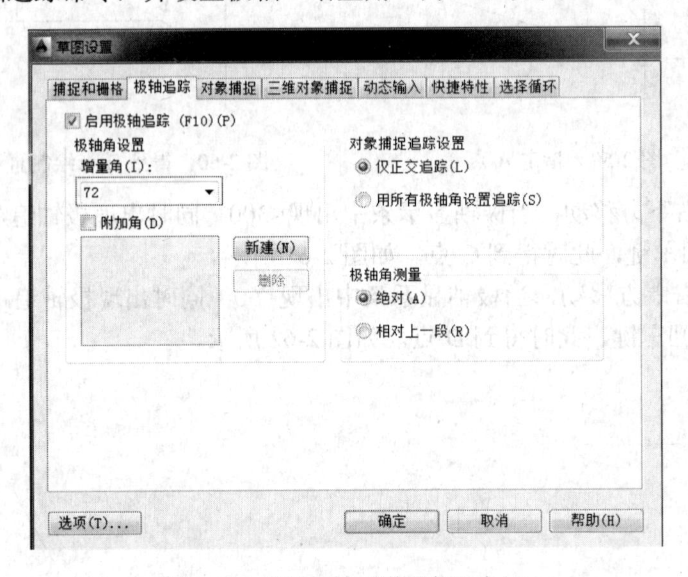

图 2-64　设置极轴“增量角”为 72

（3）执行直线命令，方法是在命令行输入 LINE 后，按空格或回车键，如图 2-65 所示。

图 2-65　绘制直线

（4）在绘图区域左下角的适当位置单击，确定点 1，如图 2-66 所示。

（5）将光标向右上方移动，当极轴显示条中出现<72° 同时出现极轴追踪线时在命令行输入 200，按空格或回车键，此时得到 3 点，如图 2-67 所示。

图 2-66　确定点 1　　　　图 2-67　确定点 3 绘制直线 13

（6）将光标向右下方移动，当极轴显示条中出现<288° 同时出现极轴追踪线时在命令行输入200，按空格或回车键，此时得到点5，如图2-68所示。

（7）将光标向左上方移动，当极轴显示条中出现<144° 同时出现极轴追踪线时在命令行输入200，按空格或回车键，此时得到点2，如图2-69所示。

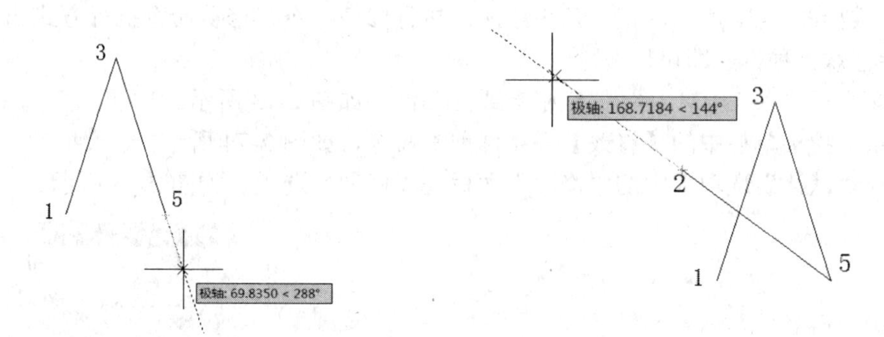

图2-68　确定点5绘制直线35　　　　图2-69　确定点2绘制直线52

（8）将光标水平向右移动，当极轴显示条中出现<0° 同时出现极轴追踪线时在命令行输入200，按空格或回车键，此时得到点4，如图2-70所示。

（9）最后在命令提示行输入C后按回车键，此时点4与点1闭合，完成正五角星的绘图，如图2-71所示。

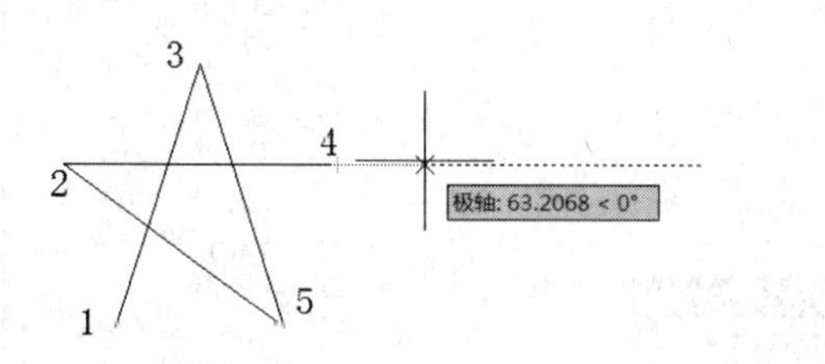

图2-70　确定点4绘制直线24

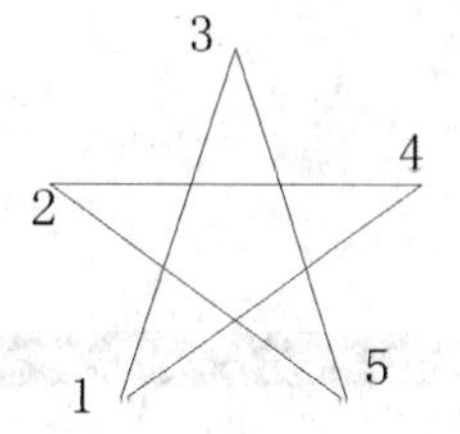

图2-71　完成五角星的绘制

【技巧】 在连接点4和点1时，也可将“对象捕捉”功能打开，并设置“端点”为特殊点，然后单击点1并按回车键结束直线命令。

2.2.3　修剪对象

【案例平面图】

图2-72　修剪五角星

【知识重点】

学完本节案例（如图 2-72 所示）后，使同学们能够掌握 AutoCAD 2014 中修剪命令的使用方法。

【操作步骤】

（1）完成如图 2-71 所示的正五角星绘图后执行修剪命令，修剪命令执行方式如下（绘图时选择其中任意一种方式即可以）。

① 在命令行输入 TRIM 后，按空格键或回车键，如图 2-73 所示。

② 单击下拉菜单栏中的【修改】→【修剪】命令，如图 2-74 所示。

③ 选择“默认”选项卡中的“修改”面板→“修剪”选项，如图 2-75 所示。

图 2-73　激活修剪命令

图 2-75　在“默认”选项卡中激活修剪命令

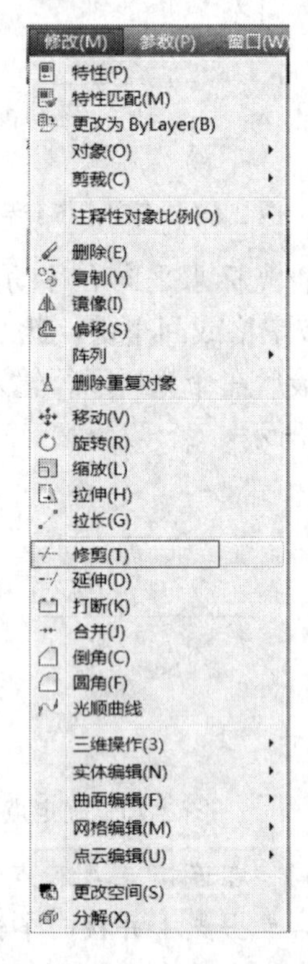

图 2-74　在下拉菜单栏中激活修剪命令

（2）按命令行提示将五角星全部选中，如图 2-76 所示。

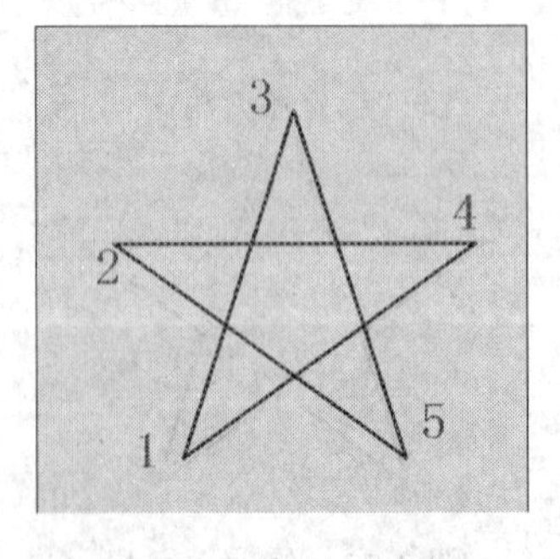

图 2-76　全选五角星

（3）注意选中后五角星变为虚线，然后按空格或回车键一次，接着用选取框依次拾取线段 AB、BC、CD、DE 和 EA，此时红色部分的线段全部修剪掉，如图 2-77 所示。

（4）最后按回车键完成修剪命令，完成五角星多余线段修剪后的结果如图 2-78 所示。

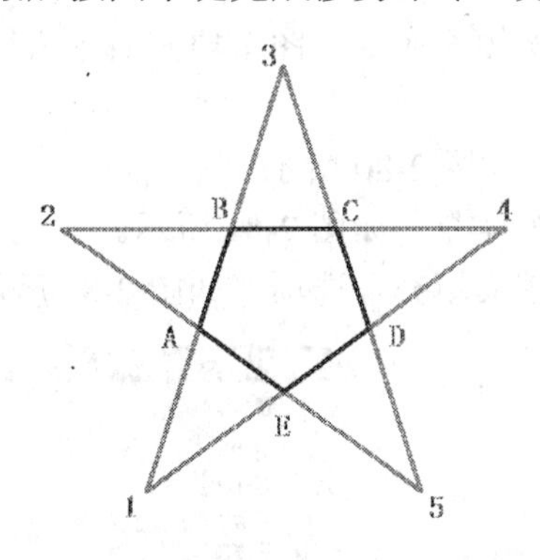

图 2-77　修剪红色线段

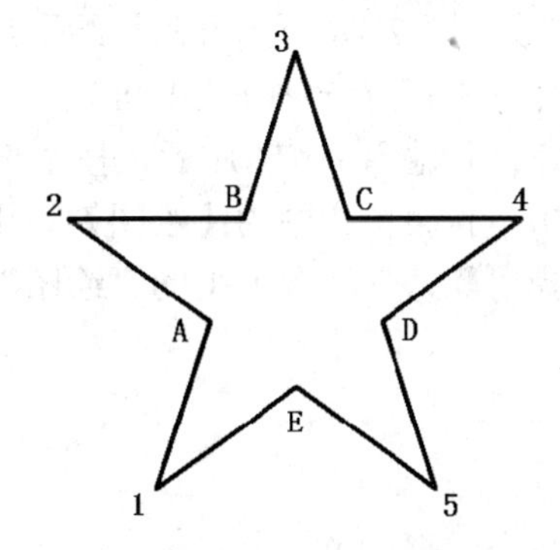

图 2-78　五角星修剪完毕

【技巧】 在执行修剪命令后，按一次空格或回车键，可用光标直接单击要修剪对象进行修剪。

【案例小结】

本案例学习了极轴增量角的设置，绘图时打开“极轴”和“对象追踪”功能将有利于精确绘制图形。画直线时当某一点正好处在极轴增量角的位置上时读者可以看到极轴辅助线，这时可以直接输入直线长度值，如本例输入 200。

极轴增量角设置为 72°，每当出现 72°的整倍数时，读者都可以看到极轴辅助线。利用该功能能够大大地简化绘图操作程序。

修剪命令是修改图形时用得最多的命令，操作时应注意：执行时首先选择剪切边，然后按回车键，切记操作时一定要先按回车键再选择被剪切对象。

本例在修剪时，系统提示选择剪切边，按一次空格或回车键，即选择了全部对象。此时五条边都被选中，它们既是剪切边又是被剪切对象，然后直接单击被剪切对象即可以完成修剪，因此可以极大地提高绘图效率。

2.2.4　填充对象

【案例平面图】

图 2-79　五角星图案填充

【知识重点】

学完本案例后，使学生能够基本掌握图案填充命令的使用方法。

【操作步骤】

（1）完成如图 2-78 所示五角星绘图后，执行图案填充命令，图案填充命令执行方式如下（绘图时选择其中任意一种方式即可）。

① 在命令行输入 HATCH 后，按空格或回车键，如图 2-80 所示。

② 单击下拉菜单栏中的【绘图】→【图案填充】命令，如图 2-81 所示。

③ 选择“默认”选项卡中的“绘图”面板→“图案填充”选项，如图 2-82 所示。

图 2-80　激活填充命令

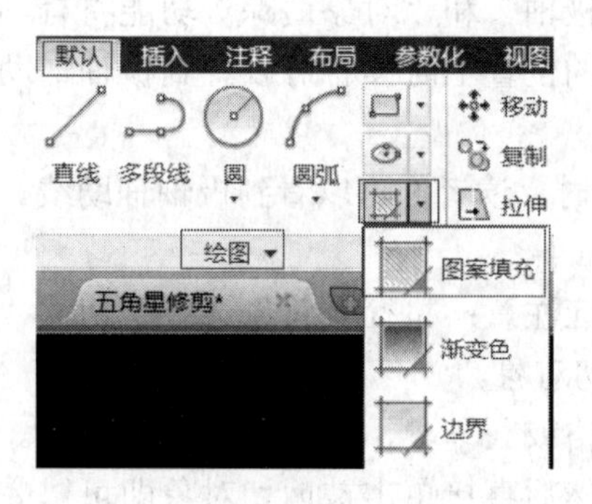

图 2-82　在“默认”选项卡中激活填充命令

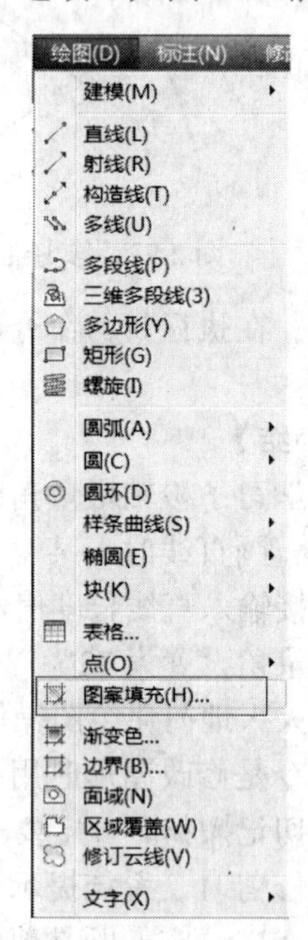

图 2-81　在下拉菜单栏中激活填充命令

（2）在“图案填充创建”选项卡中进行图案和特性设置，本案例五角星内填充颜色为红色。在“图案填充创建”选项卡中有关于“边界”“图案”“特性”“原点”“选项”和“关闭”的相关设置，如图 2-83 所示。

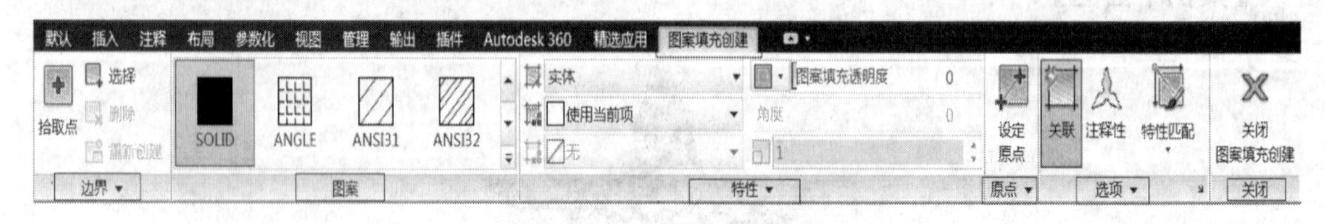

图 2-83　“图案填充创建”选项卡中的不同选项

（3）设置“图案”面板。单击选择“图案”面板中的“SOLID”图案，如图 2-84 所示。

（4）设置“特性”面板。打开“特性”面板中的图案填充颜色下拉列表，选择红色，如图 2-85 所示。

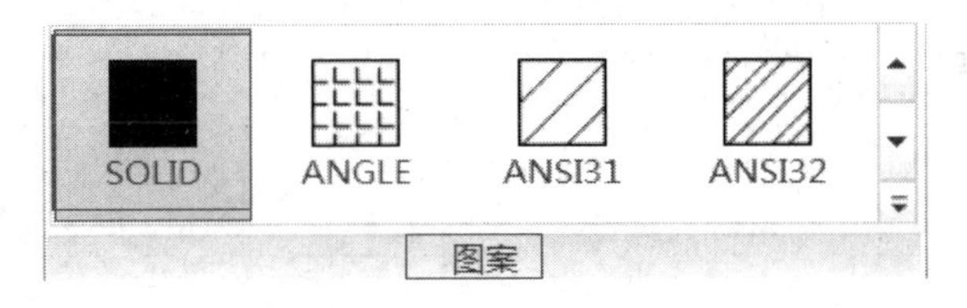

图 2-84 选择图案

（5）将光标移动到五角星内部任意位置单击进行红色图案的填充，最后按回车键结束图案填充命令，如图 2-86 所示。

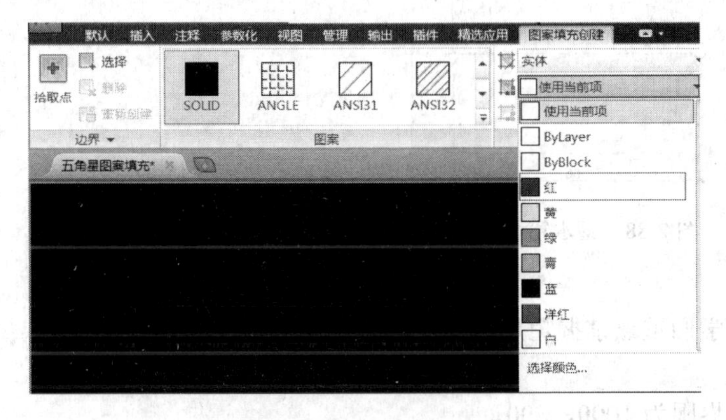

图 2-85 选择颜色

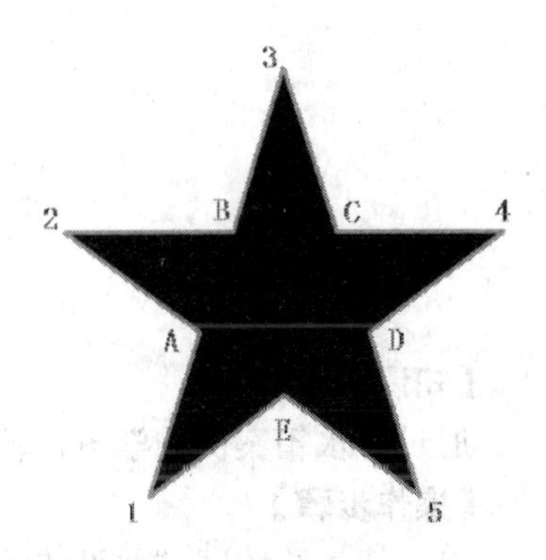

图 2-86 图案填充完成

单元 3 绘制座便器

【建筑构配件三维立体图案例】

图 2-87 座便器

2.3.1 绘制蓄水箱

【案例平面图】

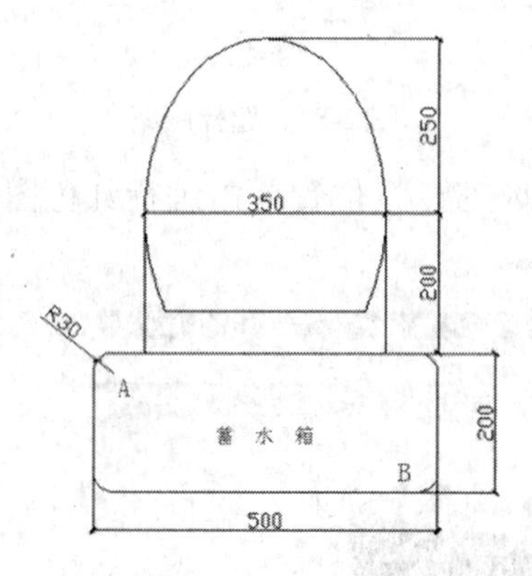

图 2-88 蓄水箱平面图

【知识重点】

通过蓄水箱案例的学习，使同学们重点掌握矩形命令的使用方法。

【操作步骤】

（1）新建绘图区域并设置绘图界限为 1000，800。

① 在命令行输入 LIMITS 图形界限命令后按空格或回车键。

② 按命令行提示重新设置模型空间界限：命令行提示如下：

```
LIMITS 指定左下角点或 [开 (ON) /关 (OFF)] <0.0000, 0.0000>: ↓     //回车，指定左下角点为原点
LIMITS 指定右上角点 <420.0000, 297.0000>: 1000, 800↓     //输入右上角点的坐标，回车
```

③ 在命令行输入 ZOOM 缩放命令后按空格或回车键。

④ 在命令行输入 all 后按空格或回车键，则命令行出现“正在重生成模型”提示，此时完成图形界限的设置，如图 2-89 所示。

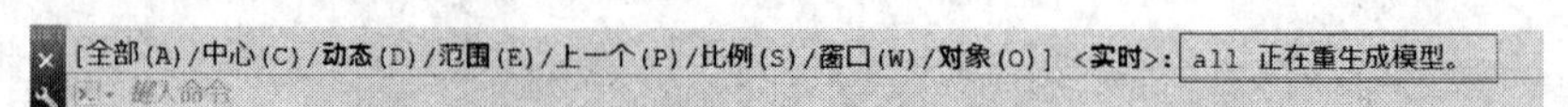

图 2-89 图形界限设置

【选项说明】“全部（A）”是全部缩放命令，可以将绘制图形范围设定为使用图形界限命令设置的模型空间界限相同。本例图幅为 1000×800mm。

（2）执行矩形命令。执行方式如下（绘图时选择其中任意一种方式即可）。

① 在命令行输入 RECTANG 后，按空格或回车键，如图 2-90 所示。

图 2-90 矩形命令输入

② 单击下拉菜单栏中的【绘图】→【矩形】命令，如图 2-91 所示。

③ 选择“默认”选项卡中的“绘图”面板→“矩形”选项，如图 2-92 所示。

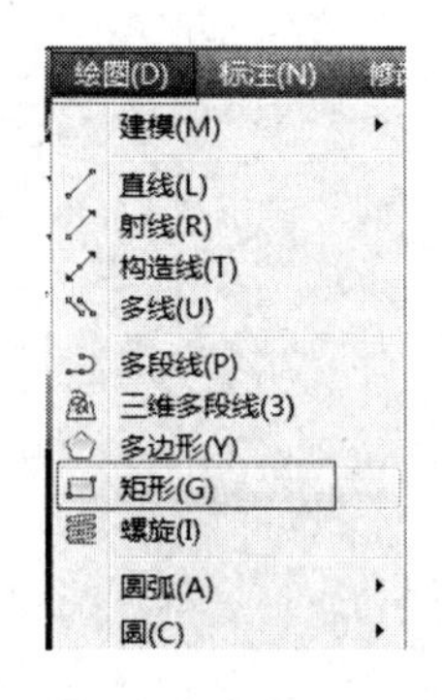

图 2-91　菜单执行矩形命令

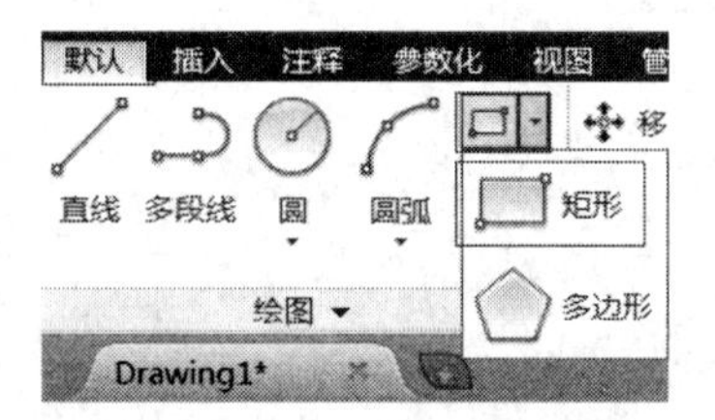

图 2-92　选项卡执行矩形命令

（3）在命令行输入 f 后，按空格或回车键执行圆角命令（因为蓄水箱的四个角均是半径为 30 的圆角），如图 2-93 所示。

图 2-93　输入圆角命令

（4）在命令行输入 30 后，按空格或回车键，如图 2-94 所示。

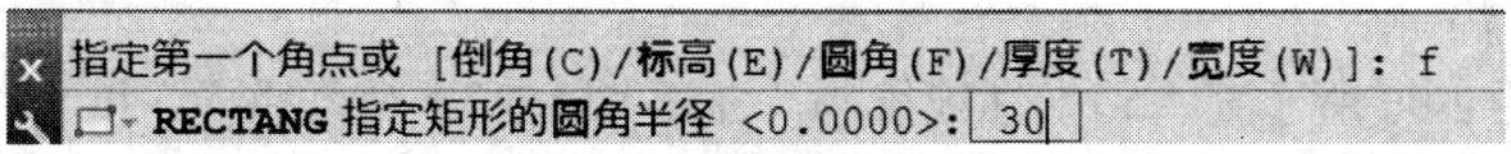

指定第一个角点或 [倒角(C)/标高(E)/圆角(F)/厚度(T)/宽度(W)]: f
RECTANG 指定矩形的圆角半径 <0.0000>: 30

图 2-94　输入矩形圆角半径 30

（5）按命令行提示，在绘图区域合适的位置单击，指定蓄水箱角点 A，如图 2-95 所示。

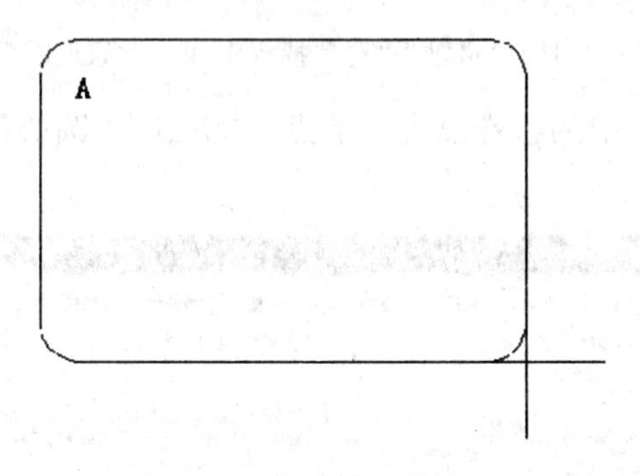

图 2-95　指定蓄水箱点 A

（6）按命令行提示，输入命令：@500，-200 后，按回车键结束命令指定另一个角点 B，此时蓄水箱绘制完成，如图 2-96 所示。

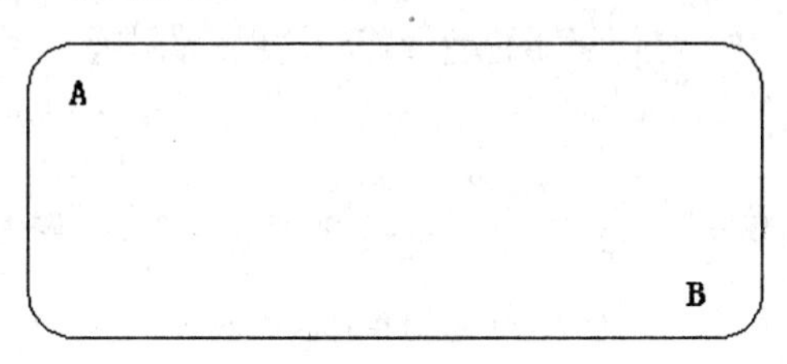

图 2-96　完成蓄水箱绘制

2.3.2　绘制座便器

【案例平面图】

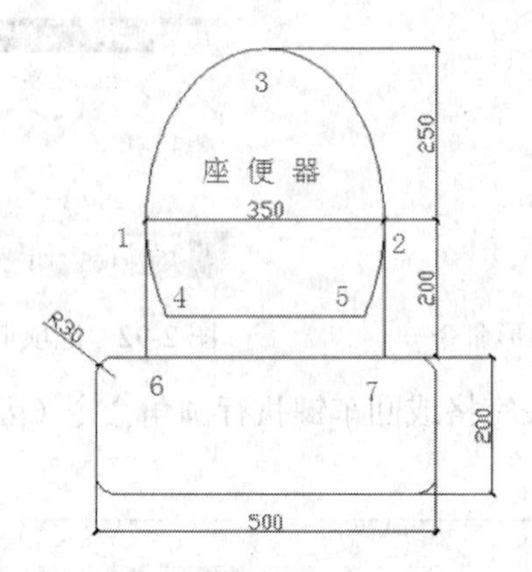

图 2-97　座便器平面图

【知识重点】

通过座便器案例的学习，使同学们重点掌握椭圆命令的使用方法。

【操作步骤】

（1）在如图 2-96 所示蓄水箱上继续绘制，打开“极轴”“对象捕捉”和“对象追踪”命令，如图 2-98 所示。

图 2-98　启用“极轴”“对象捕捉”和“对象追踪”命令

（2）设置“对象捕捉”中的特殊点为“端点”“中点”“圆心”“象限点”和“交点”，如图 2-99 所示。

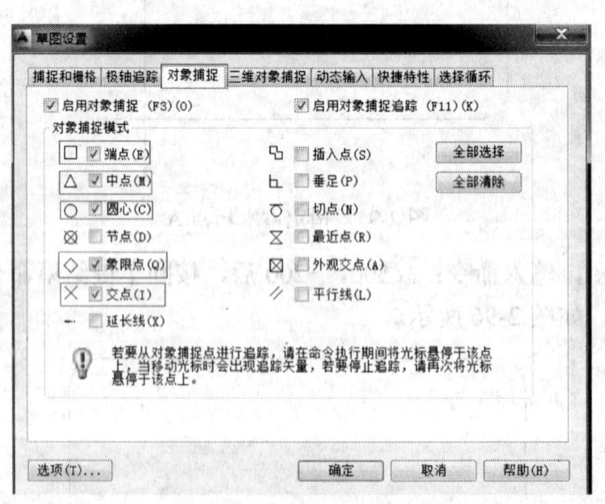

图 2-99 “对象捕捉”设置

（3）设置极轴增量角为 90°，如图 2-100 所示。

（4）执行椭圆命令。执行方式如下（绘图时选择其中任意一种方式即可）。

① 在命令行输入 ELLIPSE 后，按空格或回车键，如图 2-101 所示。

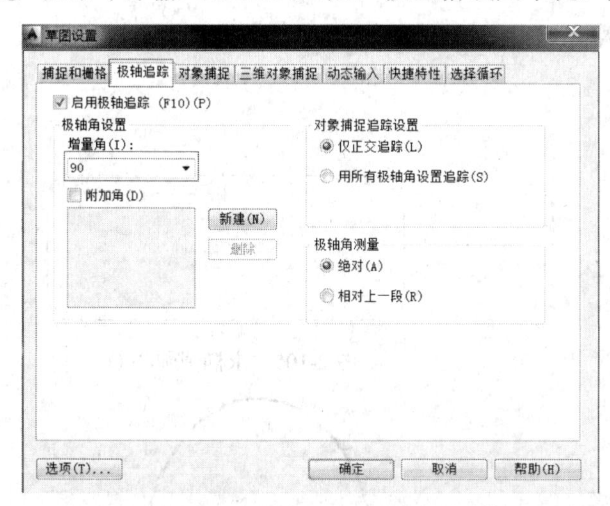

图 2-100 设置极轴增量角为 90°

图 2-101 椭圆命令输入

② 单击下拉菜单栏中的【绘图】→【椭圆】→【圆心】命令，如图 2-102 所示。

③ 选择“默认”选项卡中的“绘图”面板→“椭圆”→“圆心”选项，如图 2-103 所示。

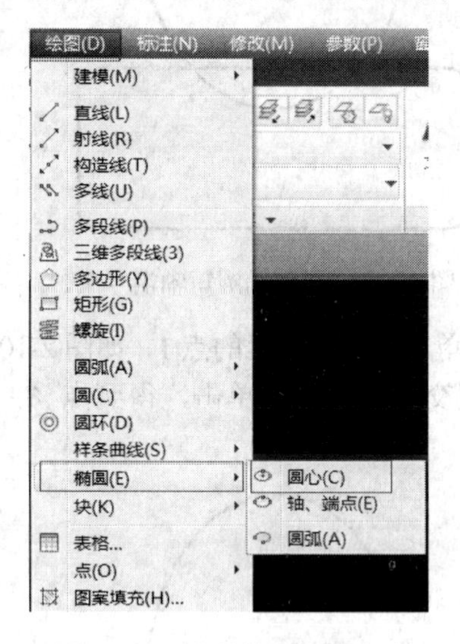

图 2-102 菜单执行椭圆命令

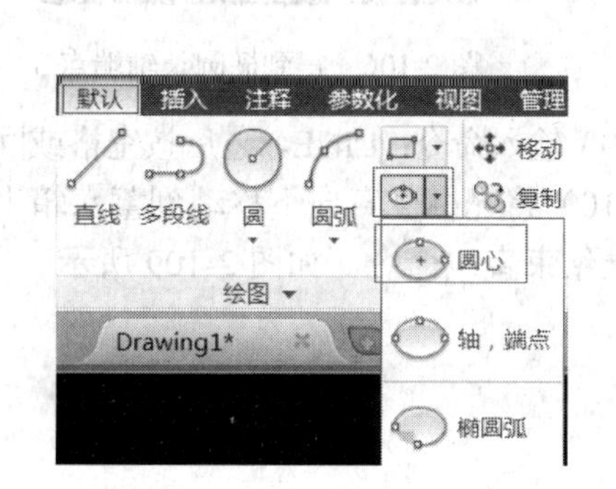

图 2-103 选项卡执行椭圆命令

（5）将光标移动到蓄水箱上面线的中点处并停留一会，然后将光标延着中点竖直向上移动并出现追踪虚线，如图 2-104 所示。

（6）此时输入命令：200 后，按空格或回车键，得到椭圆圆心 O，如图 2-105 所示。

（7）将光标竖直向上移动，当出现极轴追踪虚线时输入命令：250（椭圆长半轴尺寸），之后按空格或回车键，得到椭圆长轴端点 3，如图 2-106 所示。

（8）将光标水平向右移动，当出现极轴追踪虚线时输入命令：175（椭圆短半轴尺寸），之后按空格或回车键，得到椭圆短轴端点 2，此时完成椭圆的绘制，如图 2-107 所示。

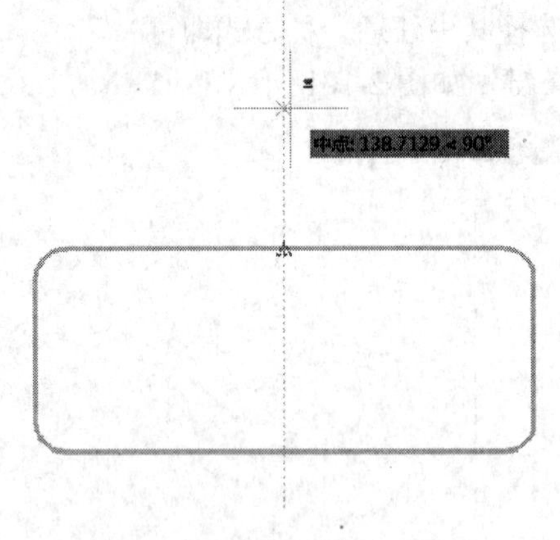

图 2-104　找到追踪线

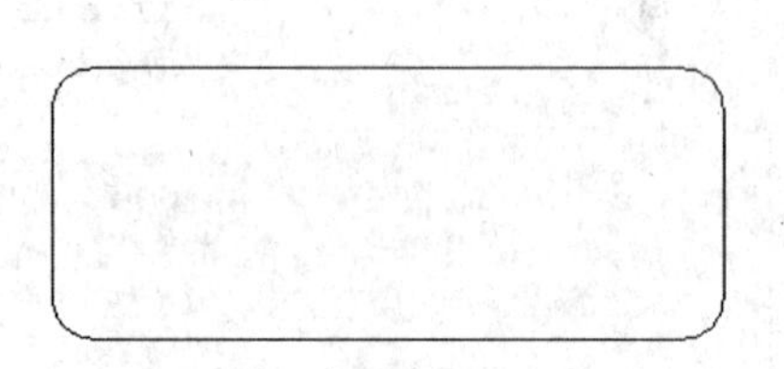

图 2-105　求椭圆圆心 O

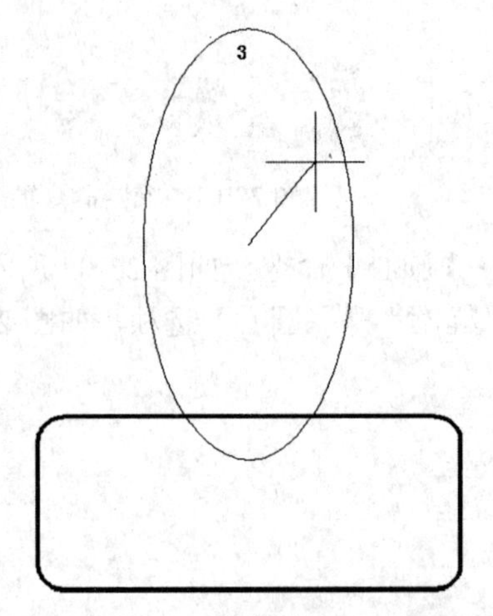

图 2-106　得到椭圆长轴端点 3

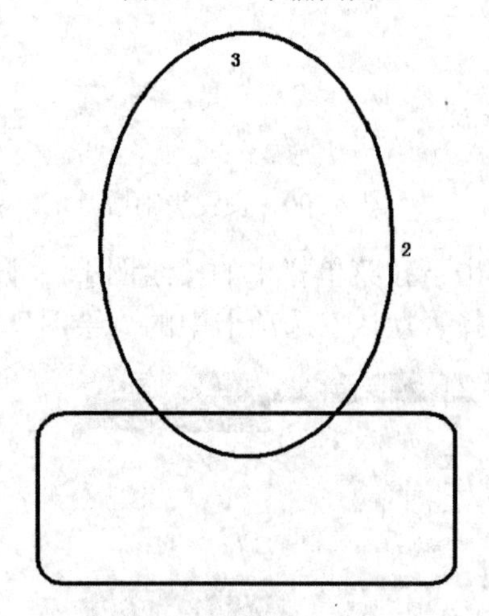

图 2-107　得到椭圆短轴端点 2

（9）输入命令：LINE，之后按空格或回车键，然后单击椭圆短轴上的点 1，如图 2-108 所示。

（10）将光标竖直向下移动到蓄水箱上，并且出现交点捕捉点时单击，得到点 6，然后按回车键结束直线命令，如图 2-109 所示。

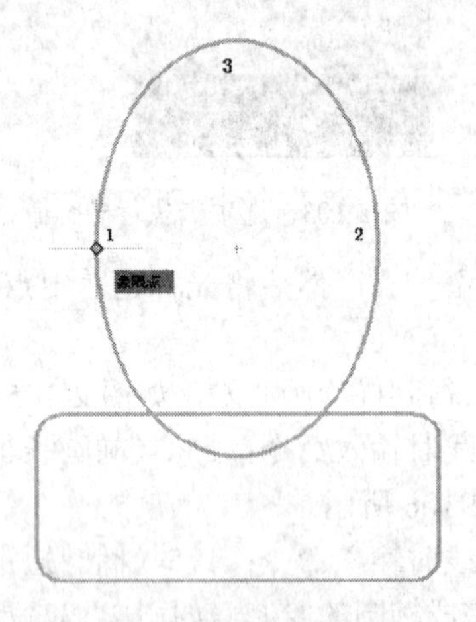

图 2-108　指定椭圆短轴上点 1

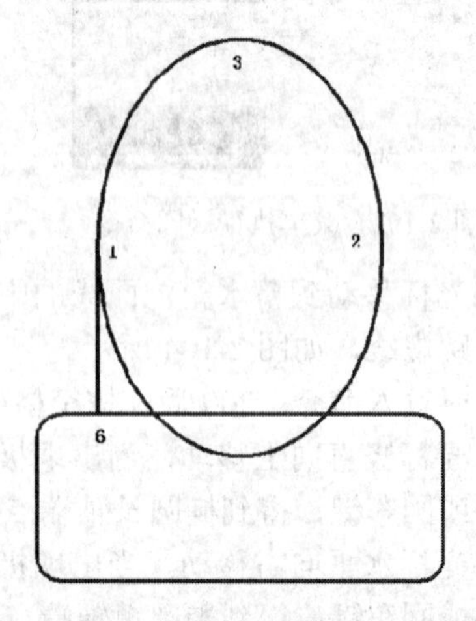

图 2-109　得到蓄水箱上点 6

（11）用第 9 步和第 10 步同样的方法，得到蓄水箱上的点 7，如图 2-110 所示。

（12）在命令行输入直线命令 LINE 后，按空格或回车键，然后将光标移动到蓄水箱上点 6 处停留一会，然后将光标竖直向上移动，当出现对象捕捉追踪虚线时输入 60，按回车键得到临时追踪点，然后再将光标水平向右移动到线段 27 上，当出现交点符号时单击并按回车键结束命令。此时在椭圆上得到点 4 和点 5，如图 2-111 所示。

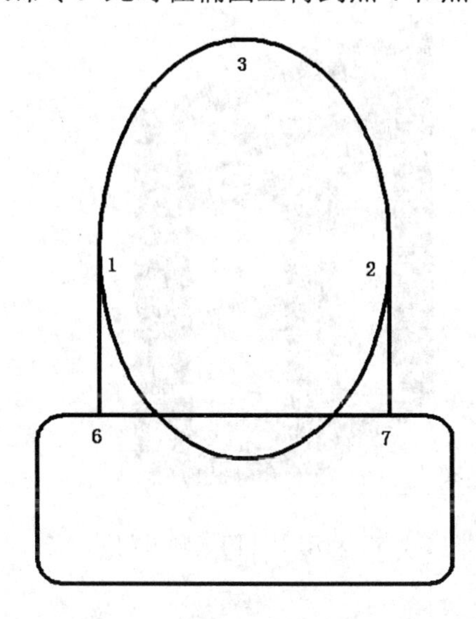

图 2-110　得到蓄水箱上点 7

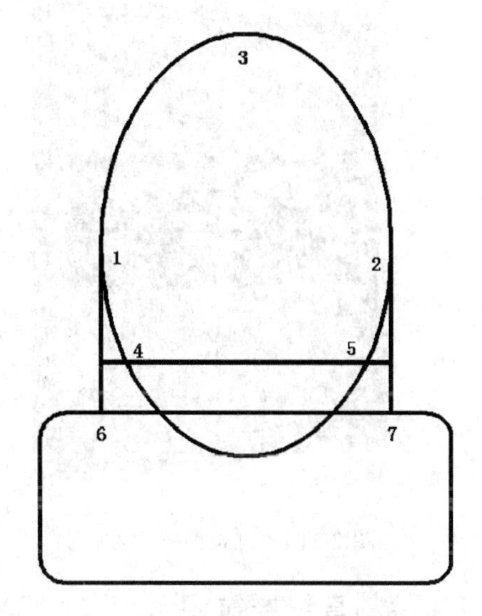

图 2-111　得到椭圆上点 4 和点 5

（13）在命令行输入 TRIM 修剪命令，并按回车键，再按回车键一次，单击如图 2-112 所示的深色线段进行裁剪。

（14）按回车键结束修剪命令，此时完成座便器的绘图任务，如图 2-113 所示。

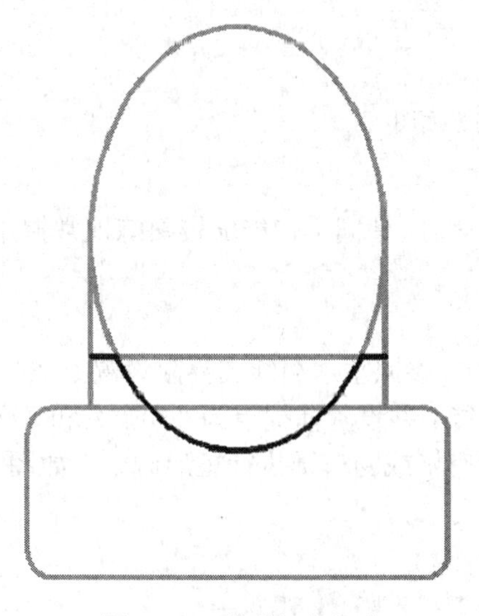

图 2-112　修剪红色部分

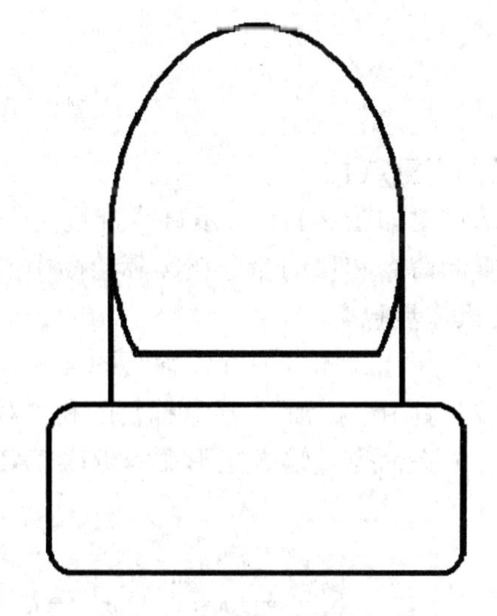

图 2-113　座便器绘图完成

【技巧】

对于使用修剪命令修剪不掉的线段，可以继续单独选中后执行删除命令。

单元 4　绘制平面门

【建筑构配件三维立体图案例】

图 2-114　推拉门（直线门）

图 2-115　双扇平开门（圆弧门）

2.4.1　绘制直线推拉门

【案例平面图】

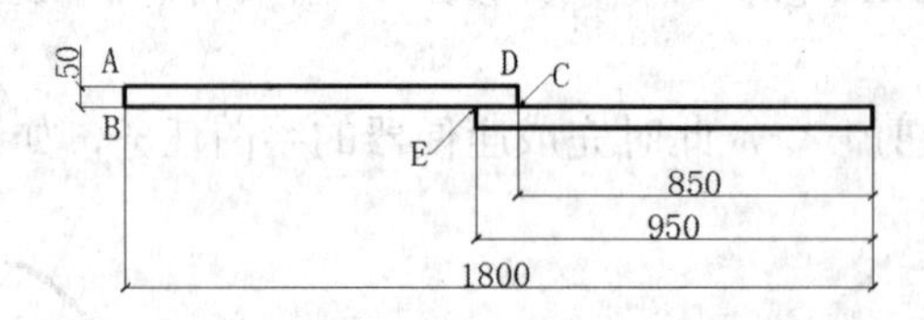

图 2-116　直线推拉门平面图

【知识重点】

通过对如图 2-116 所示直线推拉门平面图的案例学习，使同学们能够较熟练地掌握矩形命令、复制命令和移动命令在实际绘图中的使用方法。

【操作步骤】

（1）新建绘图区域并设置绘图界限为 3000，1500（参照蓄水箱绘图界限设置方法）。

（2）启用“极轴”“对象捕捉”和“对象追踪”功能，并设置捕捉点为“端点”和“交点”。

（3）在命令行输入矩形命令 RECTANG，然后按空格或回车键执行矩形命令，如图 2-117 所示。

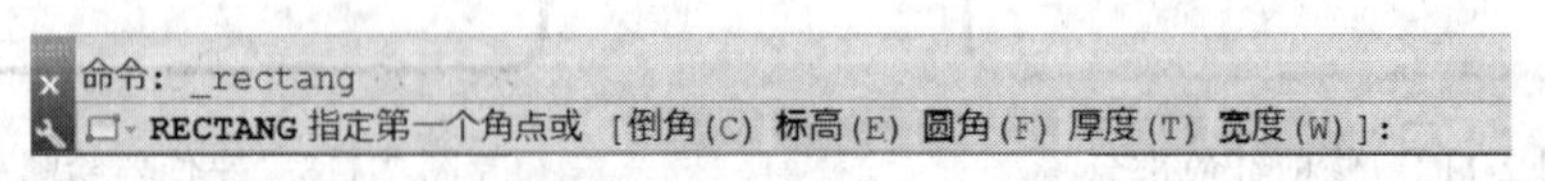

图 2-117　执行矩形命令

（4）按命令行提示在绘图区域合适位置单击指定 A 点，然后输入命令：@950，-50 后，

按空格或回车键指定 C 点，此时完成矩形 ABCD 的绘制，如图 2-118 所示。

（5）执行复制命令。执行方式如下（绘图时选择其中任意一种方式即可）。

① 在命令行输入 COPY 之后，按空格或回车键，如图 2-119 所示。

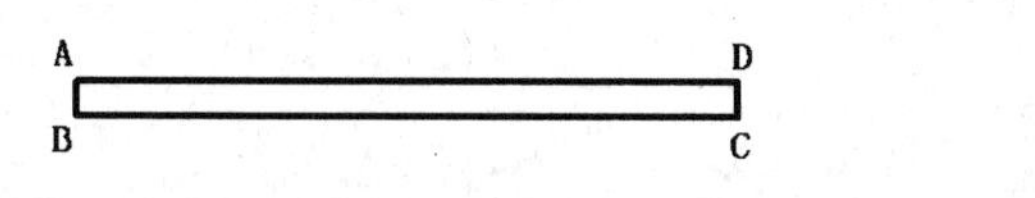

图 2-118　绘制矩形

图 2-119　复制命令输入

② 单击下拉菜单栏中的【修改】→【复制】命令，如图 2-120 所示。

③ 选择“默认”选项卡中的“修改”面板→“复制”选项，如图 2-121 所示。

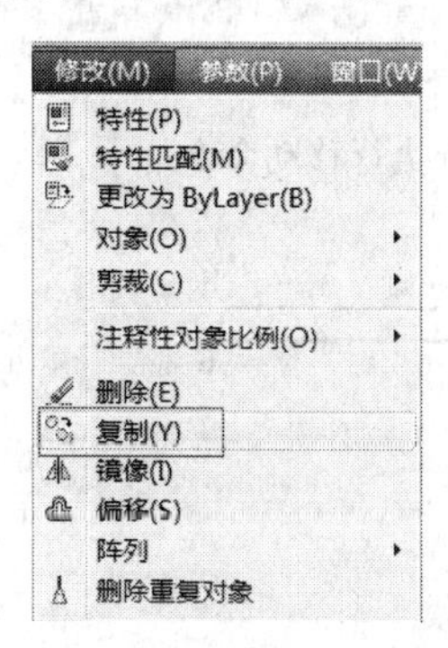

图 2-120　菜单执行复制命令

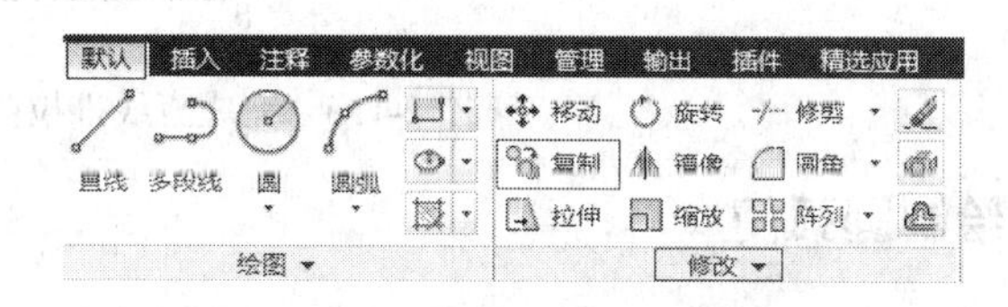

图 2-121　选项卡执行复制命令

（6）按命令行提示选择矩形 ABCD，选中后矩形显示为虚线，然后按空格或回车键。

（7）按命令行提示单击点 A 指定基点，然后在矩形 ABCD 下方或其他任意位置单击复制另外一个矩形，之后按回车键结束命令完成矩形 ABCD 的复制且得到新矩形 EFGH，如图 2-122 所示。

（8）执行移动命令。执行方式如下（绘图时选择其中任意　种方式即可）。

① 在命令行输入 MOVE 后，按空格或回车键，如图 2-123 所示。

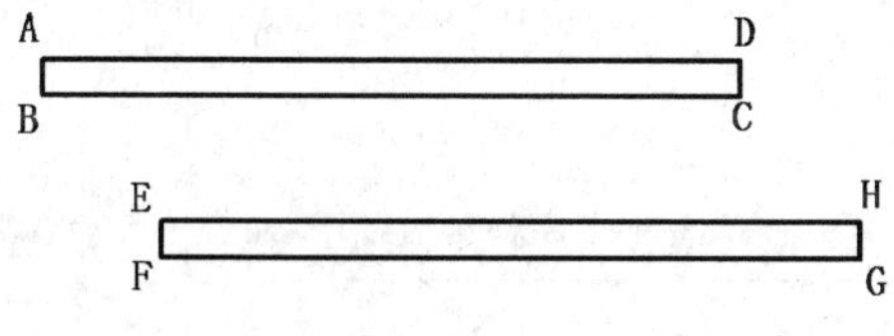

图 2-122　复制矩形 ABCD

图 2-123　移动命令输入

② 单击下拉菜单栏中的【修改】→【移动】命令，如图 2-124 所示。

③ 选择“默认”选项卡中的“修改”面板→“移动”命令，如图 2-125 所示。

（9）按命令行提示选择矩形 EFGH，选中后矩形 EFGH 为虚线显示，然后按空格或回车键。

（10）按命令行提示单击点 E 指定基点，然后将光标移动到矩形 ABCD 的 B 点处停留一会，此时在 B 点处会出现追踪符号▄▀，然后沿 B 点水平向右移动光标，当出现追踪线虚线时，输入命令：850，之后按空格或回车键，此时完成移动命令且两个矩形相交于 E 和 C 两点，到此为止直线推拉门绘图完成，如图 2-126 所示。

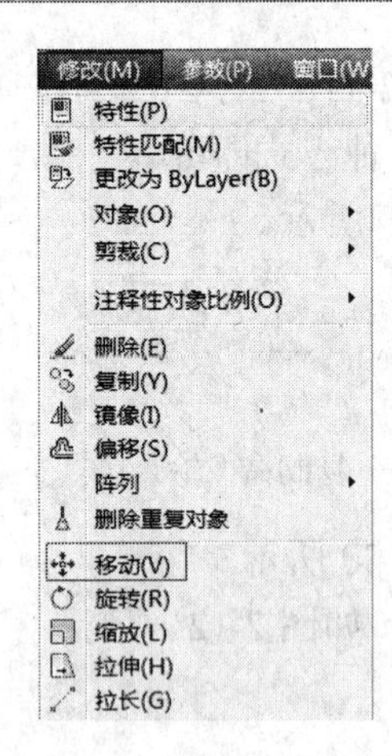

图 2-124　菜单执行移动命令

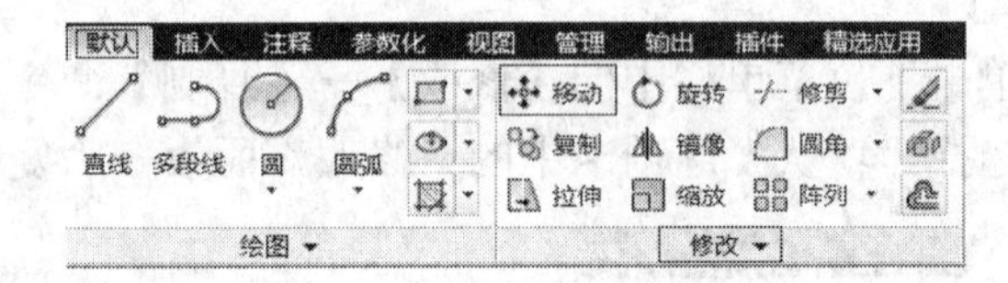

图 2-125　选项卡执行移动命令

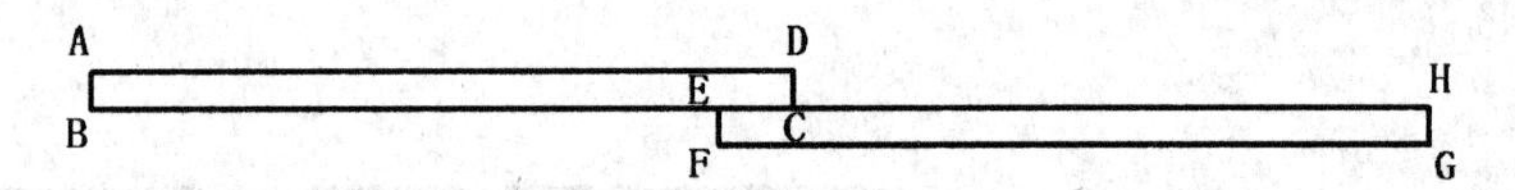

图 2-126　完成直线推拉门绘制

2.4.2　绘制圆弧门

【案例平面图】

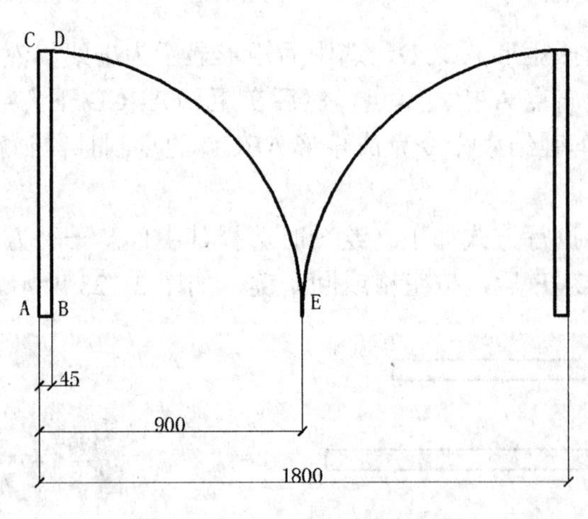

图 2-127　双扇平开门平面图

【知识重点】

通过对如图 2-127 所示双扇平开门平面图的案例学习，使同学们能够较熟练地掌握矩形命令、圆弧命令和镜像命令在实际绘图中的使用方法。

【操作步骤】

（1）新建绘图区域并设置绘图界限为 3000，1500。

（2）启用“极轴”和“对象捕捉”功能，并设置捕捉点为“端点”。

（3）在命令行输入矩形命令 RECTANG，然后按空格或回车键执行矩形命令，如图 2-128 所示。

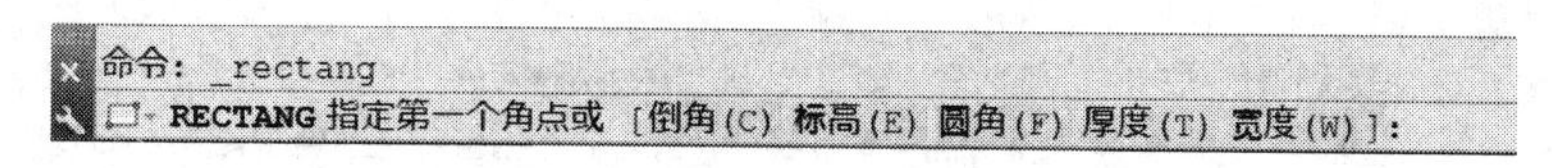

图 2-128　执行矩形命令

（4）按命令行提示在绘图区域合适位置单击指定 A 点，然后输入命令：@45，900 后，按空格或回车键指定 D 点，此时完成矩形 ABCD 的绘制，如图 2-129 所示。

（5）执行圆弧命令。执行方式如下（绘图时选择其中任意一种方式即可）。

① 在命令行输入 ARC 后，按空格或回车键，如图 2-130 所示。

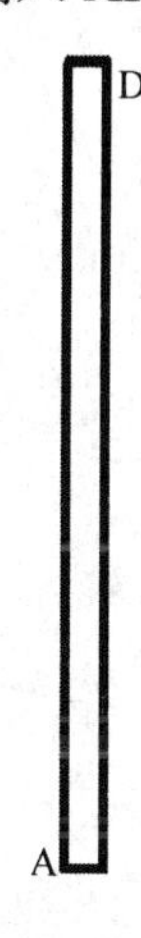

图 2-129　绘制矩形 ABCD

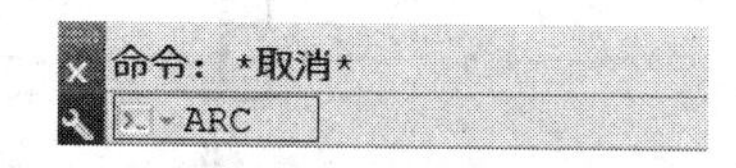

图 2-130　圆弧命令输入

② 单击下拉菜单栏中的【绘图】→【圆弧】→【三点】命令，如图 2-131 所示。

③ 选择“默认”选项卡中的“绘图”面板→“圆弧”→“三点”选项，如图 2-132 所示。

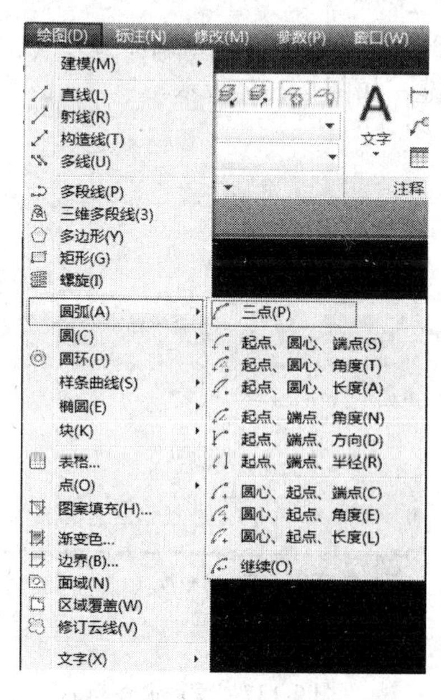

图 2-131　菜单执行圆弧命令

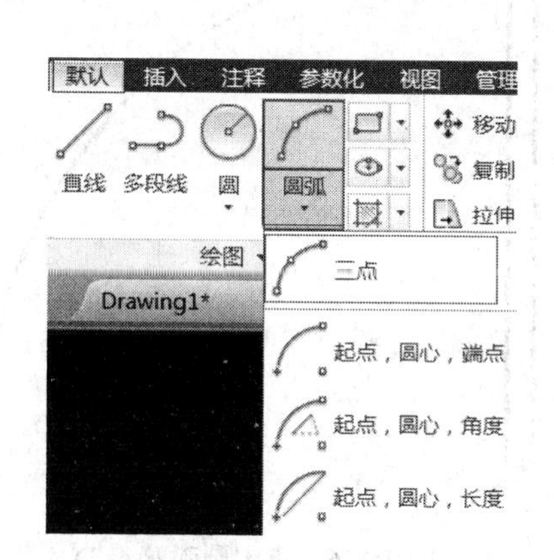

图 2-132　选项卡执行圆弧命令

（6）在输入命令：c 后，按空格或回车键，如图 2-133 所示。

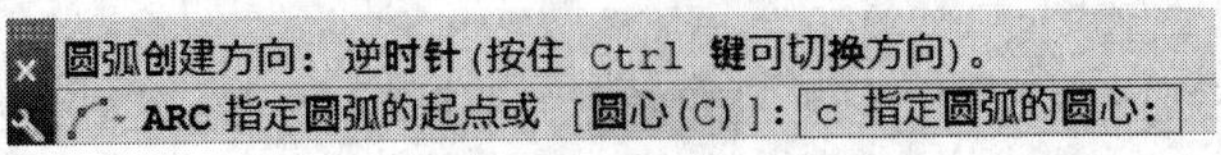

圆弧创建方向：逆时针 (按住 Ctrl 键可切换方向)。
ARC 指定圆弧的起点或 [圆心(C)]: c 指定圆弧的圆心:

图 2-133　输入圆弧圆心命令 c

（7）将光标移动到矩形 B 点处，当出现端点符号时单击，指定圆弧圆心，如图 2-134 所示。

（8）输入命令：@900，0 后，按空格或回车键，指定圆弧的起点 E，如图 2-135 所示。

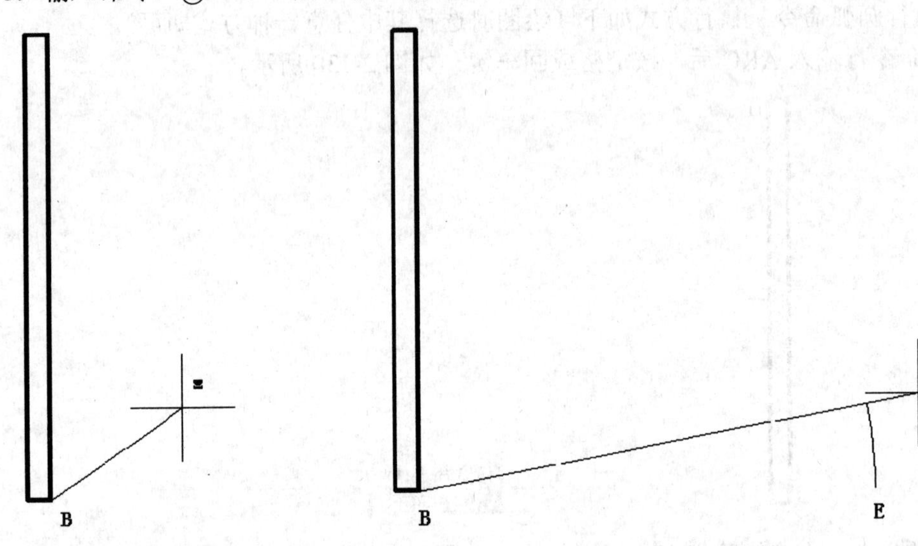

B

图 2-134　指定圆弧圆心 B

B
E

图 2-135　指定圆弧起点 E

（9）按命令行提示将光标移动到 D 点处，当出现端点符号时单击指定圆弧端点，同时完成圆弧的绘制，如图 2-136 所示。

（10）执行镜像命令。执行方式如下（绘图时选择其中任意一种方式即可）。

① 在命令行输入 MIRROR 后，按空格或回车键，如图 2-137 所示。

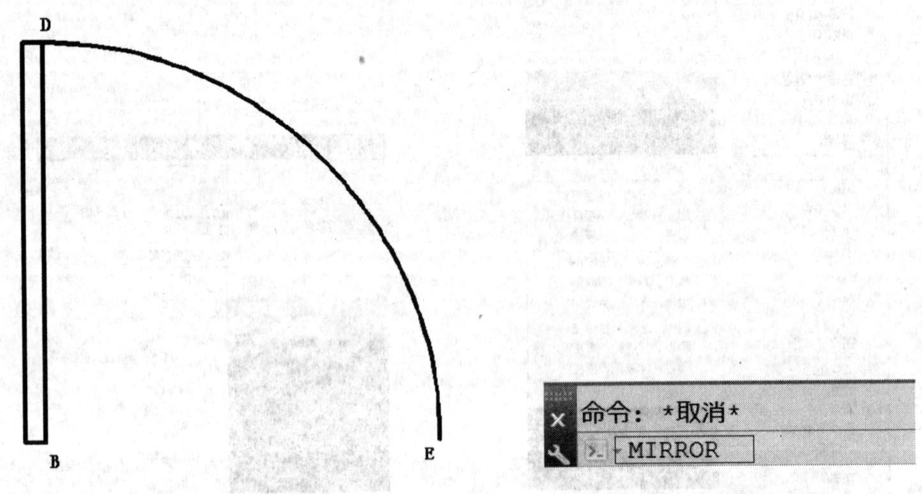

D
B
E

图 2-136　指定圆弧端点 D

命令: *取消*
MIRROR

图 2-137　镜像命令输入

② 单击下拉菜单栏中的【修改】→【镜像】命令，如图 2-138 所示。

③ 选择“默认”选项卡中的“修改”面板→“镜像”选项，如图 2-139 所示。

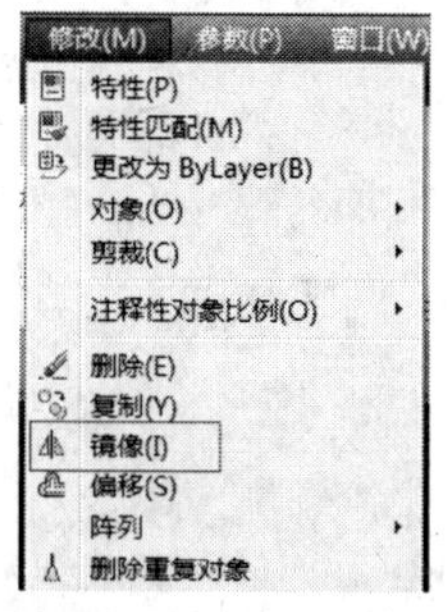

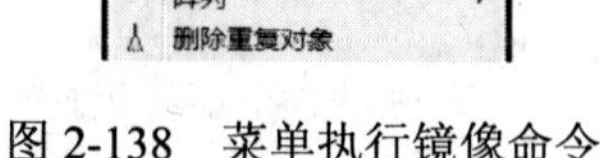

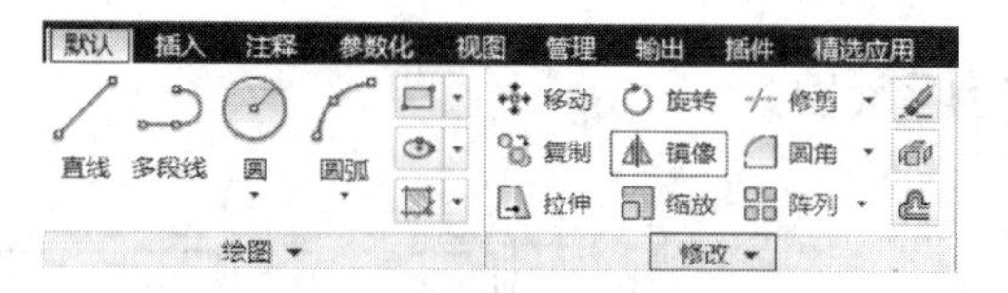

图 2-138　菜单执行镜像命令　　　　图 2-139　选项卡执行镜像命令

（11）按照命令行提示选择对象，将绘图区域所有图形全部选中，选中后的图形显示为虚线，然后按空格或回车键，如图 2-140 所示。

（12）按命令行提示将光标移动到 E 点处，当出现端点符号时单击 E 点，指定镜像线的第一点 E，如图 2-141 所示。

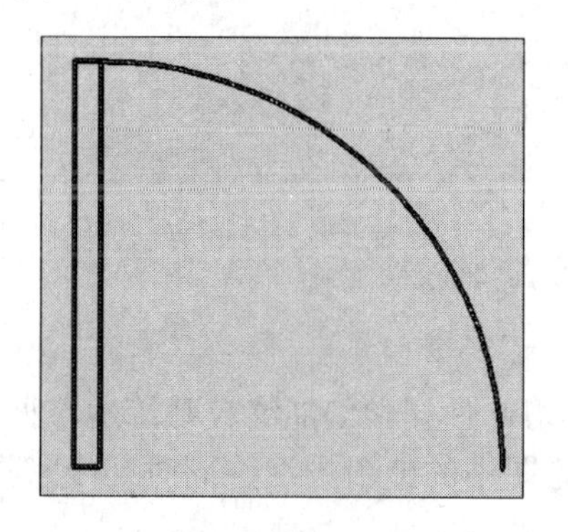

图 2-140　全选图形

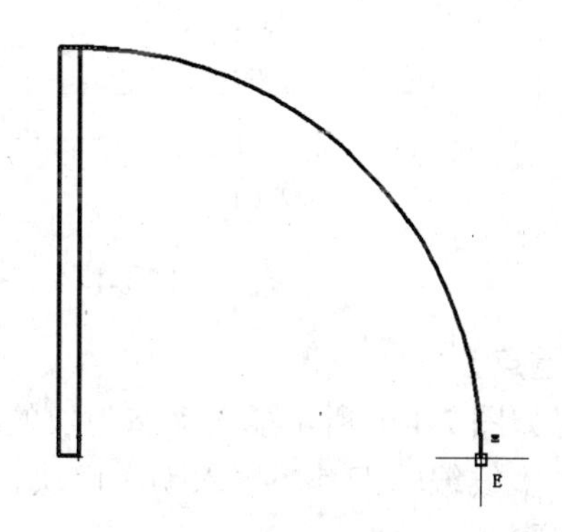

图 2-141　指定镜像线第一点 E

（13）将光标沿 E 点竖直向上移动任意距离，当出现极轴追踪线时（此时右侧出现与左侧对称的图形），单击指定镜像线的第二点，如图 2-142 所示。

（14）按命令行提示输入命令 N 后按回车键或直接按回车键，完成双扇平开门的绘制，如图 2-143 所示。

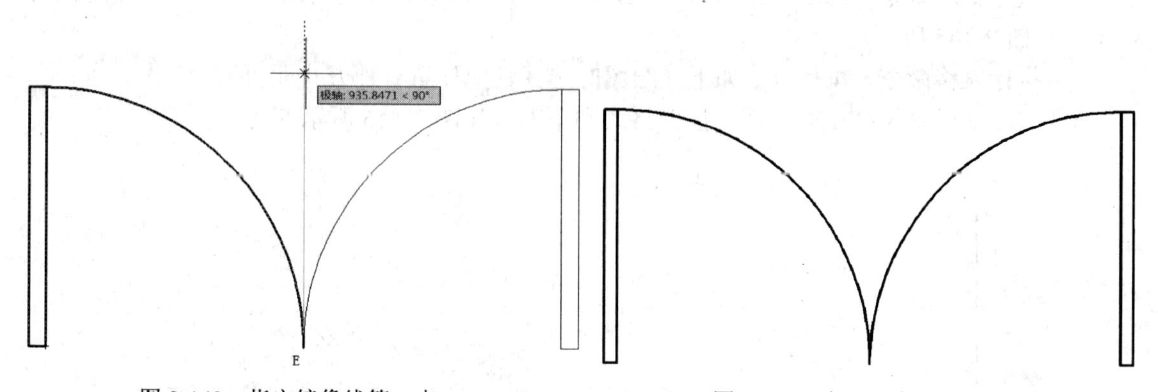

图 2-142　指定镜像线第二点　　　　图 2-143　完成双扇平开门绘制

【技巧】

（1）鼠标滚轮向前滚动为放大图形，向后滚动为缩小图形。

（2）双击鼠标滚轮为居中全部显示图形。

（3）按住鼠标滚轮同时向左或向右移动为可以移动图形。

2.4.3 插入动态门块

【案例平面图】

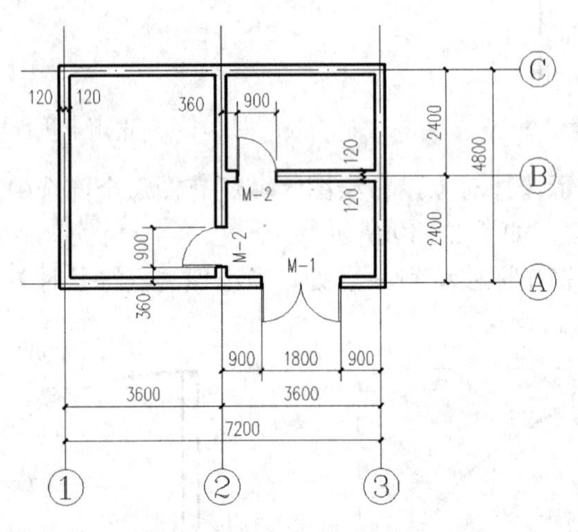

图 2-144 插入动态门块平面图

【知识重点】

通过对如图 2-144 所示插入动态门块的案例学习，使同学们能够较熟练地掌握偏移命令、多线命令、多线编辑工具、插入动态门块在实际绘图中的使用方法，同时初步掌握简单平面图的绘图步骤。

【操作步骤】

（1）新建绘图区域并设置绘图界限为 30000，30000。

（2）启用“极轴”“对象捕捉”和“对象追踪”功能，并设置捕捉点为“交点”和“端点”。

（3）绘制定位轴线，注意定位轴线为细点画线，具体步骤如下。

① 执行直线命令 LINE，在绘图区域合适位置绘制两条相互垂直的定位轴线 1 和定位轴线 C，如图 2-145 所示。

② 执行偏移命令。执行方式如下（绘图时选择其中任意一种方式即可）。

a．在命令行输入 OFFSET 后，按空格或回车键，如图 2-146 所示。

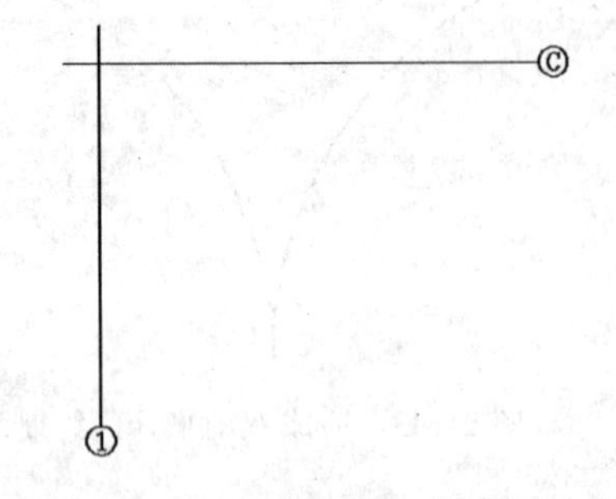

图 2-145 绘制定位轴线 1 和定位轴线 C

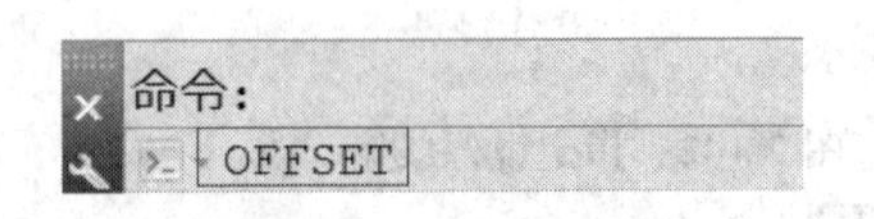

图 2-146 偏移命令输入

b．单击下拉菜单栏中的【修改】→【偏移】命令，如图 2-147 所示。

c．选择“默认”选项卡中的“修改”面板→“偏移”选项，如图 2-148 所示。

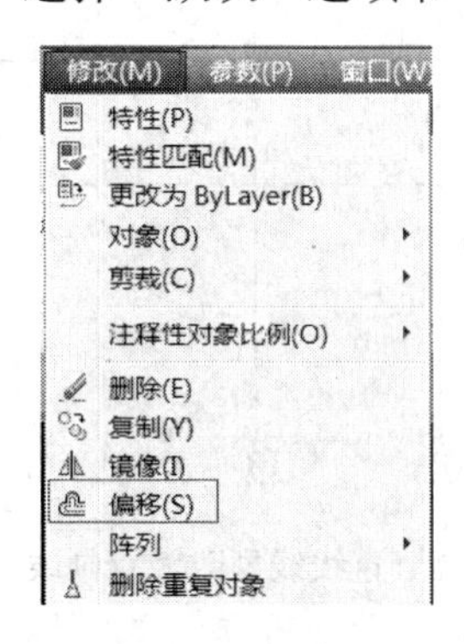

图 2-147　菜单执行偏移命令

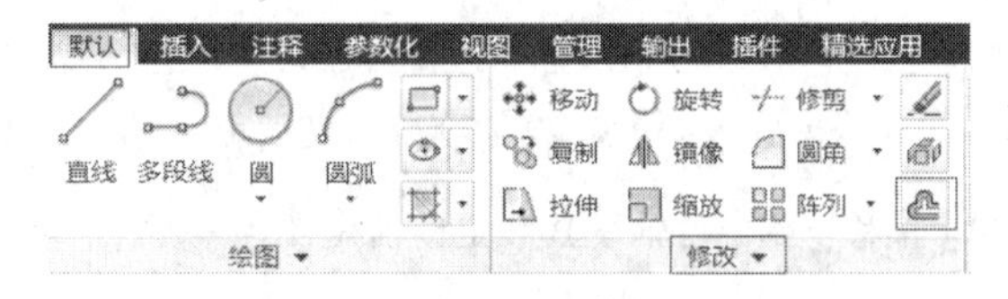

图 2-148　选项卡执行偏移命令

③ 命令行执行过程如下所示，注意以下显示此符号（↓）表示回车。

OFFSET 指定偏移距离或 [通过（T）删除（E）图层（L）] <3600.0000>：3600↓

OFFSET 选择要偏移的对象，或 [退出（E）放弃（U）] <退出>：　//鼠标单击定位轴线 1

OFFSET 指定要偏移的那一侧上的点，或 [退出（E）多个（M）放弃（U）] <退出>：//在定位轴线 1 右侧单击，得到定位轴线 2

OFFSET 选择要偏移的对象，或 [退出（E）放弃（U）] <退出>：　//鼠标单击定位轴线 2

OFFSET 指定要偏移的那一侧上的点，或 [退出（E）多个（M）放弃（U）] <退出>：//在定位轴线 2 右侧单击，得到定位轴线 3

以上过程绘制完成的图形如图 2-149 所示。

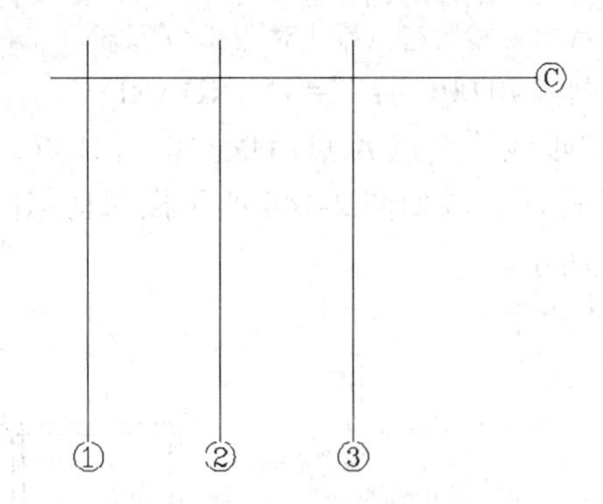

图 2-149　偏移得到定位轴线 2 和定位轴线 3

④ 按回车键，重复执行偏移命令。其余命令行执行过程如下：

OFFSET 指定偏移距离或 [通过（T）删除（E）图层（L）] <2400.0000>：2400↓

OFFSET 选择要偏移的对象，或 [退出（E）放弃（U）] <退出>：　//鼠标单击定位轴线 C

OFFSET 指定要偏移的那一侧上的点，或 [退出（E）多个（M）放弃（U）] <退出>：//在定位轴线 C 下方单击，得到定位轴线 B

OFFSET 选择要偏移的对象，或 [退出（E）放弃（U）] <退出>：　//鼠标单击定位轴线 B

OFFSET 指定要偏移的那一侧上的点，或 [退出（E）多个（M）放弃（U）] <退出>：//在定位轴线 B 下方单击，得到定位轴线 A

以上过程绘制完成的图形如图 2-150 所示。

⑤ 将定位轴线的直线线型改为点画线，此处参照 2.1.3 绘制正多边形章节的内容进行设置，完成后如图 2-151 所示。

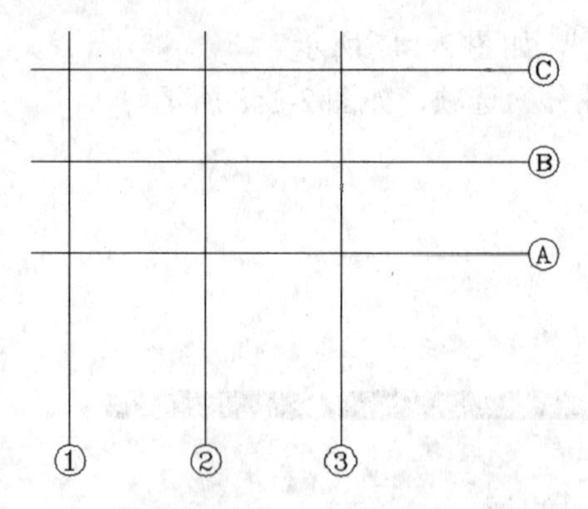

图 2-150　偏移得到定位轴线 B 和定位轴线 A

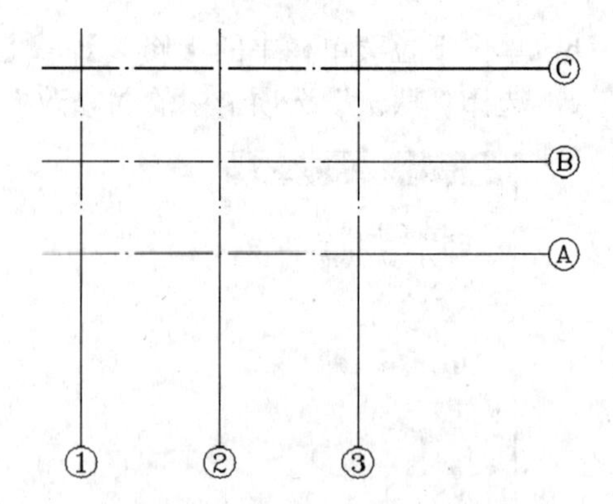

图 2-151　直线线型改为点画线

（4）绘制墙体，注意墙体轮廓线为粗实线，具体步骤如下。

① 绘制外墙

a．单击下拉菜单栏中的【绘图】→【多线】命令，如图 2-152 所示。

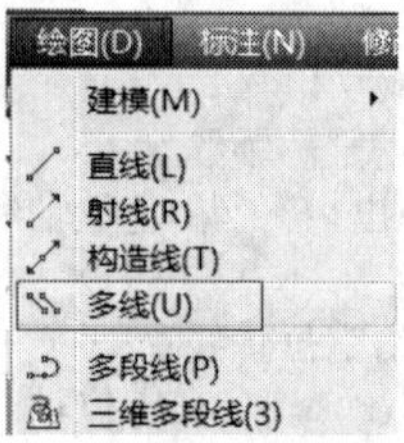

图 2-152　执行多线命令

b．在命令行窗口中设置多线的参数，注意以下显示此符号（↓）表示回车，设置方法如下：

```
MLINE 指定起点或［对正（J）比例（S）样式（ST）]：S↓
MLINE 输入多线比例<240.00>：240↓
MLINE 指定起点或［对正（J）比例（S）样式（ST）]：J↓
MLINE 输入对正类型［上（T）无（Z）下（B）]<上>：Z↓
MLINE 指定起点或［对正（J）比例（S）样式（ST）]：
```

当前设置：对正=无，比例=240.00，样式=STANDARD

c．按命令行提示单击定位轴线的交点 A 点后依次单击 B 点、C 点和 D 点，最后再单击 A 点后按回车键结束多线命令，此时完成如图 2-144 所示插入动态门块平面图所示外墙的绘制，绘制完成后的结果如图 2-153 所示。

② 绘制内墙（如图 2-154 所示）

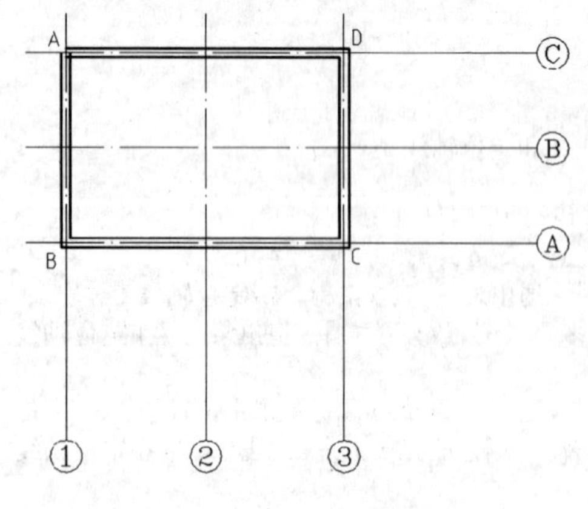

图 2-153　绘制外墙

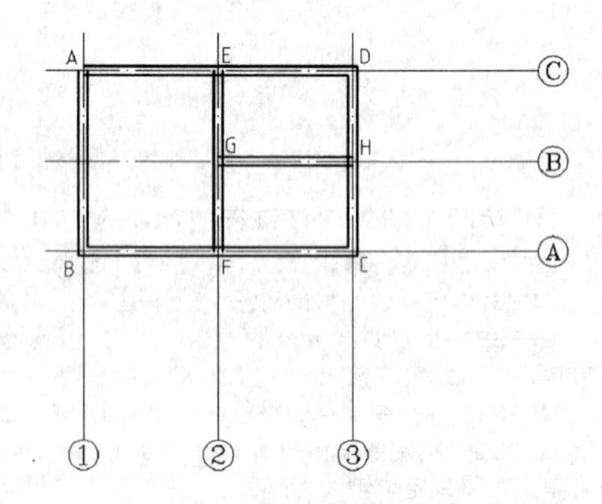

图 2-154　绘制内墙

a．按回车键，重复执行多线命令，按命令行提示单击定位轴线交点 E 点和 F 点后按回车键结束多线命令，此时完成绘制 EF 段内墙。

b. 按回车键，重复执行多线命令，按命令行提示单击定位轴线交点 G 点和 H 点后按回车键结束多线命令，此时完成绘制 GH 段内墙。

（5）执行多线编辑工具，对如图 2-153 所示有问题的墙角 A、E、F、G 和 H 五处进行修理。

① 在下拉菜单栏中选择【修改】→【对象】→【多线】命令，打开“多线编辑工具”对话框，如图 2-155 所示。

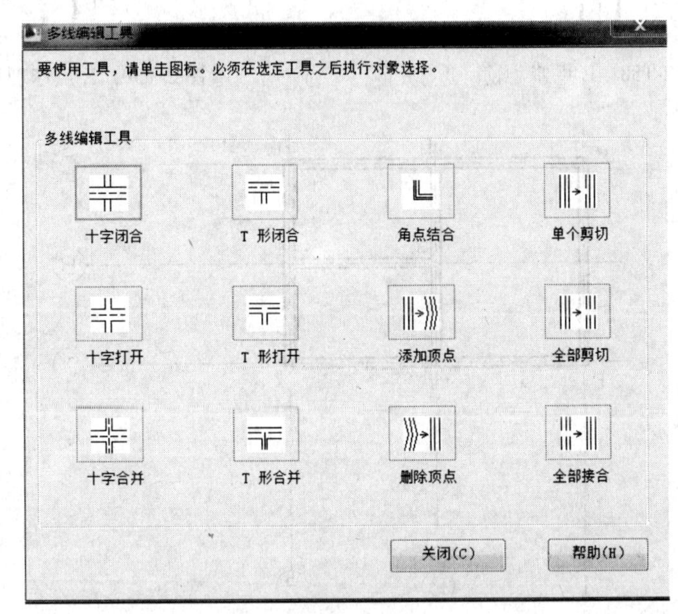

图 2-155 “多线编辑工具”对话框

② 单击“多线编辑工具”对话框中的“角点结合”编辑工具，然后按命令提示行要求对 A 点处横墙和纵墙分别单击，之后按回车键结束命令完成 A 点处墙角的修理，如图 2-156 和图 2-157 所示。

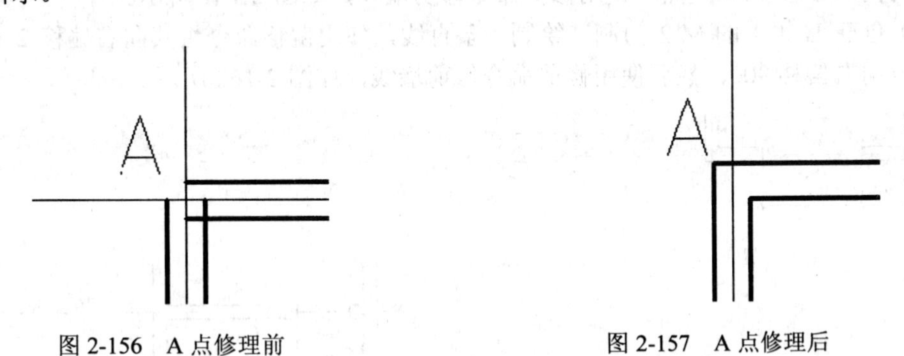

图 2-156 A 点修理前　　图 2-157 A 点修理后

③ 按回车键，重复打开“多线编辑工具”对话框，单击对话框中的“T 形打开”编辑工具，然后按命令行提示对 E 点处的先内墙和后外墙分别单击，之后按回车键结束命令完成 E 点处墙角的修理，如图 2-158 和图 2-159 所示。其余另外 F、G 和 H 三点墙角的修理方法与 E 点相同，有问题的墙角全部修理完成后，如图 2-160 所示。

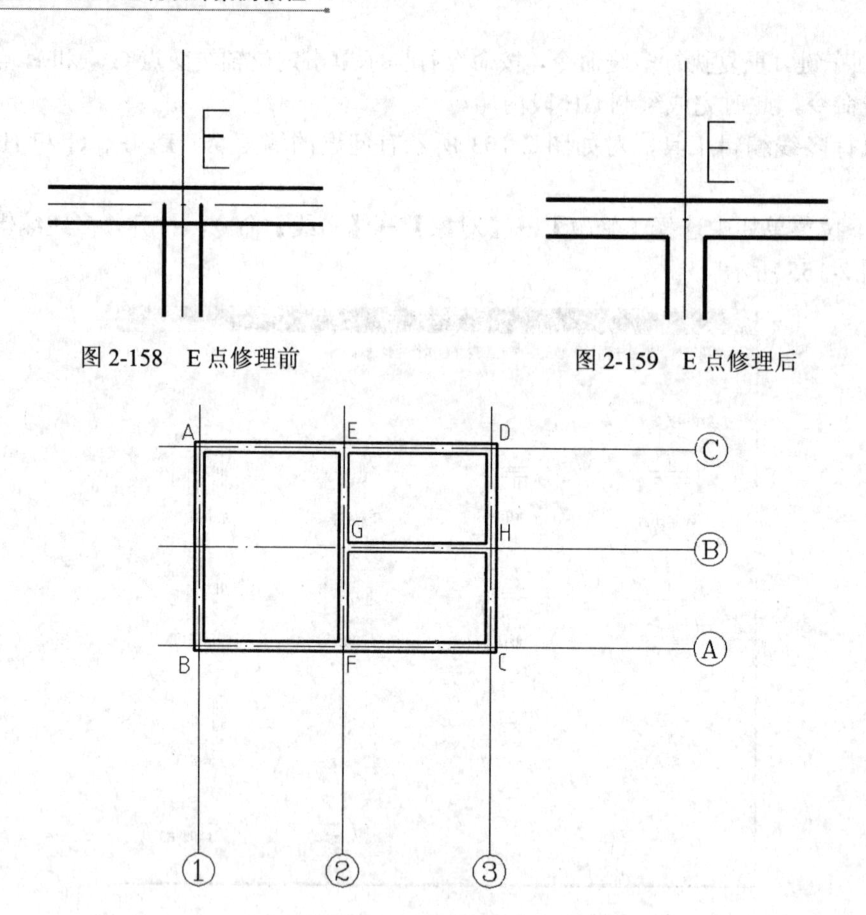

图 2-158　E 点修理前　　　　图 2-159　E 点修理后

图 2-160　墙角全部修理完毕

（6）在墙上开门洞

① 创建 A 轴线上的 M-1 门洞。绘制一条直线，使用偏移命令将其向右偏移 780，将所得新线段再向右偏移 1800，然后使用修剪命令修剪墙线，如图 2-161 所示。

（2）创建 B 轴上的 M-2 门洞。绘制一条直线，使用偏移命令将其向右偏移 240，将所得新线段再向右偏移 900，然后使用修剪命令修剪墙线，如图 2-162 所示。

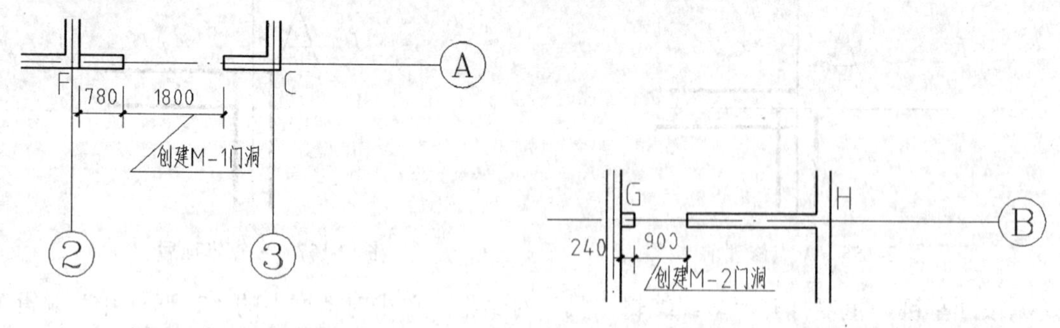

图 2-161　创建 M-1 门洞　　　　图 2-162　创建 M-2 门洞

（3）与 B 轴上的 M-2 门洞创建方法相同，创建 2 轴上的 M-2 门洞。最后将初始绘制的多余直线段删除，完成墙上所有门洞的创建，如图 2-163 所示。

（7）插入动态门块

① 在下拉菜单栏中选择【工具】→【选项板】→【工具选项板】命令，打开“工具选项板”对话框，如图 2-164 所示。

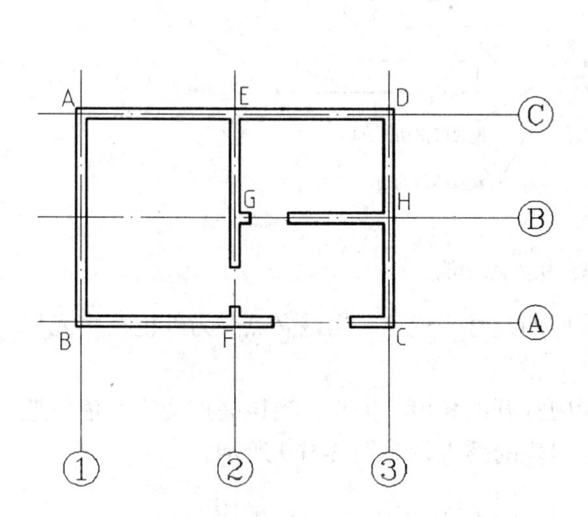

图 2-163　内墙上的门洞创建完成

图 2-164　“工具选项板”对话框

（2）在“工具选项板”对话框中用选择“建筑”→“门-公制”选项，然后按住鼠标将“门-公制”图标拖动到 B 号轴 M-2 门洞附近，然后松开鼠标，插入 M-2 门的动态块，如图 2-165 所示。

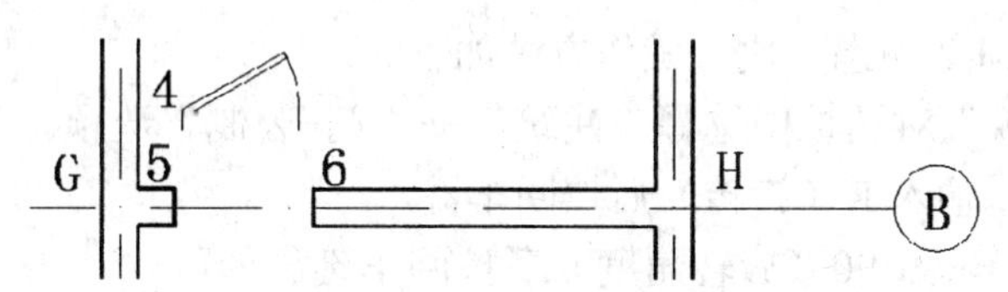

图 2-165　插入 B 轴上 M-2 动态门块

③ 执行移动命令，将动态 M-2 门块从点 4 位置处移动到点 5 位置处，命令行提示如下：

```
命令：MOVE↓
MOVE 选择对象：                                //单击 M-2 动态门块
MOVE 指定基点或 [位移 (D)] <位移>:               //将光标移动到点 4 位置单击
MOVE 指定第二个点或<使用第一个点作为位移>:        //将光标移动到点 5 位置单击
```

此时完成 M-2 动态门块的移动，结果如图 2-166 所示。

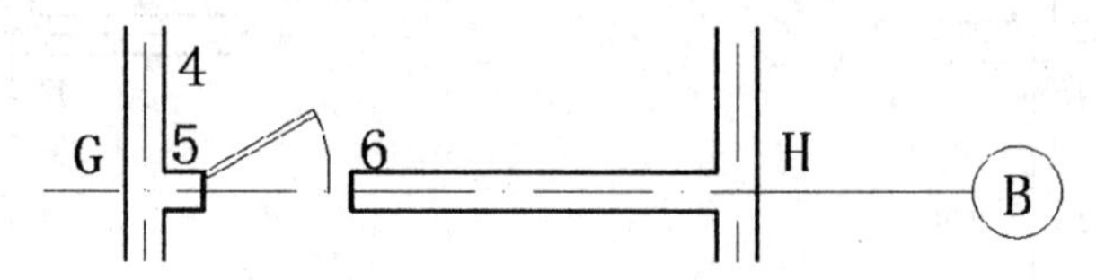

图 2-166　移动 M-2 动态门块至点 5 位置

④ 编辑 M-2 动态门块，编辑方法如下。

a．单击 B 轴上 M-2 动态门块，单击后 M-2 动态门块上显示出各蓝色夹点，夹点功能如图 2-167 所示。

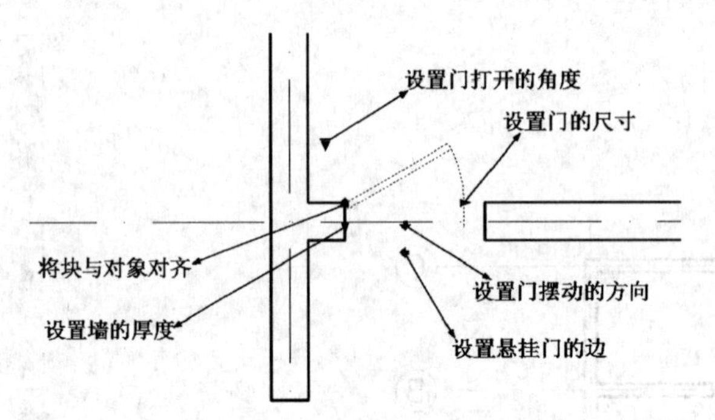

图 2-167 动态门块夹点功能

b．单击 B 轴上 M-2 动态门块夹点中“设置门的尺寸”夹点，当该夹点变为红色后将光标向右移动至点 6 位置并单击，如图 2-168 所示。

c．单击 B 轴上 M-2 动态门块夹点中“设置门打开的角度”夹点，当该夹点变为红色后选择其中打开 90° 角，此时完成 B 轴上 M-2 动态门块的插入，如图 2-169 所示。

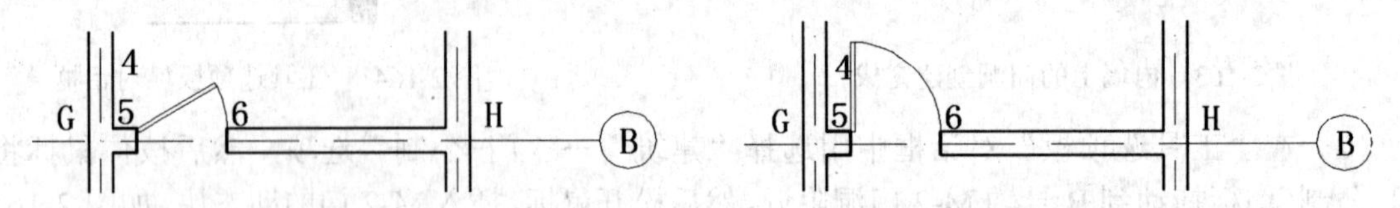

图 2-168 改变动态门块中门的尺寸　　图 2-169 完成 B 轴动态门块的插入

⑤ 插入 2 号轴上 M-2 动态门块，操作方法如下。

a．在“工具选项板”对话框中选择“建筑”→“门-公制”选项。

b．按命令行提示，输入 R（旋转）后按回车键。

c．按命令行提示，输入 90（旋转角度）后按回车键。

d．将光标移动到 2 号轴 M-2 门洞附近单击，插入 M-2 门的动态块，如图 2-170 所示。

e．其余步骤与 B 号轴上 M-2 动态门块的移动和编辑方法同理，不再重复，完成后如图 2-171 所示。

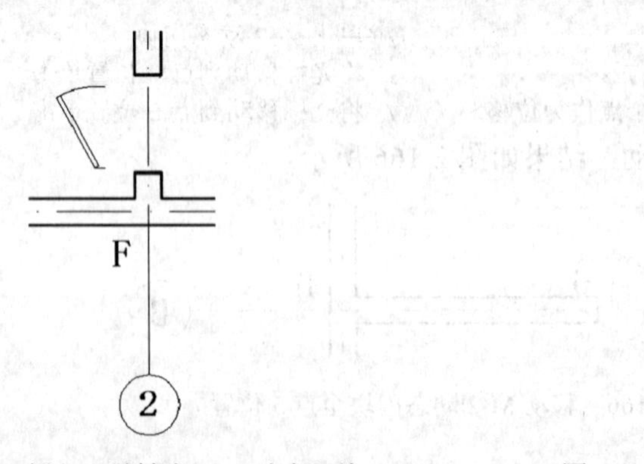

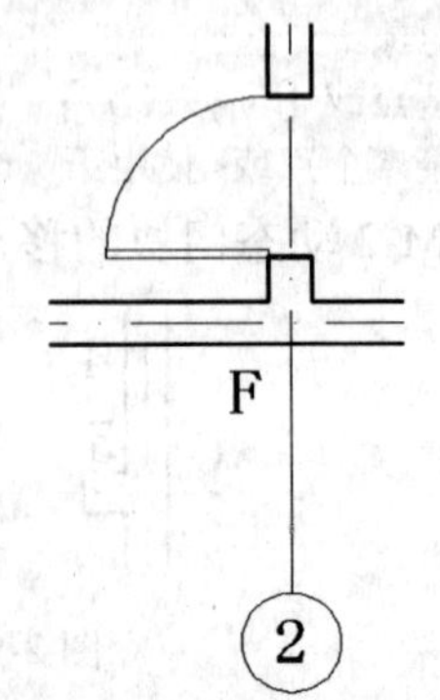

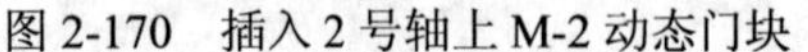

图 2-170 插入 2 号轴上 M-2 动态门块　　图 2-171 完成 2 轴动态门块的插入

⑥ 插入A号轴上M-1动态门块，操作方法如下。

a．与B号轴上M-2动态门块的插入方法同理，不再重复，完成后如图2-172所示。

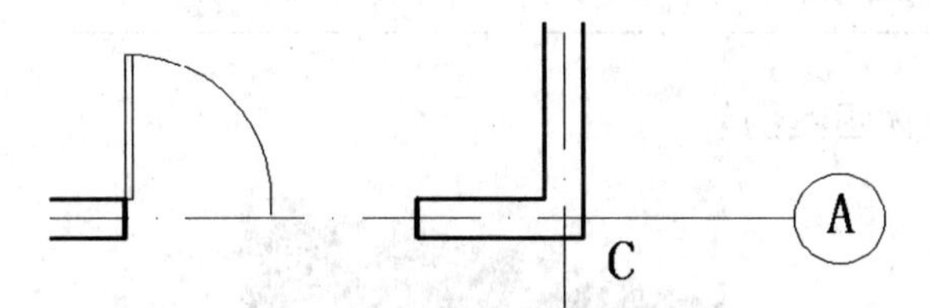

图2-172　完成A号轴上M-1动态门块的插入

b．编辑M-1动态门块，单击M-1动态门块选择“设置门摆动的方向”夹点，使门摆动的方向向下镜像，按【Esc】键退出M-1动态门块的编辑，如图2-173所示。

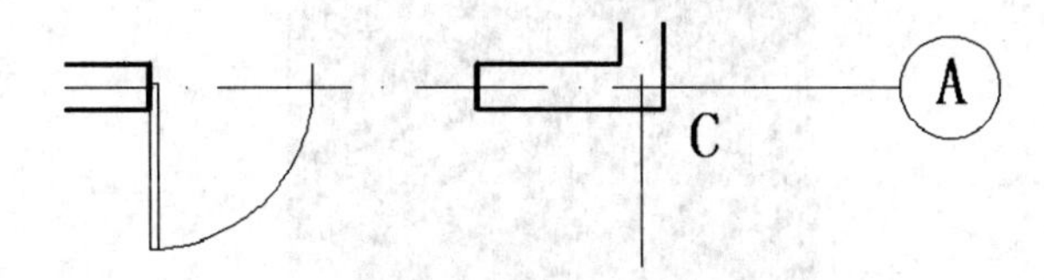

图2-173　改变M-1门的方向

c．执行镜像命令，将门向右镜像，完成M-1动态门块的绘制，如图2-174所示。

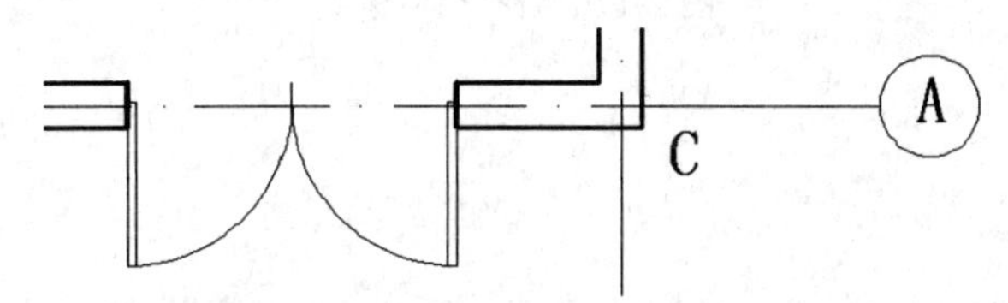

图2-174　完成M-1动态门块的绘制

⑦ 到此为止如图2-144所示动态门块平面图的绘制全部完成，如图2-175所示。

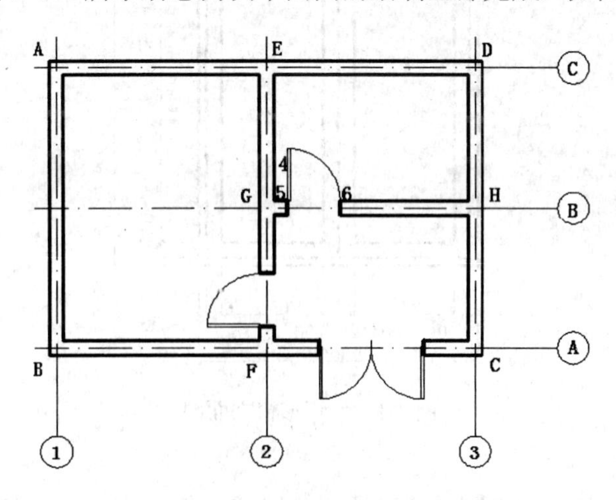

图2-175　动态门块平面图绘制完成

【技巧】在执行偏移命令时，最好将“极轴”和“对象捕捉”功能暂时关闭，以免因特殊点的干扰，影响偏移位置的准确性。

单元 5　绘制平面窗

【建筑构配件三维立体图案例】

图 2-176　窗立体图

2.5.1　绘制矩形窗

【案例立面图】

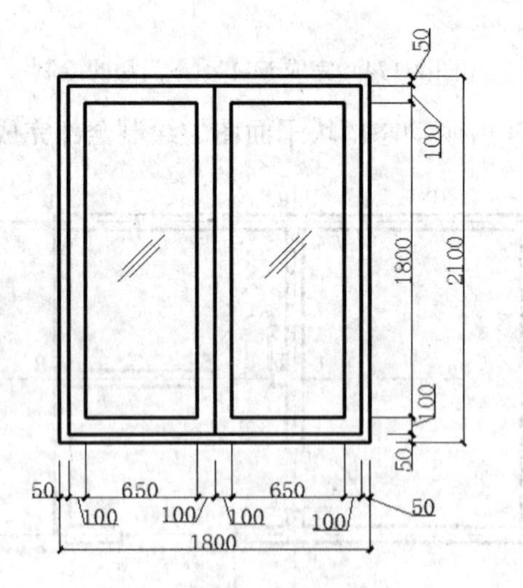

图 2-177　矩形窗立面图

【知识重点】

通过对如图 2-177 所示矩形窗立面图的案例学习，使同学们能够更进一步地掌握矩形命令、偏移命令、修剪命令和直线命令，在实际绘图中的使用方法及初步掌握窗立面图的绘图步骤。

【操作步骤】

（1）新建绘图区域并设置绘图界限为3000，3000。

（2）启用“极轴”“对象捕捉”和“对象追踪”功能，并设置捕捉点为“交点”“端点”和“中点”。

（3）执行矩形命令，命令行提示如下：

```
命令：RECTANG↓
RECTANG 指定第一个角点或［倒角（C）标高（E）圆角（F）厚度（T）宽度（W）]:
                                          //在绘图区域左上角合适位置单击
RECTANG 指定另一个角点或［面积（A）尺寸（D）旋转（R）]：D↓
RECTANG 指定矩形的长度<1800.0000>：1800↓
RECTANG 指定矩形的宽度<2100.0000>：2100↓
RECTANG 指定另一个角点或［面积（A）尺寸（D）旋转（R）]：//在矩形的右下方任意位置单击
```

完成矩形绘制，如图2-178所示。

（4）执行偏移命令，命令行提示如下：

```
命令：OFFSET↓
OFFSET 指定偏移距离或［通过（T）删除（E）图层（L）] <1.0000>：50↓
OFFSET 选择要偏移的对象，或［退出（E）放弃（U）] <退出>：//单击图中矩形
OFFSET 指定要偏移的那一侧上的点，或［退出（E）多个（M）放弃（U）] <退出>：//将光标移至矩形内部单击，得到第二个矩形
```

如图2-179所示。

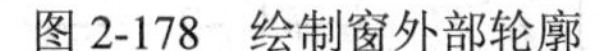

图2-178　绘制窗外部轮廓

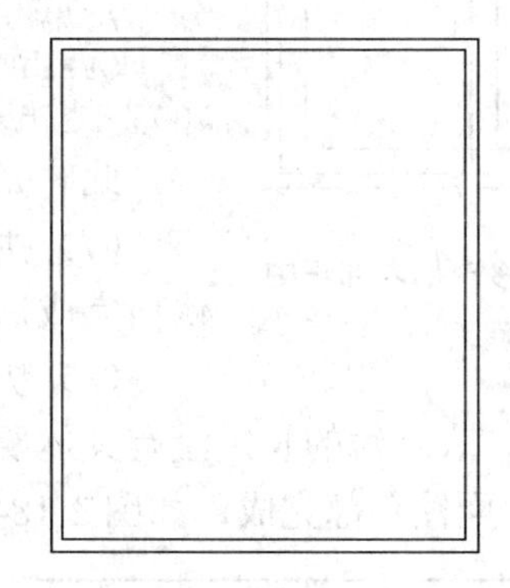

图2-179　得到第二个矩形

按空格或回车键，重复执行矩形命令，命令行提示如下：

```
OFFSET 指定偏移距离或［通过（T）删除（E）图层（L）] <1.0000>：100↓
OFFSET 选择要偏移的对象，或［退出（E）放弃（U）] <退出>：    //单击图中第二个矩形
OFFSET 指定要偏移的那一侧上的点，或［退出（E）多个（M）放弃（U）] <退出>：//将光标移至第二个矩形内部单击，得到第三个矩形
```

如图2-180所示。

（5）执行直线命令，命令行提示如下：

```
命令：LINE↓
LINE 指定第一个点：                    //在中间矩形上边的中点处单击
LINE 指定下一点或［放弃（U）]：        //在中间矩形下边的中点处单击
```

在矩形的内部得到一条直线段，如图2-181所示。

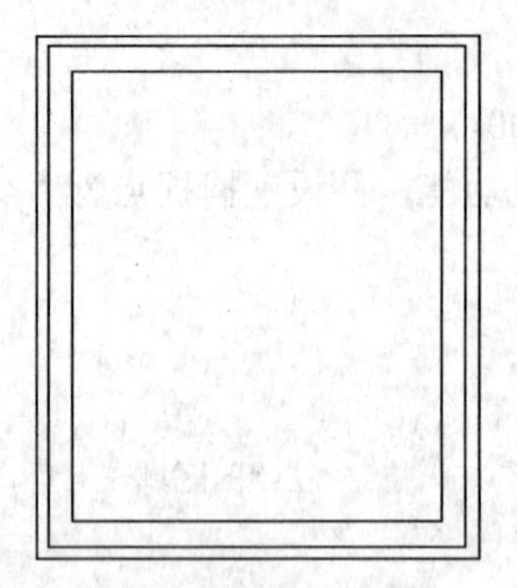

图 2-180　得到第三个矩形

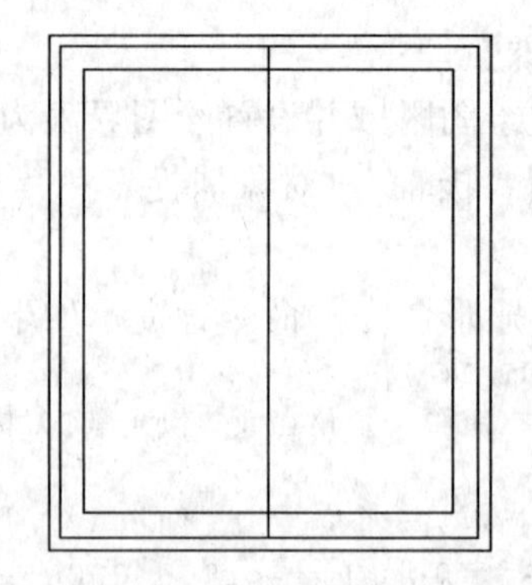

图 2-181　矩形内部绘制直线段

（6）执行偏移命令，命令行提示如下：

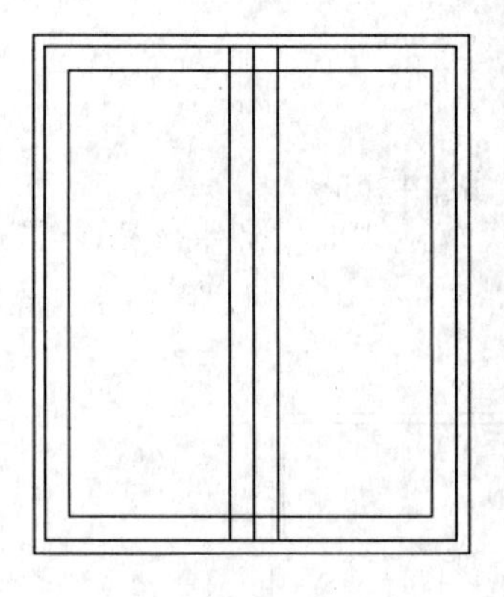

图 2-182　偏移矩形内部正中直线段

命令：OFFSET↓
OFFSET 指定偏移距离或［通过（T）删除（E）图层（L）］<1.0000>：100↓
OFFSET 选择要偏移的对象，或［退出（E）放弃（U）］<退出>：//单击矩形内部正中间直线段
OFFSET 指定要偏移的那一侧上的点，或［退出（E）多个（M）放弃（U）］<退出>：//将光标移至该直线左边单击
OFFSET 选择要偏移的对象，或［退出（E）放弃（U）］<退出>：//单击矩形内部正中间直线段
OFFSET 指定要偏移的那一侧上的点，或［退出（E）多个（M）放弃（U）］<退出>：↓//将光标移至该直线右边单击

此时完成偏移命令，得到两条偏移线段如图 2-182 所示。

（7）执行修剪命令，将如图 2-182 所示的多余线段修剪掉，修剪完成后的效果如图 2-183 所示。

（8）执行直线命令绘制玻璃表示线，注意玻璃表示线的角度大约为 45°，表示线的长短没有具体要求，合适就好，表示线一般中间线长两边线短。至此绘制矩形窗立面图全部完成，如图 2-184 所示。

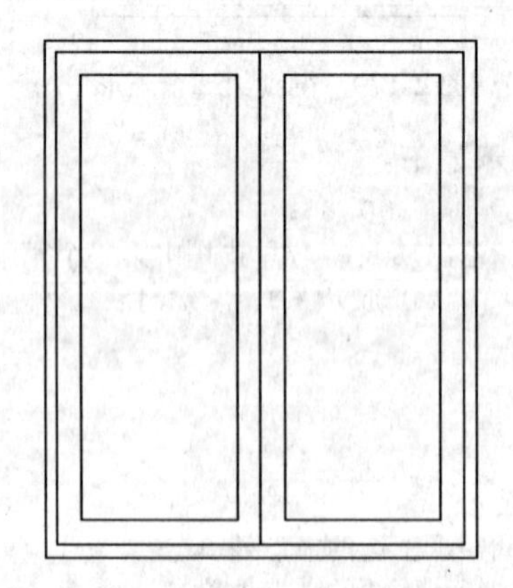

图 2-183　修剪窗立面图中的多余线

图 2-184　矩形窗立面图绘制完成

2.5.2　用多段线绘制窗

【案例平面图】

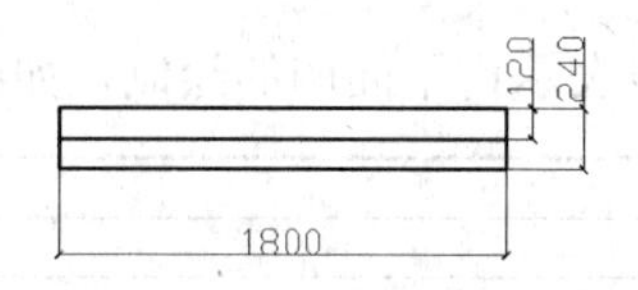

图 2-185　三线表示窗平面图

【知识重点】

窗平面图的表示方法有多种，其中有二线表示法、三线表示法、四线表示法、五线表示法等，本案例是以三线表示法来绘制窗平面图，通过本案例的学习使大家能够基本掌握多段线命令的使用方法。

【操作步骤】

（1）新建绘图区域并设置绘图界限为 3000，3000。

（2）启用“极轴”“对象捕捉”和“对象追踪”功能，并设置捕捉点为“中点”。

（3）执行多段线命令，执行方式如下（绘图时选择其中任意一种方式即可）。

① 在命令行输入 PLINE 之后，按空格或回车键，如图 2-186 所示。

② 单击下拉菜单栏中的【绘图】→【多段线】命令，如图 2-187 所示。

③ 选择“默认”选项卡中的“绘图”面板→“多段线”选项，如图 2-188 所示。

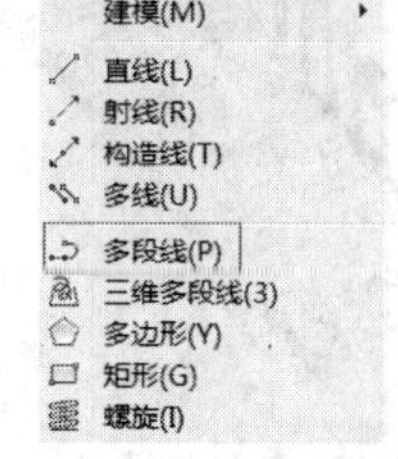

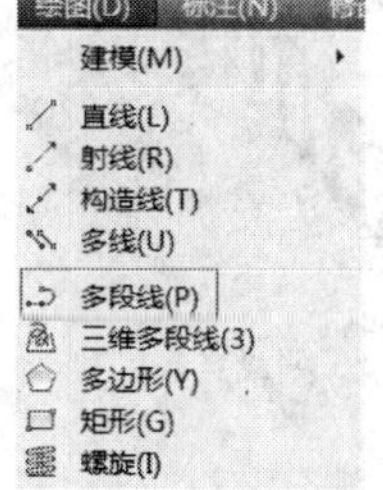

图 2-186　命令行输入　　图 2-187　菜单执行多段线命令 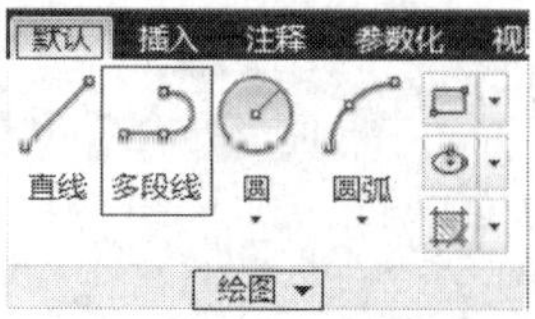　　图 2-188　选项卡执行多段线命令

（4）激活多段线命令，命令行提示如下：

```
PLINE 指定起点：                    //在绘图区域合适位置单击
PLINE 指定下一个点或 [圆弧 (A) 半宽 (H) 长度 (L) 放弃 (U) 宽度 (W)]：1800↓
//将光标水平向右移动一段距离，当极轴显示条出现<0° 时输入 1800
PLINE 指定下一个点或 [圆弧 (A) 闭合 (C) 半宽 (H) 长度 (L) 放弃 (U) 宽度 (W)]：240↓
//将光标竖直向下移动一段距离，当极轴显示条出现<270° 时输入 240
PLINE 指定下一个点或 [圆弧 (A) 闭合 (C) 半宽 (H) 长度 (L) 放弃 (U) 宽度 (W)]：1800↓
//将光标水平向左移动一段距离，当极轴显示条出现<180° 时输入 1800
PLINE 指定下一个点或 [圆弧 (A) 闭合 (C) 半宽 (H) 长度 (L) 放弃 (U) 宽度 (W)]：C↓
```

完成的矩形如图 2-189 所示。

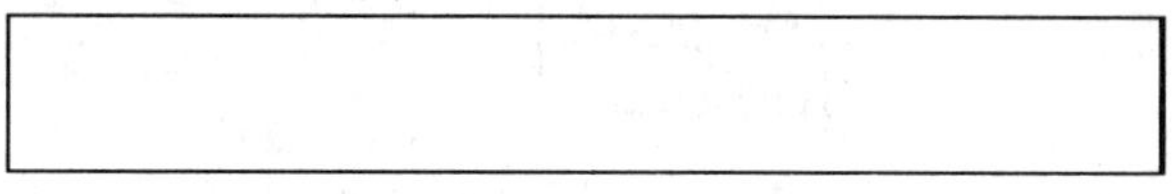

图 2-189　窗平面图外部轮廓

（5）按空格或回车键重复执行多段线命令，命令行提示如下：

```
PLINE 指定起点：          //将光标移动至中点 1 处单击
PLINE 指定下一个点或 [圆弧（A）半宽（H）长度（L）放弃（U）宽度（W）]：//将光标移动至中点 2 处单击
```

此时完成如图 2-185 所示三线表示窗平面图的绘制，如图 2-190 所示。

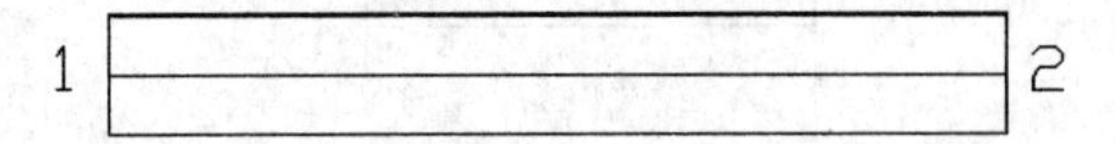

图 2-190　完成三线窗平面图的绘制

【小结】

（1）直线命令与多段线命令都可以绘制此图，但直线命令绘图完成后的每段线都是独立的。

（2）多段线可由直线和弧线组成，可改变宽度，画成等宽或不等宽的线。由一次命令画成的直线或弧线是一个整体。

单元 6　绘制楼梯

【建筑构配件三维立体图案例】

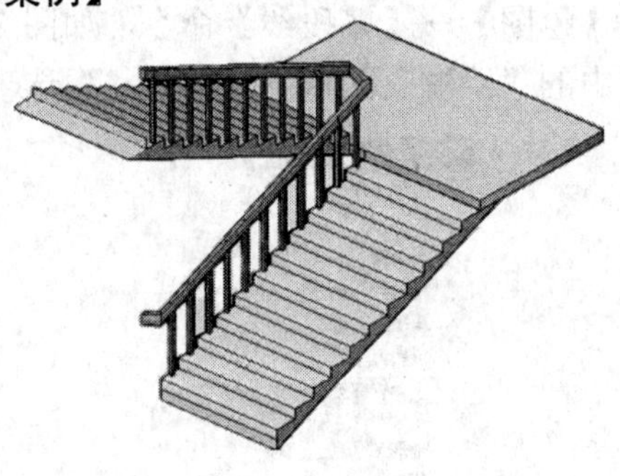

图 2-191　双跑楼梯

2.6.1　绘制楼梯线

【案例平面图】

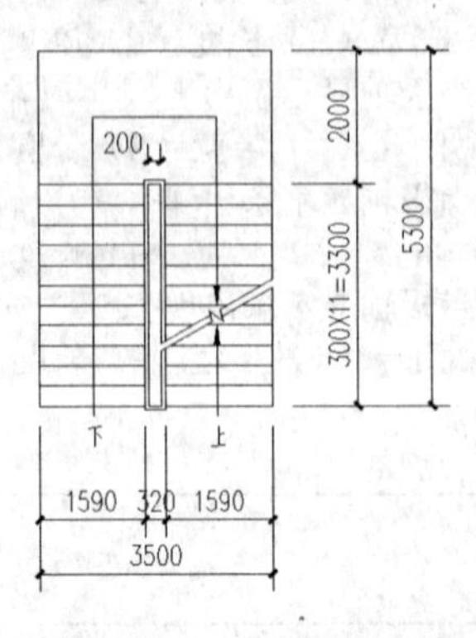

图 2-192　双跑楼梯平面图

【知识重点】

通过如图 2-192 所示双跑楼梯平面图的案例学习，使大家能够重点掌握楼梯线的绘制方法；熟练掌握直线命令、矩形命令和偏移命令；学会删除命令的使用方法。

【操作步骤】

（1）新建绘图区域并设置绘图界限为 10000，10000。

（2）启用“极轴”“对象捕捉”和“对象追踪”功能，并设置捕捉点为“端点”“交点”和“中点”。

（3）执行直线命令，绘制一条长度为 5300 的竖直楼梯左边线，命令行提示如下：

```
命令：LINE↓
LINE 指定第一个点：                          //在绘图区域左上角适宜位置单击
LINE 指定下一点或 [放弃（U）]：@5300<270↓
```

（4）执行偏移命令依次绘制楼梯竖直边线，命令行提示如下：

```
命令：OFFSET↓
OFFSET 指定偏移距离或 [通过（T）删除（E）图层（L）] <通过>：1590↓
OFFSET 选择要偏移的对象，或 [退出（E）放弃（U）] <退出>：  //单击绘图区域中的线 12
OFFSET 指定要偏移的那一侧上的点，或 [退出（E）多个（M）放弃（U）] <退出>：↓//在虚线 12 右侧任意位置单击，得到线 34
```

按空格或回车键重复执行偏移命令，命令行提示如下：

```
OFFSET 指定偏移距离或 [通过（T）删除（E）图层（L）] <3200.0000>：320↓
OFFSET 选择要偏移的对象，或 [退出（E）放弃（U）] <退出>：          //单击绘图区域中的线 34
OFFSET 指定要偏移的那一侧上的点，或 [退出（E）多个（M）放弃（U）] <退出>：//在虚线 34 右侧任意位置单击，得到实线 56
```

按空格或回车键重复执行偏移命令，命令行提示如下：

```
OFFSET 指定偏移距离或 [通过（T）删除（E）图层（L）] <1590.0000>：1590↓
OFFSET 选择要偏移的对象，或 [退出（E）放弃（U）] <退出>：//单击绘图区域中的线 56
OFFSET 指定要偏移的那一侧上的点，或 [退出（E）多个（M）放弃（U）] <退出>：↓//在虚线 56 右侧任意位置单击，得到线 78
```

双跑楼梯竖直边线如图 2-193 所示。

（5）执行直线命令 LINE 绘制楼梯线 24、楼梯线 68 和楼梯水平边线 17，如图 2-194 所示。

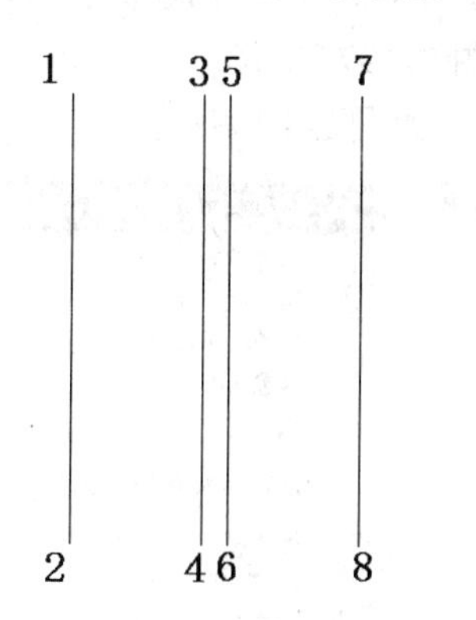

图 2-193　双跑楼梯竖直边线

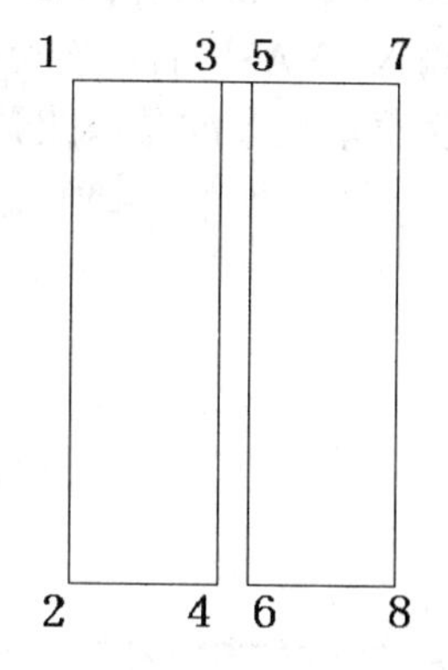

图 2-194　绘制楼梯线

（6）绘制楼梯扶手线，绘制方法如下。

① 绘制楼梯扶手辅助线，命令行提示如下：

命令：OFFSET↓

OFFSET 指定偏移距离或［通过（T）删除（E）图层（L）］<通过>：60↓

OFFSET 选择要偏移的对象，或［退出（E）放弃（U）］<退出>：//单击绘图区域线 34

OFFSET 指定要偏移的那一侧上的点，或［退出（E）多个（M）放弃（U）］<退出>：//在虚线 34 右侧任意位置单击，得到线 AB

如图 2-195 所示。

② 绘制楼梯扶手线，过程如下。

a．执行矩形命令，命令行的显示如下：

命令：RECTANG↓

RECTANG 指定第一个角点或［倒角（C）标高（E）圆角（F）厚度（T）宽度（W）］：//单击 B 点

RECTANG 指定另一个角点或［面积（A）尺寸（D）旋转（R）］：D↓

RECTANG 指定矩形的长度<200.0000>：200↓

RECTANG 指定矩形的宽度<3300.0000>：3300↓

RECTANG 指定另一个角点或［面积（A）尺寸（D）旋转（R）］：　　//将鼠标向右上方任意位置移动并单击

此时完成楼梯扶手矩形内轮廓线的绘制，如图 2-196 所示。

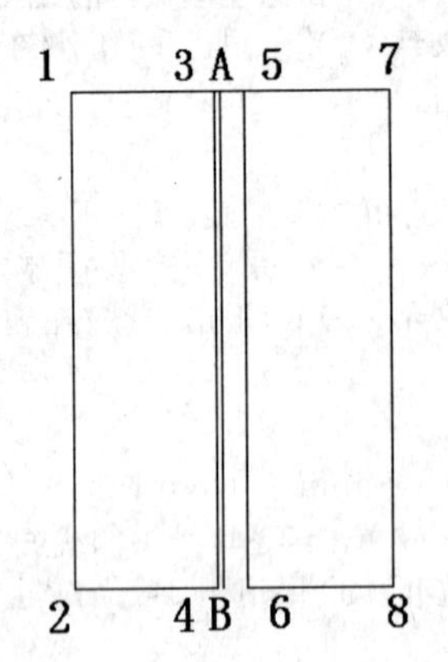

图 2-195　绘制楼梯扶手辅助线

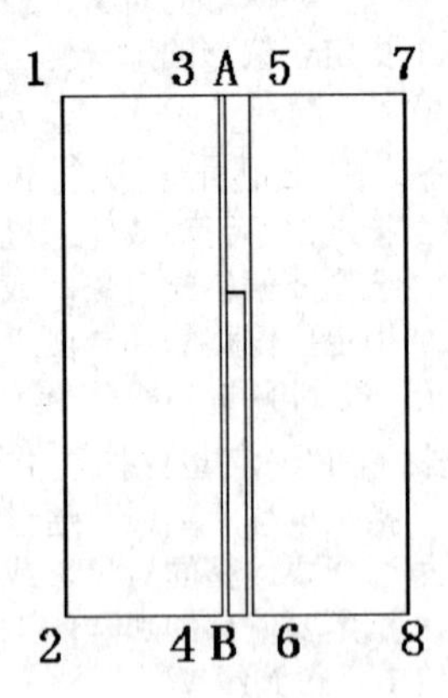

图 2-196　完成楼梯扶手矩形内轮廓线的绘制

b．执行删除命令，执行方式如下（绘图时选择其中任意一种方式即可）。

● 命令行输入 ERASE 后，按空格或回车键，如图 2-197 所示。

● 单击下拉菜单栏中的【修改】→【删除】命令，如图 2-198 所示。

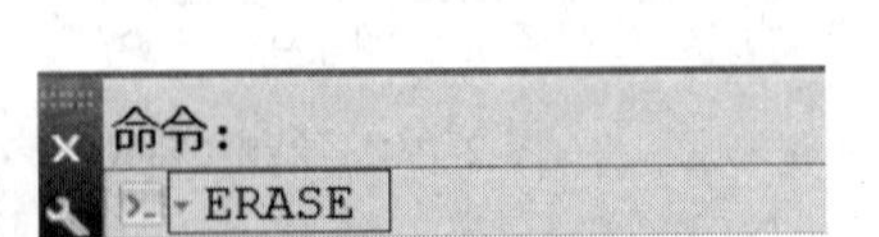

图 2-197　命令行执行删除命令

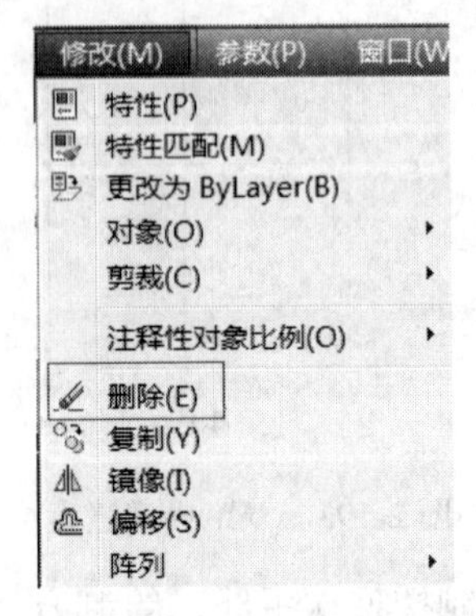

图 2-198　菜单执行删除命令

● 选择“默认”选项卡中的“修改”面板→“删除”选项，如图 2-199 所示。

图 2-199　选项卡执行删除命令

- 在命令行输入 ERASE，然后选择对象。选中线 34、线 AB 和线 56 后，按回车键，完成删除操作，如图 2-200 所示。

c．执行偏移命令，命令行提示如下：

```
命令：OFFSET↓
OFFSET 指定偏移距离或［通过（T）删除（E）图层（L）］<通过>：60↓
OFFSET 选择要偏移的对象，或［退出（E）放弃（U）］<退出>：↓//单击楼梯扶手矩形轮廓线
OFFSET 指定要偏移的那一侧上的点，或［退出（E）多个（M）放弃（U）］<退出>：//在楼梯扶手矩
形轮廓线外侧单击
```

此时楼梯扶手和井宽绘制完成，如图 2-201 所示。

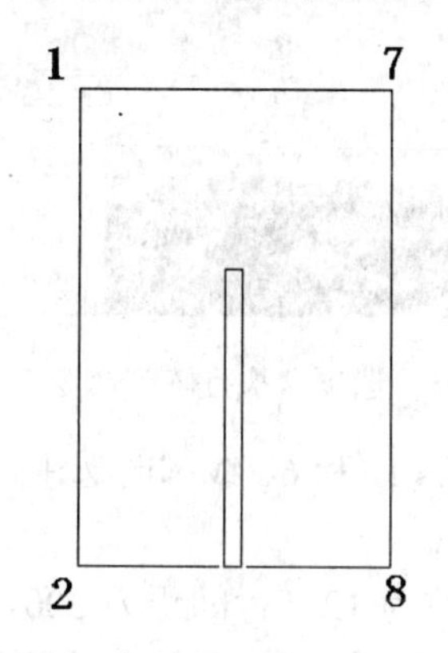

图 2-200　删除作图辅助线

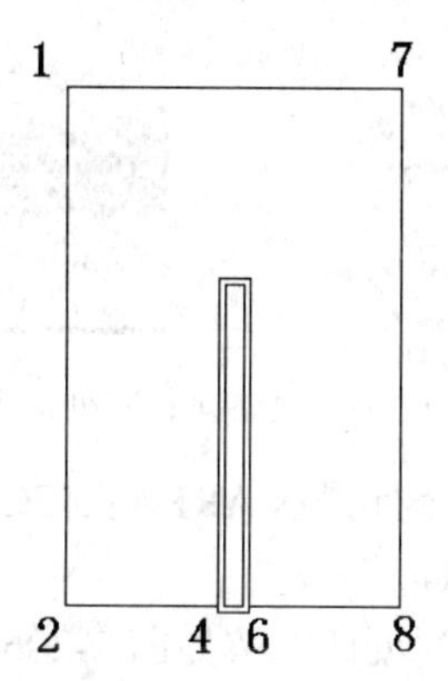

图 2-201　楼梯扶手和井宽绘制完成

2.6.2　阵列操作

【案例平面图】

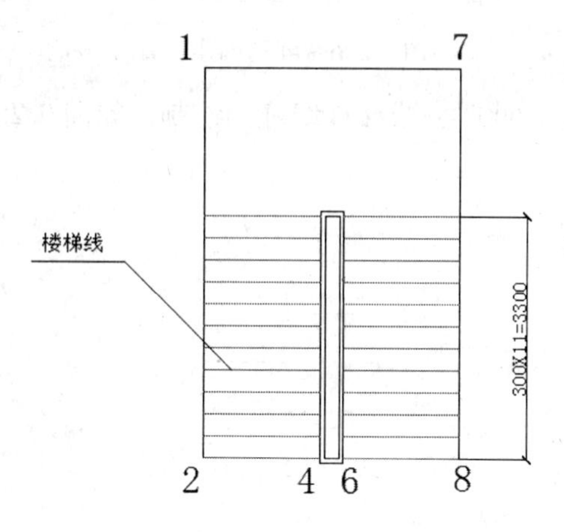

图 2-202　绘制楼梯线

【知识重点】

通过如图 2-202 所示楼梯线的案例学习，使大家能够重点掌握阵列命令的使用方法。

【操作步骤】

（1）执行阵列命令，执行方式如下（绘图时选择其中任意一种方式即可）。

① 在命令行输入 ARRAYRECT 后，按空格或回车键，如图 2-203 所示。

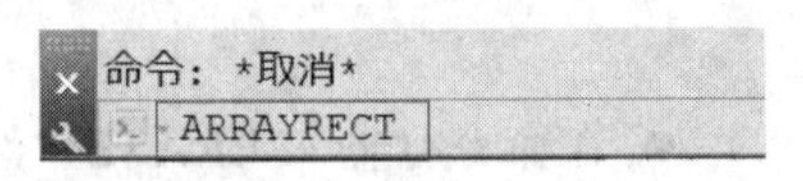

图 2-203　命令行执行阵列命令

② 单击下拉菜单栏中的【修改】→【阵列】→【矩形阵列】命令，如图 2-204 所示。

③ 选择“默认”选项卡中的“修改”面板→“阵列”→“矩形阵列”选项，如图 2-205 所示。

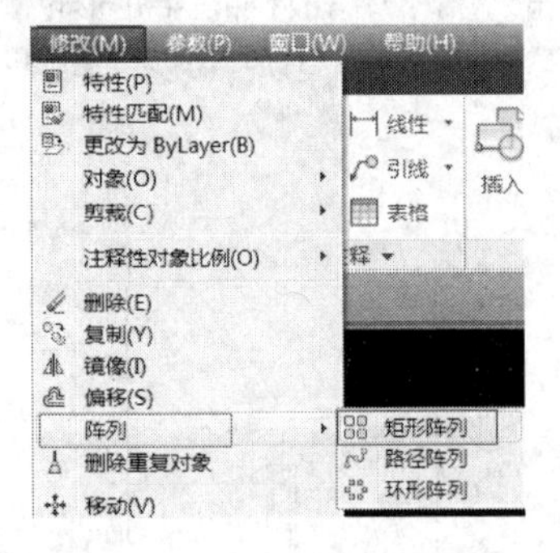

图 2-204　菜单执行阵列命令

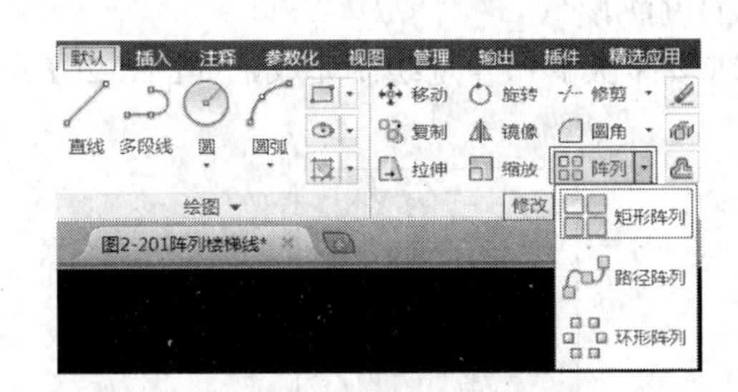

图 2-205　选项卡执行阵列命令

（2）命令行提示 ARRAYRECT 选择对象：用鼠标将 24 线和 68 线同时选中，变虚线后按空格或回车键。

（3）阵列创建。按如图 2-206 所示设置列数为 1，行数为 12，行间距为 300，其余项目不用设置。

图 2-206　阵列创建设置

（4）按回车键结束命令，此时完成楼梯线阵列绘制，如图 2-207 所示。

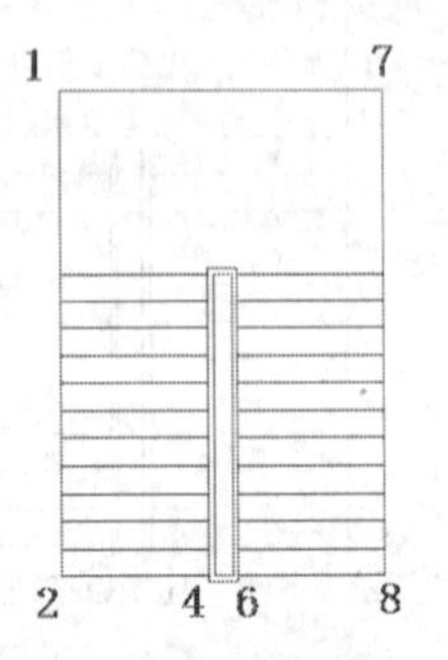

图 2-207　完成楼梯线绘制

2.6.3　绘制折断线和箭头

【案例平面图】

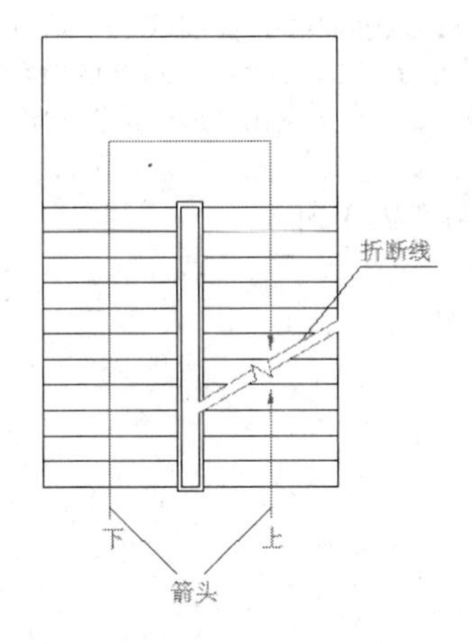

图 2-208　折断线、箭头和字体

【知识重点】

通过绘制如图 2-208 所示折断线、箭头和字体的案例学习，使大家能够重点掌握构造线命令、分解命令、多段线命令、单行文字命令、偏移命令和移动命令的使用方法。

【操作步骤】

（1）在上节学习的基础上绘制折断线，绘制方法如下。

① 执行构造线命令，执行方式如下（绘图时选择其中任意一种方式即可）。

a. 在命令行输入 XLINE 后，按空格或回车键，如图 2-209 所示。

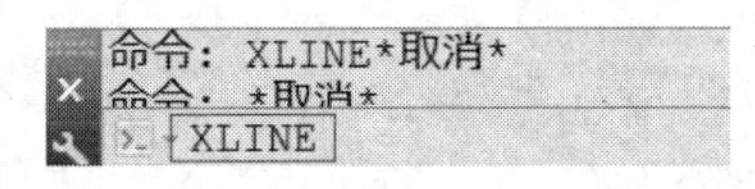

图 2-209　命令行执行构造线命令

b. 单击下拉菜单栏中的【绘图】→【构造线】命令，如图 2-210 所示。

c. 选择“默认”选项卡中的“绘图”面板→“构造线”选项，如图 2-211 所示。

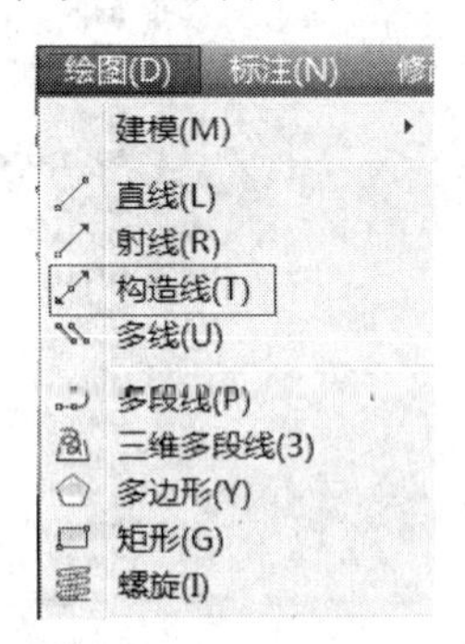

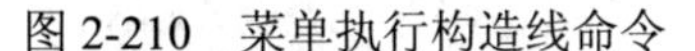

图 2-210　菜单执行构造线命令

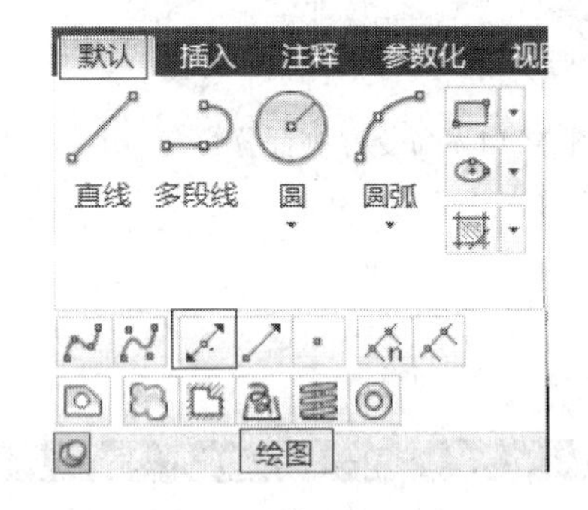

图 2-211　选项卡执行构造线命令

② 命令行提示如下：

```
XLINE 指定点或 [水平（H）垂直（V）角度（A）二等分（B）偏移（O）]：A↓
XLINE 输入构造线的角度（0）或 [参照（R）]：30↓                //输入 30 度
XLINE 指定通过点：      //单击 9 点位置
```

得到一条构造线，如图 2-212 所示。

③ 执行偏移命令，命令行提示如下：

```
命令：OFFSET↓
OFFSET 指定偏移距离或 [通过（T）删除（E）图层（L）] <60.0000>：140↓
OFFSET 选择要偏移的对象，或 [退出（E）放弃（U）] <退出>：//单击图中构造线
OFFSET 指定要偏移的那一侧上的点，或 [退出（E）多个（M）放弃（U）] <退出>：//在构造线的左上方任意位置单击
```

得到偏移后新的构造线，如图 2-213 所示。

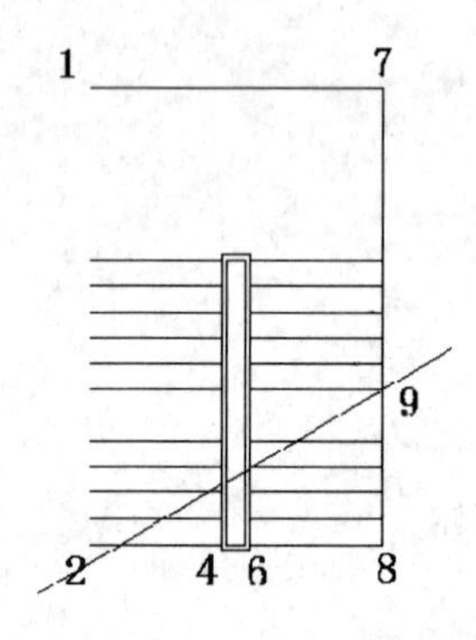

图 2-212 绘制一条构造线

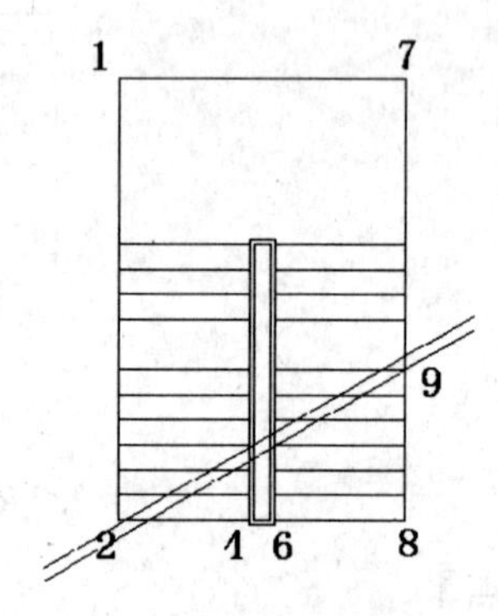

图 2-213 偏移后得到新构造线

④ 执行分解命令，执行方式如下（绘图时选择其中任意一种方式即可）。

a．在命令行输入 EXPLODE 后，按空格或回车键，如图 2-214 所示。

b．单击下拉菜单栏中的【修改】→【分解】命令，如图 2-215 所示。

c．选择“默认”选项卡中的“修改”面板→“分解”选项，如图 2-216 所示。

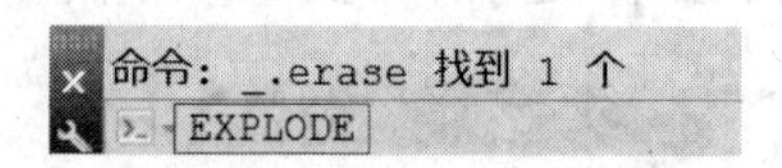

图 2-214 命令行执行分解

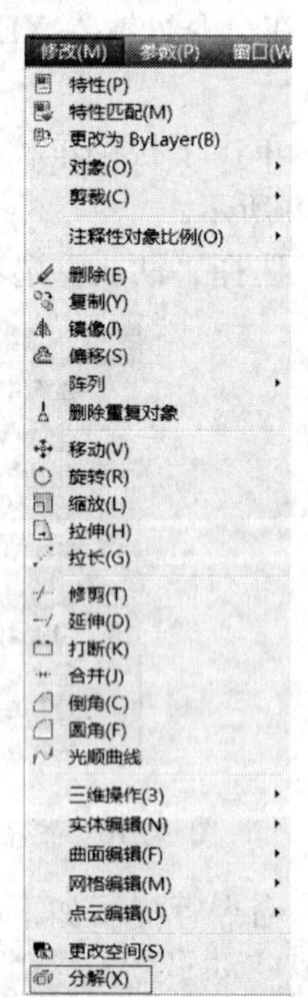

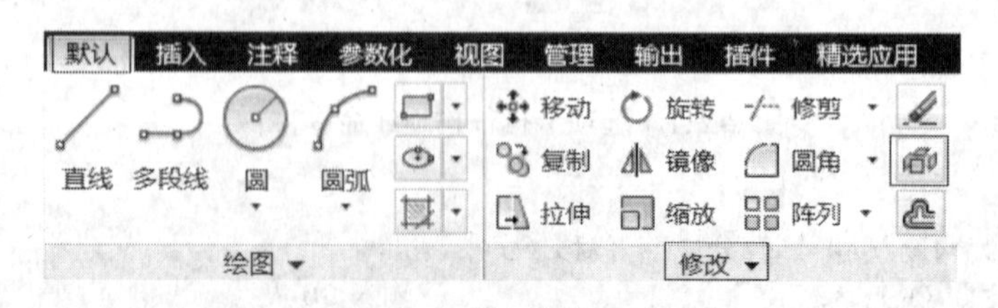

图 2-216 选项卡执行分解命令

图 2-215 菜单执行分解命令

⑤ EXPLODE 选择对象：用光标选择楼梯线，当楼梯线变为虚线后按回车键结束分解命令。此时原来经阵列命令所得到的整体楼梯线被分解成各自独立的楼梯线段，便于下一步的修剪工作。

⑥ 执行修剪命令进行折断线处多余线的修理，当修剪不掉时可执行删除命令进行删除多余线的操作，如图 2-217 所示。

⑦ 执行构造线命令，命令行提示如下：

```
命令：XLINE↓
XLINE 指定点或 [水平（H）垂直（V）角度（A）二等分（B）偏移（O）]：A↓
XLINE 输入构造线的角度（0）或 [参照（R）]：105↓    //输入 105 度
XLINE 指定通过点：↓                                //在图中折断线适宜位置单击
```

此时得到朝着右下方倾斜的一条构造线，如图 2-218 所示。

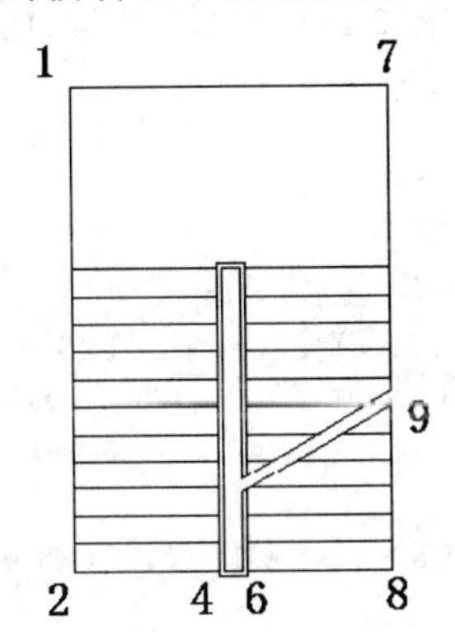

图 2-217　对折断线处进行修理

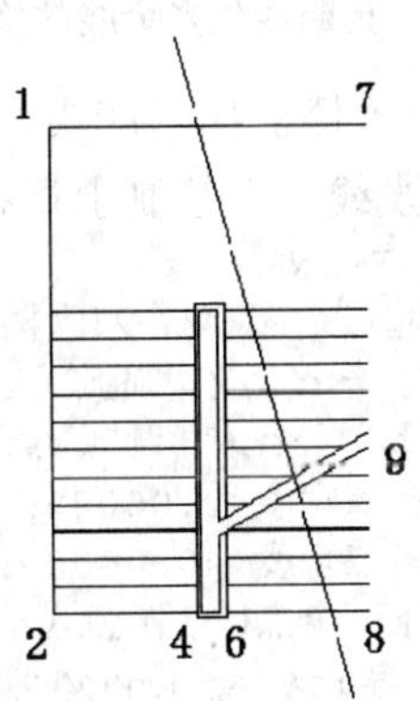

图 2-218　绘制角度为 105° 的构造线

⑧ 执行偏移命令，命令行提示如下：

```
命令：OFFSET↓
OFFSET 指定偏移距离或 [通过（T）删除（E）图层（L）] <60.0000>：200↓
OFFSET 选择要偏移的对象，或 [退出（E）放弃（U）] <退出>：//单击图中新绘制的 105° 的构造线
OFFSET 指定要偏移的那一侧上的点，或 [退出（E）多个（M）放弃（U）] <退出>：//在新绘制构造线的左方任意位置单击
```

得到偏移后另一条新的构造线，如图 2-219 所示。

⑨ 重复执行偏移命令，对折断线处的楼梯线进行距离为 50 的偏移操作，偏移后结果如图 2-220 所示。

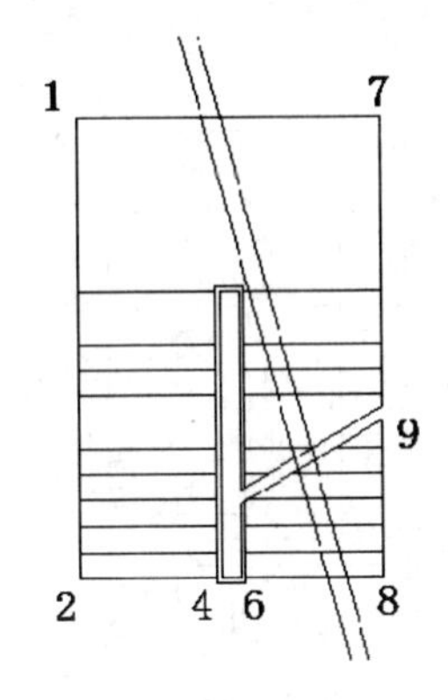

图 2-219　偏移 105° 的构造线

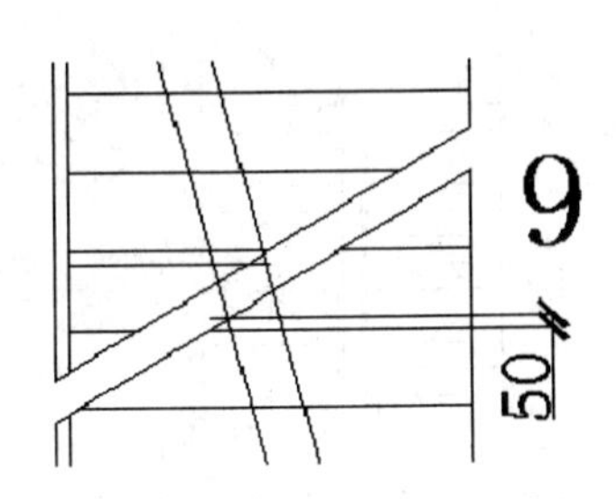

图 2-220　对楼梯线进行距离为 50 的偏移

⑩ 执行修剪命令进行折断线修理，修理不掉的线用删除命令进行删除，修理后结果如图 2-221 所示。

⑪ 执行直线命令补全折断线，补全后如图 2-222 所示，到此为止楼梯折断线全部绘制完成。

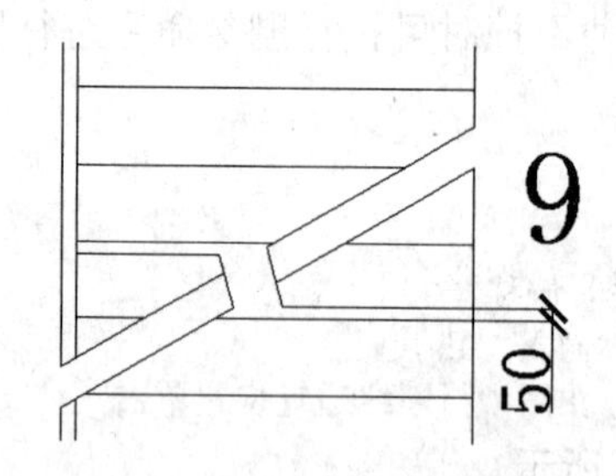

图 2-221 折断线处多余线的修理

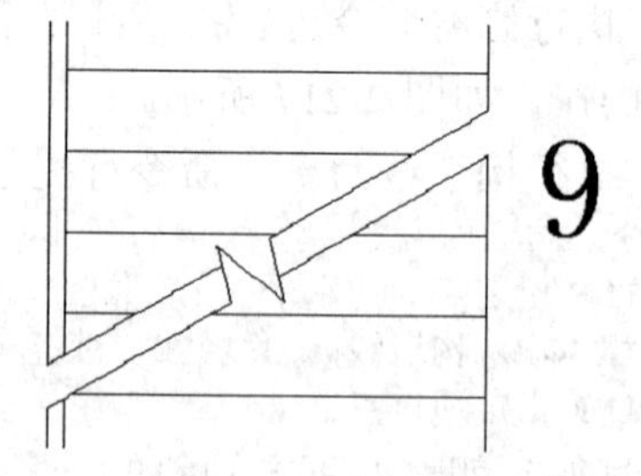

图 2-222 完成折断线的绘制

（2）绘制上下楼梯指示箭头，绘制方法如下。

① 执行多段线命令绘制上楼指示箭头，命令行提示如下：

```
命令行输入：PLINE↓
PLINE 指定起点：    //在双跑楼梯的右下方楼梯线中点正下方合适位置单击
PLINE 指定下一个点或［圆弧（A）半宽（H）长度（L）放弃（U）宽度（W）]：@1200<90↓
PLINE 指定下一个点或［圆弧（A）闭合（C）半宽（H）长度（L）放弃（U）宽度（W）]：W↓
PLINE 指定起点宽度<0.0000>：40↓
PLINE 指定端点宽度<40.0000>：0↓
PLINE 指定下一个点或［圆弧（A）闭合（C）半宽（H）长度（L）放弃（U）宽度（W）]：@160<90↓
```

此时完成上楼指示箭头的绘制，如图 2-223 所示。

② 执行多段线命令绘制下楼指示箭头，命令行提示如下：

```
命令行输入：PLINE↓
PLINE 指定起点：   //在双跑楼梯，左下方楼梯线中点正下方适宜位置，左击
PLINE 指定下一个点或［圆弧（A）半宽（H）长度（L）放弃（U）宽度（W）]：@4300<90↓
PLINE 指定下一个点或［圆弧（A）半宽（H）长度（L）放弃（U）宽度（W）]：@1910<0↓
PLINE 指定下一个点或［圆弧（A）半宽（H）长度（L）放弃（U）宽度（W）]：@2000<270↓
PLINE 指定下一个点或［圆弧（A）闭合（C）半宽（H）长度（L）放弃（U）宽度（W）]：W↓
PLINE 指定起点宽度<0.0000>：40↓
PLINE 指定端点宽度<40.0000>：0↓
PLINE 指定下一个点或［圆弧（A）闭合（C）半宽（H）长度（L）放弃（U）宽度（W）]：@160<270↓
```

此时完成下楼指示箭头的绘制。执行多段线命令绘制上下楼指示线，绘制过程不再重复，如图 2-224 所示。

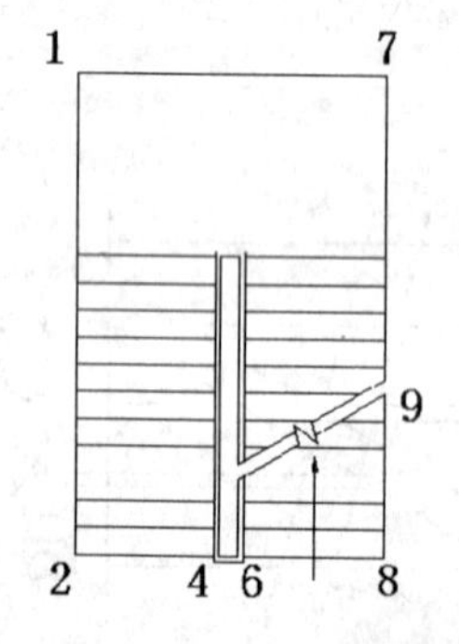

图 2-223 楼梯上楼指示箭头绘制

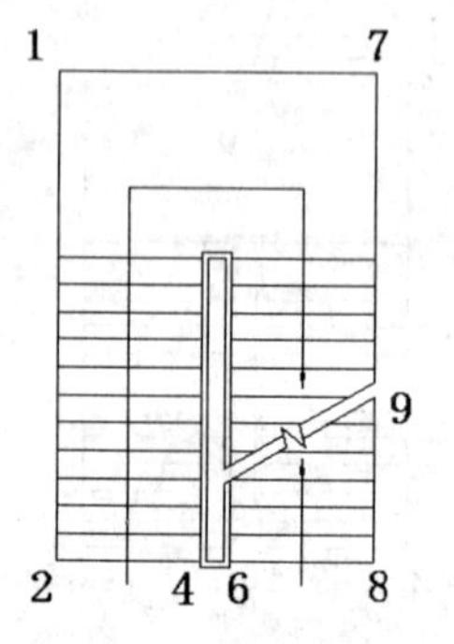

图 2-224 楼梯下楼指示箭头绘制

（3）文字标注

① 执行单行文字命令，执行方式如下（打字时选择其中任意一种方式即可）。

a．在命令行输入 TEXT 后，按空格或回车键，如图 2-225 所示。

b．单击下拉菜单栏中的【绘图】→【文字】→【单行文字】命令，如图 2-226 所示。

c．选择“默认”选项卡中的“注释”面板→“文字”→“单行文字”选项，如图 2-227 所示。

图 2-225　命令行执行单行文字命令

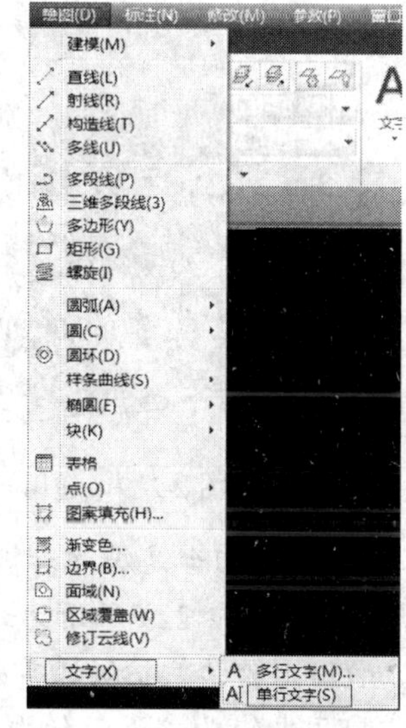

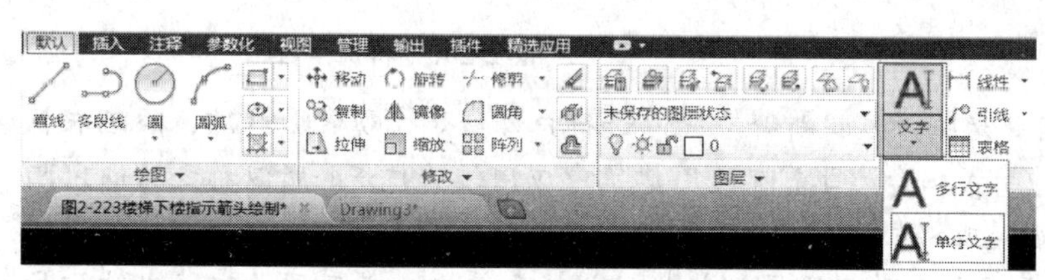

图 2-227　选项卡执行单行文字命令

图 2-226　菜单执行单行文字命令

② 命令行提示如下：

TEXT 指定文字的起点或 [对正（J）样式（S)]:　　//在上楼指示箭头下方适宜位置单击

TEXT 指定高度<200.0000>：200↓

TEXT 指定文字的旋转角度<0>：0↓　　　　　　//在光标闪动位置输入“上”，接着将光标移动至下楼指示箭头下方，在合适位置单击，然后在光标闪动位置输入“下”，最后按【Esc】键，退出单行文字命令

③ 执行移动命令，将输入的文字“上”“下”移动到楼梯指示箭头标准位置，到此为止楼梯的绘制全部完成，如图 2-228 所示。

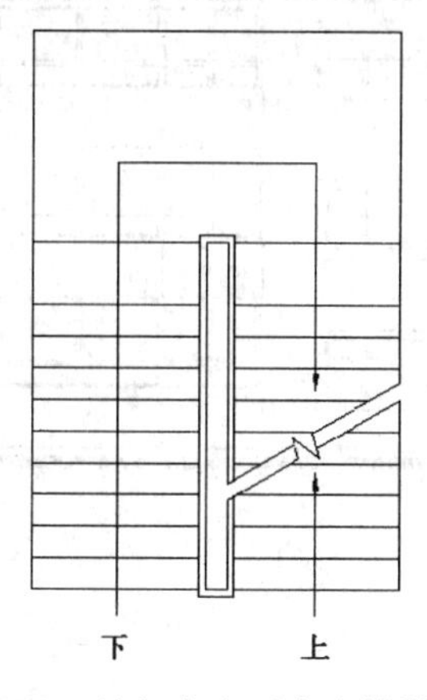

图 2-228　输入文字后完成楼梯绘制

单元 7　绘制阳台

【建筑构配件三维立体图案例】

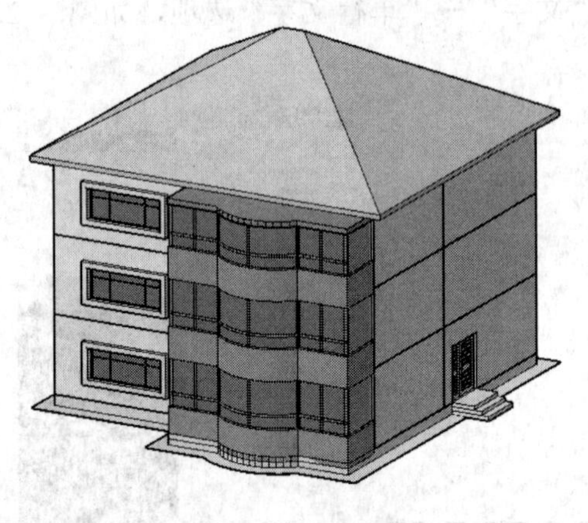

图 2-229　通用阳台

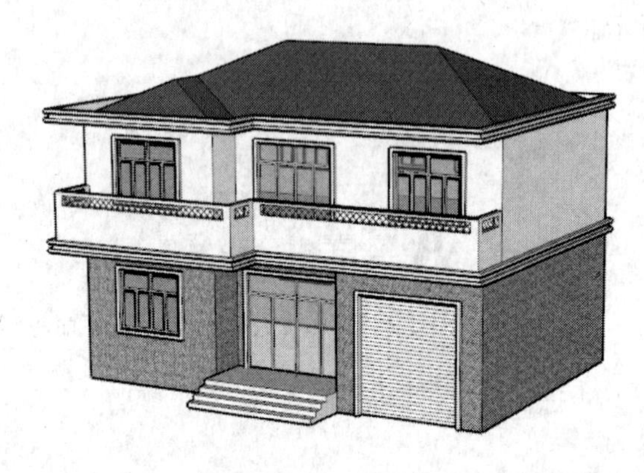

图 2-230　特殊阳台

【说明】阳台是居住者接受光照，吸收新鲜空气，进行户外锻炼、观赏、纳凉、晾晒衣物的场所。如图 2-229 所示为封闭式阳台，目前在民用建筑中应用较为广泛，所以称之为通用阳台，通用阳台的侧护板通常是砖或混凝土结构；如图 2-230 所示为开放式阳台，目前在民用建筑中应用也较为广泛，但由于沿阳台外侧设置的栏杆、栏板和扶手，在不同的建筑中结构和造型都有所不同，所以称之为特殊阳台。

2.7.1　绘制通用阳台

【案例立面图】

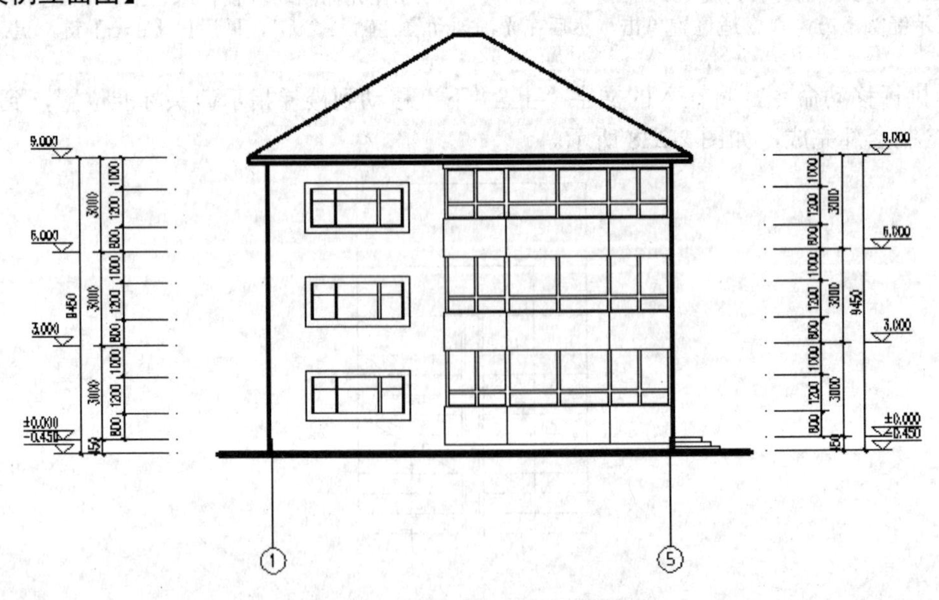

图 2-231　通用阳台①～⑤立面图

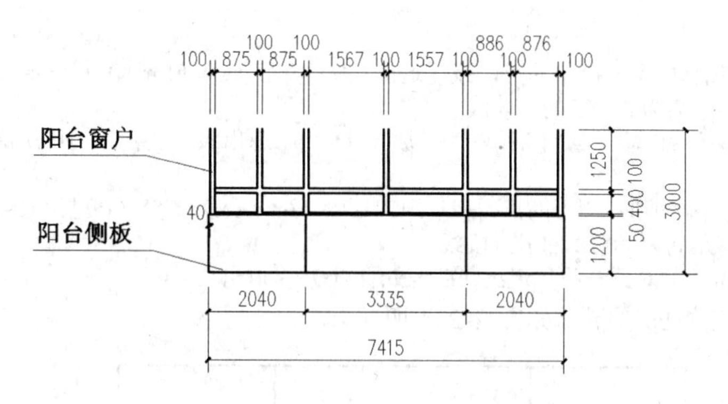

图 2-232　单个通用阳台立面图

【知识重点】

（1）通过对如图 2-229、图 2-231 和图 2-232 所示三张图的对比识读，使读者能够了解通用阳台的特点和结构。

（2）通过如图 2-232 所示单个通用阳台立面图的案例学习，使大家能够重点掌握通用阳台的绘制方法。

【操作步骤】

（1）新建绘图区域并设置绘图界限为 20000，20000。

（2）启用“极轴”“对象捕捉”和“对象追踪”功能，并设置捕捉点为“端点”和“交点”。

（3）绘制如图 2-232 所示的阳台侧板，命令行提示如下。

① 执行矩形命令，命令行提示如下：

命令：RECTANG↓

RECTANG 指定第一个角点或 [倒角（C）标高（E）圆角（F）厚度（T）宽度（W）]：//将光移动至绘图区域中部偏左下，在合适位置单击

RECTANG 指定另一个角点或 [面积（A）尺寸（D）旋转（R）]：D↓

RECTANG 指定矩形的长度<10.0000>：7415↓

RECTANG 指定矩形的宽度<10.0000>：1200↓

RECTANG 指定另一个角点或 [面积（A）尺寸（D）旋转（R）]：　　//将光标移至绘图区域右下角的合适位置并单击

此时完成了阳台侧板外轮廓的绘制，如图 2-233 所示。

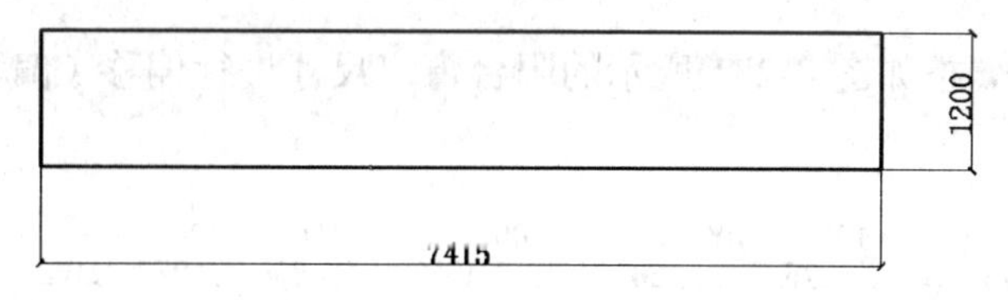

图 2-233　阳台侧板外轮廓

② 执行分解命令，命令行提示如下：

命令：EXPLODE↓

EXPLODE 选择对象：↓//用光标单击绘图区域中的矩形，当矩形变为虚线时按空格或回车键结束分解命令

③ 执行偏移命令，命令行提示如下：

命令：OFFSET↓

OFFSET 指定偏移距离或 [通过（T）删除（E）图层（L）] <通过>：2040↓

OFFSET 选择要偏移的对象，或 [退出（E）放弃（U）] <退出>：//单击矩形左端线，此时矩形左端线

变为虚线

OFFSET 指定要偏移的那一侧上的点，或［退出（E）多个（M）放弃（U）］<退出>：//在矩形左端线的右侧单击，得到偏移距离为 2040 的一段线

OFFSET 选择要偏移的对象，或［退出（E）放弃（U）］<退出>：//单击矩形右端线，此时矩形右端线变为虚线。

OFFSET 指定要偏移的那一侧上的点，或［退出（E）多个（M）放弃（U）］<退出>：//在矩形右端线的左侧单击，得到偏移距离为 2040 的另一段线

OFFSET 选择要偏移的对象，或［退出（E）放弃（U）］<退出>：↓

此时完成阳台侧板的绘制，如图 2-234 所示。

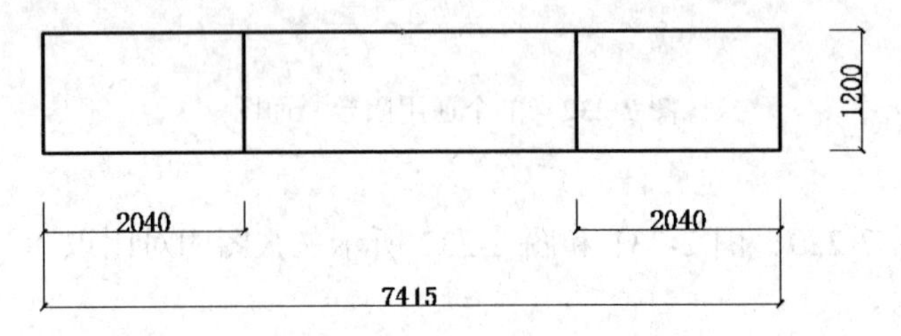

图 2-234　阳台侧板绘制完成

（4）绘制如图 2-232 所示的阳台窗户。

① 执行直线命令，沿阳台侧板的左上角点绘制一条长度为 1800 的竖直辅助线，如图 2-235 所示。

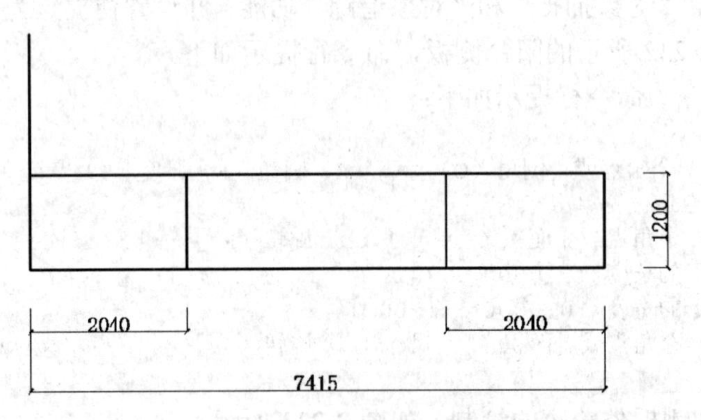

图 2-235　窗户辅助线绘制

② 执行偏移命令，按如图 2-231 所示的阳台窗户尺寸进行偏移（偏移过程不再赘述），偏移后如图 2-236 所示。

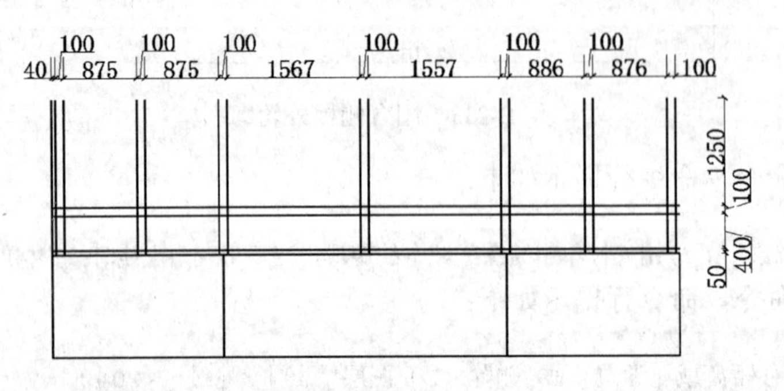

图 2-236　偏移阳台窗户

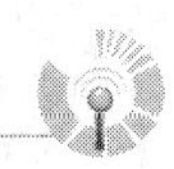

③ 执行修剪命令，按如图 2-232 所示的阳台窗户样式进行修剪（修剪过程不再赘述），注意对于修剪不掉的线要进行删除处理，修剪后如图 2-237 所示。此时完成通用阳台的绘制。

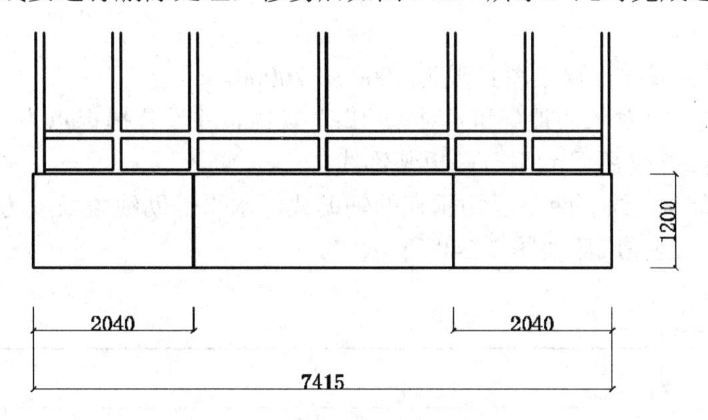

图 2-237　完成通用阳台的绘制

2.7.2　绘制特殊阳台

【案例立面图】

图 2-238　特殊阳台建筑正立面

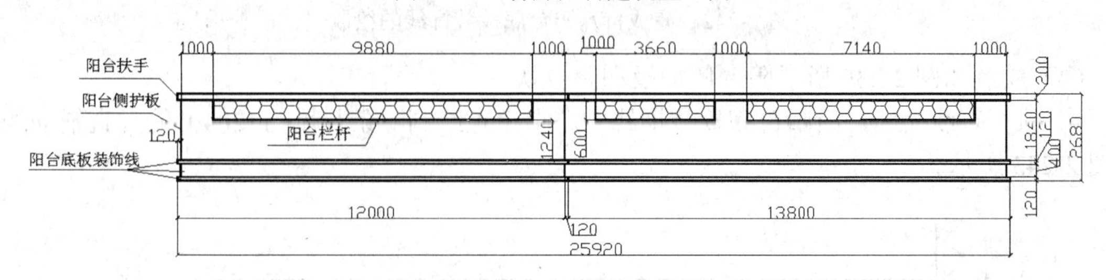

图 2-239　单个特殊阳台立面图

【知识重点】

（1）通过对如图 2-230、图 2-238 和图 2-239 所示三张图的对比识读，使同学们能够了解特殊阳台的特点和结构。

（2）通过对如图 2-232 所示单个特殊阳台立面图的案例学习，使大家能够重点掌握特殊阳台的绘制方法。

【操作步骤】

（1）新建绘图区域并设置绘图界限为 40000，20000。

（2）启用“极轴”“对象捕捉”和“对象追踪”功能，并设置捕捉点为“端点”和“交点”。

（3）绘制如图 2-239 所示的阳台底板装饰线。

① 执行直线命令，绘制两条互相垂直的辅助线，水平辅助线段长度为 25920，竖直辅助线段长度为 640，绘制完成后如图 2-240 所示。

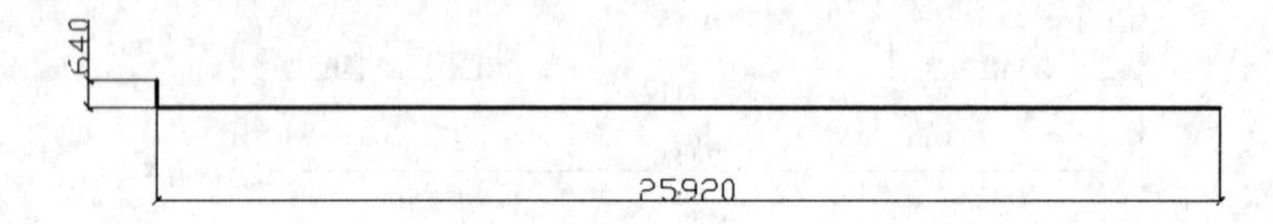

图 2-240　绘制阳台底板辅助线

② 执行偏移命令，按如图 2-239 所示阳台底板装饰线尺寸进行偏移（偏移过程不再赘述），偏移后如图 2-241 所示。

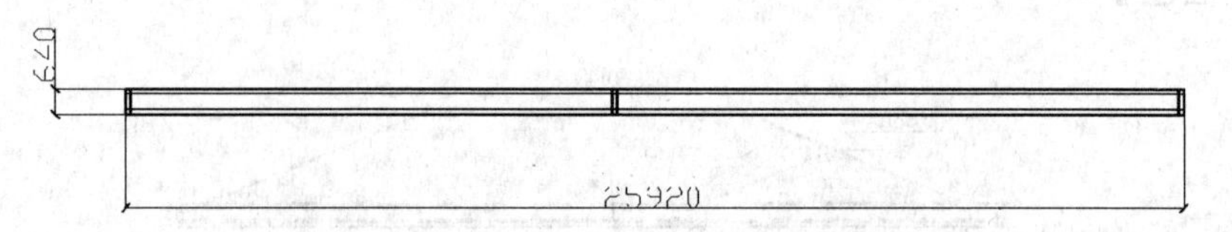

图 2-241　阳台底板装饰线偏移

③ 执行修剪命令，按如图 2-239 所示阳台底板样式进行修剪（修剪过程不再赘述），注意对于修剪不掉的线要进行删除处理，修剪后如图 2-242 所示，此时完成特殊阳台底板装饰线的绘制。

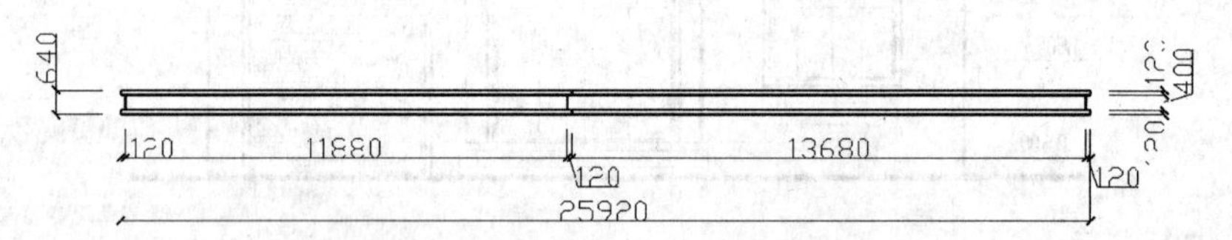

图 2-242　完成特殊阳台底板装饰线的绘制

（4）绘制如图 2-239 所示阳台侧护板和阳台扶手。

① 执行直线命令，沿阳台底板装饰线的左上角点绘制一条长度为 2040 的竖直辅助线，如图 2-243 所示。

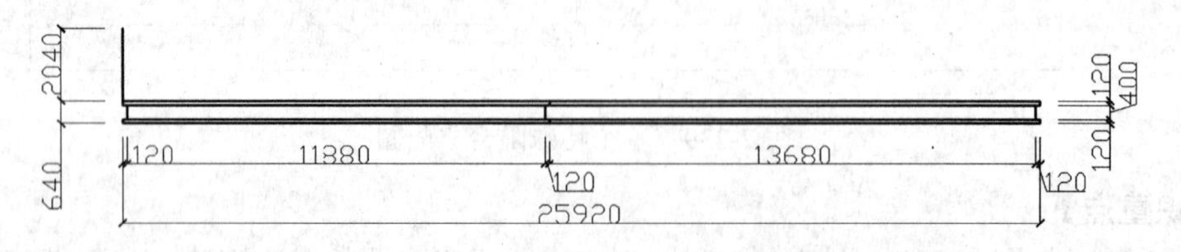

图 2-243　阳台侧护板和阳台扶手辅助线绘制

② 执行偏移命令，按如图 2-239 所示阳台侧护板和阳台扶手的尺寸进行偏移（偏移过程不再赘述），偏移后如图 2-244 所示。

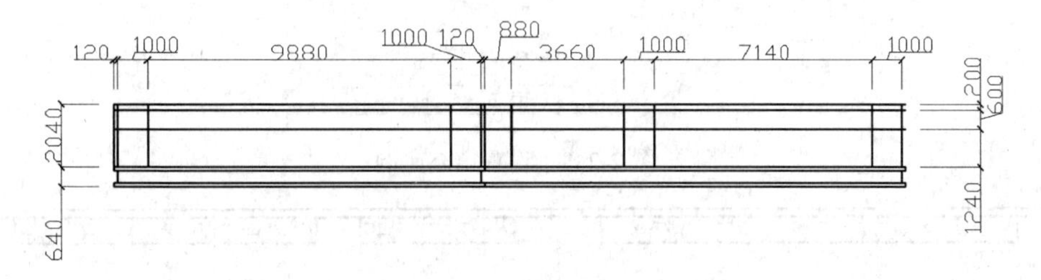

图 2-244 偏移阳台侧护板和阳台扶手轮廓线

③ 执行修剪命令，按如图 2-239 所示阳台侧护板和阳台扶手样式进行修剪（修剪过程不再赘述），注意对于修剪不掉的线要进行删除处理，修剪后如图 2-245 所示。

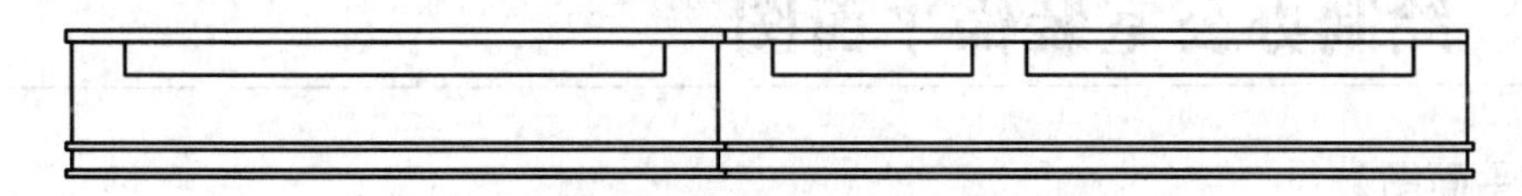

图 2-245 阳台侧护板和阳台扶手修剪完成

（5）绘制如图 2-239 所示阳台侧护板中的装饰栏杆。

① 选择“默认”选项卡中的“绘图”→“图案填充”选项，执行图案填充命令，如图 2-246 所示。

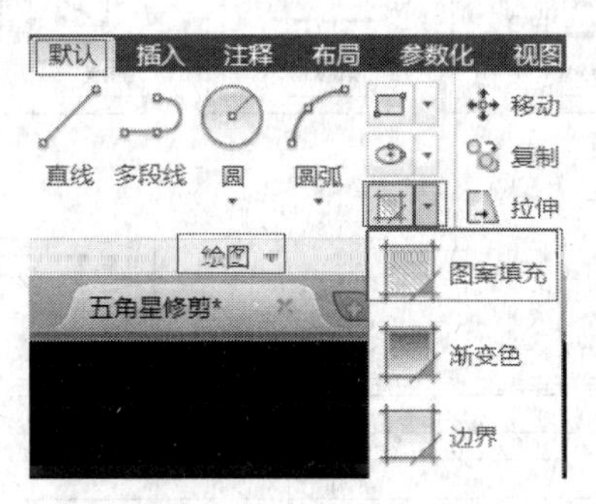

图 2-246 执行图案填充命令

② 在“图案”面板中拾取要填充的图案 HONEY，如图 2-247 所示。

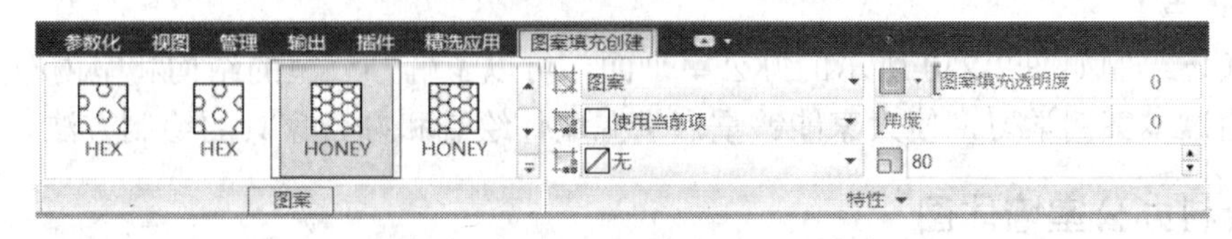

图 2-247 设置填充图案为 HONEY

③ 在“特性”面板中设置填充比例为 80，如图 2-248 所示。

④ 将光标移动至如图 2-238 所示阳台侧护板待填充栏杆区域，依次单击之后按回车键结束图案填充命令，此时特殊阳台的绘制全部完成，如图 2-249 所示。

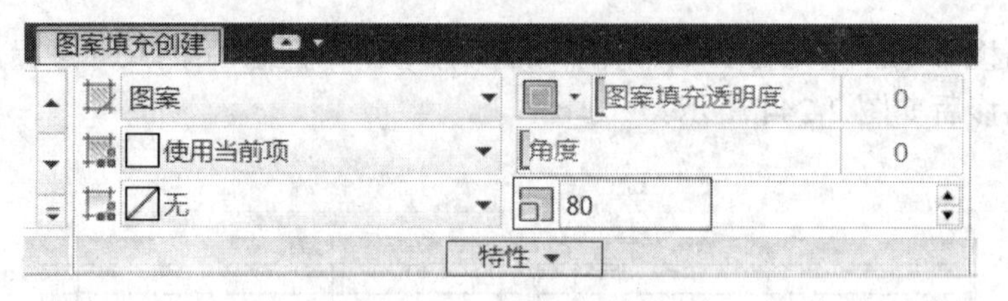

图 2-248　设置填充比例

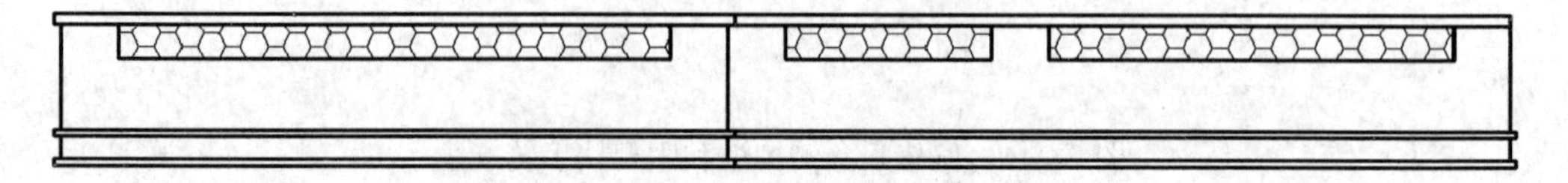

图 2-249　完成特殊阳台的绘制

单元 8　绘制办公室装饰平面图

【案例平面图】

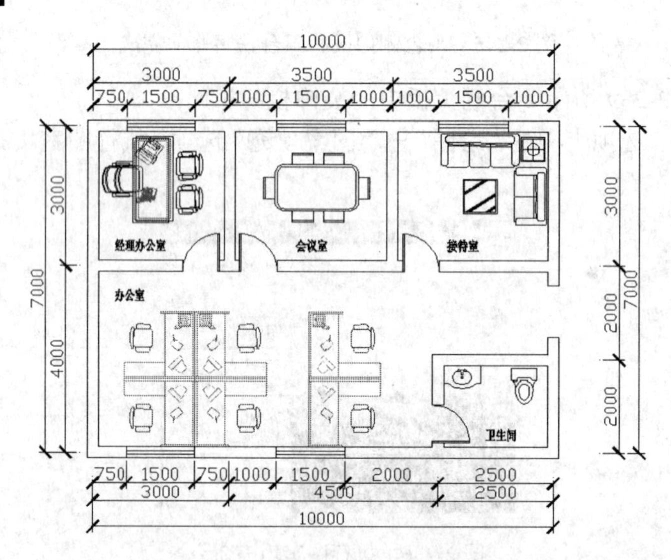

图 2-250　办公室平面图

【知识重点】

（1）通过绘制如图 2-250 所示的办公室平面，可以了解办公室的结构和室内布置。

（2）通过本案例学习，使大家能够重点掌握墙体绘制和办公家具的绘制方法。

2.8.1　绘制办公室墙体图

【操作步骤】

（1）调用设计样板文件：单击下拉菜单栏中的【文件】→【打开】命令，打开“选择文件”对话框，如图 2-251 所示。在“文件类型”下拉列表中选择“图形样板（*.dwt）”选项，在“文件名”下拉列表中选择“设计样板文件”选项，单击【打开】按钮，打开文件。

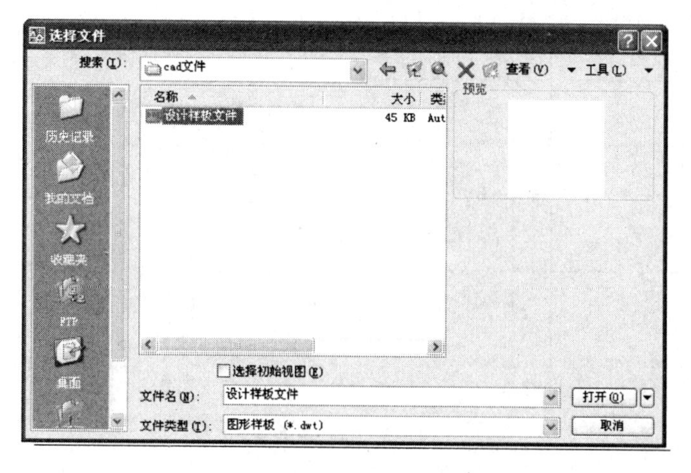

图 2-251　“选择文件”对话框

（2）绘制轴网：将图层设置为轴线层，执行直线命令创建办公室的平面轴线。先绘制长度为 1100 的水平直线，如图 2-252 所示。

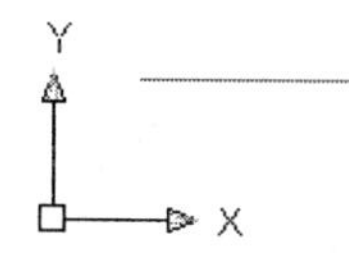

图 2-252　绘制第一条基准水平轴线

（3）执行偏移命令，依次将第一条水平轴线向上偏移 2000、2000 和 3000，如图 2-253 所示。

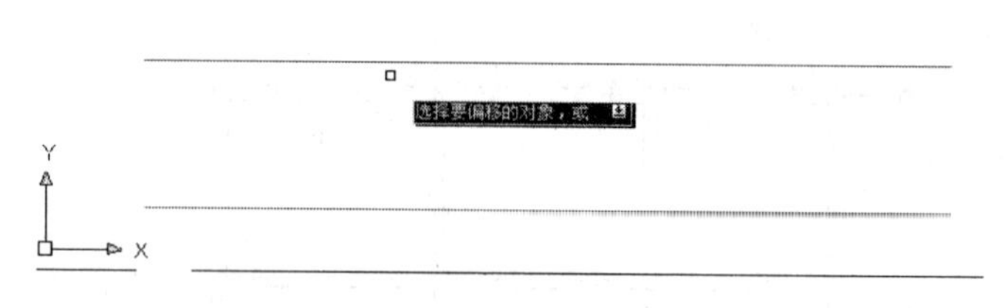

图 2-253　偏移水平轴线

（4）绘制竖向轴线：执行直线命令，建一条长度为 8000 的竖向轴线，再执行偏移命令，依次将竖向轴线向右偏移 3000、3500、1000 和 2500，如图 2-254 所示。

（5）标注轴线：执行线性标注命令，进行横向、竖向标注，如图 2-255 所示。

（6）设置多线：单击下拉菜单栏中的【格式】→【多线样式】命令，新建“240 墙线”，并且将其置为当前，如图 2-256 所示。

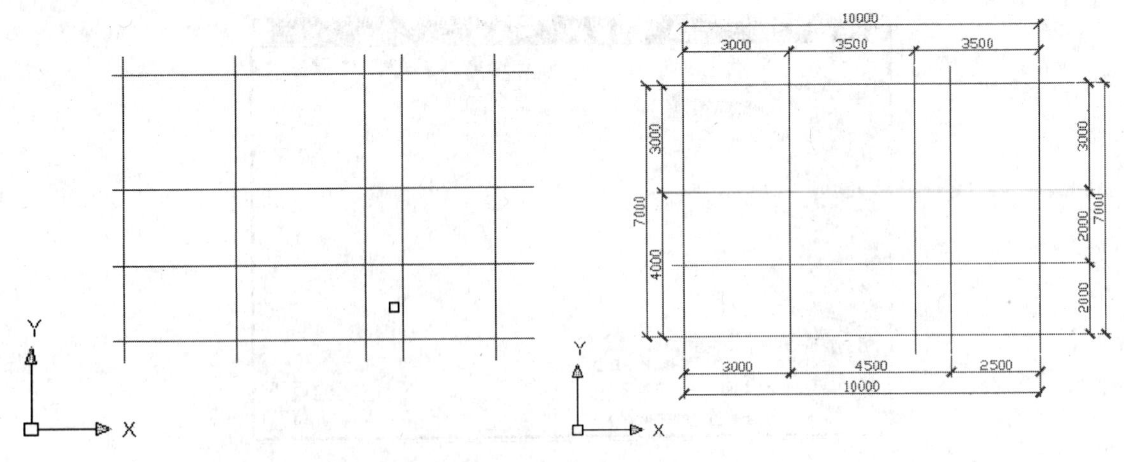

图 2-254　绘制竖向轴线　　　　图 2-255　标注轴线

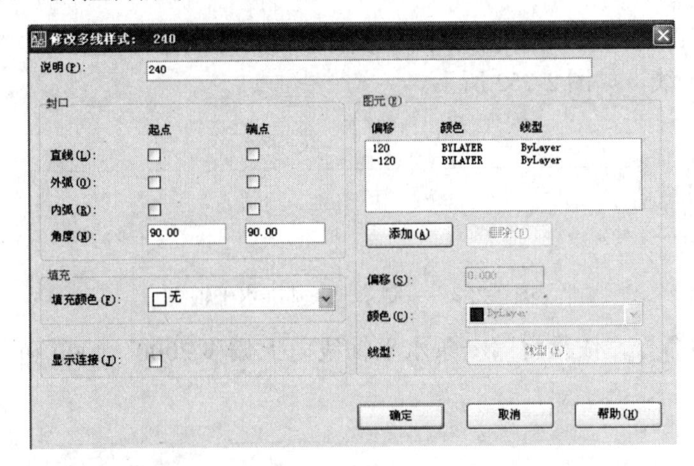

图 2-256　“修改多线样式：204”对话框

（7）单击【绘图】→【多线】命令，在相应的命令行分别输入“st”“240”“s”“1”“j”和“z”。沿着轴线绘制墙体，如图 2-257 所示。

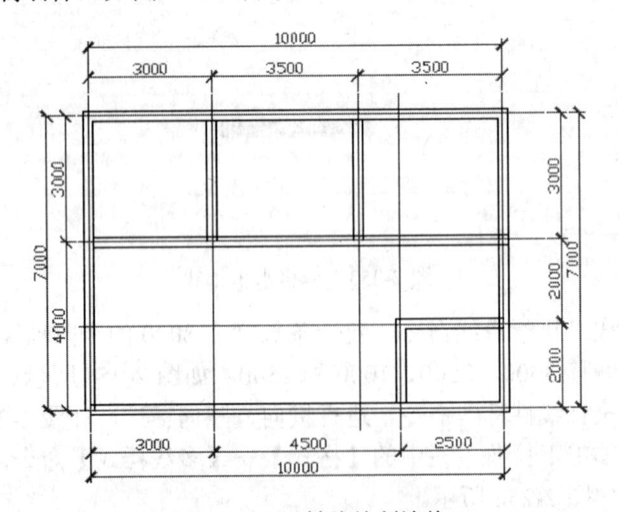

图 2-257　沿轴线绘制墙体

（8）选择多线编辑工具：单击【修改】→【对象】→【多线】命令，打开“多线编辑工具”对话框，如图 2-258 所示。

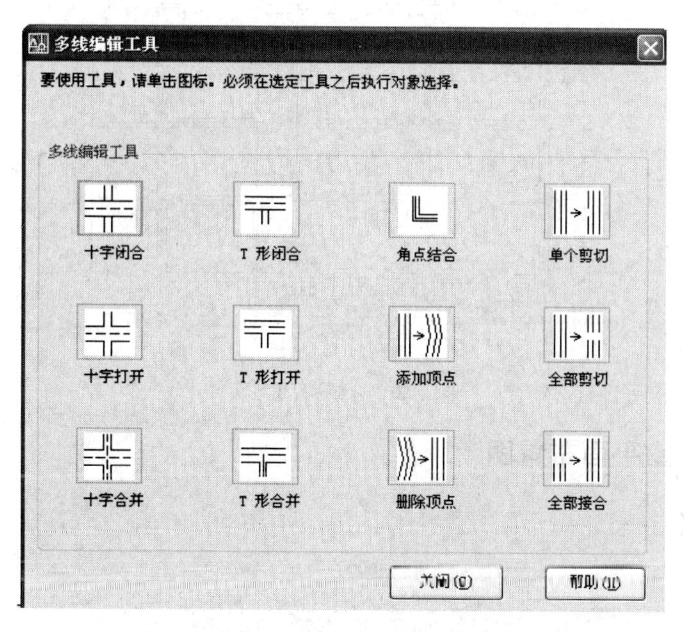

图 2-258　“多线编辑工具”对话框

（9）修改墙体：使用“T 形打开”和“角点结合”命令逐一修改墙体，如图 2-259 所示。

（10）修剪窗洞口：执行直线命令画出窗口位置，然后执行剪切命令修剪出宽为 1500 的洞口，如图 2-260 所示。

（11）修剪出门洞口：执行直线命令绘制门的位置，然后执行剪切命令修剪出门洞口，如图 2-261 所示。

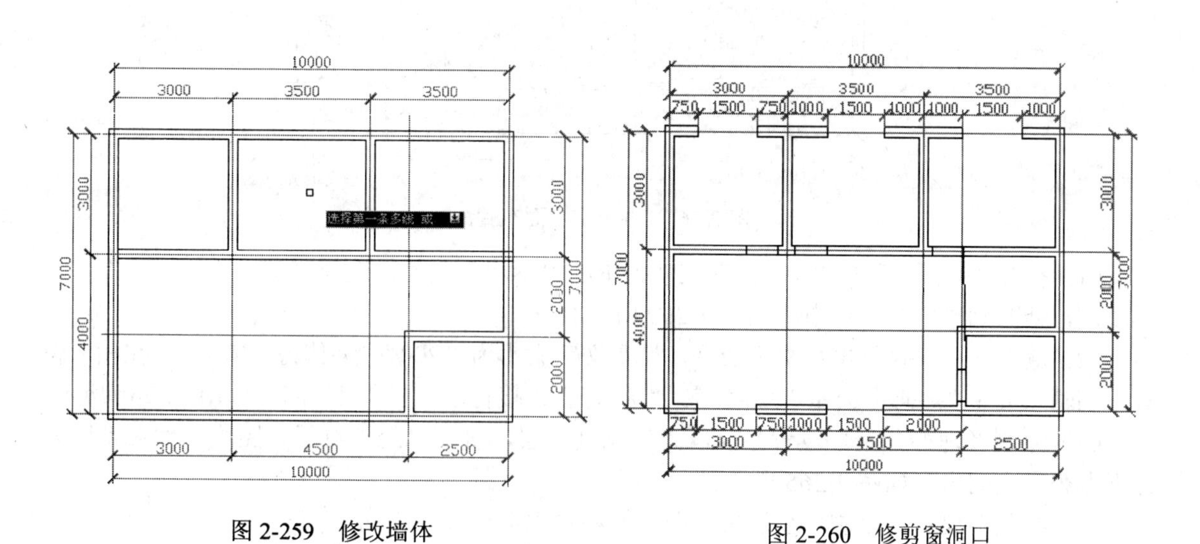

图 2-259　修改墙体　　　　图 2-260　修剪窗洞口

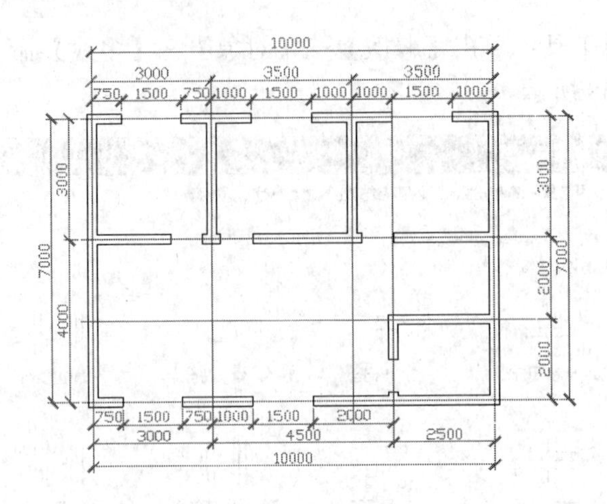

图 2-261　修剪门洞口

2.8.2　绘制办公室平面布置图

【案例平面图】

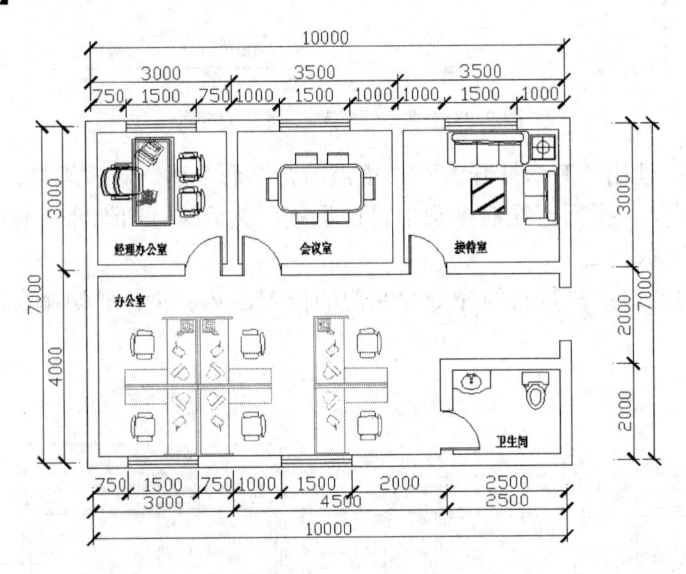

图 2-262　办公室平面布置图

（1）打开“单元 4”与“单元 5”文件夹中的“图块”文件，选择“窗口”和“门”图块后复制，粘贴到“门窗”层中，如图 2-263 所示。

（2）输入文字。执行单行文字命令，设置文字大小为“200”，字体为“宋体”。在相应位置分别输入文字“经理办公室”“办公室”“会议室”“接待区”和“卫生间”，如图 2-264 所示。

（3）绘制经理办公室。设置当前层为“家具”层，复制“经理桌子”图块，然后粘贴入经理办公室空间内，如图 2-265 所示。

（4）绘制会议室。复制“会议桌”图块并粘贴入会议室，如图 2-266 所示。

（5）绘制接待室。复制“沙发”等图块并粘贴入接待室，如图 2-267 所示。

（6）绘制办公室。复制“图块”文件中的“办公桌”并粘贴入办公室，如图 2-268 所示。

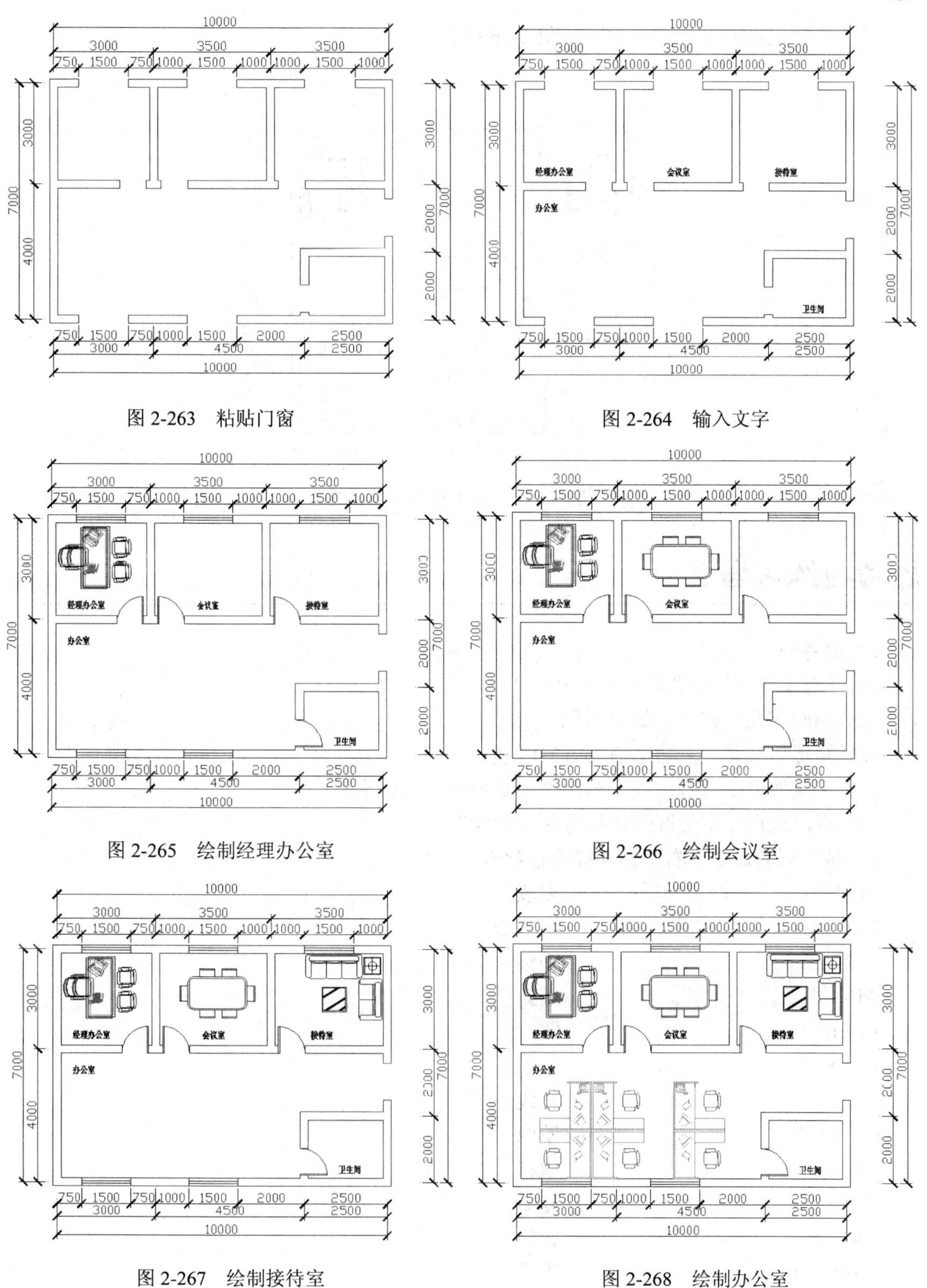

图 2-263　粘贴门窗

图 2-264　输入文字

图 2-265　绘制经理办公室

图 2-266　绘制会议室

图 2-267　绘制接待室

图 2-268　绘制办公室

（7）绘制卫生间。复制“图块”文件中的“面盆”和“坐便”图块，并粘贴入卫生间。

最终绘制完成的办公室平面图如图 2-269 所示。

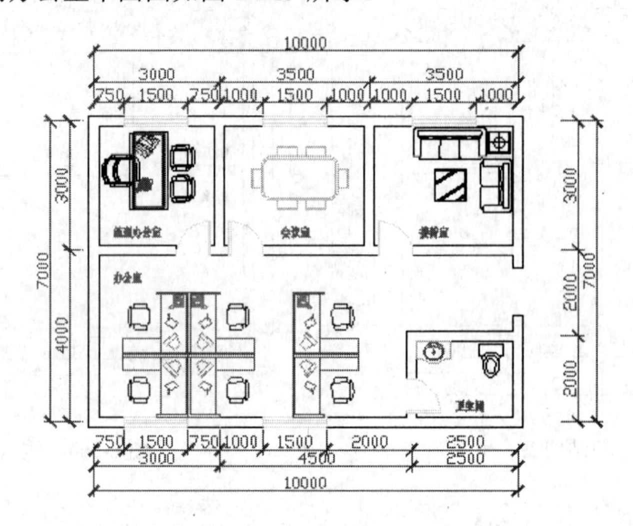

图 2-269 完成的办公室平面图

思考与练习题 2

1．思考题

（1）“对象捕捉”的激活方式有几种？

（2）画圆有几种方法？如何实现？

（3）矩形命令和正多边形命令有何区别？

（4）多段线命令可否由直线与圆弧命令替代？为什么？

（5）多段线命令中的圆弧选项有哪些功能？

2．将左侧的命令与右侧的功能连接起来

LINE	多段线
RECTANG	正多边形
CIRCLE	椭圆
ARC	圆弧
ELLIPSE	圆
POLYGON	矩形
PLINE	直线
OFFSET	镜像
ERASE	偏移
COPY	复制
ARRAY	删除
MIRROR	阵列

3．认证考试题

（1）下列画圆方式中，有一种只能从【绘图】下拉菜单中选取，这种方式是（　　）。

A．圆心、半径　　B．圆心、直径
C．3 点　　D．2 点
E．相切、相切、半径　　F．相切、相切、相切

（2）下列各命令为圆弧命令快捷键的是（　　）。
A．C　　B．A　　C．PL　　D．Rec

（3）使用夹点编辑对象时，夹点的数量依赖于被选取的对象，矩形和圆各有（　　）个夹点。
A．4、5　　B．1、1　　C．4、1　　D．2、3

（4）下列画圆弧的方式中无效的是（　　）。
A．起点、圆心、端点　　B．圆心、起点、方向
C．圆心、起点、角度　　D．起点、端点、半径

（5）在坐标系统内，用户定义某一点的输入方式为（　　）。
A．X，Y　　B．X，角度　　C．@X，Y　　D．@距离<角度

（6）什么时候可以使用直接输入距离值？（　　）
A．打开极轴　　B．打开对象捕捉
C．打开对象追踪　　D．以上同时具备

（7）激活分解对象命令最简捷的方式为（　　）。
A．单击分解命令工具按钮
B．输入分解命令（X）
C．单击下拉菜单栏中的【修改】→【分解】命令
D．选取【屏幕菜单】→【修改 2】→【分解】命令

（8）修改线型比例的命令是（　　）。
A．LTSCALE　　B．LAYER　　C．LINE　　D．LINETYPE

（9）绘制多段线的命令是（　　）。
A．MLINE　　B．PLINE　　C．SPLINE　　D．XLINE

（10）在构建选择集时，可以采用 W 窗口与 C 窗口，C 窗口的特征是（　　）。
A．带实线的矩形窗口矩形　　B．带虚线的多边形窗口
C．从左上向右下拉出的实线矩形窗口　　D．从右下向左上拉出的虚线矩形窗口

（11）同时填充多个区域时，如果修改一个区域的填充图案而不影响其他区域则应该（　　）。
A．将图案分解
B．在创建图案填充的时候选择“关联”选项
C．删除图案，重新对该区域进行填充
D．在创建图案填充的时候选择“创建独立的图案填充”选项

（12）弦长为 50，包角为 100° 的圆弧半径是（　　）。
A．57.015　　B．45.524　　C．32.635　　D．25.386

（13）边长为 10 的正五边形的外接圆的半径是（　　）。
A．8.51　　B．17.01　　C．6.88　　D．13.76

（14）绘制直线，起点坐标为（57，79），直线长度为 173，与 X 轴正向的夹角为 71°，将直线 5 等分，从起点开始的第一个等分点的坐标为（　　）。

A．X=113.3233　Y=242.5747　　B．X=79.7336　Y=145.0233

C．X=90.7940　Y=177.1448　　D．X=68.2647　Y=111.7149

（15）当捕捉设定的间距与栅格所设定的间距不同时？（　　）

A．捕捉仍然只按栅格进行

B．捕捉按照捕捉间距进行

C．捕捉既按栅格，又按捕捉间距进行

D．无法设置

4．作图题

（1）作图，如题图 2-1 所示。

（2）作图，如题图 2-2 所示（提示：设置极轴增量角）。

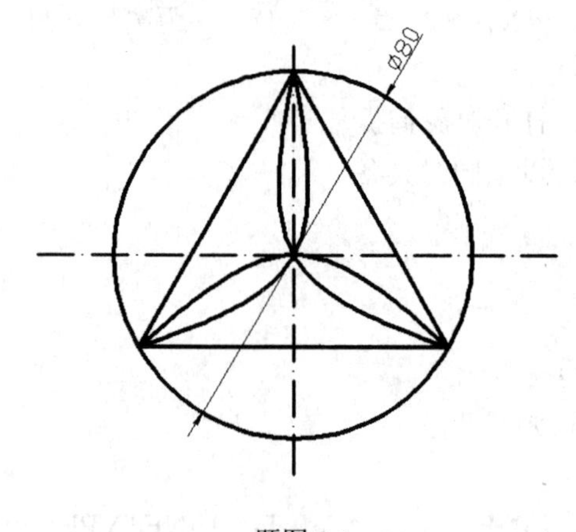

题图 2-1

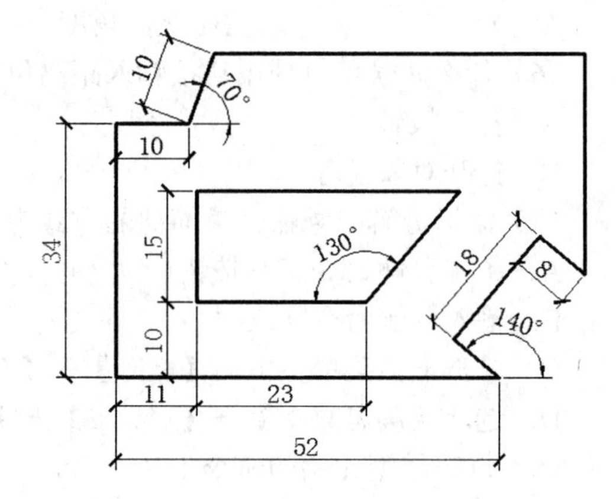

题图 2-2

（3）作图，如题图 2-3 所示。

（4）绘制指北针，如题图 2-4 所示（注意变宽线的绘制方法）。

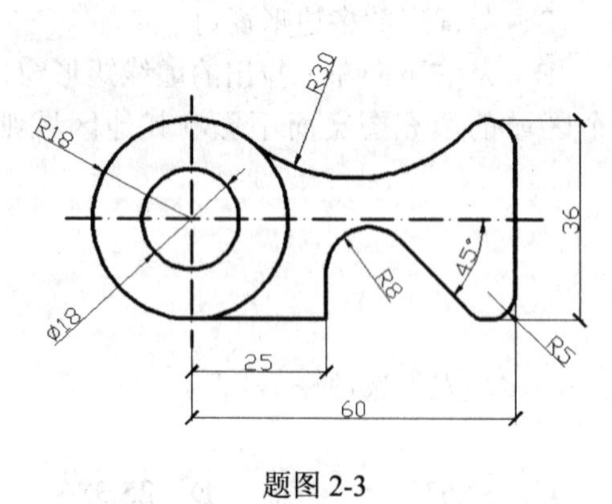

题图 2-3

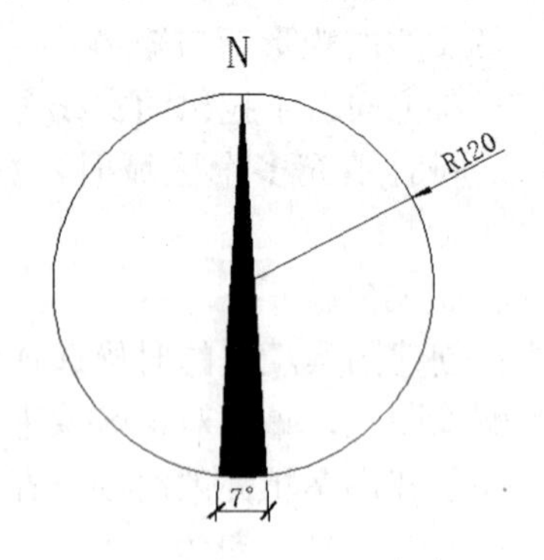

题图 2-4

（5）绘制门，如题图 2-5 所示。

（6）绘制标高符号，如题图 2-6 所示。

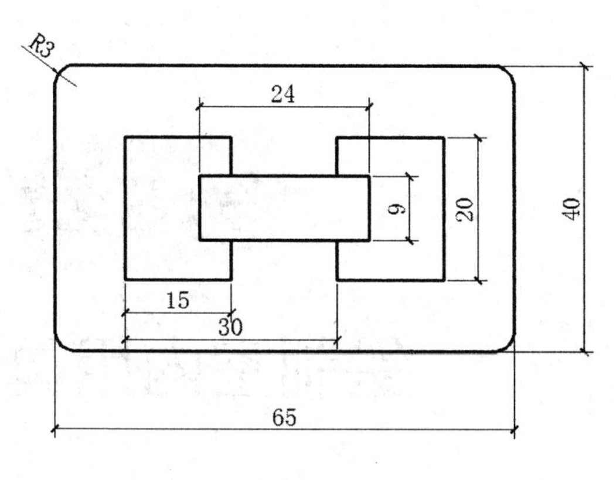

题图 2-5

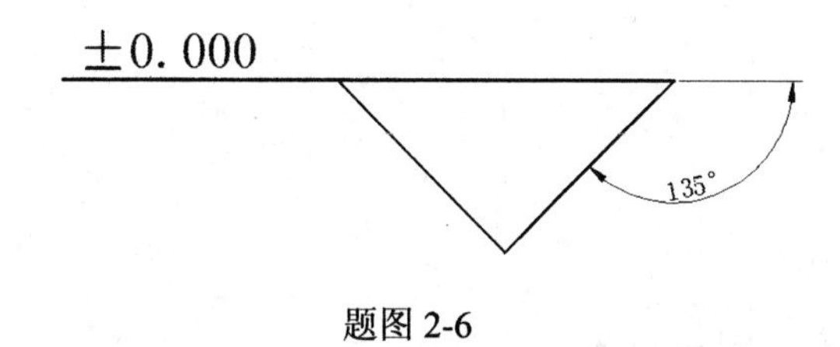

题图 2-6

（7）绘制楼梯，如题图 2-7 所示。

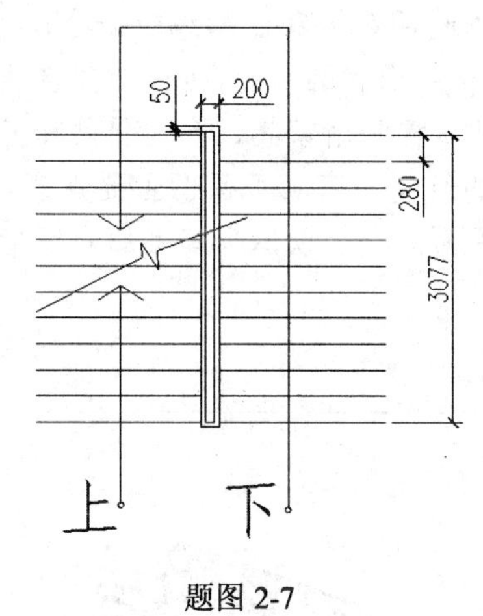

题图 2-7

第3章

绘制室内用具

【本章导读】

利用第二章介绍的二维基本绘图命令和图形编辑命令，可以完成单个实体的绘制，满足建筑制图的一般需求。通过本章相关内容的练习，可以使读者能够较熟练地掌握AutoCAD 2014的常用命令，使大家能够了解并掌握常用家具、室内厨具和卫生洁具的绘制方法。

本章主要介绍家具平面图的绘制。家具平面图主要在家具平面布置图中使用，就是将各种家具平面图放置在户型建筑平面图中，以体现家具的布置情况。

单元1　绘制双人床

【双人床三维立体图实例】

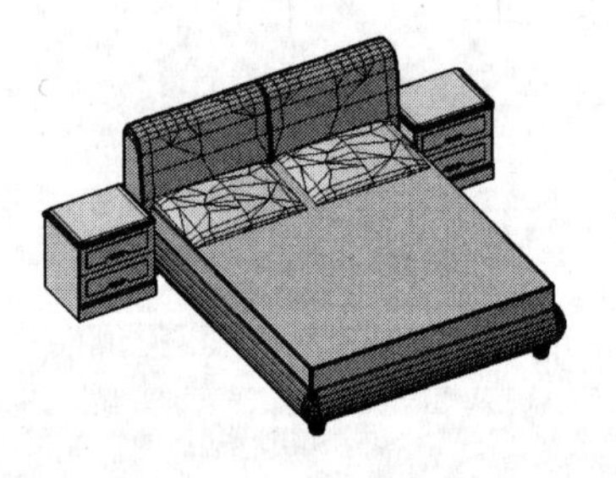

图3-1　双人床立体图

【案例平面图】

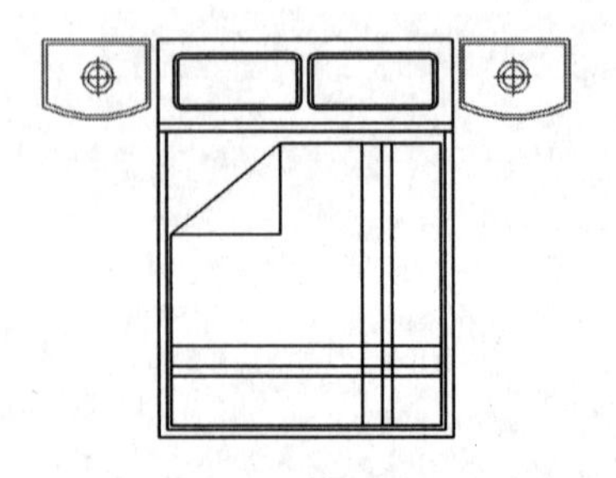

图3-2　双人床平面图

【知识重点】

本实例将重点介绍绘制双人床平面图的方法。双人床中需要绘制枕头、被子、床头柜等简略图以表现双人床的特点，通过本实例的学习使大家能够熟练掌握直线命令、矩形命令、修剪命令、偏移命令、移动命令、镜像命令、旋转命令和删除命令的使用方法。

【操作步骤】

（1）绘制双人床轮廓线。执行直线命令，命令行提示如下：

```
命令：LINE↓
LINE 指定第一个点：                         //在绘图区域左上任意位置单击，指定双人床轮廓线第一点
LINE 指定下一点或［放弃（U）］：1500↓        //打开状态栏中的“正交”功能按钮后，将鼠标水平向右移动一段距离后在命令行输入 1500
LINE 指定下一点或［放弃（U）］：2000↓        //将鼠标竖直向下移动一段距离后，在命令行输入 2000
LINE 指定下一点或［闭合（C）放弃（U）］：1500↓ //将光标水平向左移动一段距离后，在命令行输入 1500
LINE 指定下一点或［闭合（C）放弃（U）］：C↓
```

效果如图 3-3 所示。

（2）偏移双人床轮廓线。执行偏移命令，命令行提示如下：

```
命令：OFFSET↓
OFFSET 指定偏移距离或［通过（T）删除（E）图层（L）］<通过>：420↓
OFFSET 选择要偏移的对象，或［退出（E）放弃（U）］<退出>：            //选择双人床轮廓线上面的水平线，选中后该线变为虚线
OFFSET 指定要偏移的那一侧上的点，或［退出（E）多个（M）放弃（U）］<退出>：     //将光标移动至选中虚线上面任意空白位置后单击
OFFSET 选择要偏移的对象，或［退出（E）放弃（U）］<退出>：↓
```

效果如图 3-4 所示。

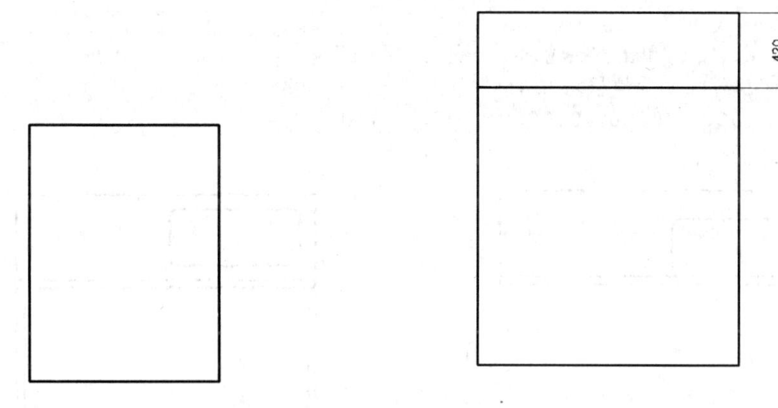

图 3-3　双人床轮廓线　　　图 3-4　偏移轮廓线距离为 420

（3）偏移轮廓线。利用步骤 2 的偏移方法，执行偏移命令，设置偏移距离为 40，将步骤 2 偏移的水平线再向下偏移，将步骤 1 绘制的另外三条直线向双人床的中央偏移，偏移后的效果如图 3-5 所示。

（4）修剪轮廓线。执行修剪命令，在绘图区域中修剪步骤 3 偏移的轮廓线，如图 3-6 所示。

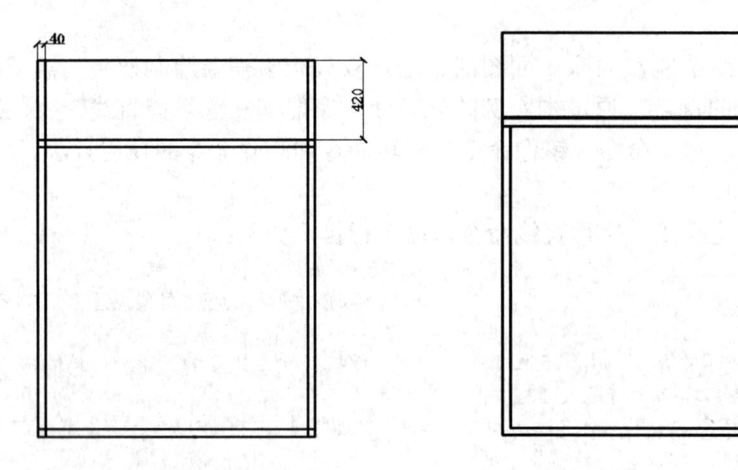

图 3-5 偏移轮廓线距离为 40　　　　图 3-6 修剪轮廓线

（5）绘制枕头轮廓线。执行矩形命令，命令行提示如下：

```
命令：RECTANG↓
指定第一个角点或［倒角（C）/标高（E）/圆角（F）/厚度（T）/宽度（W）］：F↓
指定矩形的圆角半径<0.0000>：35↓
指定第一个角点或［倒角（C）/标高（E）/圆角（F）/厚度（T）/宽度（W）］：    //在绘图区域中单击点 1
指定另一个角点或［面积（A）/尺寸（D）/旋转（R）］：D↓
指定矩形的长度<10.0000>：650↓
指定矩形的宽度<10.0000>：280↓
指定另一个角点或［面积（A）/尺寸（D）/旋转（R）］：    //在点 1 的右上方单击
```

完成枕头轮廓线的绘制，如图 3-7 所示。

（6）移动枕头。执行移动命令，命令行提示如下：

```
命令：MOVE↓
选择对象：↓        //单击枕头轮廓线，变虚线后回车
指定基点或［位移（D）］<位移>：D↓
指定位移<0.0000，0.0000，0.0000>：80，70，0↓
```

效果如图 3-8 所示。

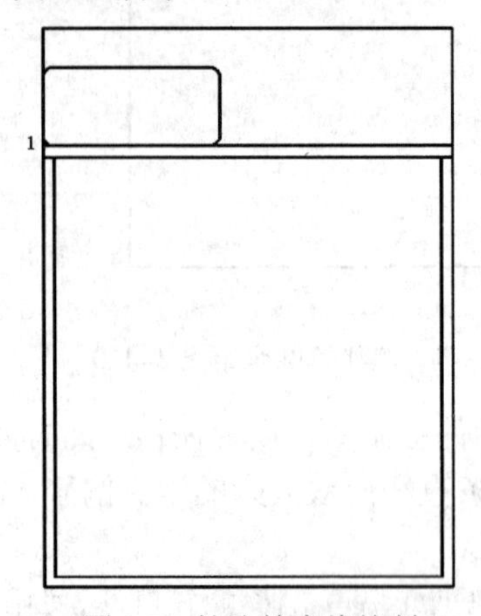

图 3-7 枕头轮廓线绘制

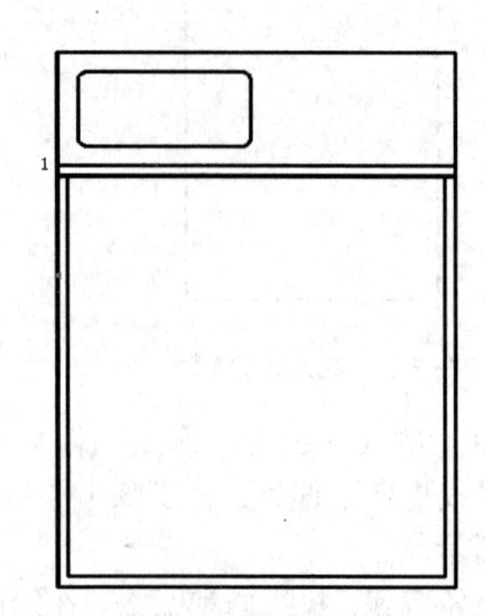

图 3-8 移动枕头

（7）偏移枕头轮廓线。执行偏移命令，设置偏移距离为 20，将枕头轮廓线线向内侧偏移，偏移后的效果如图 3-9 所示。

（8）镜像枕头。执行镜像命令，命令提示如下。

① 在命令行输入 MIRROR↓。

② 选择对象：选中枕头表示线，选中后枕头表示线变为虚线。

③ 指定镜像线的第一点：打开对象捕捉功能并设置特殊点为中点，单击中点 2 和中点 3，如图 3-10 所示。

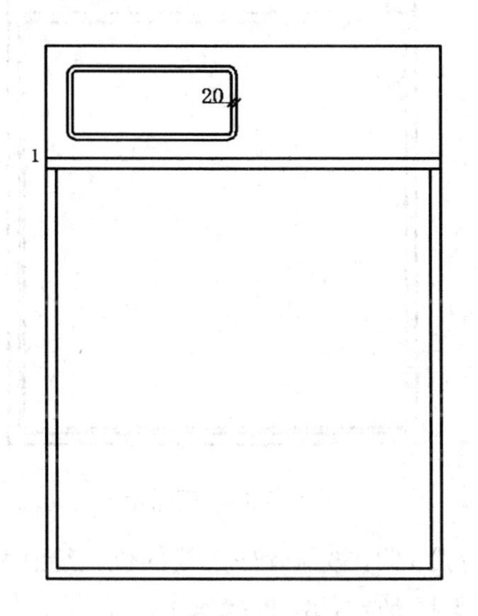

图 3-9　偏移枕头轮廓线

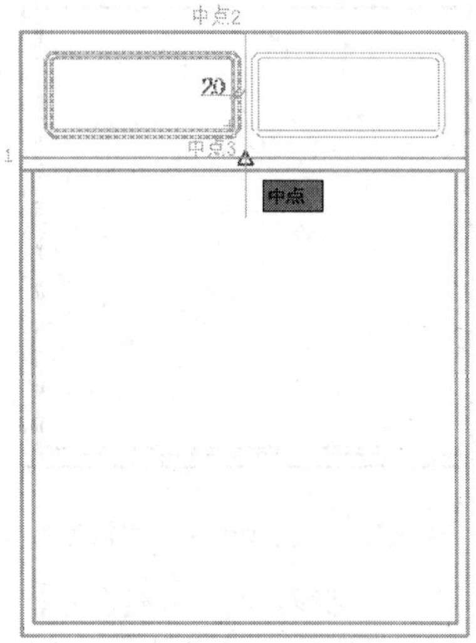

图 3-10　指定镜像线中点 2 和中点 3

④ 要删除源对象吗？［是（Y）/否（N）］<N>：N↓，此时完成了枕头的绘制，如图 3-11 所示。

（9）偏移轮廓线。执行偏移命令，设置偏移距离为 60，将一条水平直线向下偏移。然后设置偏移距离为 20，将另外三条直线向内侧偏移。偏移后的效果如图 3-12 所示。

图 3-11　完成枕头绘图

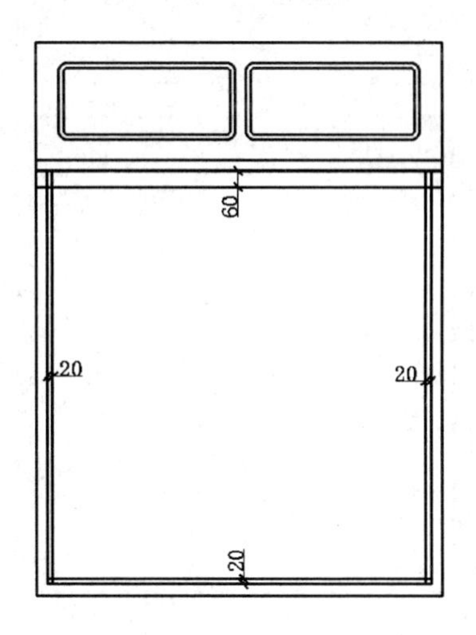

图 3-12　偏移轮廓线

（10）修剪轮廓线。执行修剪命令，在绘图区域中修剪步骤 9 偏移的轮廓线，修剪后如图 3-13 所示。

（11）删除轮廓线。执行删除命令，在绘图区域中删除两条步骤 10 中的轮廓线，删除后如图 3-14 所示。

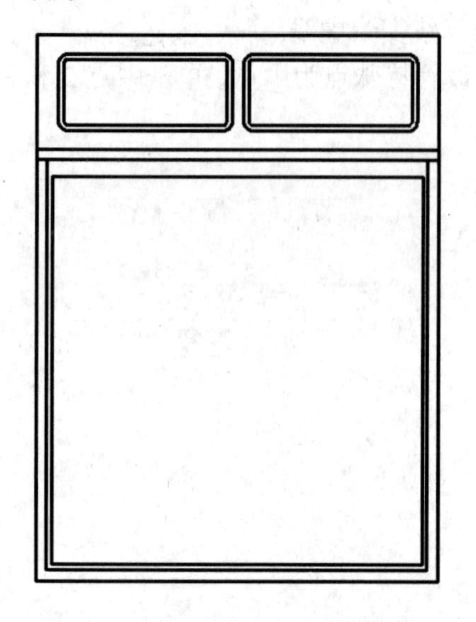

图 3-13　修剪步骤 9 中的轮廓线

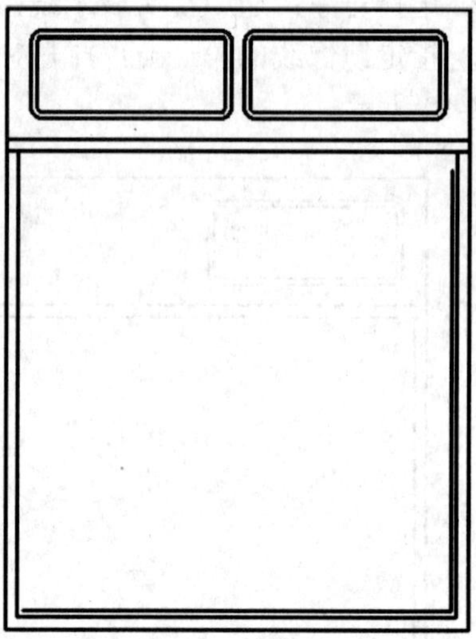

图 3-14　删除轮廓线

（12）绘制轮廓线。执行直线命令，重新在原来步骤 11 中被删除轮廓线的位置绘制两条直线，竖直直线长为 960，水平直线长为 820，用如图 3-15 所示的深色线表示。

（13）绘制被角轮廓线。

① 打开“极轴”“对象捕捉”和“对象追踪”功能，捉并设置捕捉点为“端点”。

② 执行直线命令，在绘图区域中连接步骤 12 绘制的两条直线的端点，然后以直线的端点为起点，绘制两条相交的水平和竖直直线，如图 3-16 所示。

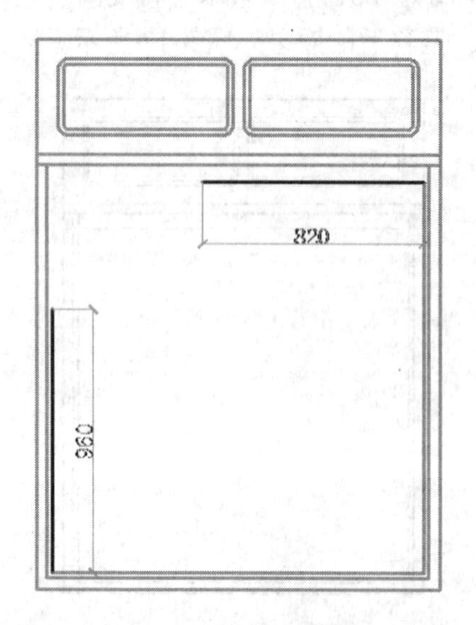

图 3-15　绘制轮廓线

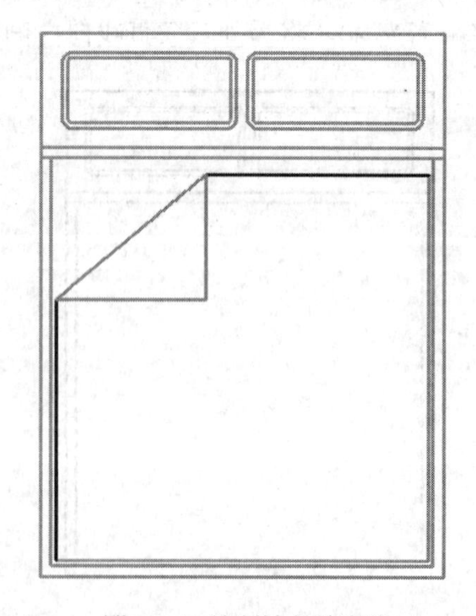

图 3-16　绘制被角轮廓线

（14）偏移轮廓线。执行偏移命令，分别设置偏移距离为 250、300 和 400，将竖直线向左侧偏移，然后将水平直线向上偏移，如图 3-17 所示。

（15）绘制左侧床头柜。

① 执行矩形命令，在绘图区域床的左侧合适位置处绘制一个长度为 600，宽度为 400 的矩形，如图 3-18 所示。

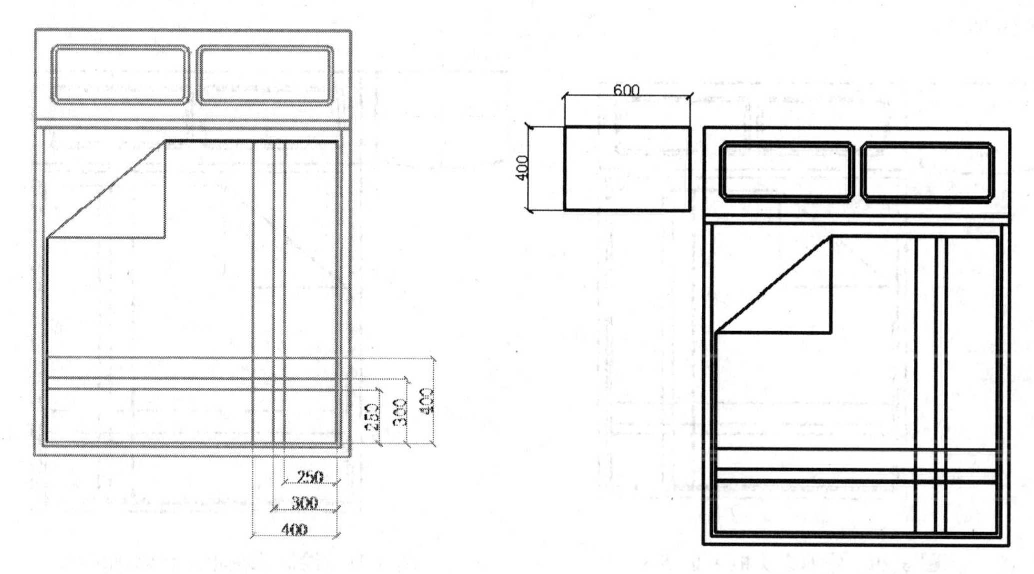

图 3-17　偏移轮廓线　　　　图 3-18　绘制床头柜矩形轮廓线

② 执行圆弧命令绘制一段半径为 1200 的圆弧，命令行提示如下：

```
命令：ARC↓
ARC 指定圆弧的起点或 [圆心（C）]：                //单击点 4
指定圆弧的第二点或 [圆心（C）/端点（E）]：E↓
指定圆弧的端点：                                  //单击点 5
指定圆弧的圆心或 [角度（A）/方向（D）/半径（R）]：R↓
指定圆弧的圆心或 [角度（A）/方向（D）/半径（R）]：r 指定圆弧的半径：1200↓
```

效果如图 3-19 所示。

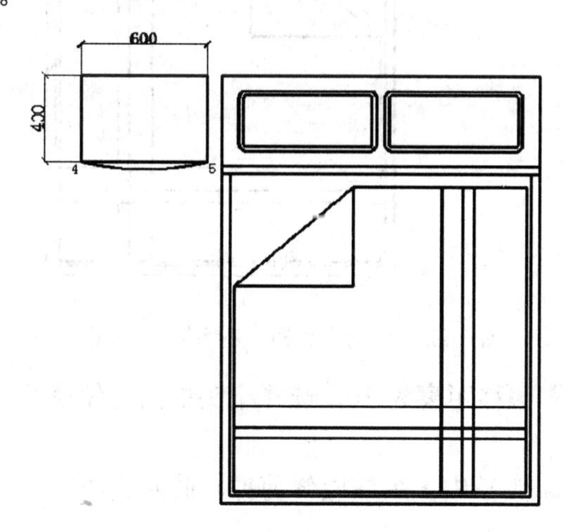

图 3-19　绘制床头柜圆弧轮廓线

③ 执行修剪命令，将床头柜点 4 和点 5 之间的多余直线修剪掉，修剪后如图 3-20 所示。

④ 绘制床头柜上台灯示意图。

a．执行直线命令，连接床头柜四边各轮廓线中点，其交点作为台灯示意图的圆心，如图 3-21 所示。

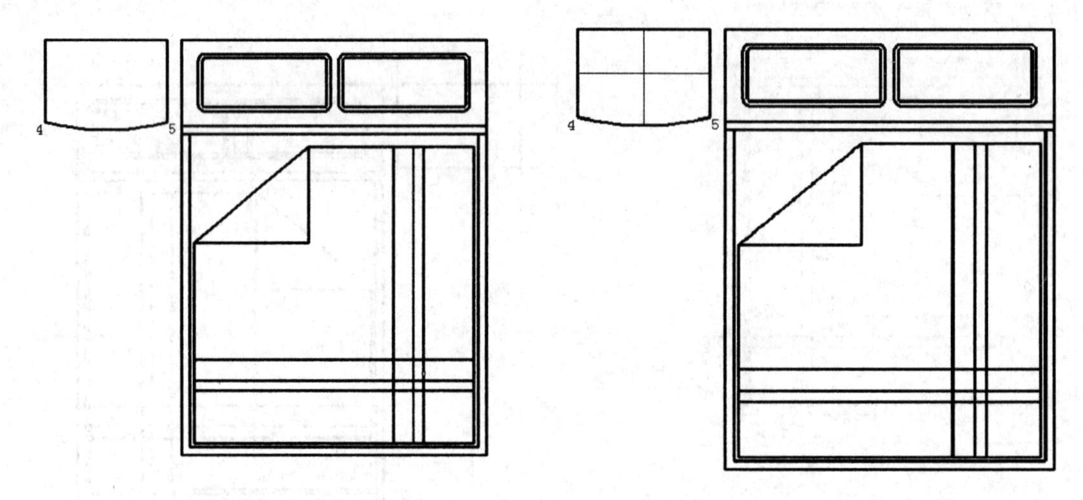

图 3-20　修剪床头柜多余线　　　　图 3-21　绘制床头柜上台灯辅助线

b．执行圆的命令，以上一步中的交点为圆心，分别绘制半径为 50 和 100 的两个同心圆作为床头柜上台灯的示意图，如图 3-22 所示。

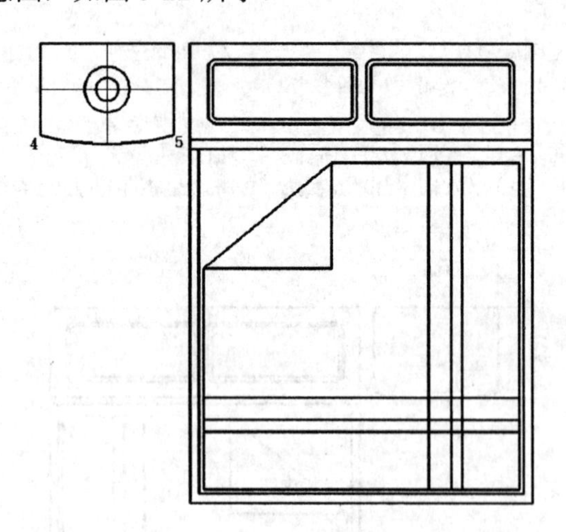

图 3-22　绘制床头柜上的台灯示意图

c．执行偏移命令，设置偏移距离为 30，选择床头柜四边轮廓线并向内侧偏移，如图 3-23 所示。

d．执行修剪命令，将床头柜中多余线段修剪掉，此时完成左侧床头柜的绘制，如图 3-24 所示。

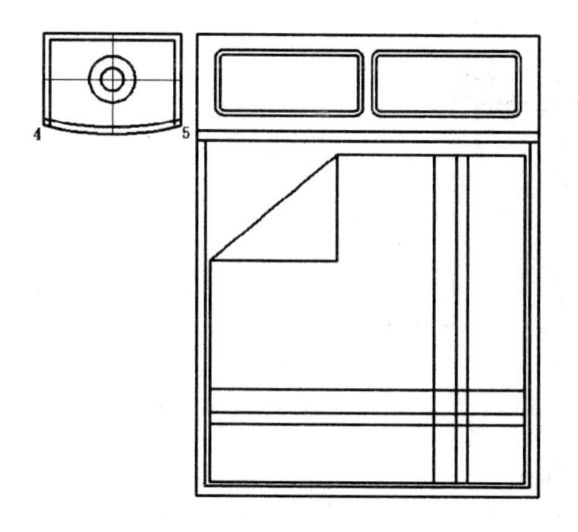

图 3-23　偏移床头柜轮廓线

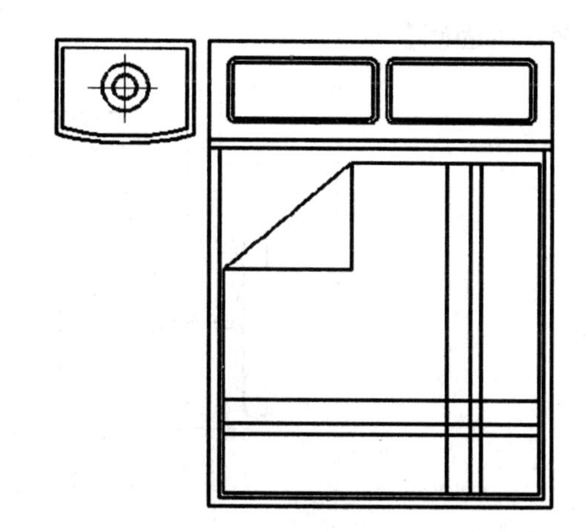

图 3-24　完成左侧床头柜绘制

（16）绘制右侧床头柜。执行镜像命令，以床的外部水平轮廓线中点为镜像线的中心，完成右侧床头柜的绘制，到此为止双人床的绘制全部完成，如图 3-25 所示。

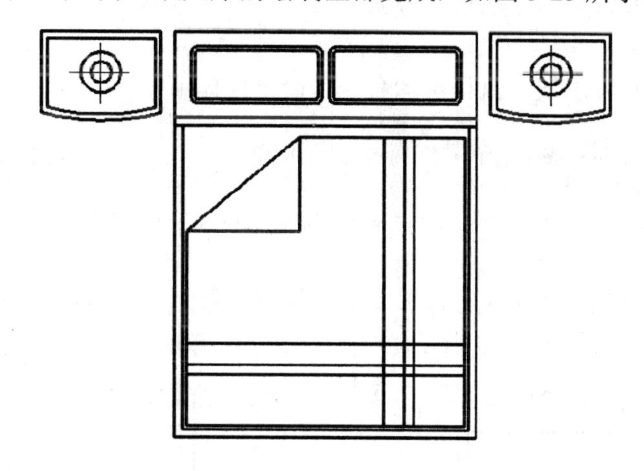

图 3-25　完成双人床的绘制

单元 2　绘制沙发

【沙发三维立体图实例】

图 3-26　沙发立体图

【案例平面图】

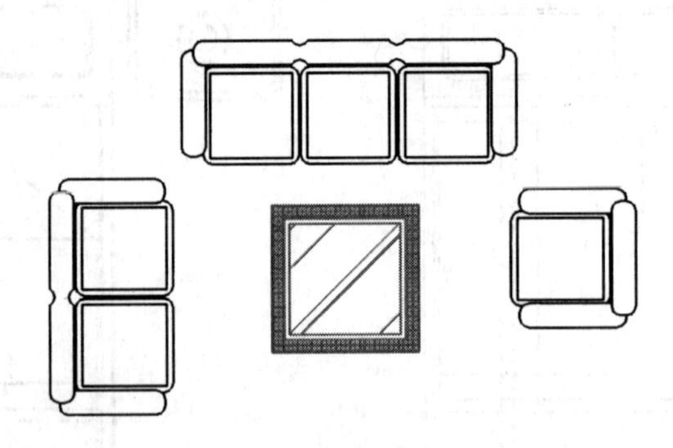

图 3-27　沙发平面图

【知识重点】

本实例将重点讲解沙发平面图的绘制方法。将介绍绘制一人沙发、两人沙发和三人沙发的方法，通过本实例的学习使大家能够熟练掌握矩形命令、偏移命令、圆角命令、移动命令、复制命令、镜像命令和修剪命令的使用方法。

【操作步骤】

（1）绘制沙发座垫轮廓线。执行矩形命令，命令行提示如下：

```
命令：RECTANG↓
RECTANG 指定第一个角点或 [倒角（C）标高（E）圆角（F）厚度（T）宽度（W）]：　　//在绘图区域合适位置处单击，指定第一个角点
RECTANG 指定另一个角点或 [面积（A）/尺寸（D）/旋转（R）]：@500，520↓
```

效果如图 3-28 所示。

（2）偏移沙发座垫轮廓线。执行偏移命令，设置偏移距离为 40，将步骤 1 绘制的矩形向外侧偏移，偏移后的效果如图 3-29 所示。

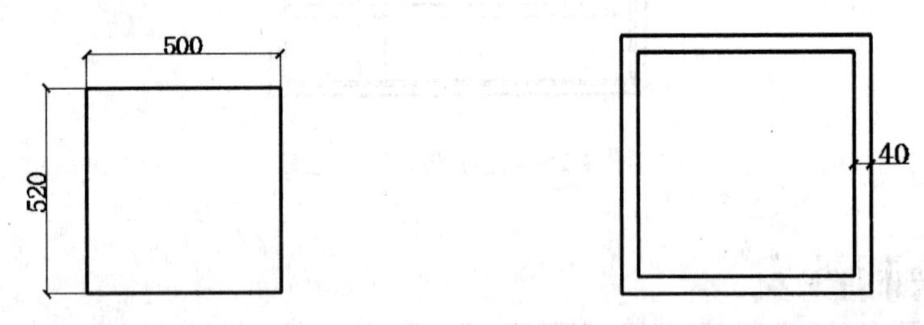

图 3-28　绘制沙发座垫轮廓线　　　　图 3-29　向外侧偏移沙发座轮廓线 40

（3）创建圆角。执行圆角命令，执行方式如下（绘图时选择其中任意一种方式即可）。

① 在命令行输入 FILLET 后，按空格或回车键，如图 3-30 所示。

```
当前设置：模式 = 修剪，半径 = 0.0000
FILLET 选择第一个对象或 [放弃(U) 多段线(P) 半径(R) 修剪(T) 多个(M)]：
```

图 3-30　命令行执行圆角命令

② 单击下拉菜单栏中的【修改】→【圆角】命令，如图 3-31 所示。

③ 选择“默认”选项卡中的“修改”面板→“圆角”选项，如图 3-32 所示。

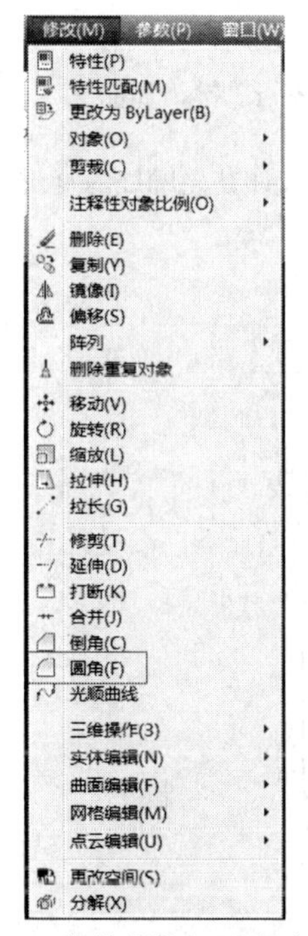

图 3-31　菜单栏执行圆角命令

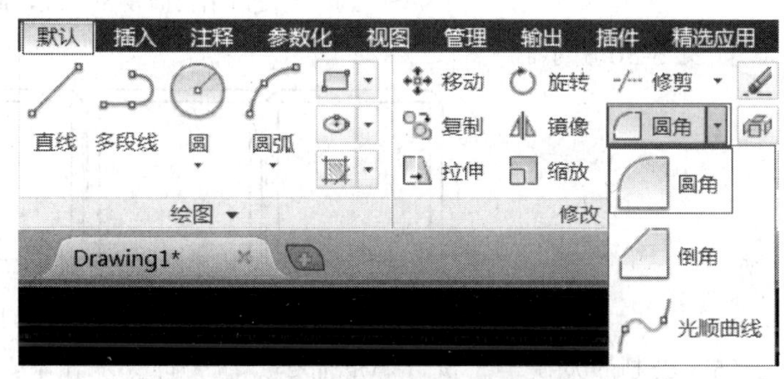

图 3-32　选项卡执行圆角命令

④ 执行圆角命令，命令行提示如下：

```
FILLET 选择第一个对象或 [放弃 (U) 多段线 (P) 半径 (R) 修剪 (T) 多个 (M)]: R↓
FILLET 选择第一个对象或 [放弃 (U) /多段线 (P) /半径 (R) /修剪 (T) /多个 (M)]: r
指定圆角半径<0.0000>: 60↓
FILLET 选择第一个对象或 [放弃 (U) 多段线 (P) 半径 (R) 修剪 (T) 多个 (M)]:     //单击步骤
2 中偏移出的矩形一、二两条边
```

此时完成其中一个圆角的创建，如图 3-33 所示。

重复执行圆角命令，完成其余三个圆角的创建，如图 3-34 所示（注意：圆角半径在此步骤中不用再设置，重复执行圆角命令可按回车或空格键）。

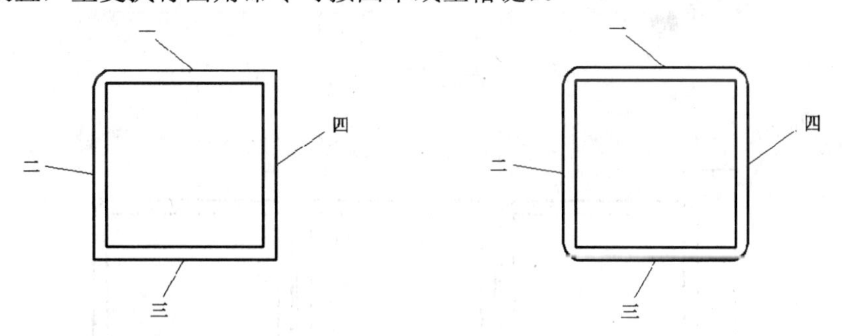

图 3-33　完成一、二边圆角的创建　　　　图 3-34　完成圆角创建

（4）复制沙发座垫轮廓线。执行复制命令，命令行提示如下。

① 命令：COPY↓

```
COPY 选择对象: ↓          //选中绘图区域的沙发轮廓线，变虚线后回车
COPY 指定基点或 [位移 (D) 模式 (O)] <位移>: D↓
COPY 指定位移<0.0000, 0.0000, 0.0000>: 595, 0, 0↓
```

② 按空格或回车重复执行复制命令，命令行提示如下：

COPY 选择对象：↓选中绘图区域中新复制出的沙发轮廓线，变虚线后按回车键，如图 3-35 所示
COPY 指定基点或 [位移（D）模式（O）] <位移>：D↓
COPY 指定位移<595.0000，0.0000，0.0000>：↓　//此时完成沙发座垫轮廓线的复制

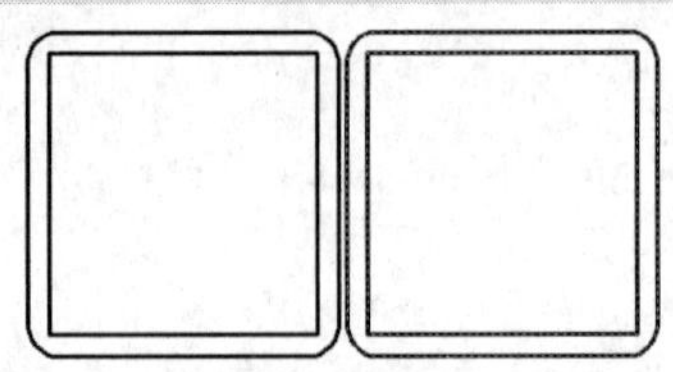

图 3-35　选中新复制出的沙发轮廓线，此时为虚线

如图 3-36 所示。

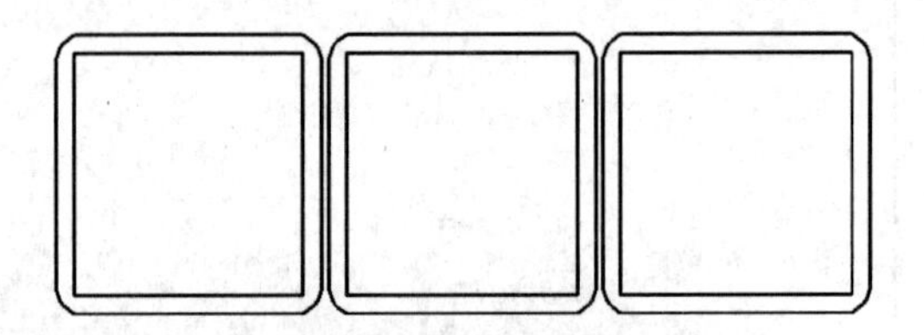

图 3-36　完成沙发座垫轮廓线的复制

（5）绘制沙发扶手。执行矩形命令，命令行提示如下：

命令：RECTANG↓
RECTANG 指定第一个角点或 [倒角（C）标高（E）圆角（F）厚度（T）宽度（W）]：　//打开对象捕捉功能并设置特殊点为“端点”，单击图中点 1，如图 3-37 所示
RECTANG 指定另一个角点或 [面积（A）/尺寸（D）/旋转（R）]：@-150，650↓

图 3-37　指定扶手第一个角点 1

如图 3-38 所示。

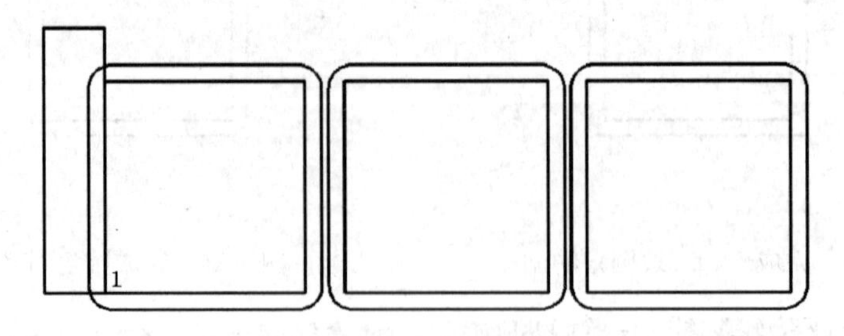

图 3-38　绘制沙发扶手

（6）移动扶手轮廓线。执行移动命令，命令行提示如下：

命令：MOVE↓
MOVE 选择对象：↓　//单击步骤 5 中绘制的扶手，变虚线后回车

```
MOVE 指定基点或 [位移(D)] <位移>: D↓
MOVE 指定位移<-25.0000, 10.0000, 0.0000>: -25, 10, 0↓
```

移动后的效果如图 3-39 所示。

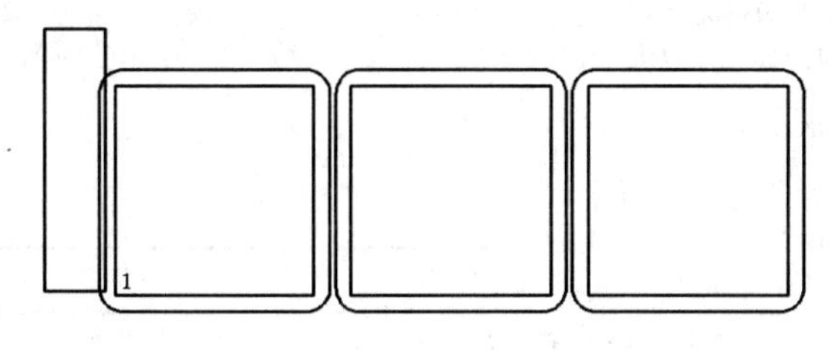

图 3-39 扶手移动后的效果

（7）创建扶手圆角。执行圆角命令，设置圆角半径为 60，在绘图区域中对移动后的矩形扶手的四个角点创建圆角，具体执行过程参照步骤 3，创建扶手圆角后的效果如图 3-40 所示。

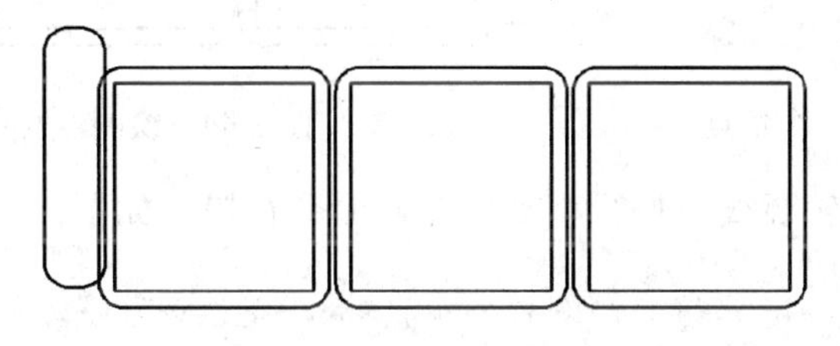

图 3-40 创建扶手圆角

（8）镜像扶手。

① 打开对象捕捉功能并设置特殊点为“中点”。

② 执行镜像命令，在绘图区域中选择绘制的沙发扶手，在沙发中央座垫的位置指定轮廓线的中点为镜像线的两点，镜像后的效果如图 3-41 所示。

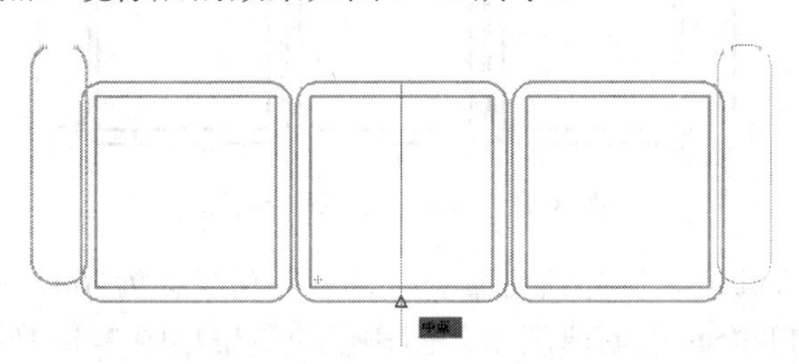

图 3-41 镜像扶手过程图

（9）修剪沙发扶手与座垫之间多余的轮廓线。执行修剪命令，在绘图区域中修剪与扶手相交的轮廓线，修剪后的效果如图 3-42 所示。

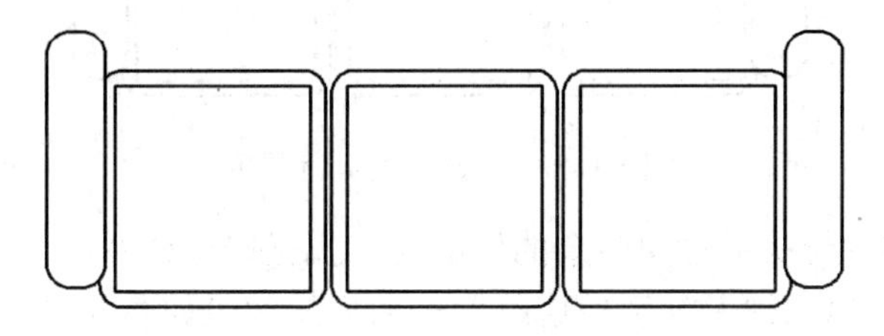

图 3-42 修剪沙发扶手与座垫之间多余的轮廓线

（10）绘制沙发靠背。执行矩形命令，命令行提示如下：

```
命令：RECTANG↓
RECTANG 指定第一个角点或［倒角（C）标高（E）圆角（F）厚度（T）宽度（W）]：    //单击左边扶手轮廓中点处，如图 3-43 所示
RECTANG 指定另一个角点或［面积（A）/尺寸（D）/旋转（R）]：@1890，150↓
```

如图 3-44 所示。

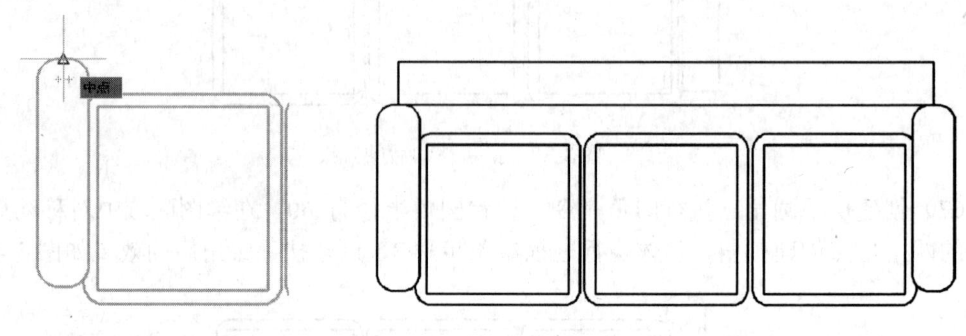

图 3-43　指定靠背第一个角点　　　　图 3-44　绘制沙发靠背

（11）移动沙发靠背轮廓线。执行移动命令，命令行提示如下：

```
命令：MOVE↓
MOVE 选择对象：    //单击步骤 10 中绘制的沙发靠背，变虚线后回车
MOVE 指定基点或［位移（D）] <位移>：D↓
MOVE 指定位移<-25.0000，10.0000，0.0000>：0，-90，0↓
```

移动后的效果如图 3-45 所示。

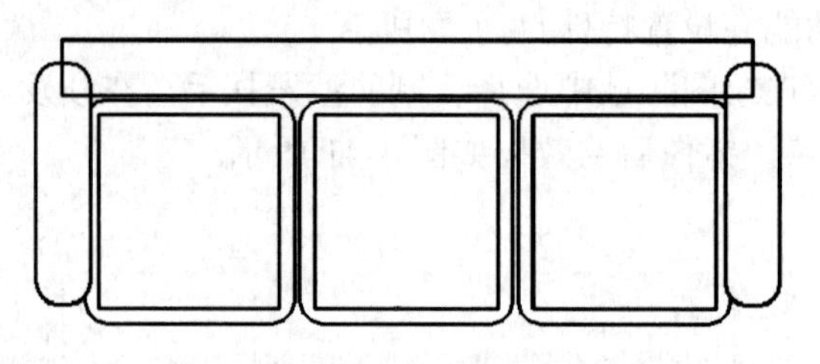

图 3-45　移动沙发靠背轮廓线

（12）创建沙发靠背圆角。执行圆角命令，设置圆角半径为 60，在绘图区域中对步骤 11 中移动后的沙发靠背的四个角点创建圆角，创建后的效果如图 3-46 所示。

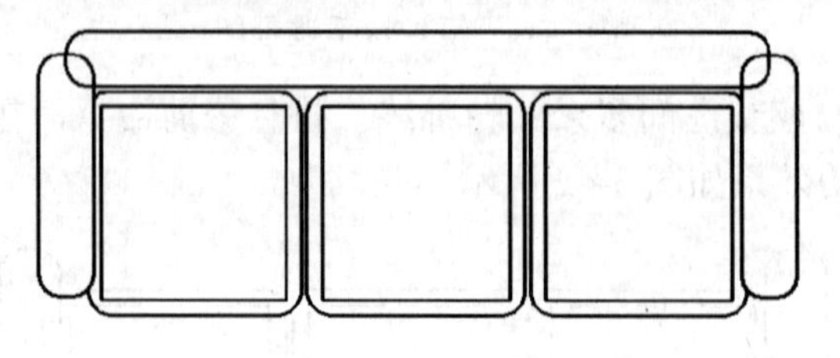

图 3-46　创建沙发靠背圆角

（13）修剪沙发靠背与扶手之间多余的轮廓线。执行修剪命令，在绘图区域中选择沙发靠背轮廓线为边界，然后修剪沙发扶手轮廓线，修剪后的效果如图 3-47 所示。

（14）绘制沙发靠背上的圆弧。

① 打开“对象捕捉”功能并设置特殊点为“端点”和“中点”，打开“对象追踪”功能。

② 执行直线命令，绘制两条相互垂直的辅助线，从而找到圆心 O 的位置，如图 3-48 所示。

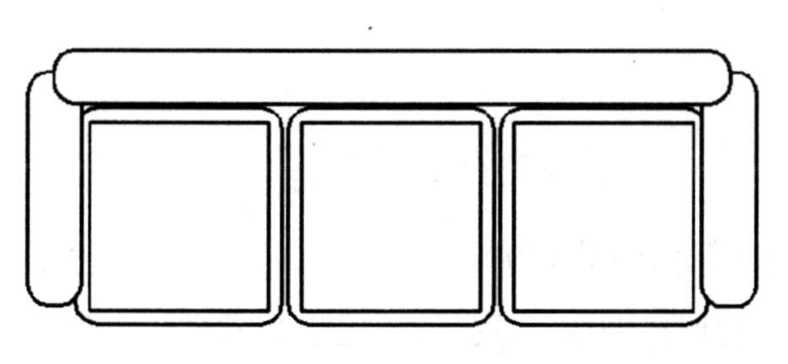

图 3-47 修剪沙发靠背与扶手之间的多余轮廓线

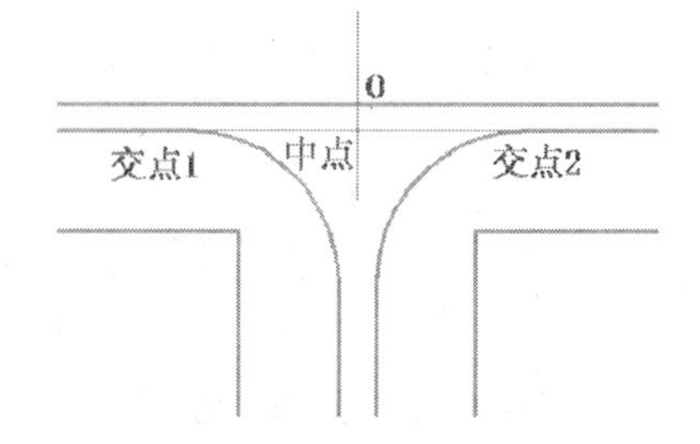

图 3-48 找到圆心 O 的位置

③ 执行圆的命令，命令行提示如下：

```
命令：CIRCLE↓
CIRCLE 指定圆的圆心或［三点（3P）二点（2P）切点、切点、半径（T）］：  //单击 O 点
CIRCLE 指定圆的半径或［直径（D）］<0.0000>：60↓
```

效果如图 3-49 所示。

（15）重复步骤 14 的操作完成沙发靠背上所有圆的绘制，绘制完成后的效果如图 3-50 所示。

（16）移动沙发靠背上的圆。执行移动命令，选择步骤 15 绘制的圆，指定一个任意基点，将圆竖直向下移动 30mm，移动后的效果如图 3-51 所示。

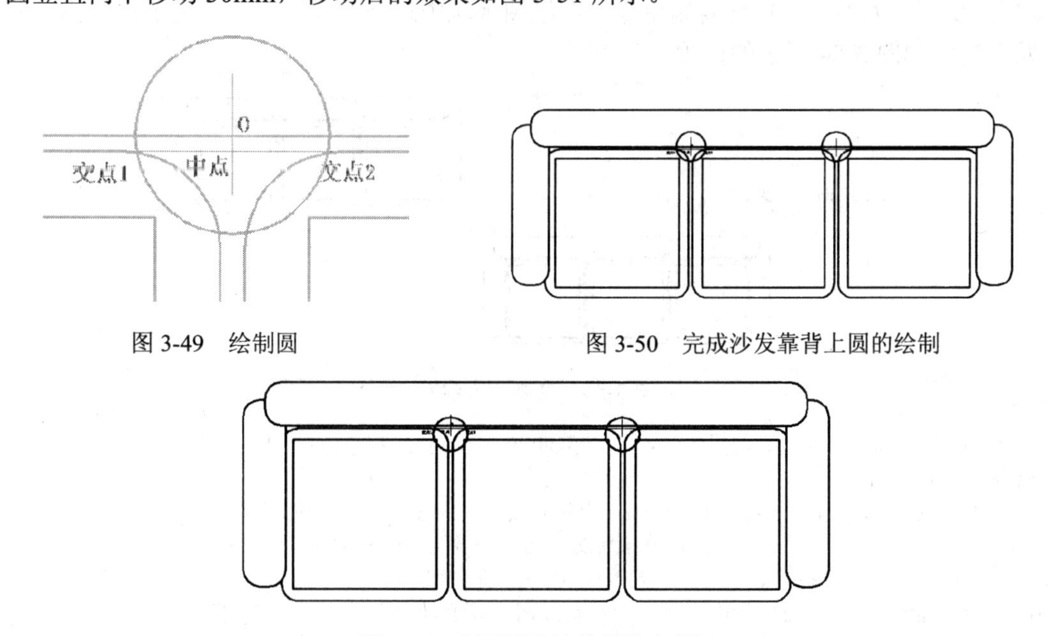

图 3-49 绘制圆

图 3-50 完成沙发靠背上圆的绘制

图 3-51 向下移动沙发靠背上的圆

（17）镜像沙发靠背上的圆。执行镜像命令，在绘图区域中选择绘制的两个圆为对象，指定沙发靠背轮廓线两个侧边线的中点为镜像线的两个点，镜像过程如图 3-52 所示。

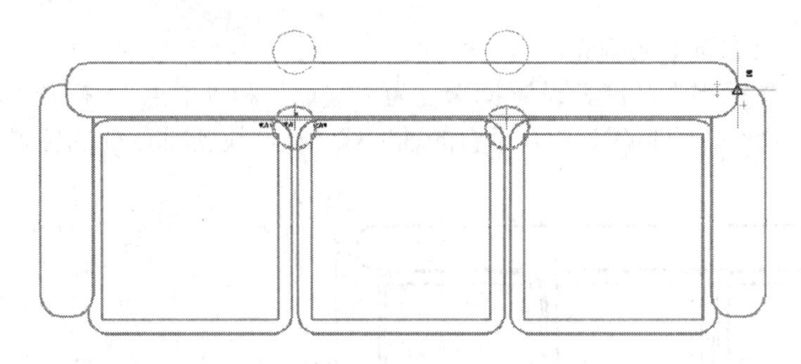

图 3-52　镜像沙发靠背上的圆

（18）修剪沙发靠背上圆的多余线。执行修剪命令，选择沙发轮廓线为边界，然后修剪四个小圆，修剪后的效果如图 3-53 所示，此时即完成了三人沙发的绘制。

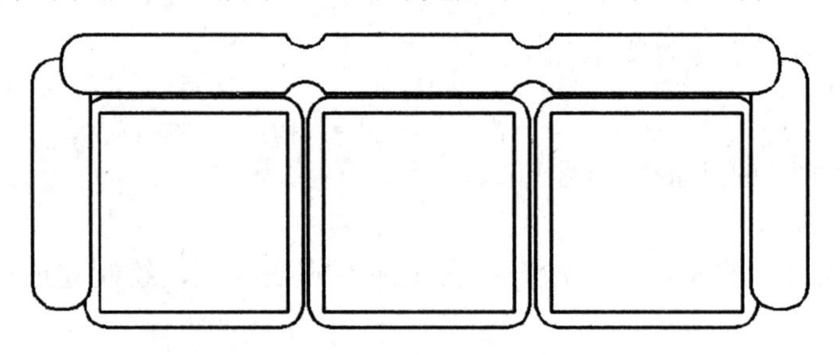

图 3-53　完成三人沙发的绘制

（19）复制三人沙发。执行复制命令，在绘图区域中选择绘制的三人沙发图形，指定基点将沙发复制到如图 3-54 所示的位置。

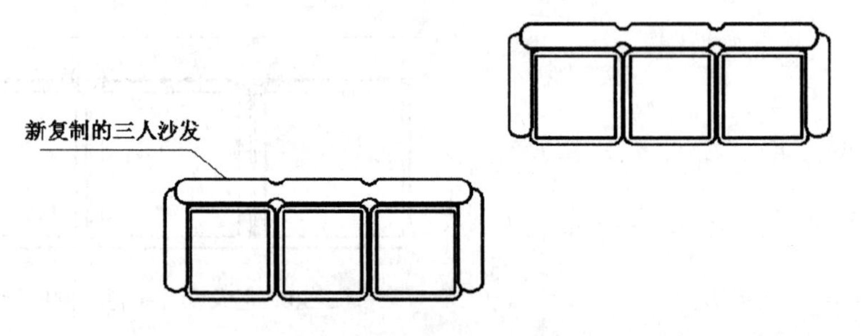

图 3-54　复制三人沙发

（20）旋转新复制的三人沙发。执行旋转命令，命令行提示如下：

```
命令：ROTATE↓
ROTATE 选择对象：↓      //选择步骤 19 中新复制的三人沙发，变虚线后回车
ROTATE 指定基点：       //用鼠标单击新复制的三人沙发的中间位置
ROTATE 指定旋转角度，或［复制（C）参照（R）］<0>：90↓
```

执行移动命令，将旋转后的三人沙发移动到合适的位置，如图 3-55 所示。

（21）删除部分轮廓线。在绘图区域中选择旋转后的三人沙发图形中的部分轮廓线，然后将其删除，如图 3-56 所示。

（22）镜像二人沙发靠背和扶手轮廓线。执行镜像命令，在绘图区域中选择沙发的部分镜像前轮廓线，指定沙发靠背中间两个圆弧的圆心为镜像点，镜像后的效果如图 3-57 所示。

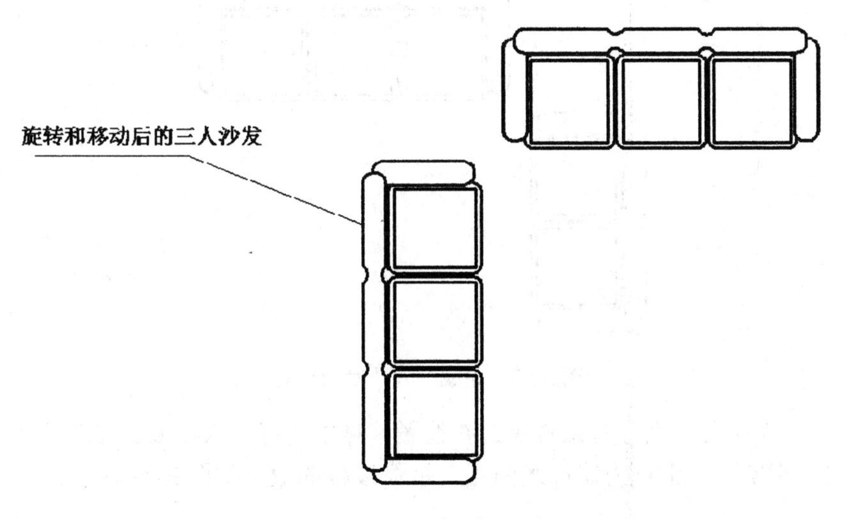

图 3-55　旋转和移动新复制的三人沙发

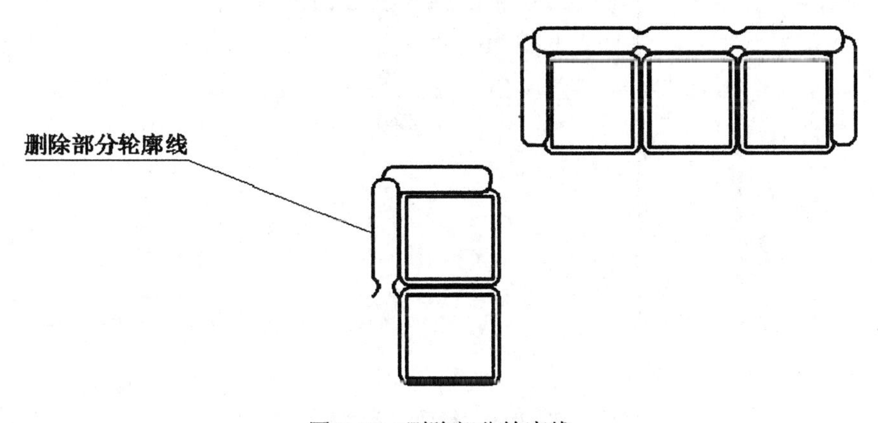

图 3-56　删除部分轮廓线

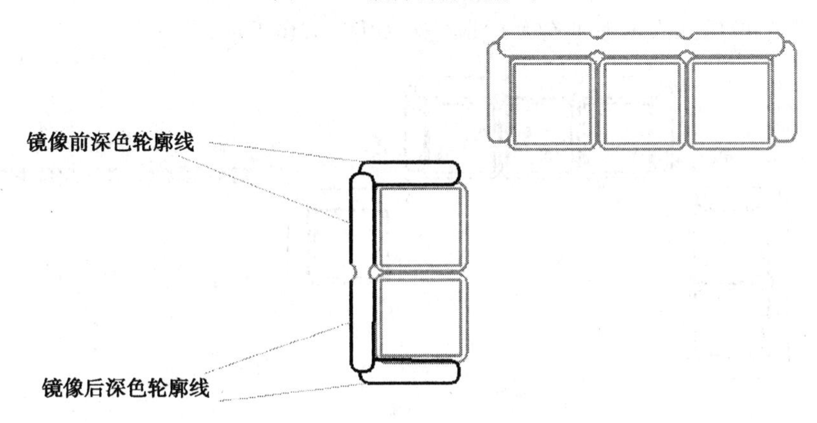

图 3-57　镜像二人沙发靠背和扶手轮廓线

（23）修剪步骤 22 中镜像后深色扶手与沙发座垫之间多余的轮廓线，修剪后完成二人沙发的绘制，效果如图 3-58 所示。

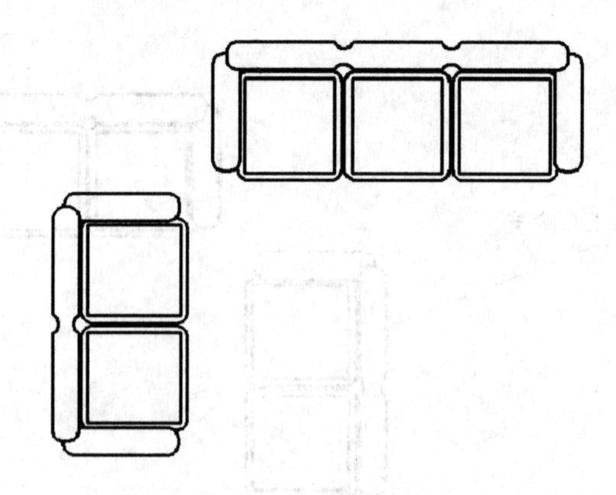

图 3-58　完成二人沙发的绘制

（24）镜像二人沙发。执行镜像命令，在绘图区域中选择二人沙发，在三人沙发中间座垫的水平轮廓线上指定两个中点为镜像线两点，镜像过程的效果如图 3-59 所示。

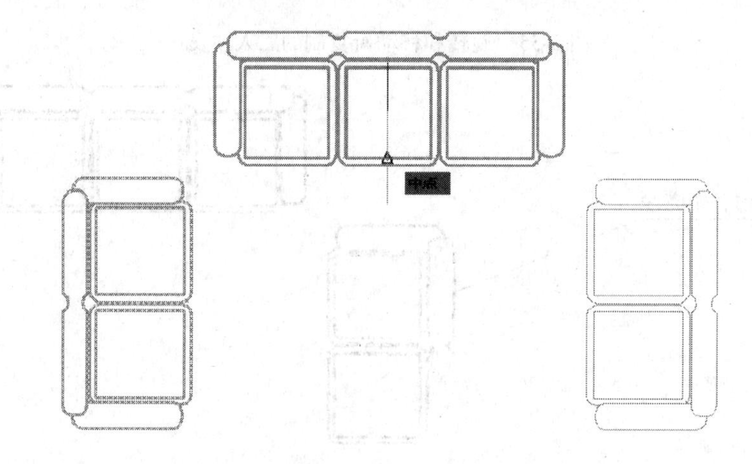

图 3-59　镜像二人沙发

（25）删除镜像后二人沙发的部分轮廓线，如图 3-60 所示。

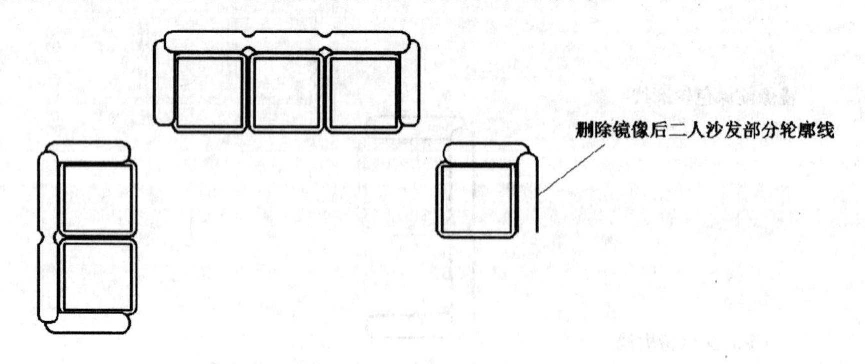

图 3-60　删除镜像后二人沙发的部分轮廓线

（26）镜像单人沙发靠背和扶手轮廓线。执行镜像命令，在绘图区域中选择沙发的部分镜像前深色轮廓线，指定沙发座垫两条竖直轮廓线的中心为镜像点，镜像过程的效果如图 3-61

所示。

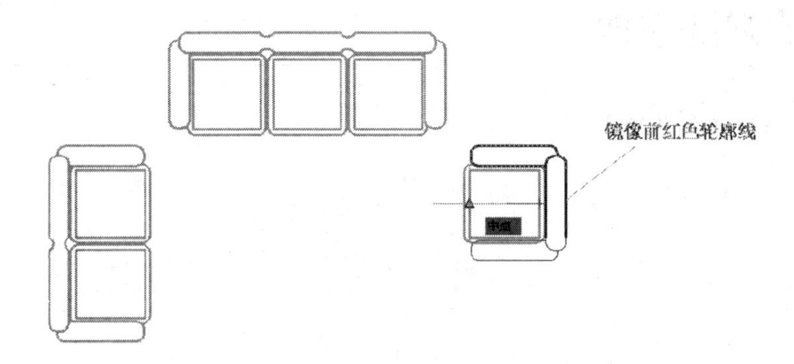

图 3-61　镜像单人沙发靠背和扶手轮廓线

（27）修剪步骤 26 中镜像后深色扶手与沙发座垫之间的多余轮廓线，修剪后完成单人沙发的绘制，效果如图 3-62 所示。

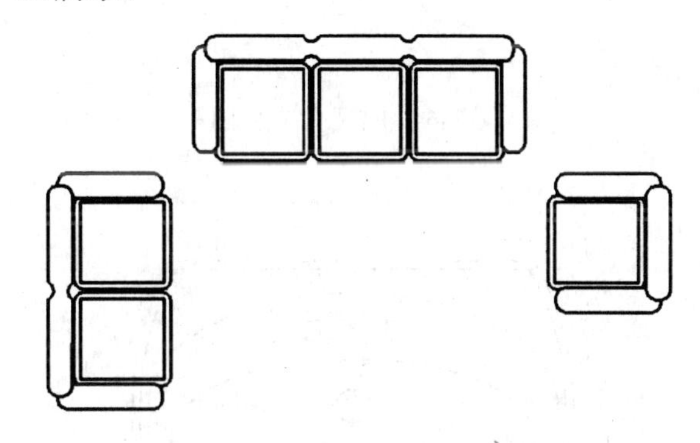

图 3-62　完成单人沙发的绘制

（28）执行矩形命令、偏移命令和图案填充命令完成茶几的绘制（注意茶几尺寸大小，图案填充样式自定），茶几绘制完成后如图 3-63 所示，此时完成沙发平面图的全部绘制。

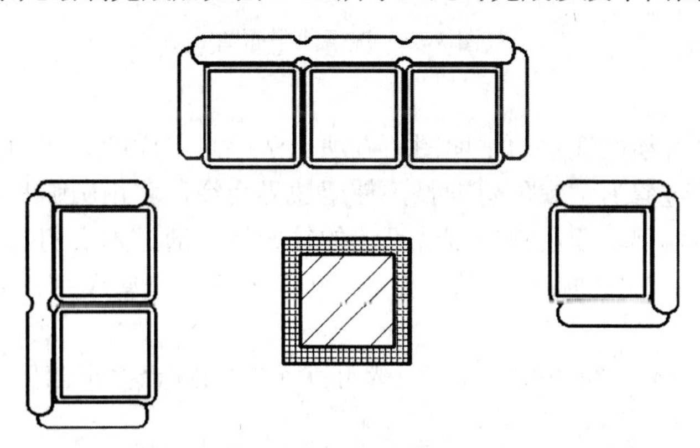

图 3-63　完成沙发平面图绘制

单元 3　绘制洗手池

【洗手池三维立体图实例】

图 3-64　洗手池立体图

【案例平面图】

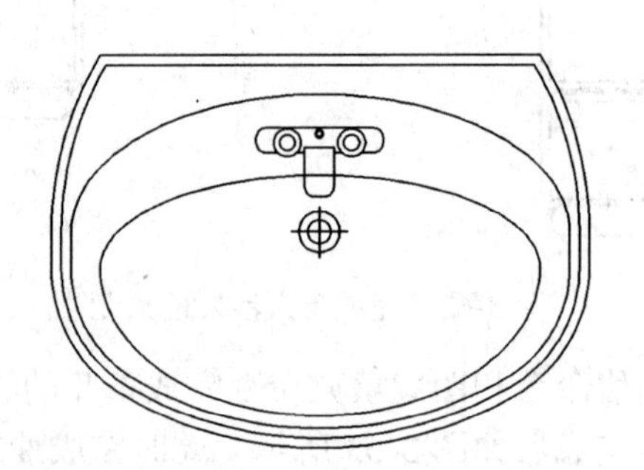

图 3-65　洗手池平面图

【知识重点】

本实例将重点讲解绘制洗手池平面图的方法，洗手池平面图主要由一些圆弧和圆组成，首先绘制圆，然后通过修剪圆来创建圆弧，使用边界命令，将由圆弧和直线组成的封闭图形创建成多段线，然后偏移多段线来绘制洗手池的轮廓线，通过本实例的学习使大家能够熟练掌握圆命令、圆弧命令、椭圆命令、边界命令、偏移命令、修剪命令和圆角命令的使用方法。

【操作步骤】

（1）设置图形界限大小为 3000，3000，然后执行 ZOOM 命令全部显示，命令行提示如下：

```
命令：LIMITS↓
LIMITS 指定左下角点或 [开（ON）关（OFF）] <0.0000，0.0000>：0，0 ↓
LIMITS 指定右上角点<420.0000，277.0000>：3000，3000↓
命令：ZOOM↓
ZOOM [全部（A）中心（C）动态（D）范围（E）上一个（P）比例（S）窗口（W）对象（O）] <实时>：
A↓
```

（2）打开状态行栅格显示功能，此时在绘图区域显示出栅格。

（3）在状态栏右击“栅格”功能按钮，在弹出的快捷菜单中选择“设置”选项，如图 3-66 所示。

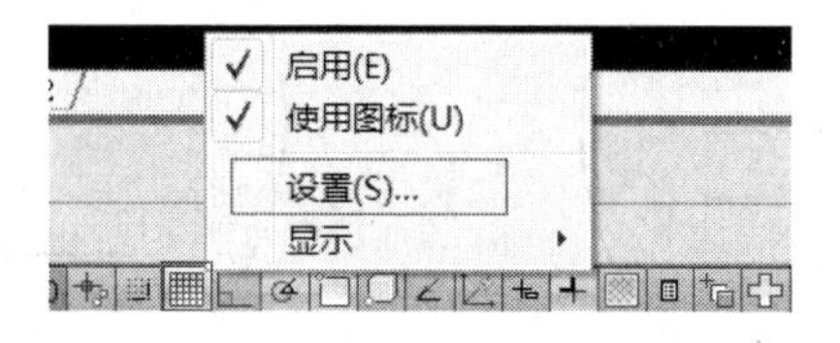

图 3-66 设置栅格

（4）打开“草图设置”对话框，在“捕捉和栅格”选项卡“栅格行为”区域中取消勾选“显示超出界限的栅格”复选框，单击【确定】按钮，如图 3-67 所示，此时在绘图区域显示出 3000×3000 的图形界限（注意：应在栅格界限内绘图）。

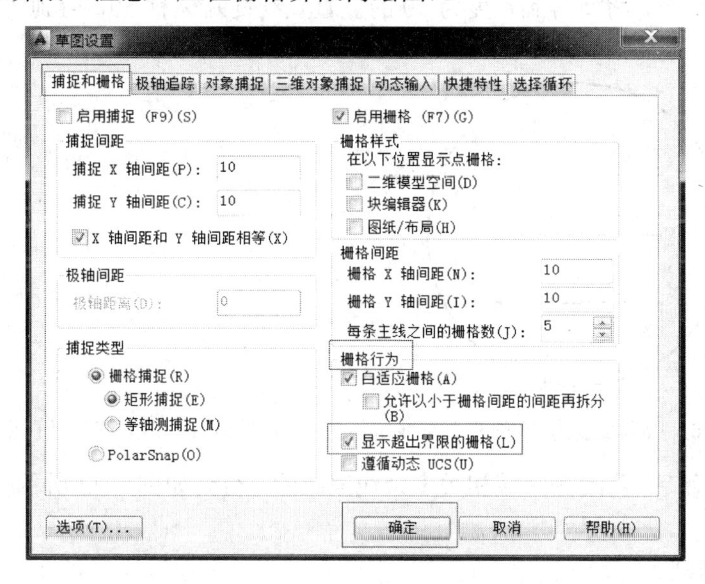

图 3-67 “草图设置”对话框设置

（5）绘制洗手池轮廓线。

① 为了保证绘制的直线水平，打开状态栏上“正交”模式功能。

② 执行直线命令，命令行提示如下：

命令：LINE↓

LINE 指定第一个点：　　//在绘图区域的合适位置处单击，指定水平直线的第一点

LINE 指定第下一点或 [放弃（U）]：450↓↓　　//将光标水平向右移动一小段距离后，在命令行输入 450（注意：此处连续回车两次结束直线命令）

③ 打开状态栏中“对象捕捉”功能，并将特殊点设置为“中点”。

④ 执行圆的命令，以直线的中点为圆心，绘制一个半径为 400 的圆，如图 3-68 所示。

（6）绘制竖直轮廓线。

① 执行偏移命令，设置偏移距离为 180，将上一步骤中的水平直线向下偏移，得到直线段 12，如图 3-69 所示。

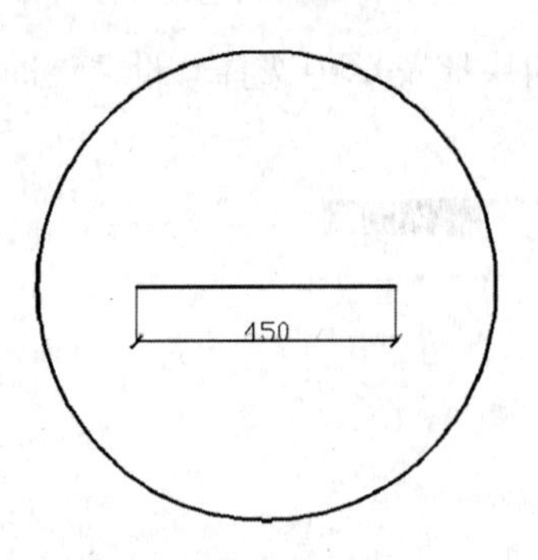

图 3-68 绘制圆形

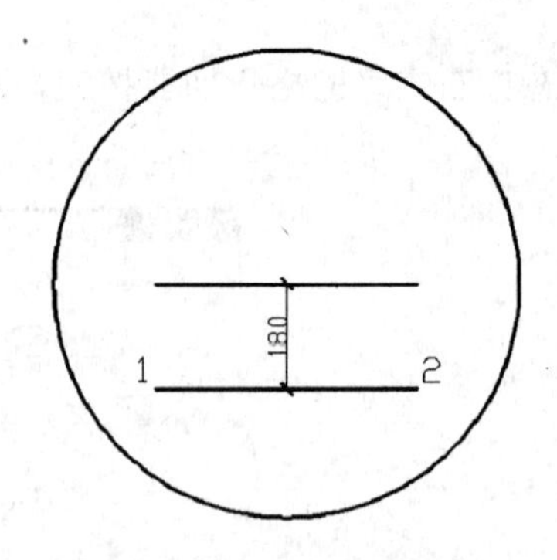

图 3-69 得到直线段 12

② 执行直线命令，以 1 点为起点向下绘制一条长度为 90 的竖直线，如图 3-70 所示。

③ 执行偏移命令，将新得到长度为 90 的竖直直线向左偏移 50，得到所求深色竖直直线，如图 3-71 所示。

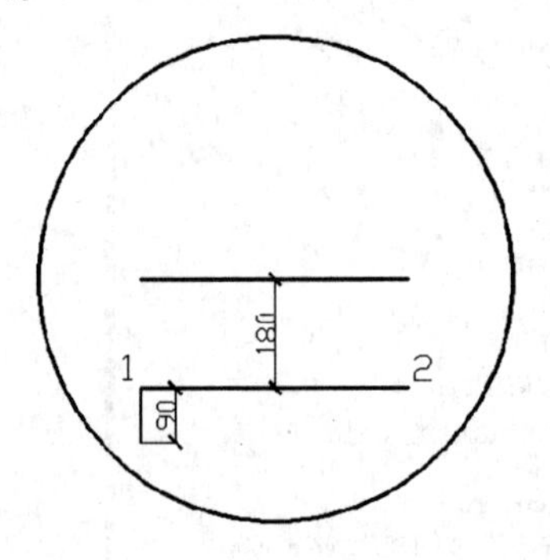

图 3-70 得到长度为 90 的竖直直线

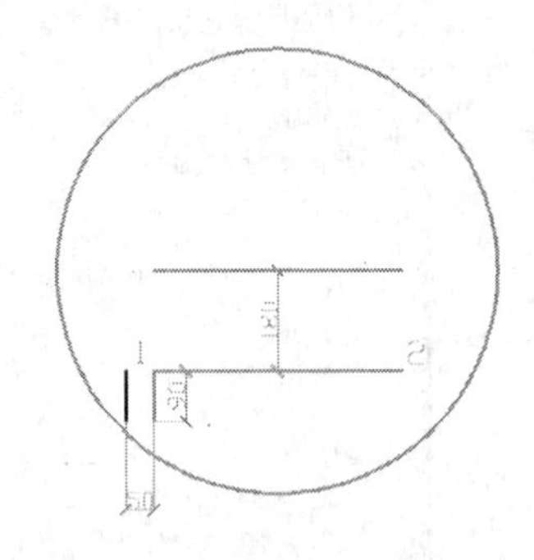

图 3-71 得到红色竖直直线

④ 执行删除命令，将绘图区域相关多余线段删除，得到如图 3-72 所示所需要的深色竖直轮廓线。

（7）绘制相切圆。

① 打开状态栏“对象捕捉”功能，设置特殊点为“切点”。

② 在下拉菜单栏中选择【绘图】→【圆】→【相切、相切、半径】命令，在绘图区域中的竖直直线和圆上分别单击指定切点，然后在命令行输入相切圆的半径为 95，绘制的相切圆如图 3-73 所示。

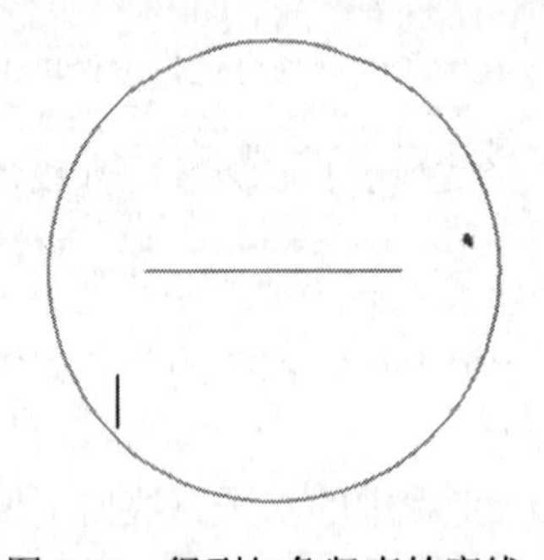

图 3-72 得到红色竖直轮廓线

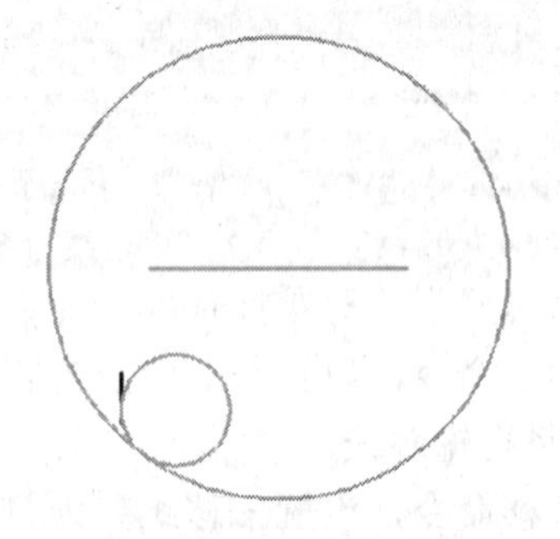

图 3-73 绘制相切圆

（8）绘制圆弧。

① 打开“对象捕捉”功能，设置特殊点为“端点”。

② 执行圆弧命令，执行过程如下。

单击菜单栏中【绘图】→【圆弧】→【起点、端点、半径】命令。

命令行提示如下：

```
命令：__arc
ARC 指定圆弧的起点或［圆心（C）］：        //单击 1 点
指定圆弧的端点：                          //单击 3 点
指定圆弧的圆心或［角度（A）方向（D）半径（R）］：__r 指定圆弧的半径：350↓
```

得到如图 3-74 所示的圆弧。

（9）镜像轮廓线。执行镜像命令，在绘图区域选中需要镜像的轮廓线，在水平直线上指定中点，然后沿该中点在竖直方向上任意位置指定另外一点，确定镜像对称中心线，镜像的过程效果如图 3-75 所示。

（10）修剪轮廓线。执行修剪命令，在绘图区域中修剪洗手池轮廓线多余线段，修剪后的效果如图 3-76 所示。

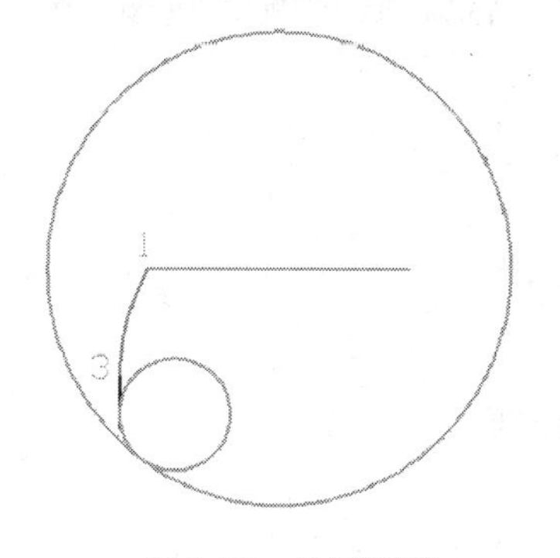

图 3-74　绘制圆弧

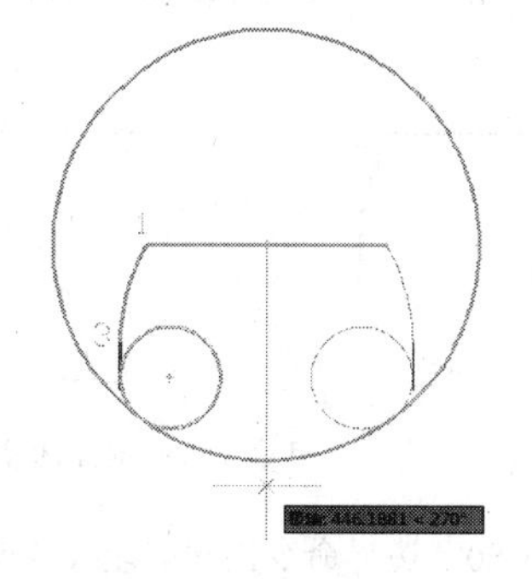

图 3-75　镜像轮廓线

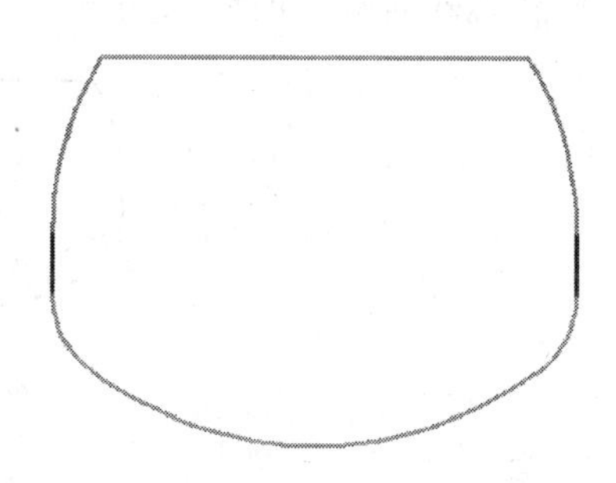

图 3-76　修剪轮廓线

（11）利用边界命令将步骤 10 中修剪后的轮廓线创建为多段线。操作过程如下。

① 单击下拉菜单栏中【绘图】→【边界】菜单命令，打开“边界创建”对话框，如图 3-77 所示。

② 将“边界创建”对话框中的“对象类型”设置为多段线，如图 3-78 所示。

图 3-77　“边界创建”对话框

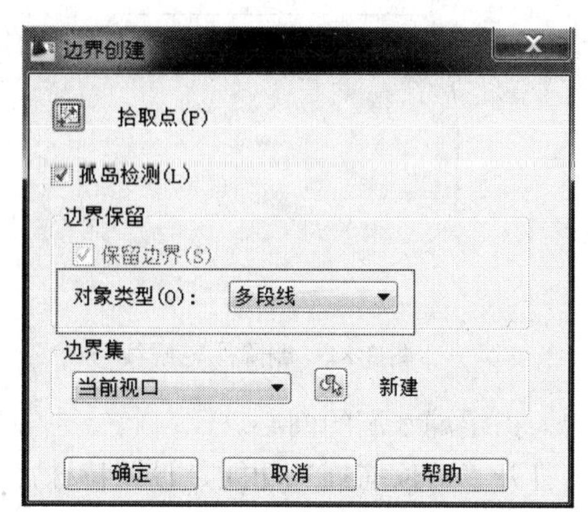

图 3-78　设置对象类型

③ 单击“边界创建”对话框中的“拾取点”按钮，如图 3-79 所示。

图 3-79　单击“拾取点”按钮

④ 在步骤 10 轮廓线内部单击，当轮廓线变为虚线时，按回车键结束边界命令，此时在步骤 10 轮廓线的上面覆盖着新创建的多边形轮廓线，执行移动命令将新创建的轮廓线移动至原轮廓线右侧，如图 3-80 所示。

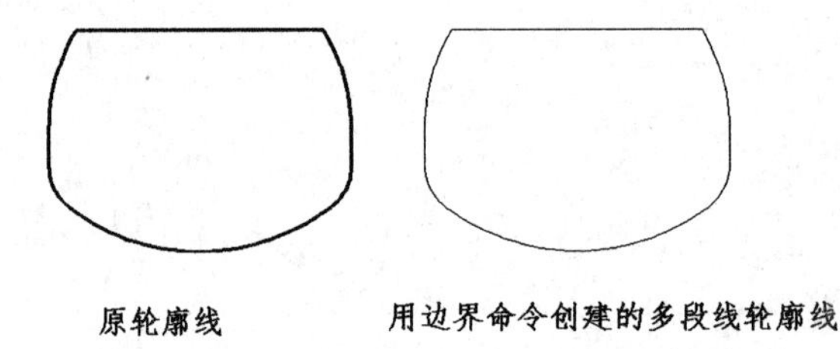

图 3-80　边界命令创建多段线轮廓线

⑤ 执行删除命令，将原轮廓线删除，剩下用边界命令创建的多段线轮廓线，删除后的效果如图 3-81 所示。

（12）偏移轮廓线。执行偏移命令，设置偏移距离为 10，将创建的多段线向内侧偏移，然后继续将偏移出的多段线再次向内偏移，偏移后如图 3-82 所示。

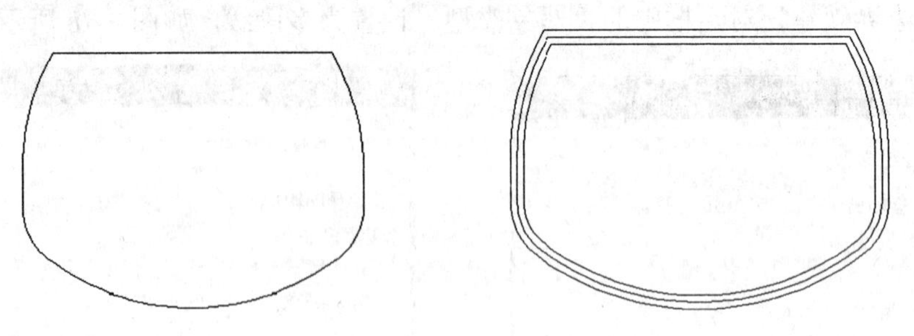

图 3-81　删除原轮廓线　　　　图 3-82　偏移轮廓线

（13）指定漏水洞的圆心。

① 打开“对象捕捉”功能，设置特殊点为“中点”。

② 执行直线命令，以洗手池外轮廓线上面水平直线的中点为起点，竖直向下绘制一条长

度为 180 的直线段，得到 O 点，则 O 点为所求漏水洞的圆心，如图 3-83 所示。

（14）绘制漏水洞。

① 打开“对象捕捉”功能，设置特殊点为“端点”。

② 执行圆命令。以 O 为圆心，分别绘制半径为 12 和 21 的两个同心圆，此时漏水洞绘制完成，如图 3-84 所示。

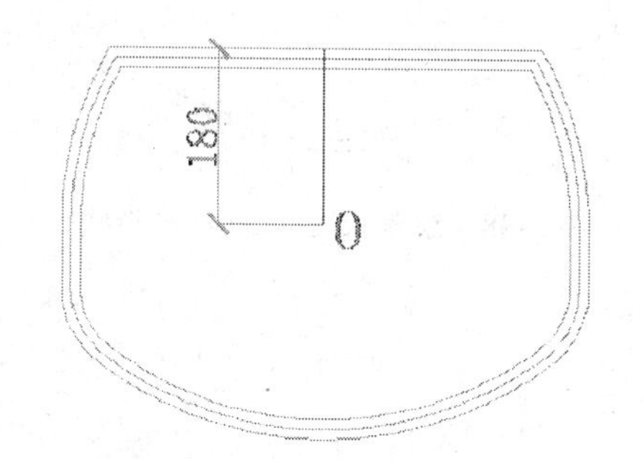

图 3-83 指定漏水池圆心

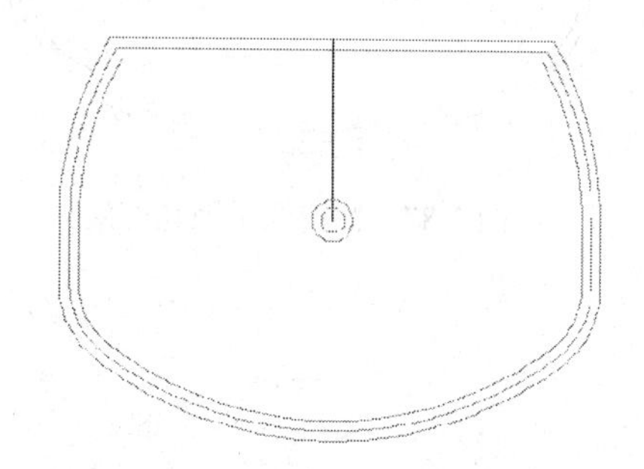

图 3-84 绘制漏水洞

（15）继续绘制洗手池轮廓线。执行椭圆命令，打开状态栏上的“极轴追踪”“对象捕捉”功能，并设置特殊点为“交点”和“圆心”，命令行提示如下。

```
命令：ELLIPSE↓
指定椭圆的轴端点或 [圆弧（A）中心点（C）]：C↓
指定椭圆的中心点：                    //单击步骤 14 中漏水洞的圆心
指定轴的端点：                        //将光标水平向左移动，当洗手池最里边轮廓线上出现
特殊点为交点符号时单击，如图 3-85 所示
指定另一条半轴长度或 [旋转（R）]：140↓  //将光标竖直向上移动任意一段距离，然后在命令行输
入 140
```

绘制的椭圆轮廓线如图 3-86 所示。

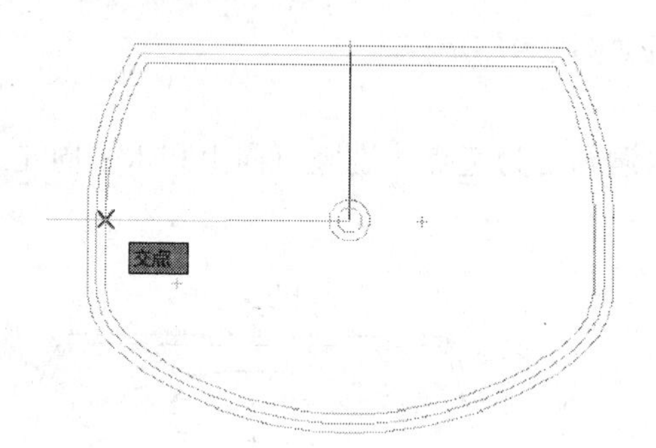

图 3-85 找椭圆端点

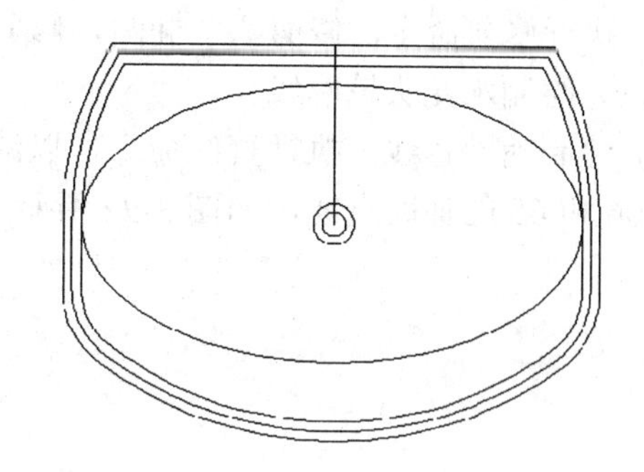

图 3-86 椭圆轮廓线绘制完成

（16）修剪步骤 15 绘制的洗手池轮廓线，修剪后如图 3-87 所示。

（17）绘制椭圆。

① 执行直线命令，以漏水洞圆心为起点竖直向下绘制一条长为 37 的直线，如图 3-88 所示。

② 执行椭圆命令，指定长度为 37 的直线下端点为圆心，设置椭圆长半轴为 225，短半轴为 150，绘制如图 3-89 所示的深色椭圆。

③ 继续绘制椭圆。执行椭圆命令，指定长度为 37 的直线下端点为圆心，设置椭圆长半轴为 225，短半轴为 95，绘制如图 3-90 所示的小椭圆。

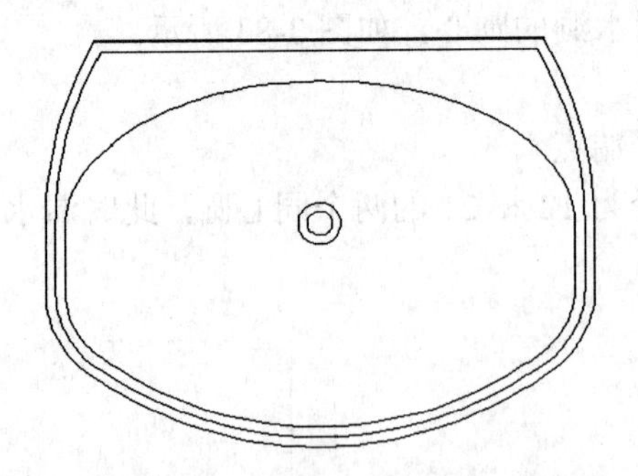

图 3-87　修剪洗手池轮廓线

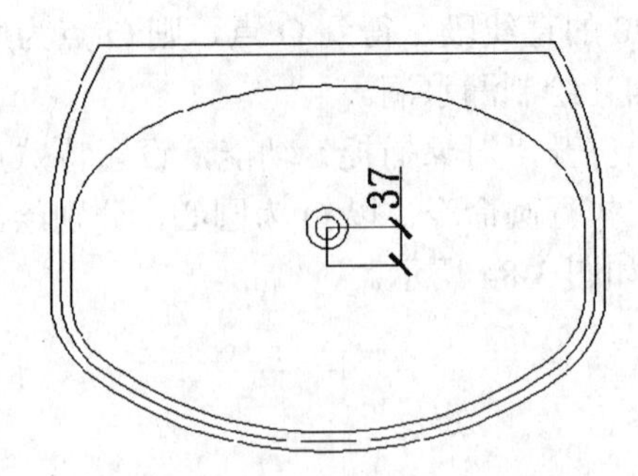

图 3-88　绘制长度为 37 的竖直线

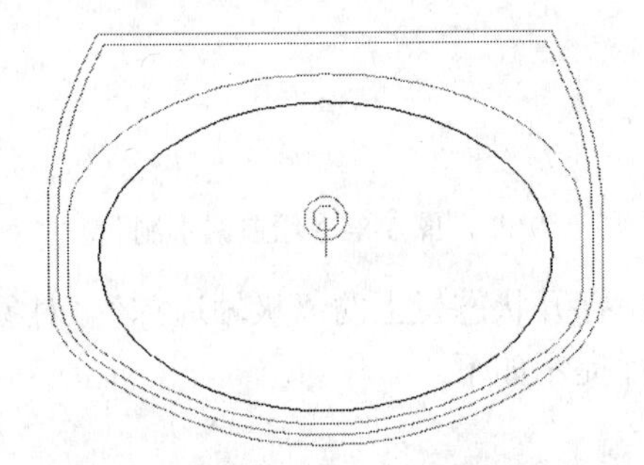

图 3-89　绘制红色椭圆

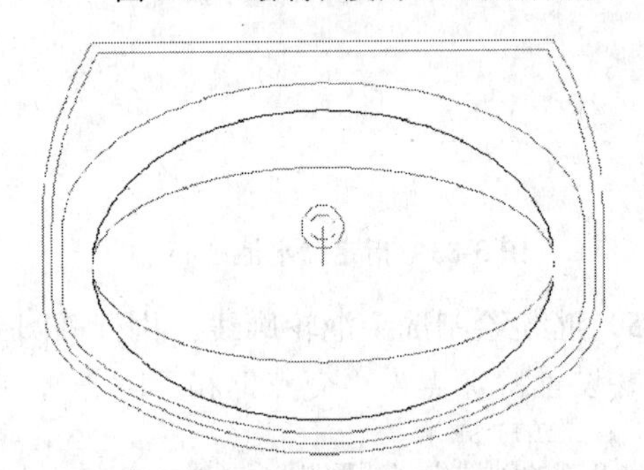

图 3-90　绘制黄色椭圆

④ 修剪两个椭圆。

a．打开“对象捕捉”功能，设置特殊点为“象限点”。

b．执行直线命令，分别以椭圆的左和右两个象限点作为直线的起点和端点绘制一条水平直线。

c．执行修剪命令，修剪两个椭圆，修剪后如图 3-91 所示。

（18）绘制水龙头轮廓线。

① 绘制辅助直线，执行直线命令，以漏水洞圆心为起点分别竖直向上和水平向左绘制长度为 106 和 65 的辅助直线，如图 3-92 所示。

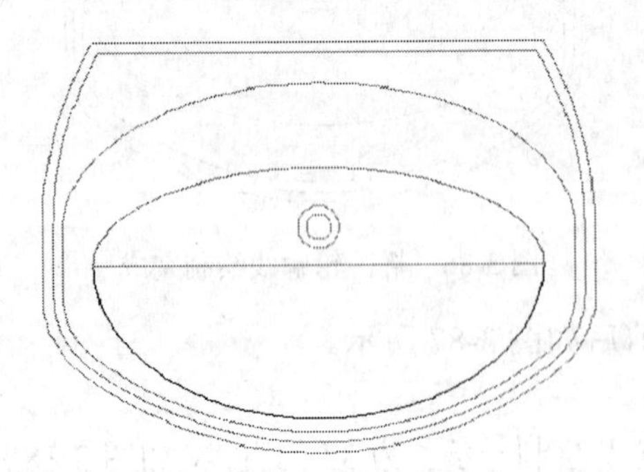

图 3-91　修剪两个椭圆

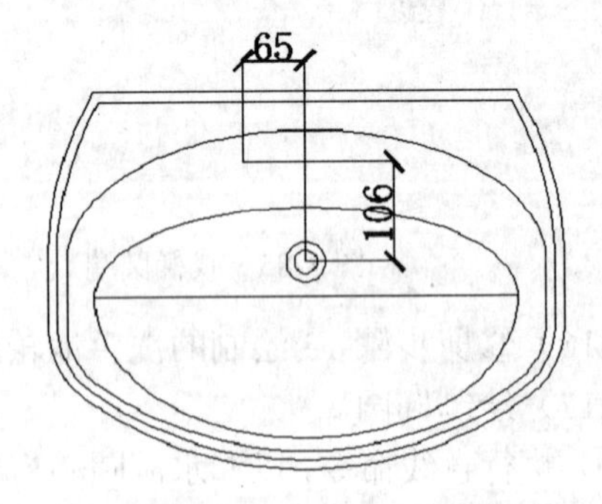

图 3-92　绘制长度为 106 和 65 的辅助直线

② 执行矩形命令，命令行提示如下：

```
命令：RECTANG↓
RECTANG 指定第一个角点或 [倒角（C）标高（E）圆角（F）厚度（T）宽度（W）]:      //单击长度
```

为的长度为 65 的水平直线的左端点
RECTANG 指定另一个角点或 [面积（A）/尺寸（D）/旋转（R）]：@130，-25↓

③ 将图中辅助直线删除，如图 3-93 所示。

④ 继续绘制水龙头轮廓线。

a．绘制辅助直线，执行直线命令，以漏水洞圆心为起点分别竖直向上和水平向左绘制长度为 86 和 15 的辅助直线，如图 3-94 所示。

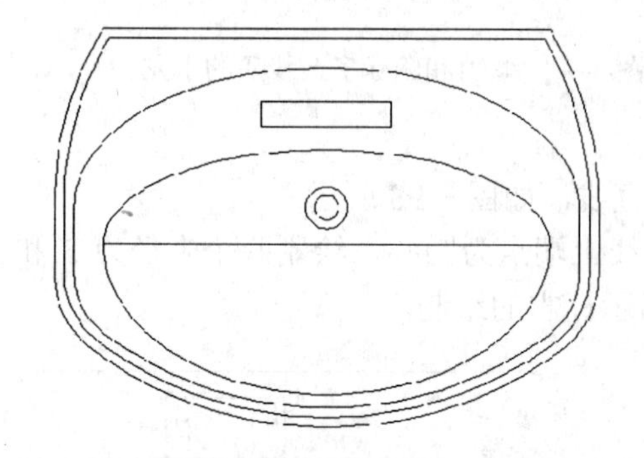

图 3-93 矩形水龙头轮廓线

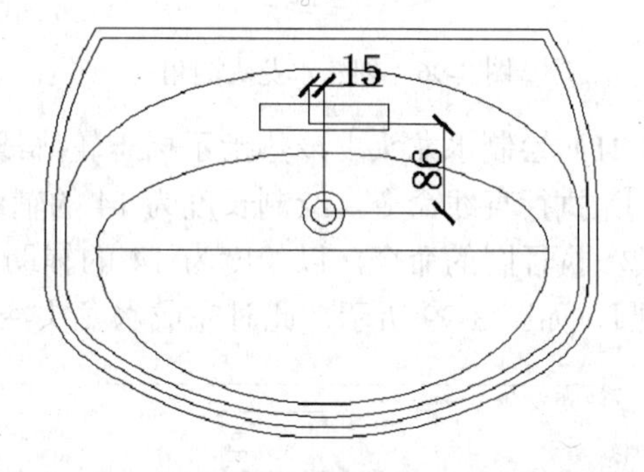

图 3-94 绘制长度为 86 和 15 的辅助直线

b．执行矩形命令，命令行提示如下：

命令：RECTANG↓
RECTANG 指定第一个角点或 [倒角（C）标高（E）圆角（F）厚度（T）宽度（W）]： //单击长度为 15 的水平直线的左端点
RECTANG 指定另一个角点或 [面积（A）/尺寸（D）/旋转（R）]：@30，-50↓

c．将图中辅助直线删除，如图 3-95 所示。

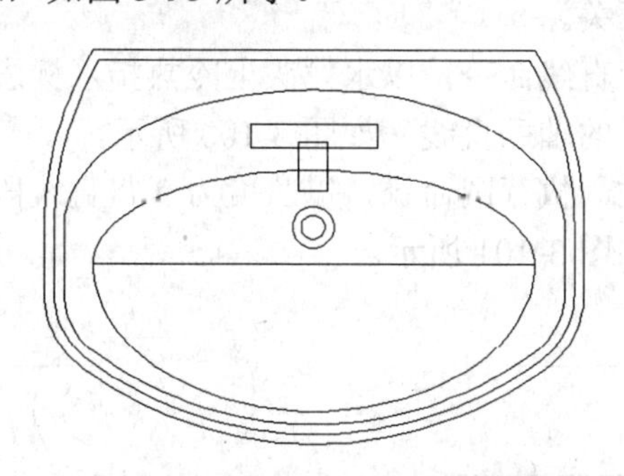

图 3-95 继续矩形水龙头轮廓线

（19）创建水龙头圆角。执行圆角命令，命令行提示如下：

命令：FILLET↓
FILLET 选择第一个对象或 [放弃（U）/多段线（P）/半径（R）/修剪（T）/多个（M）]：R↓
FILLET 选择第一个对象或 [放弃（U）/多段线（P）/半径（R）/修剪（T）/多个（M）]：r
指定圆角半径<0.0000>：10↓
选择第一个对象或 [放弃（U）/多段线（P）/半径（R）/修剪（T）/多个（M）]：M↓
选择第一个对象或 [放弃（U）/多段线（P）/半径（R）/修剪（T）/多个（M）]：依次单击水龙头各角点处相邻线段

创建圆角后的水龙头如图 3-96 所示。

（20）修剪水龙头轮廓线的多余线，执行修剪和删除命令，修剪和删除水龙头多余线，如图 3-97 所示。

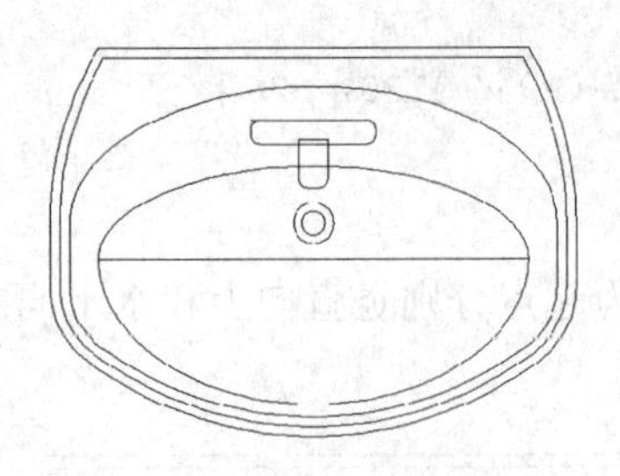

图 3-96　创建水龙头圆角

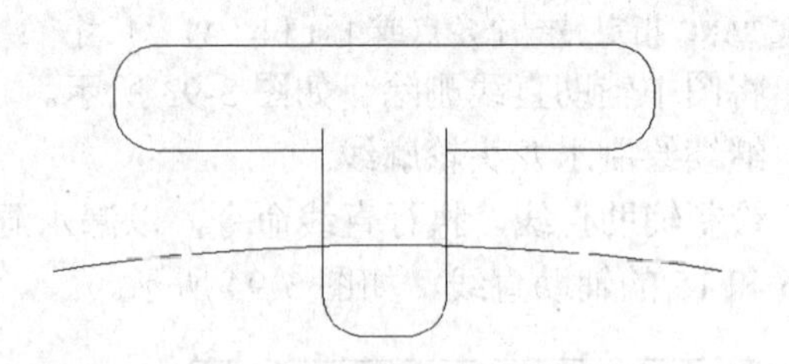

图 3-97　修剪和删除多余线后的水龙头

（21）绘制水龙头上冷热指示标志轮廓线。

① 执行直线命令，绘制长度为 14 的辅助竖直线，如图 3-98 所示。

② 执行圆的命令，以长度为 14 的辅助竖直线上端点为圆心，绘制两个半径为 3 和 4 的同心圆，如图 3-99 所示，此时完成水龙头冷热指示标志的绘制。

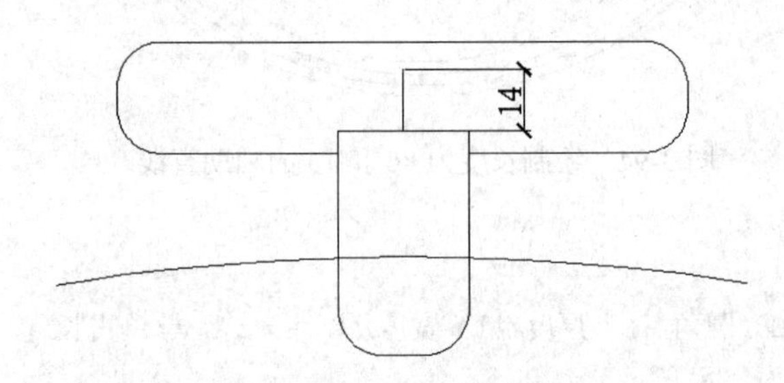

图 3-98　绘制长度为 14 的辅助线

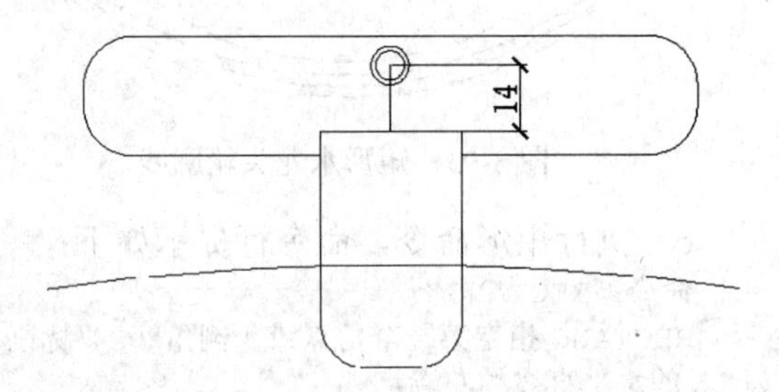

图 3-99　水龙头冷热指示标志的绘制

（22）绘制水龙头上的开关。

① 绘制辅助直线，执行直线命令，以水龙头上冷热指示标志圆心为起点分别水平向左和竖直向下绘制长度为 33 和 9 的辅助直线，如图 3-100 所示。

② 绘制水龙头上左开关，执行圆命令，以长度为 9 竖直线段的下端点为圆心，绘制两个半径为 8 和 14 的同心圆，如图 3-101 所示。

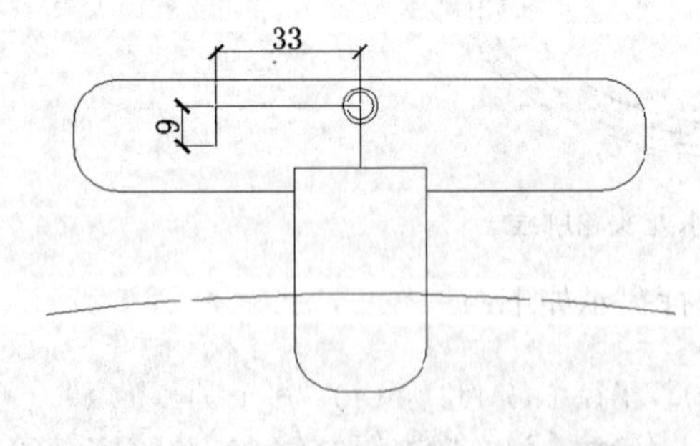

图 3-100　绘制长度为 33 和 9 的辅助线

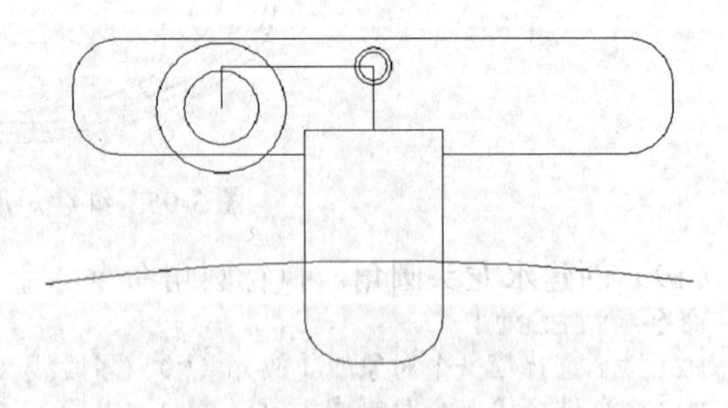

图 3-101　绘制水龙头上左开关

③ 绘制水龙头上右开关，执行镜像命令，选择水龙头上左开关两个圆的轮廓线，以步骤 21 中长度为 14 的辅助线为镜像中心线进行镜像，镜像过程如图 3-102 所示，此时完成水龙头右开关的绘制。

（23）执行修剪和删除命令，修剪和删除水龙头上的多余线，修剪和删除后如图 3-103 所示。

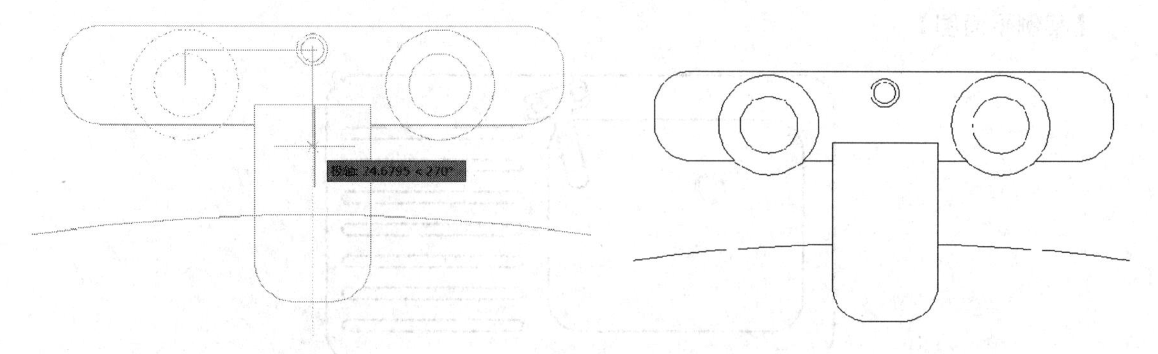

图 3-102 绘制水龙头上右开关　　　　图 3-103 修剪和删除水龙头上多余线

（24）检查并执行删除和修剪命令，删除整个洗手池上的多余线，修剪后如图 3-104 所示，到此为止洗手池的绘制全部完成。

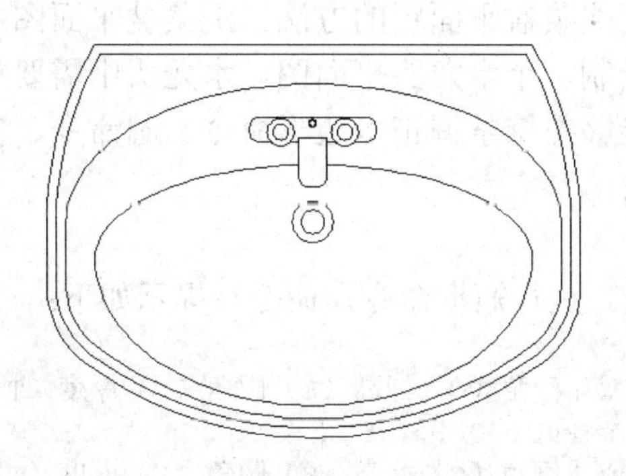

图 3-104 绘制完成的洗手池

单元 4 绘制洗菜盆

【洗菜盆三维立体图实例】

图 3-105 洗菜盆立体图

【案例平面图】

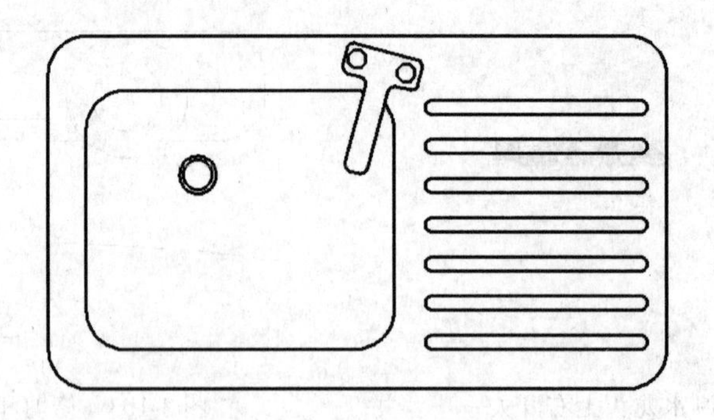

图 3-106　洗菜盆平面图

【知识重点】

本实例将重点介绍绘制洗菜盆平面图的方法。洗菜盆平面图主要由带圆角的矩形和圆组成，洗菜盆平面图中需要绘制一个水龙头平面图，水龙头中需要使用正多边形命令来绘制，通过本实例的学习使大家能够熟练掌握正多边形命令、圆命令、复制命令、圆角命令、矩形命令和陈列命令的使用方法。

【操作步骤】

（1）绘制洗菜盆轮廓线。执行矩形命令，命令行提示如下：

```
命令：RECTANG↓
RECTANG 指定第一个角点或［倒角（C）标高（E）圆角（F）厚度（T）宽度（W）]：F↓
RECTANG 指定矩形的圆角半径<0.0000>：50↓
RECTANG 指定第一个角点或［倒角（C）标高（E）圆角（F）厚度（T）宽度（W）]：    //在绘图区域的合适位置单击，指定矩形的左上角点
RECTANG 指定另一个角点或［面积（A）/尺寸（D）/旋转（R)]：@800，-450↓
```

绘制的洗菜盆轮廓线如图 3-107 所示。

（2）打开“对象捕捉”和“对象追踪”功能，将对象捕捉的特殊点设置为“端点”。

（3）继续绘制洗菜盆轮廓线。执行矩形命令，命令行提示如下：

```
命令：RECTANG↓
RECTANG 指定第一个角点或［倒角（C）标高（E）圆角（F）厚度（T）宽度（W）]：F↓
RECTANG 指定矩形的圆角半径<0.0000>：50↓
RECTANG 指定第一个角点或［倒角（C）标高（E）圆角（F）厚度（T）宽度（W）]：    //利用对象捕捉追踪功能，单击 A 点位置，如图 3-108 所示
RECTANG 指定另一个角点或［面积（A）/尺寸（D）/旋转（R)]：@400，-350↓
```

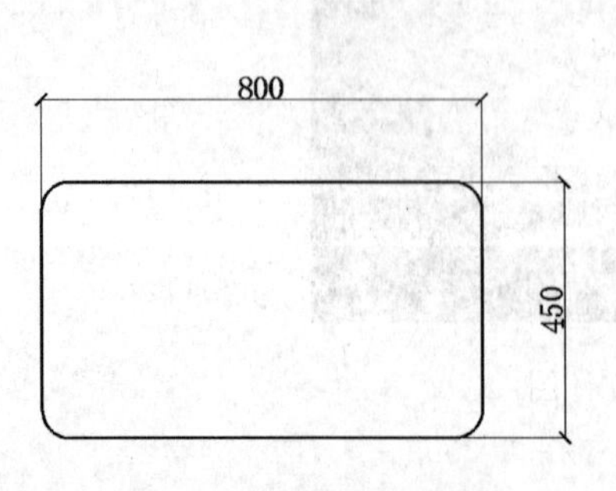

图 3-107　洗菜盆外轮廓线

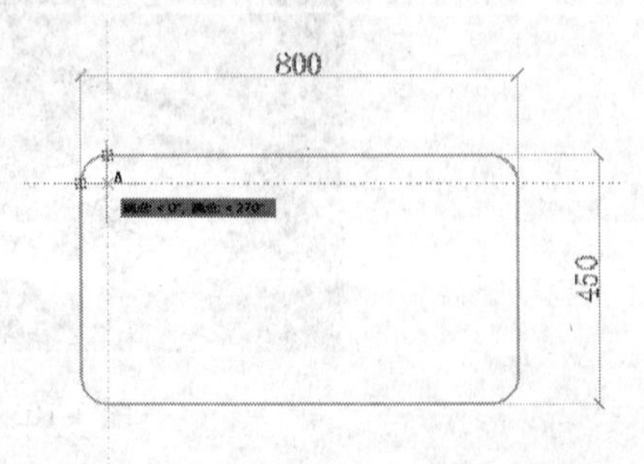

图 3-108　指定 A 点

绘制的洗菜盆轮廓线如图 3-109 所示。

（4）绘制同心圆。执行圆命令，以第 3 步所绘制的矩形轮廓线左上角圆角圆心为同心圆圆心，分别绘制两个半径为 19 和 24 的圆，如图 3-110 所示。

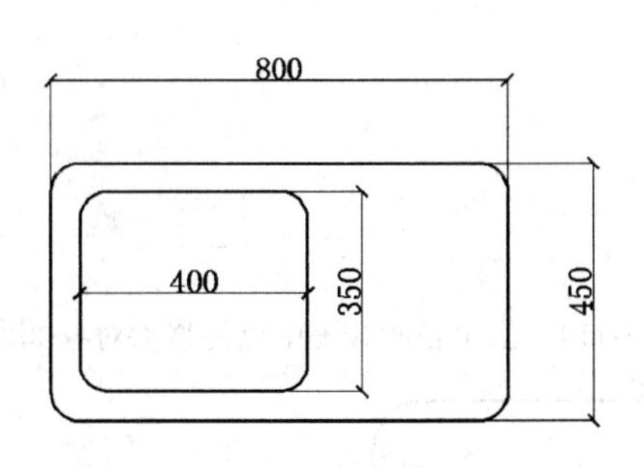

图 3-109　继续绘制洗菜盆轮廓线

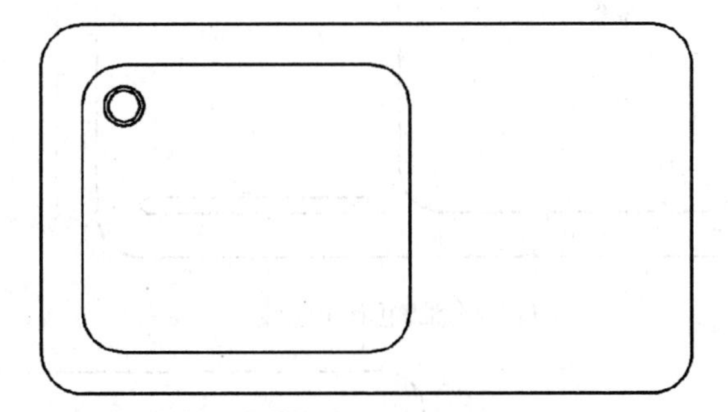

图 3-110　绘制同心圆

（5）移动同心圆。将对象捕捉的特殊点设置为"圆心"，执行移动命令，命令行提示如下：

命令：MOVE↓
MOVE 选择对象：//选中步骤 4 中绘制的同心圆，变为虚线后回车
MOVE 指定基点或［位移（D）］<位移>：//单击同心圆的圆心
MOVE 指定第二个点或<使用第一个点作为位移>：@ 96 ，-56

如图 3-111 所示。

（6）绘制轮廓线。执行矩形命令，命令行提示如下：

命令：RECTANG↓
RECTANG 指定第一个角点或［倒角（C）标高（E）圆角（F）厚度（T）宽度（W）］：F↓
RECTANG 指定矩形的圆角半径<50.0000>：9↓
RECTANG 指定第一个角点或［倒角（C）标高（E）圆角（F）厚度（T）宽度（W）］：//单击 B 点位置，指定矩形第一个角点，如图 3-112 所示
RECTANG 指定另一个角点或［面积（A）/尺寸（D）/旋转（R）］：@-285，18↓

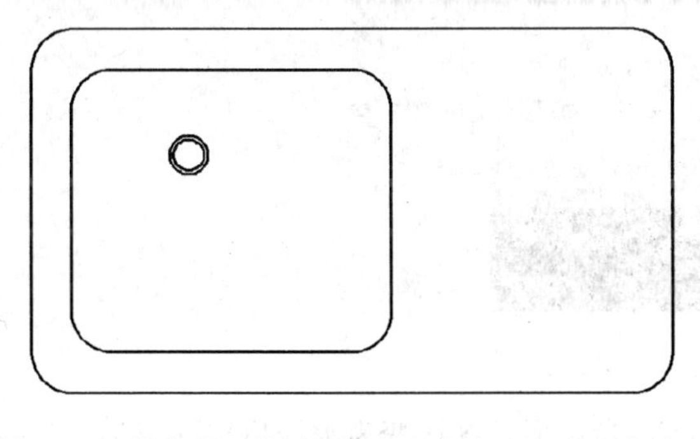

图 3-111　将步骤 4 的同心圆向右移动 96，向下移动 56

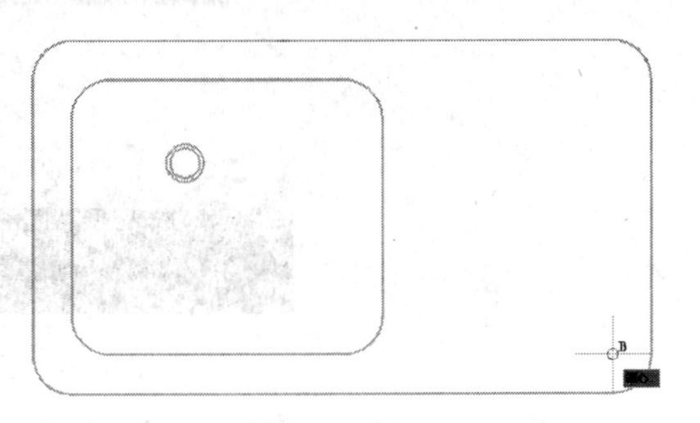

图 3-112　B 点

如图 3-113 所示。

（7）移动步骤 6 中绘制的轮廓线。执行移动命令，命令行提示如下：

命令：MOVE↓
MOVE 选择对象：//选中步骤 6 中绘制的轮廓线，变为虚线后按回车键
MOVE 指定基点或［位移（D）］<位移>：//设置对象捕捉特殊点为中点，单击步骤 6 中绘制矩形轮廓线的上中点，如图 3-114 所示
MOVE 指定第二个点或<使用第一个点作为位移>：@ 24<0，//如图 3-115 所示

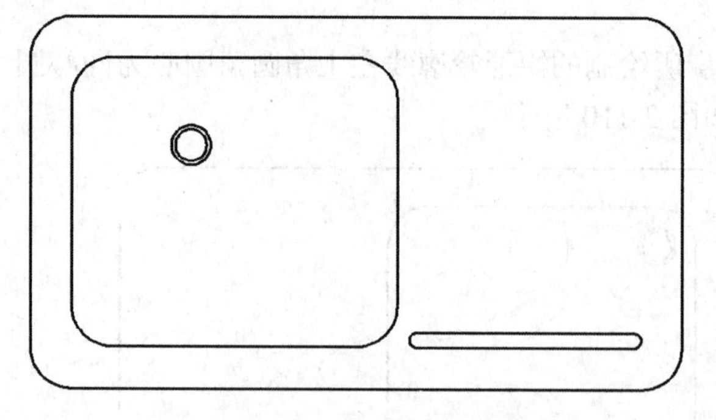

图 3-113　绘制矩形轮廓线

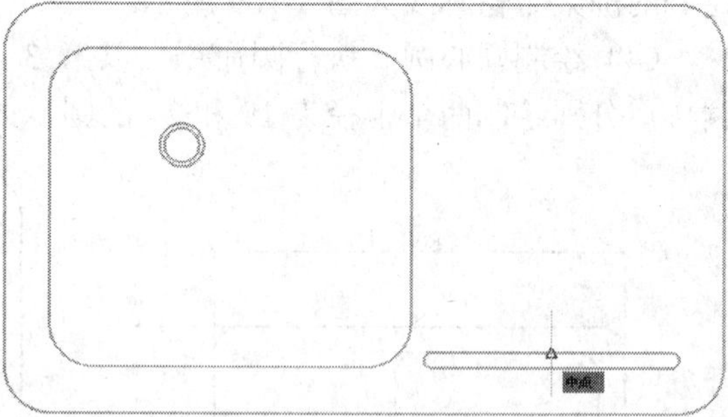

图 3-114　指定轮廓线上中点为移动对象基点

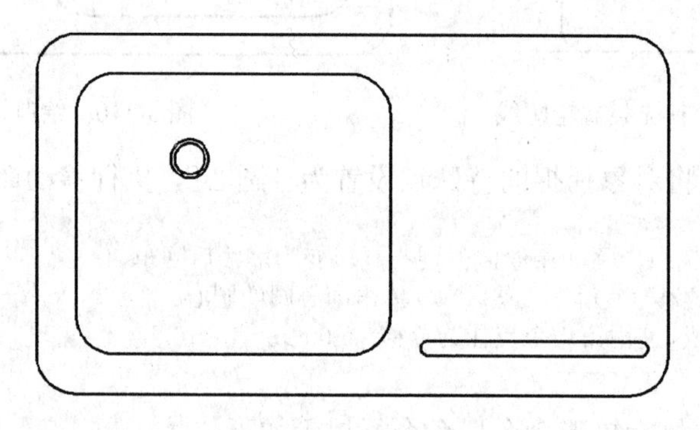

图 3-115　向右移动轮廓线

（8）执行矩形阵列命令，将步骤 7 中移动后的矩形进行阵列，阵列参数设置：行数为 7，行偏移距离为 55；列数为 1，列偏移距离为 1。具体执行过程如下：

① 在“功能”面板中单击“矩形阵列”按钮，执行矩形阵列命令，如图 3-116 所示。

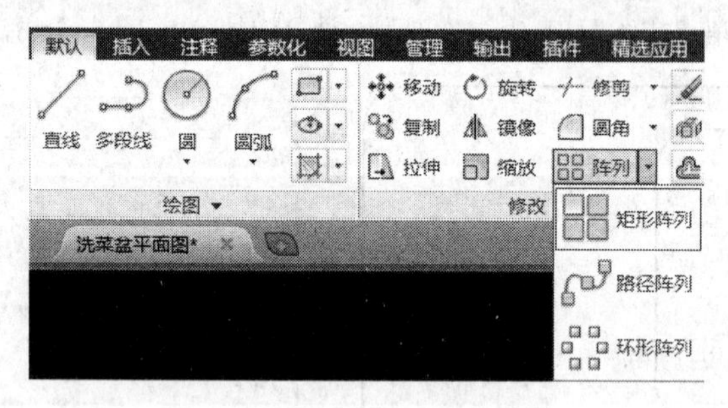

图 3-116　执行矩形阵列命令

② 单击选中步骤 7 中移动后的矩形轮廓线，当矩形轮廓线变为虚线后按回车键。

③ 对“阵列创建”面板中进行设置：列数为 1；行数为 7、介于 55，如图 3-117 所示。

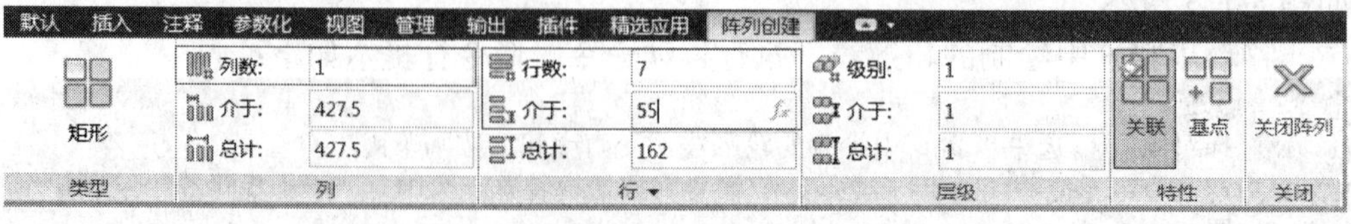

图 3-117　“阵列创建”面板参数设置

④ 阵列参数设置完成后，连续按两次回车键结束矩形阵列命令，阵列后如图 3-118 所示。

（9）绘制辅助线 1。执行直线命令，在绘图区域中以洗菜盆外轮廓线的中点为起点，绘制一条长为 20 的竖直直线，如图 3-119 所示。

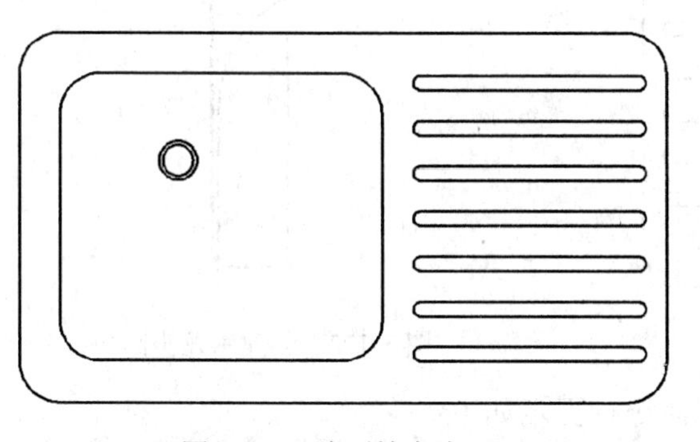

图 3-118　阵列轮廓线

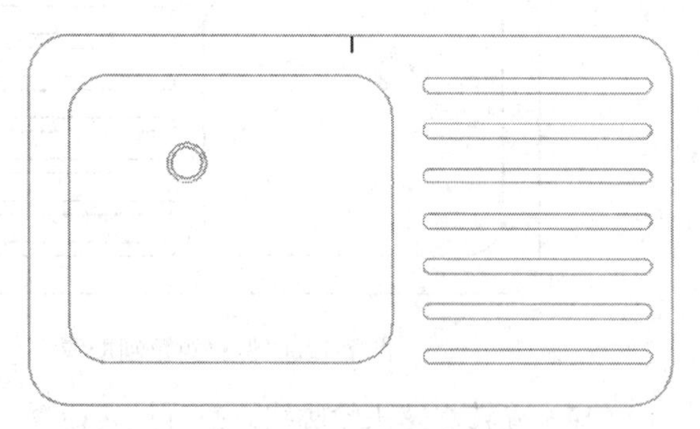

图 3-119　绘制辅助线 1

（10）绘制水龙头轮廓线。执行矩形命令，命令行提示如下：

```
命令：RECTANG↓
RECTANG 指定第一个角点或 [倒角 (C) 标高 (E) 圆角 (F) 厚度 (T) 宽度 (W)]: F↓
RECTANG 指定矩形的圆角半径<9.0000>: 0↓
RECTANG 指定第一个角点或 [倒角 (C) 标高 (E) 圆角 (F) 厚度 (T) 宽度 (W)]:        //单击步骤9 中绘制的长度为 20 的辅助线的下端点
RECTANG 指定另一个角点或 [面积 (A) /尺寸 (D) /旋转 (R)]: @75, -20↓          //删除长为20 的辅助直线
```

如图 3-120 所示。

（11）绘制辅助直线 2。执行直线命令，以步骤 10 中矩形框的下水平直线的中点为起点绘制长为 120 的竖直直线，如图 3-121 所示。

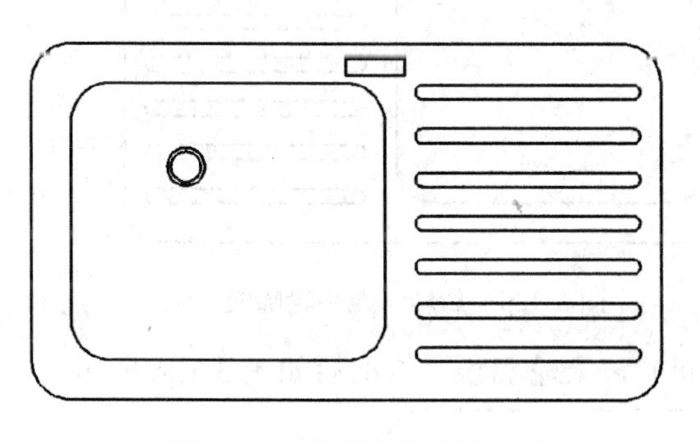

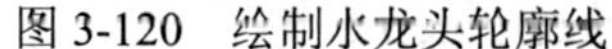

图 3-120　绘制水龙头轮廓线

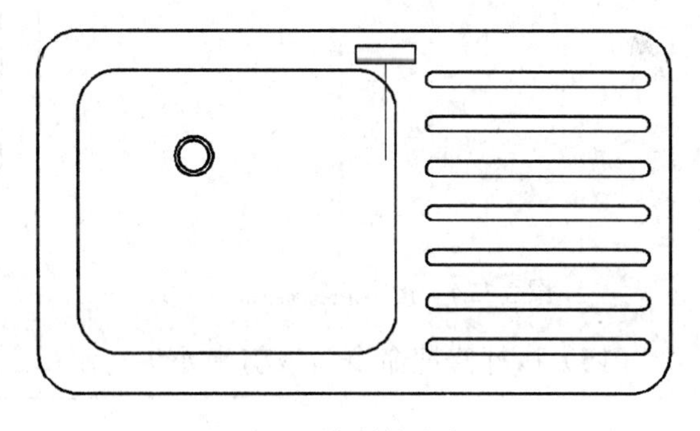

图 3-121　绘制辅助线 2

（12）执行偏移命令，设置偏移距离为 15，将步骤 11 中的辅助直线向两侧偏移，如图 3-122 所示。

（13）创建圆角。执行修剪命令修剪水龙头水平直线，然后用直线命令连接水龙头竖直直线的端点，并删除中间的辅助直线 2。使用圆角命令设置圆角半径为 5，对水龙头进行倒圆角，如图 3-123 所示。

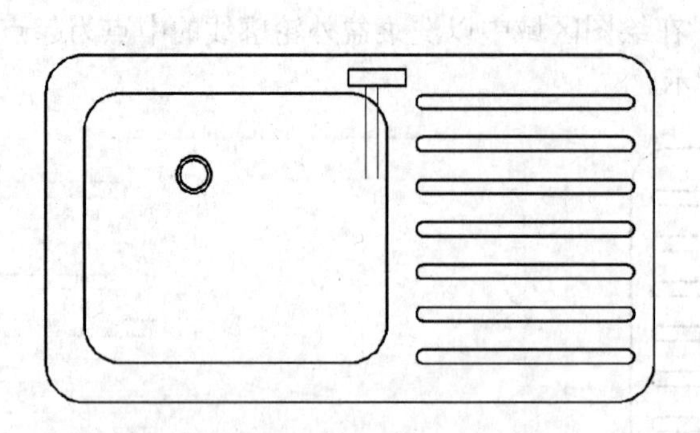

图 3-122　偏移黄色辅助线

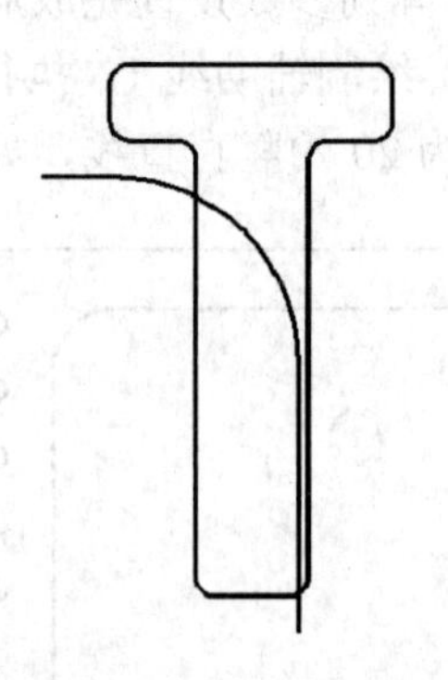

图 3-123　创建水龙头圆角

（14）旋转水龙头轮廓线。执行旋转命令，命令行提示如下：

```
命令：ROTATE↓
ROTATE 选择对象：//选择水龙头轮廓线，轮廓线变为虚线后回车
ROTATE 指定基点：//单击水龙头轮廓线水平直线上边线的中点，如图 3-124 所示
ROTATE 指定旋转角度，或［复制（C）参照（R）］<0>：-25↓
```

旋转后的效果如图 3-125 所示。

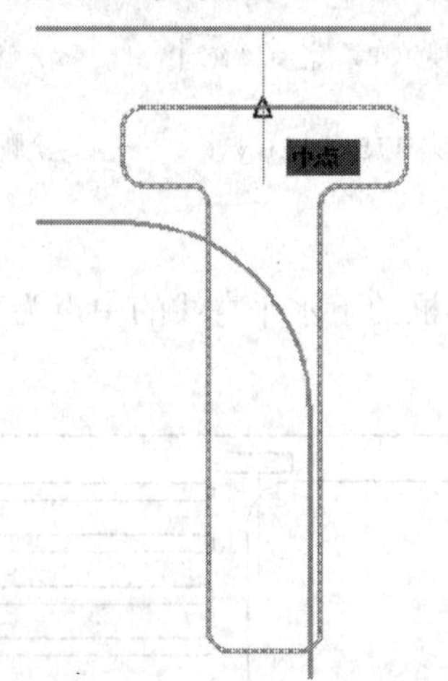

图 3-124　指定旋转基点

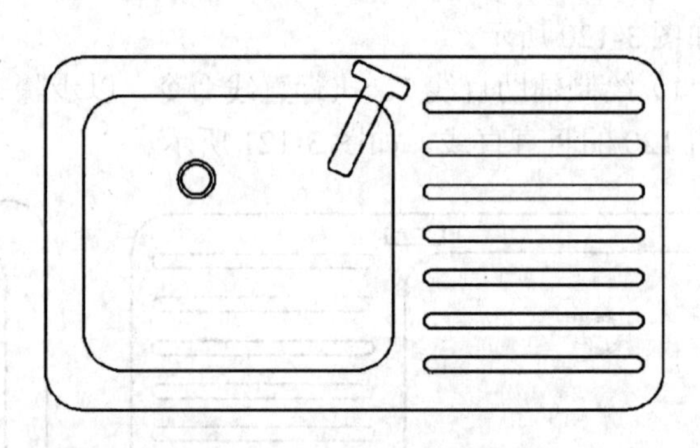

图 3-125　旋转水龙头轮廓线

（15）执行修剪命令，修剪水龙头与水槽之间的多余轮廓线，修剪后如图 3-126 所示。

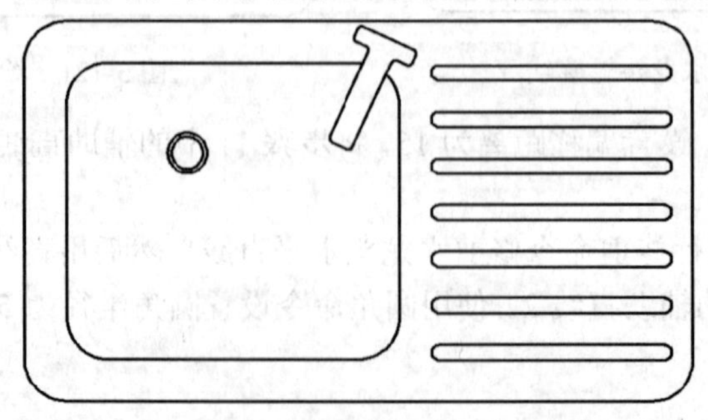

图 3-126　修剪水龙头与水槽之间的多余轮廓线

（16）绘制水龙头左开关。执行多边形命令，命令行提示如下：

```
命令：POLYGON↓
POLYGON 输入侧面数<3>：8↓
POLYGON 指定正多边形的中心点或［边（E）]：      //在水龙头适宜位置单击如图 3-127 所示
POLYGON 输入选项［内接于圆（I）外切于圆（C）]＜ I ＞：I↓
POLYGON 指定圆的半径：8↓
```

水龙头左开关如图 3-128 所示。

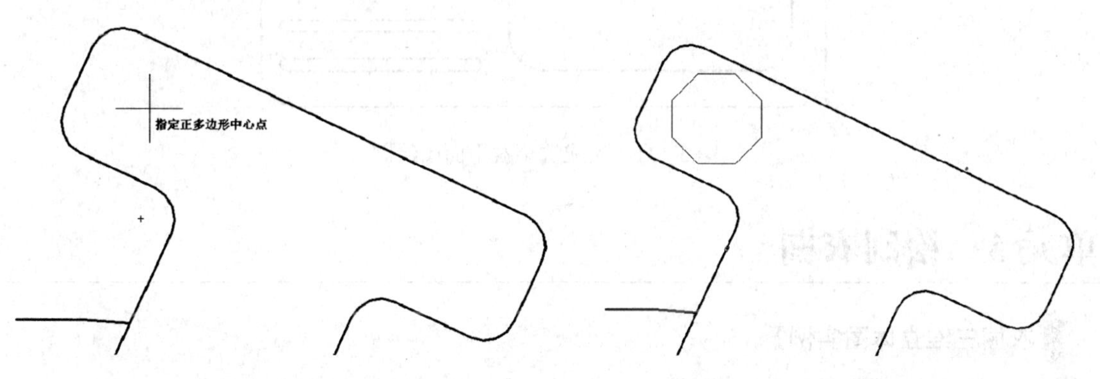

图 3-127　指定正多边形的中心点　　　　图 3-128　绘制水龙头左开关

（17）绘制水龙头右开关。执行镜像命令，命令行提示如下：

```
命令：MIRROR↓
MIRROR 选择对象： //选择水龙头左开关轮廓线，当轮廓线变为虚线后回车
MIRROR 选择对象：指定镜像线的第一点：      //单击 1 点，如图 3-129 所示
MIRROR 选择对象：指定镜像线的第一点：指定镜像线的第二点：//单击 2 点，如图 3-130 所示
要删除源对象吗？［是（Y）否（N)]<N>：N↓
```

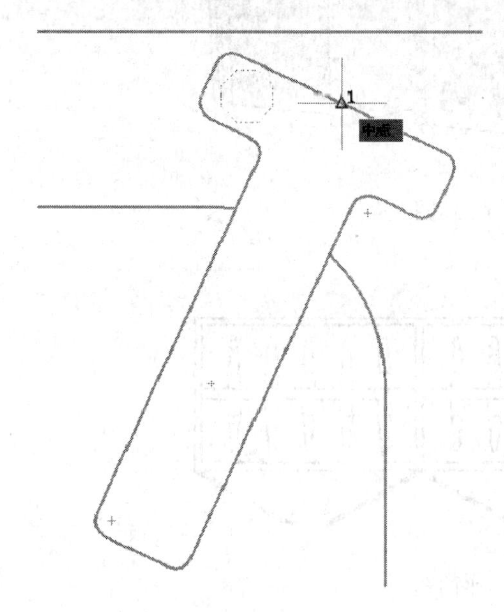

图 3-129　指定镜像线的第一点

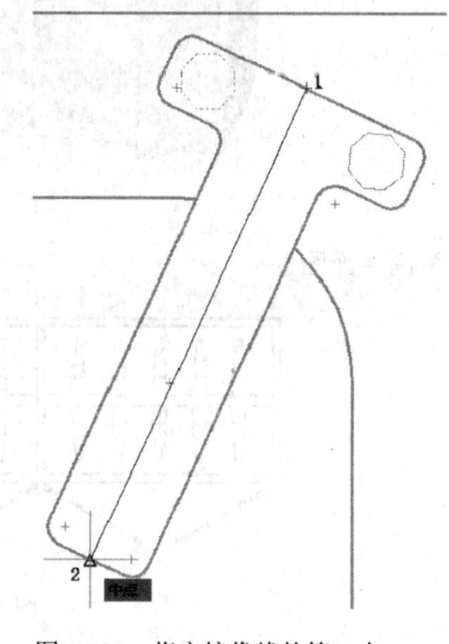

图 3-130　指定镜像线的第二点

到此为止洗菜盆平面图的绘制全部完成，如图 3-131 所示。

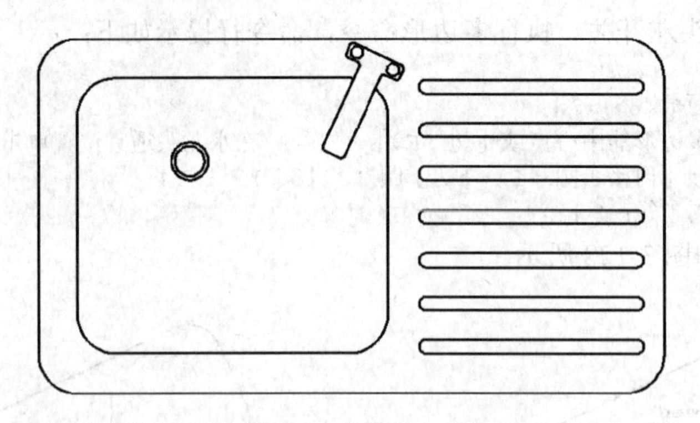

图 3-131　完成洗菜盆平面图绘制

单元 5　绘制衣橱

【衣橱三维立体图实例】

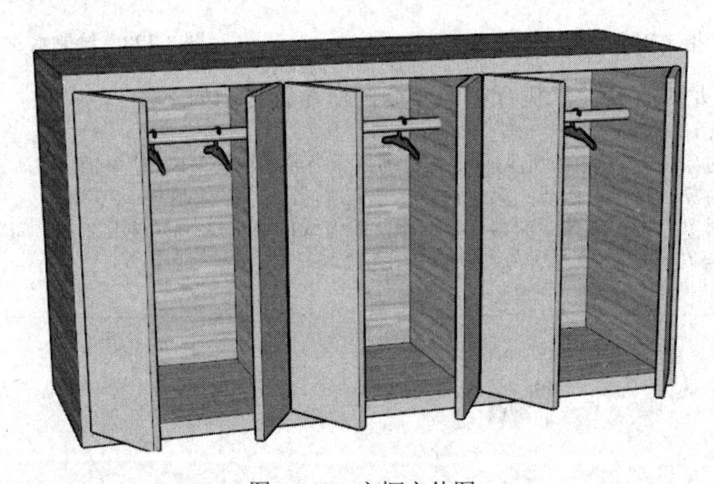

图 3-132　衣橱立体图

【案例平面图】

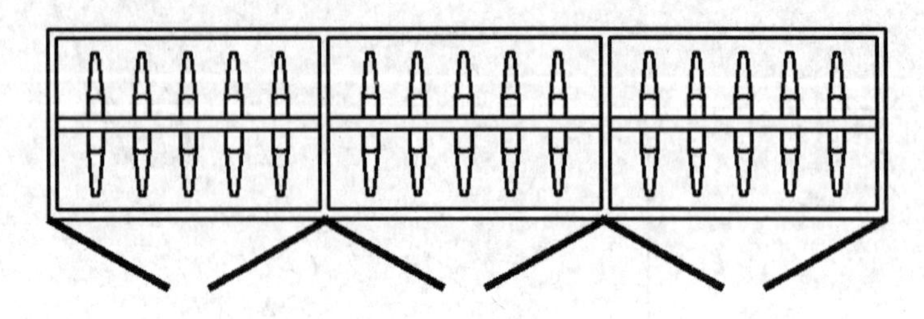

图 3-133　衣橱平面图

【知识重点】

本实例将重点介绍绘制衣橱平面图的方法，除了绘制衣橱外轮廓线，还要绘制衣橱中的衣架，通过本实例的学习使大家能够熟练掌握矩形命令、分解命令、偏移命令、多段线命令

和矩形阵列命令的使用方法。

【操作步骤】

（1）绘制衣橱外轮廓线。执行矩形命令，命令行提示如下：

```
命令：RECTANG↓
RECTANG 指定第一个角点或［倒角（C）标高（E）圆角（F）厚度（T）宽度（W）]：
        //在绘图区域左上角适宜位置单击，指定矩形的第一个角点
RECTANG 指定另一个角点或［面积（A）/尺寸（D）/旋转（R）]：@2700，-610↓
```

衣橱外轮廓线，如图3-134所示。

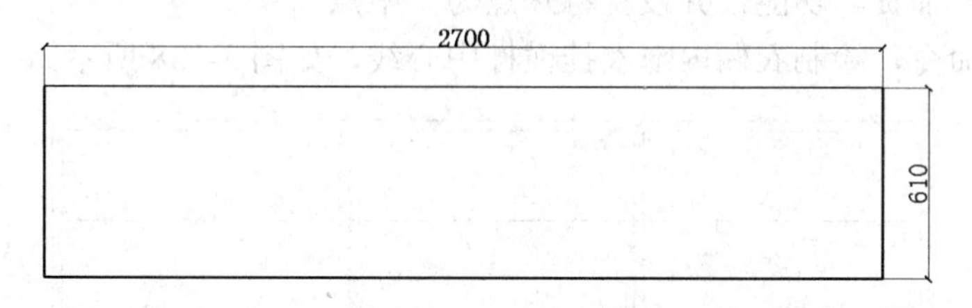

图3-134　绘制衣橱外轮廓线

（2）执行分解命令，命令行提示如下：

```
命令：EXPLODE↓
EXPLODE 选择对象：      //单击衣橱外轮廓线
```

当衣橱外轮廓线变为虚线后按回车键结束分解命令，此时衣橱外轮廓矩形线被分解成四段直线段。

（3）偏移衣橱左侧竖直外轮廓线。执行偏移命令，将衣橱外轮廓线左段直线由左向右依次进行偏移，其偏移距离依次为30、855、30、870、30和855，偏移后的效果如图3-135所示。

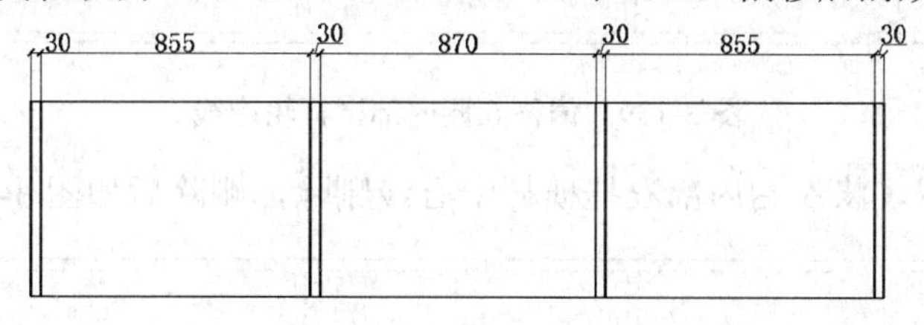

图3-135　偏移衣橱左侧外轮廓线

（4）偏移衣橱上水平外轮廓线。执行偏移命令，将衣橱外轮廓线上水平直线段由上向下依次进行偏移，其偏移距离依次为30和550，偏移后的效果如图3-136所示。

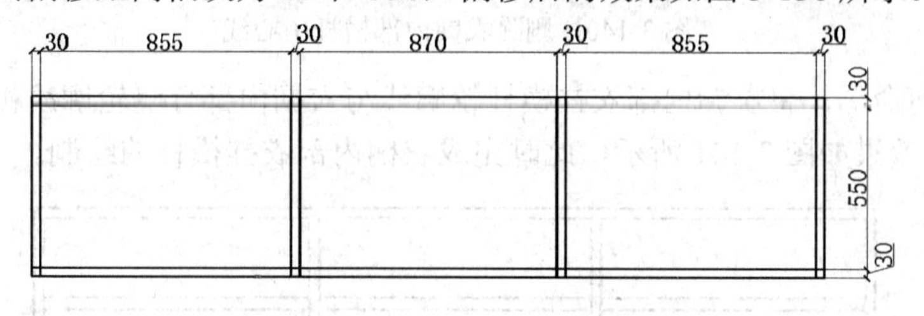

图3-136　偏移衣橱上水平外轮廓线

（5）执行修剪命令，对多余的衣橱轮廓线进行修剪，修剪后的效果如图3-137所示。

图 3-137 衣橱轮廓线修剪

（6）绘制衣橱内部衣挂横杆，命令执行过程如下。

① 打开“对象捕捉”功能，并设置特殊点为“中点”。

② 执行直线命令，绘制衣橱内部衣挂横杆中心线，如图 3-138 所示。

图 3-138 绘制衣橱内部衣挂横杆中心线

③ 执行偏移命令，设置偏移距离为 20，将衣橱内部横杆中心线分别向上和向下进行偏移，偏移后横杆轮廓如图 3-139 所示。

图 3-139 偏移衣橱内部横杆轮廓线

④ 执行删除命令，将衣橱内部衣挂横杆中心线删除，删除后如图 3-140 所示。

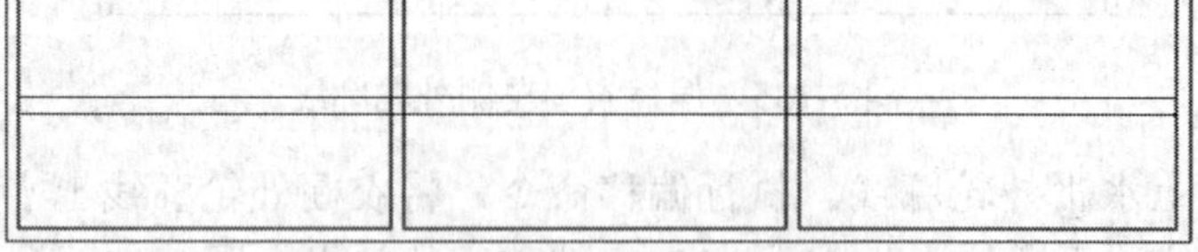

图 3-140 删除衣橱内部横杆中心线

⑤ 执行修剪命令，将衣橱内部衣挂横杆轮廓线与衣橱内部分隔轮廓线相交处的多余线修剪掉，修剪后的效果如图 3-141 所示，此时完成衣橱内部衣挂横杆的绘制。

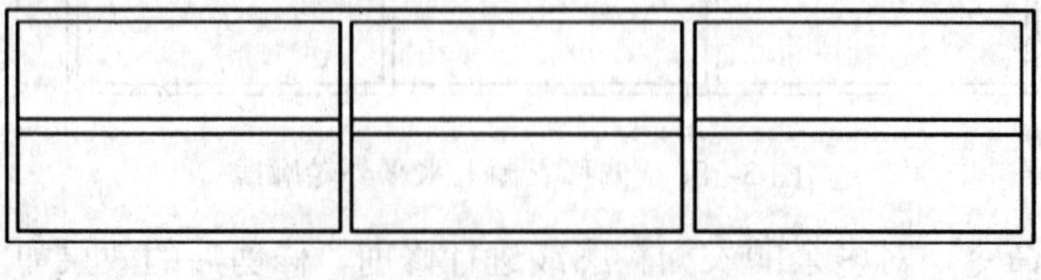

图 3-141 衣橱内部衣挂横杆的绘制

（7）绘制衣挂轮廓线，绘制过程如下。

① 绘制衣挂轮廓线直线段部分，执行直线命令，将光标移动至衣橱内部衣挂左横杆 100 处单击，指定直线的第一点，然后分别竖直向上 60，水平向右 50，竖直向下 60 绘制直线段，完成后如图 3-142 所示。

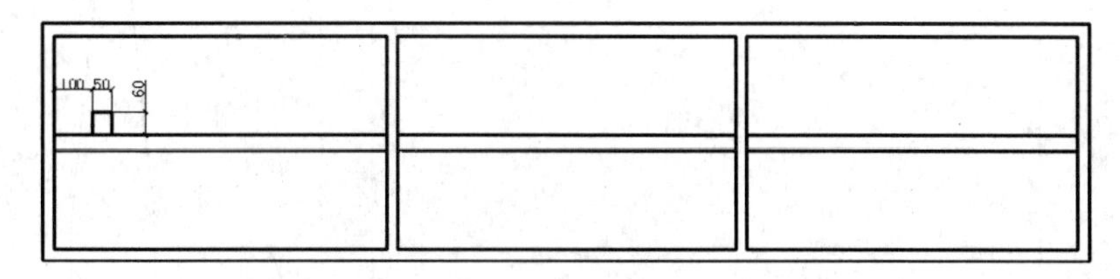

图 3-142　衣挂轮廓线直线段绘制

② 绘制衣挂轮廓线圆弧部分，绘制过程如下。

a．选择“默认”面板中的“绘图”→“圆弧”→“起点，端点，半径”选项，如图 3-143 所示。

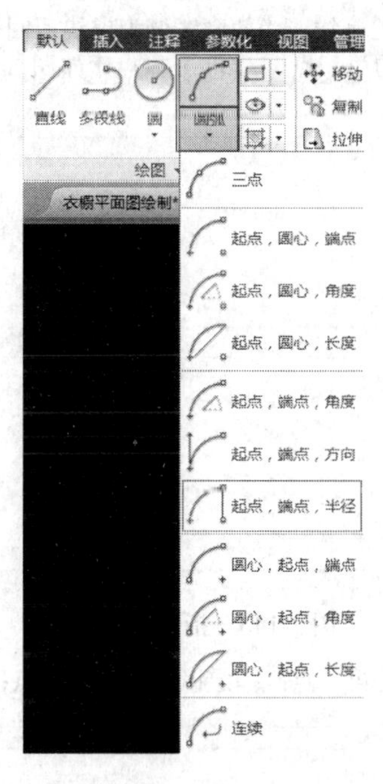

图 3-143　面板执行“起点，端点，半径”命令

b．命令行提示如下：

```
ACR 指定圆弧的起点或 [圆心 (C)]:                //单击 1 点
ACR 指定圆弧的起点:                             //单击 2 点
ACR 指定圆弧的圆心或 [角度 (A) 方向 (D) 半径 (R)]: -r 指定圆弧的半径: 35↓
```

此时完成衣挂圆弧部分绘制，如图 3-144 所示。

③ 绘制衣挂轮廓线斜直线部分，执行直线命令，命令行提示如下：

```
命令: LINE↓
LINE 指定第一个点:                    //单击 2 点
LINE 指定下一点或 [放弃 (U)]: @150<84↓
```

```
LINE 指定下一点或 [放弃 (U)]: @18<0↓
LINE 指定下一点或 [闭合 (C) 放弃 (U)]:        //单击 1 点↓
```

绘制的衣挂轮廓线斜直线部分如图 3-145 所示。

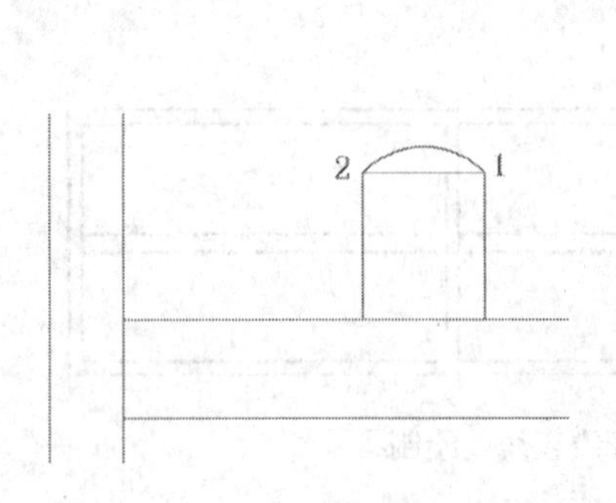

图 3-144　绘制衣挂轮廓线圆弧部分　　图 3-145　绘制衣挂轮廓线斜直线部分

④ 镜像衣挂轮廓线。执行镜像命令，命令行提示如下：

```
命令：MIRROR↓
MIRROR 选择对象：//选中衣挂轮廓线，当轮廓线变为虚线后回车
MIRROR 选择对象：指定镜像线的第一点：//单击 3 点，如图 3-146 所示
```

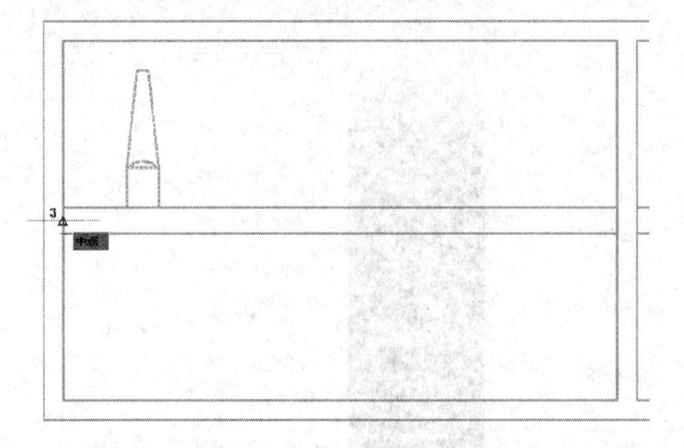

图 3-146　指定镜像点 3

```
MIRROR 选择对象：指定镜像线的第一点：指定镜像线的第二点：//单击 4 点，如图 3-147 所示
```

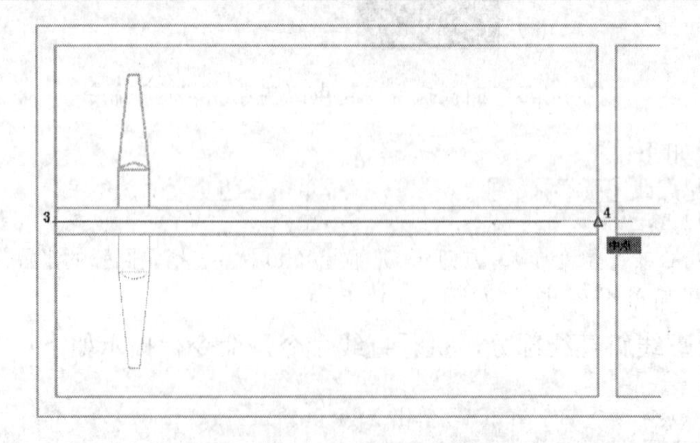

图 3-147　指定镜像点 4

MIRROR 要删除源对象吗？ [是（Y）否（N)] < N >：N↓

此时完成单个衣挂轮廓线绘制，如图 3-148 所示。

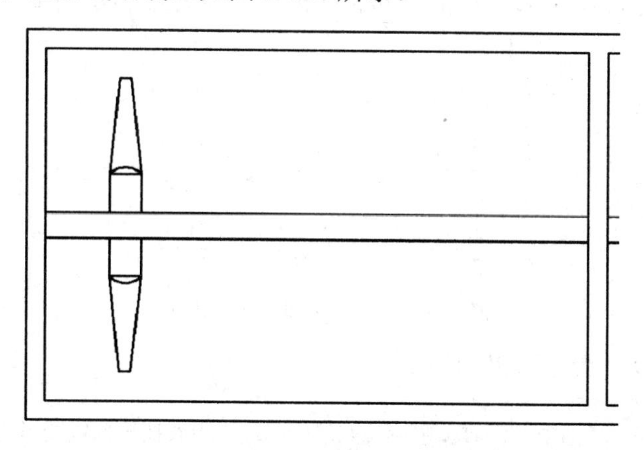

图 3-148　镜像衣挂轮廓线

⑤ 阵列单个衣挂轮廓线，阵列命令执行过程如下。

a．选择“默认”面板中的“修改”→“阵列”选项，如图 3-149 所示。

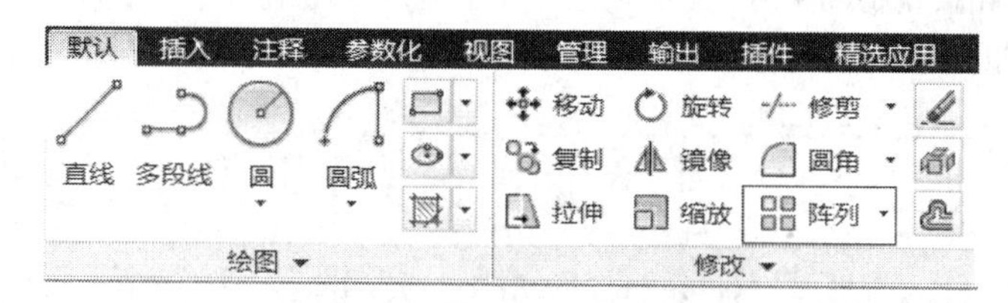

图 3-149　面板执行阵列命令

b．选中单个衣挂轮廓线，当轮廓线变为虚线后按回车键。

c．设置“阵列创建”面板中的行数为 1，列数为 5，行偏移为 1，列偏移为 150，如图 3-150 所示。

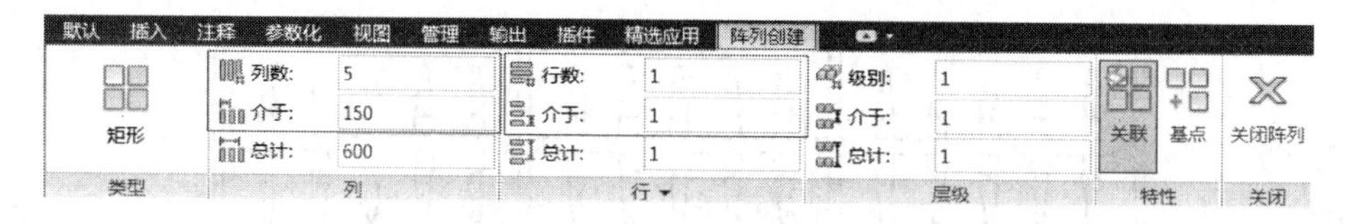

图 3-150　阵列参数设置

d．阵列参数设置完成后按回车键结束命令，此时阵列后的衣挂效果如图 3-151 所示。

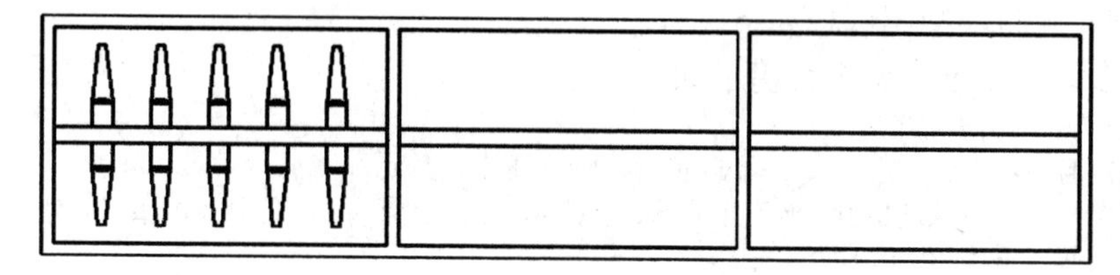

图 3-151　阵列后的衣挂效果

⑥ 复制左侧衣橱中的衣挂到中间和右侧衣橱中，执行复制命令进行复制，命令执行过程

如下。

a. 执行直线命令，在各部分衣橱内部衣挂横杆中点处绘制复制基点辅助直线段，绘制后如图 3-152 所示。

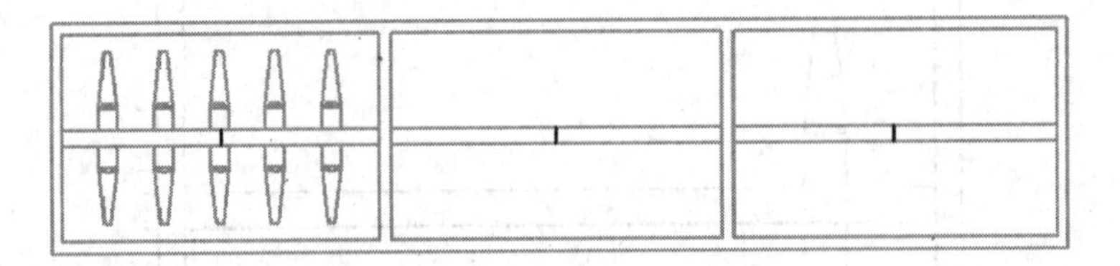

图 3-152　绘制复制基点辅助线

b. 执行复制命令，命令行提示如下：

```
命令：COPY↓
COPY 选择对象：　　//选中左侧衣橱中所有衣挂轮廓线，当衣挂轮廓线变虚线后回车
COPY 指定基点或［位移（D）模式（O）］<位移>：　　　//单击左侧衣橱中深色基点辅助线的中点处
COPY 指定第二点或［阵列（A）］<使用第一个点作为位移>：　　　//单击中间衣橱中红色基点辅助线的中点处
COPY 指定第二点或［阵列（A）退出（E）放弃（U）］<退出>：↓　//单击右侧衣橱中红色基点辅助线的中点处，然后回车结束复制命令
```

复制后的效果如图 1-153 所示。

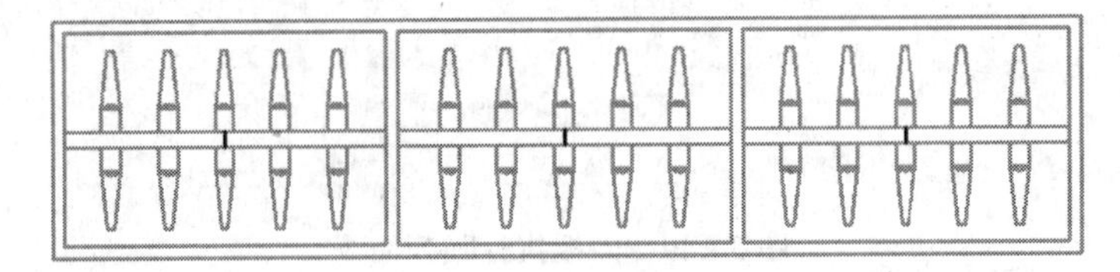

图 3-153　复制衣挂轮廓线

c. 执行删除命令，将如图 3-153 所示的深色基点辅助线删除，删除后衣挂轮廓线绘制完成，如图 3-154 所示。

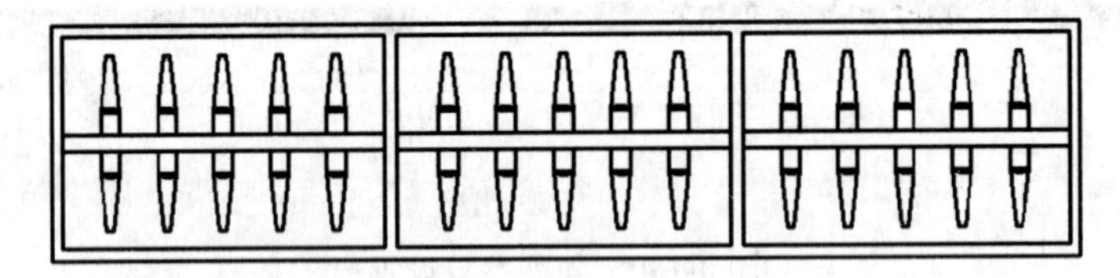

图 3-154　绘制完成的全部衣挂轮廓线

（8）绘制衣橱门，绘制过程如下。

① 执行多段线命令，命令行提示如下：

```
命令：PLINE↓
PLINE 指定起点：　　　//单击衣橱外轮廓线左下角点
PLINE 指定下一个点或［圆弧（A）半宽（H）长度（L）放弃（U）宽度（W）］：W↓
PLINE 指定起点宽度<0.0000>：20↓
PLINE 指定端点宽度<20.0000>：20↓
PLINE 指定下一个点或［圆弧（A）半宽（H）长度（L）放弃（U）宽度（W）］：
@450<-30↓
```

效果如图 3-155 所示。

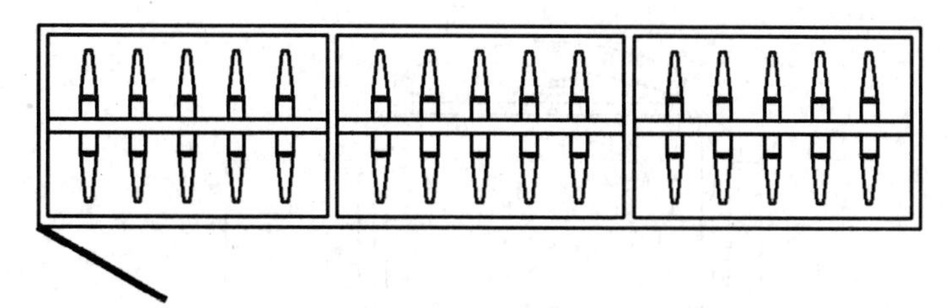

图 3-155 绘制衣橱门

② 镜像衣橱门，执行镜像命令（镜像过程不再赘述），镜像后的效果如图 3-156 所示。

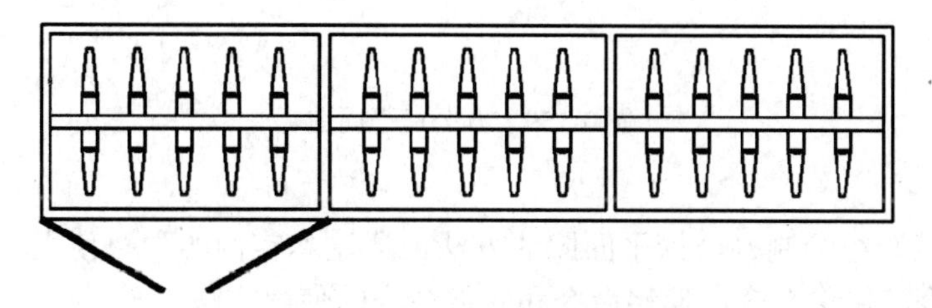

图 3-156 镜像左侧衣橱门

③ 复制如图 3-156 所示的衣橱门，执行复制命令（复制过程不再赘述），复制后如图 3-157 所示，到此为止衣橱平面图全部绘制完成。

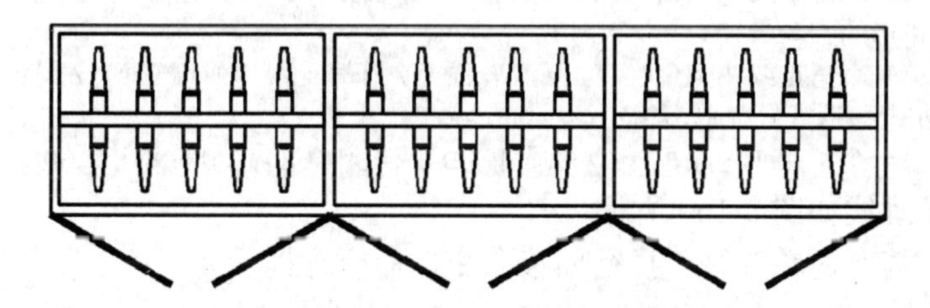

图 3-157 完成衣橱平面图绘制

单元 6 绘制办公椅

【办公椅三维立体图实例】

图 3-158 办公椅立体图

【案例平面图】

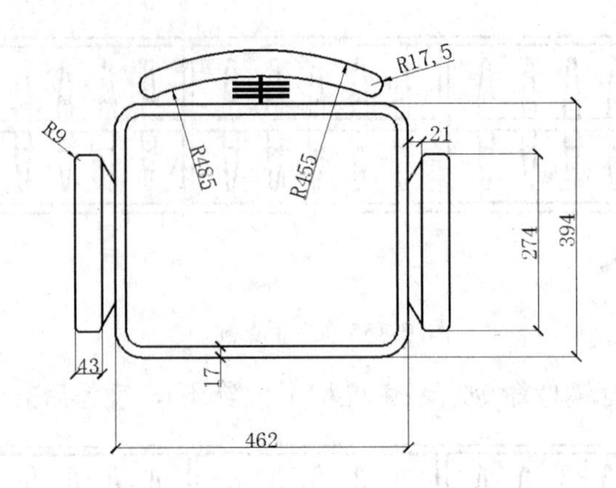

图 3-159　办公椅平面图

【知识重点】

本实例将重点介绍绘制办公椅平面图的方法，通过本实例的学习使大家能够熟练掌握矩形命令、直线命令、镜像命令、偏移命令和修剪命令的使用方法。

【操作步骤】

（1）绘制办公椅座外轮廓线。执行矩形命令，命令行提示如下：

```
命令：RECTANG↓
RECTANG 指定第一个角点或 [倒角（C）/标高（E）/圆角（F）/厚度（T）/宽度（W）]：F↓
RECTANG 指定矩形的圆角半径 < 0.0000 >：26↓
RECTANG 指定第一个角点或 [倒角（C）/标高（E）/圆角（F）/厚度（T）/宽度（W）]：
//在绘图区域左上角适宜位置单击指定第一个角点
RECTANG 指定另一个角点或 [面积（A）/尺寸（D）/旋转（R）]：@428，-360↓
```

办公椅座外轮廓线如图 3-160 所示。

（2）绘制办公椅座内轮廓线。执行偏移命令，命令行提示如下：

```
命令：OFFSET↓
OFFSET 指定偏移距离或 [通过（T）/删除（E）/图层（L）] <通过>：17↓
OFFSET 选择要偏移的对象，或 [退出（E）/放弃（U）] <退出>：　　//单击办公椅座外轮廓线，此时办公椅座外轮廓线变为虚线
OFFSET 指定要偏移的那一侧上的点，或 [退出（E）/多个（M）/放弃（U））] <退出>：↓　　// 单击办公椅座外轮廓线内部任意位置，然后按回车键结束偏移命令
```

此时办公椅座内轮廓线偏移后效果如图 3-161 所示。

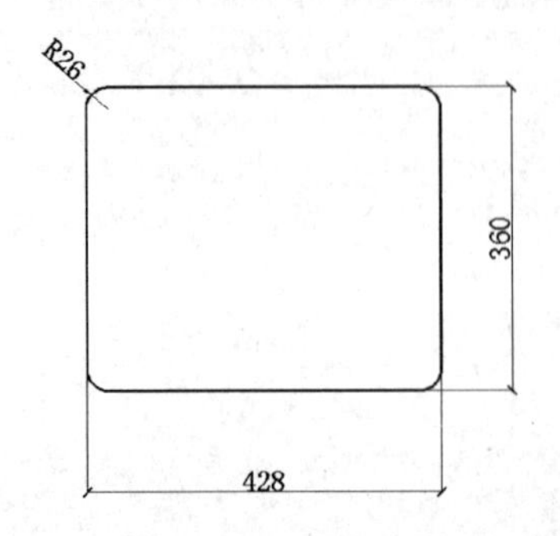

图 3-160　绘制办公椅座外轮廓线

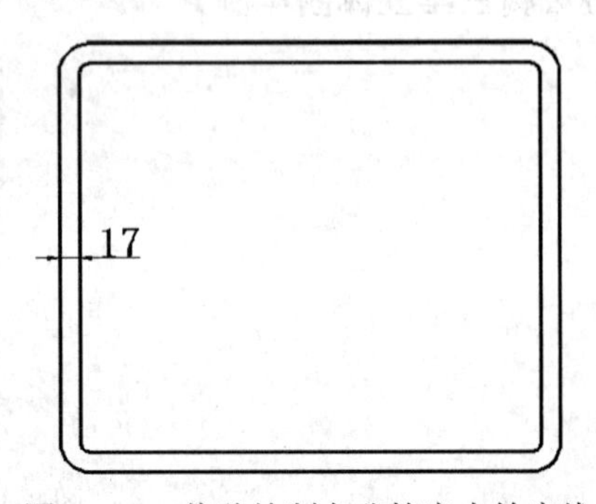

图 3-161　偏移绘制办公椅座内轮廓线

（3）绘制办公椅右侧扶手轮廓线。执行矩形命令，命令行提示如下：

① 命令：RECTANG↓
RECTANG 指定第一个角点或 [倒角（C）/标高（E）/圆角（F）/厚度（T）/宽度（W）]：F↓
RECTANG 指定矩形的圆角半径 < 26.0000 >：9↓
RECTANG 指定第一个角点或 [倒角（C）/标高（E）/圆角（F）/厚度（T）/宽度（W）]：

② 打开“对象捕捉”功能，将特殊点设置为“圆心”。

③ 在按下【Shift】键的同时右击，在弹出的快捷菜单中选择“自（F）”命令，如图 3-162 所示。

④ 单击办公椅座内轮廓线左下角圆心 A 点，如图 3-163 所示。

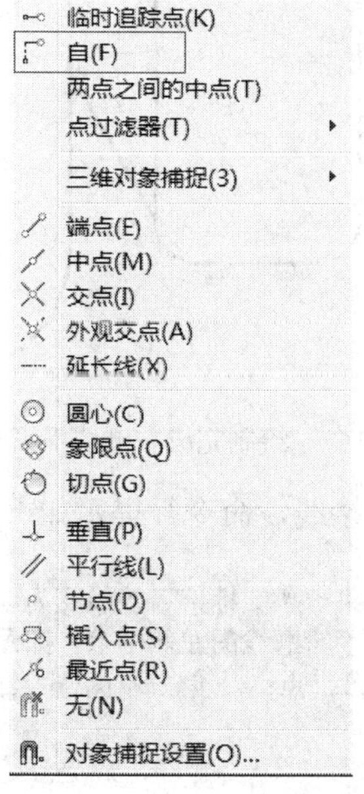

图 3-162　执行捕捉“自”命令

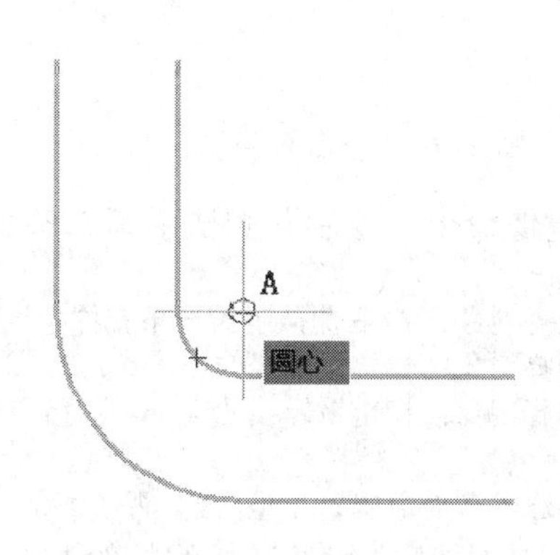

图 3-163　单击圆心 A 点

⑤ RECTANG 指定第一个角点或 [倒角（C）/标高（E）/圆角（F）/厚度（T）/宽度（W）]：-from
基点：< 偏移 >：@-44，-3↓//指定 B 点，如图 3-164 所示
RECTANG 指定另一个角点或 [面积（A）/尺寸（D）/旋转（R）]：@-43，274↓

绘制完成后的效果如图 3-165 所示。

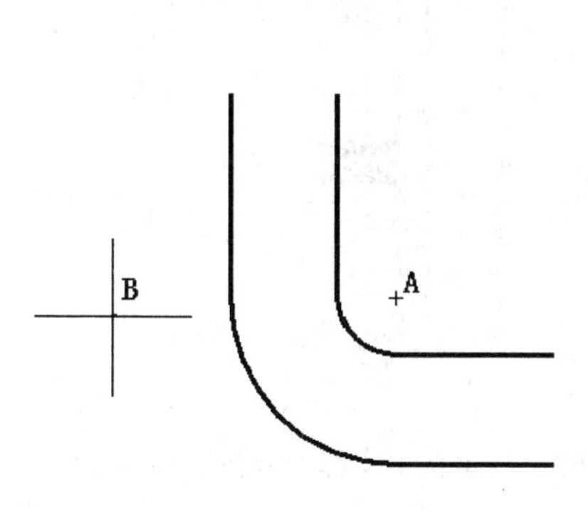

图 3-164　指定 B 点

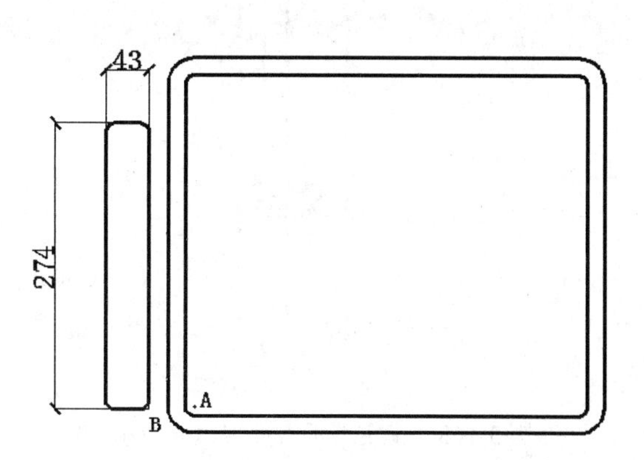

图 3-165　绘制办公椅右侧扶手轮廓线

（4）绘制办公椅左侧扶手支撑架连接线。

① 执行直线命令，命令行提示如下：

```
命令：LINE↓
LINE 指定第一个点：//单击右侧扶手轮廓线右下角圆弧与直线的交点 C，如图 3-166 所示
LINE 指定第下一点或［放弃（U）］：@36<60↓
```

此时得到与办公椅座外轮廓的交点 D 并完成第一条右侧扶手支撑架连接线的绘制，如图 3-167 所示。

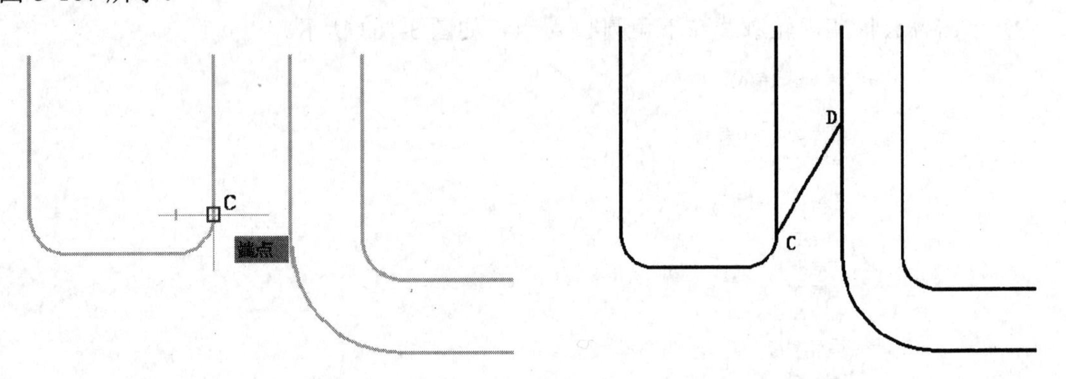

图 3-166　单击 C 点　　图 3-167　绘制完成右侧扶手第一条支撑架连接线

② 执行镜像命令，绘制左侧扶手第二条支撑架连接线，命令行提示如下：

```
命令：MIRROR↓
MIRROR 选择对象：//右侧扶手第一条支撑架连接线，当第一条支撑架连接线变为虚线时回车
MIRROR 选择对象：指定镜像线的第一点：//单击左侧扶手轮廓线的左侧中点，如图 3-168 所示
MIRROR 选择对象：指定镜像线的第一点：指定镜像线的第二点：//单击左侧扶手轮廓线的左侧中点，如图 3-169 所示
MIRROR 要删除源对象吗？［是（Y）否（N）］< N >：N↓
```

此时完成左侧扶手支撑架连接线的绘制，如图 3-170 所示。

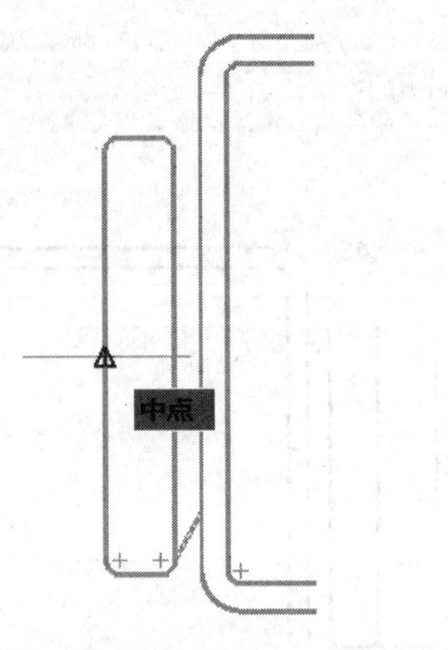

图 3-168　指定扶手支撑架镜像线第一点

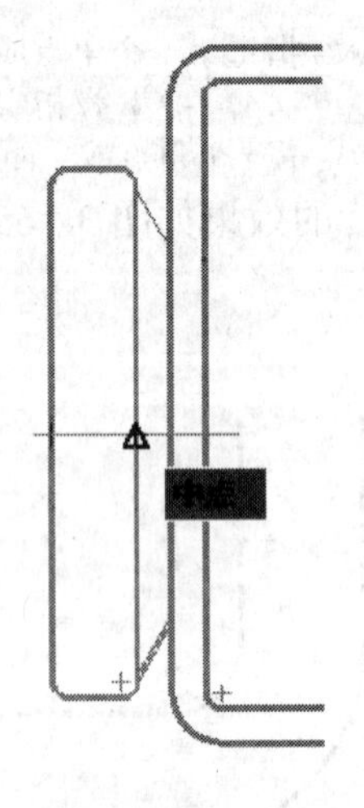

图 3-169　指定扶手支撑架镜像线第二点

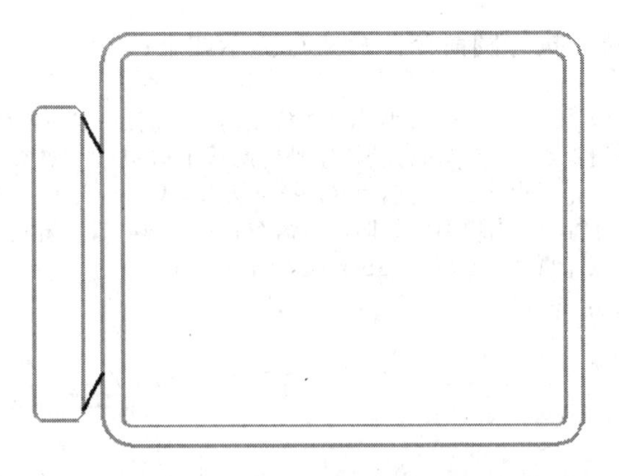

图 3-170　绘制右侧扶手支撑架连接线

（5）绘制办公椅右侧扶手和右侧扶手支撑架连接线。执行镜像命令，命令行提示如下：

命令：MIRROR↓
MIRROR 选择对象：//选择左侧扶手轮廓线和扶手支撑架连接线，当轮廓线变为虚线时回车。
MIRROR 选择对象：指定镜像线的第一点：//单击办公椅座外轮廓线上侧中点，如图 3-171 所示
MIRROR 选择对象：指定镜像线的第一点：指定镜像线的第二点：//单击办公椅座外轮廓线下侧中点，如图 3-172 所示
MIRROR 要删除源对象吗？［是（Y）否（N)］< N >：N↓

此时完成办公椅右侧扶手和右侧扶手支撑架连接线，如图 3-173 所示。

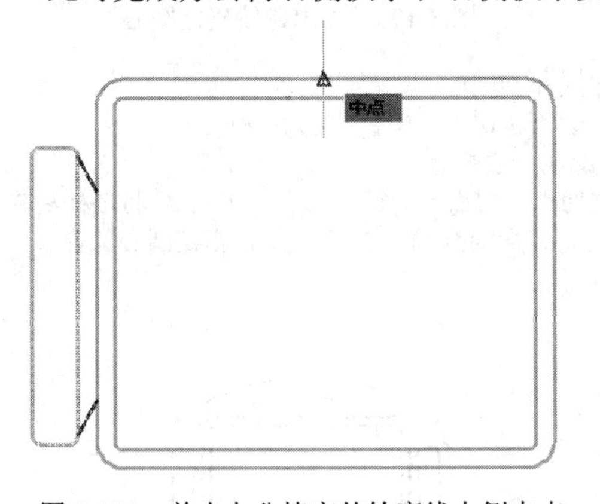

图 3-171　单击办公椅座外轮廓线上侧中点

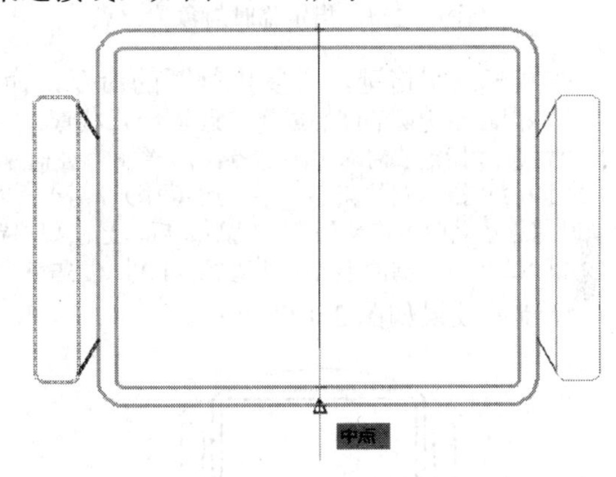

图 3-172　单击办公椅座外轮廓线下侧中点

图 3-173　完成办公椅左侧扶手和左侧扶手支撑架连接线的绘制

（6）绘制办公椅靠背。执行圆命令，命令行提示如下：

命令：CIRCLE↓
CIRCLE 指定圆的圆心或［三点（3P）/两点（2P）/切点、切点、半径（T）]：tt↓
CIRCLE 指定临时对象追踪点：//单击办公椅座外轮廓线上边中点，如图 3-174 所示
CIRCLE 指定圆的圆心或［三点（3P）/两点（2P）/切点、切点、半径（T）]：//将鼠标沿临时对象追踪点竖直向下移动任意一段距离，当出现追踪线时，在命令行输入 443↓，指定圆心位置，如图 3-175 所示
CIRCLE 指定圆的半径或［直径（D）]：485↓

绘制后效果如图 3-176 所示。

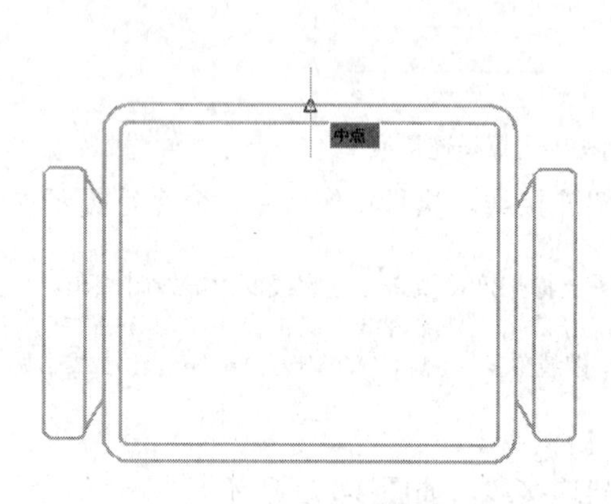

图 3-174　指定临时对象追踪点

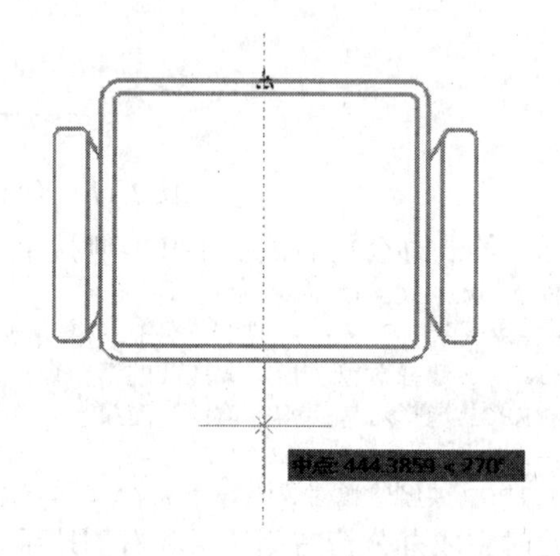

图 3-175　沿追踪线确定圆心

按回车或空格键，重复执行圆的命令，命令行提示如下：

CIRCLE 指定圆的圆心或［三点（3P）/两点（2P）/切点、切点、半径（T）]：tt↓
CIRCLE 指定临时对象追踪点：//单击办公椅座外轮廓线上边中点
CIRCLE 指定圆的圆心或［三点（3P）/两点（2P）/切点、切点、半径（T）]：373↓//将鼠标沿临时对象追踪点竖直向下移动任意一段距离后，当出现追踪线时，在命令行输入 373 回车，指定圆心位置
CIRCLE 指定圆的半径或［直径（D）]：455↓

绘制后效果如图 3-177 所示。

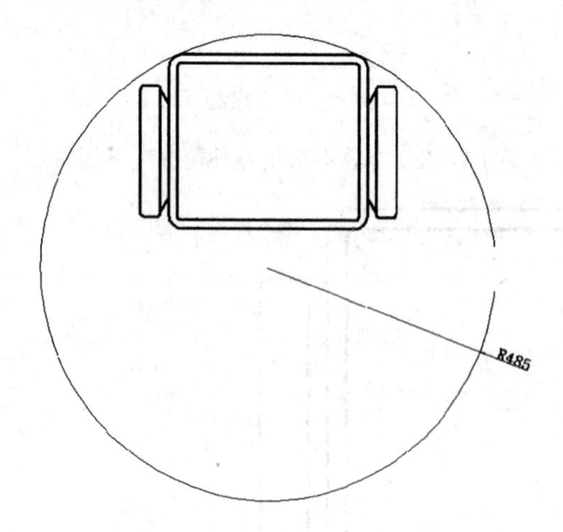

图 3-176　绘制半径为 485 的圆

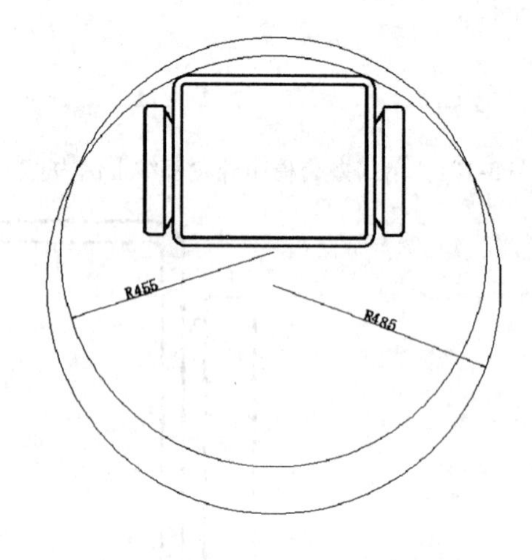

图 3-177　绘制半径为 455 的圆

（7）修改绘制办公椅靠背。打开“对象捕捉”功能，设置特殊点为“切点”。执行圆命令，命令行提示如下：

命令：CIRCLE↓

CIRCLE 指定圆的圆心或 [三点（3P）/两点（2P）/切点、切点、半径（T）]：T↓

CIRCLE 指定对象与圆的第一个切点：//将光标移动到办公椅靠背外侧圆轮廓线的中心偏左侧，当出现切点符号时单击，如图 3-178 所示

CIRCLE 指定对象与圆的第二个切点：//将光标移动到办公椅靠背内侧圆轮廓线的中心偏左侧，当出现切点符号时单击，如图 3-179 所示

CIRCLE 指定圆的半径 <455.0000>：17.5↓

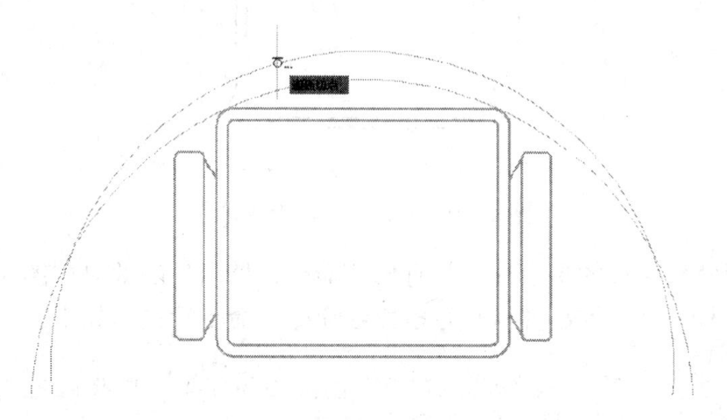

图 3-178 指定第一个切点

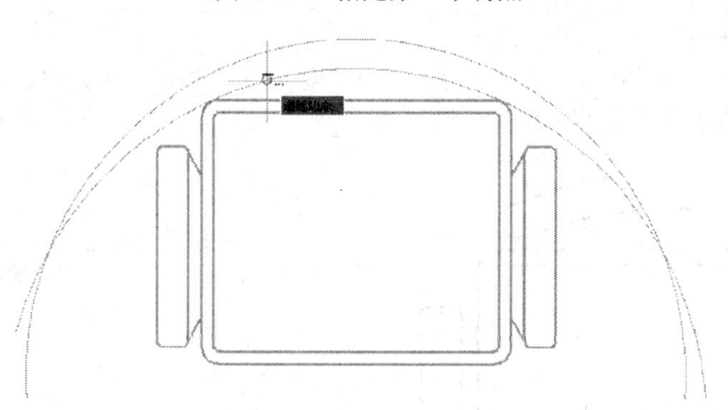

图 3-179 指定第二个切点

完成后的效果如图 3-180 所示。

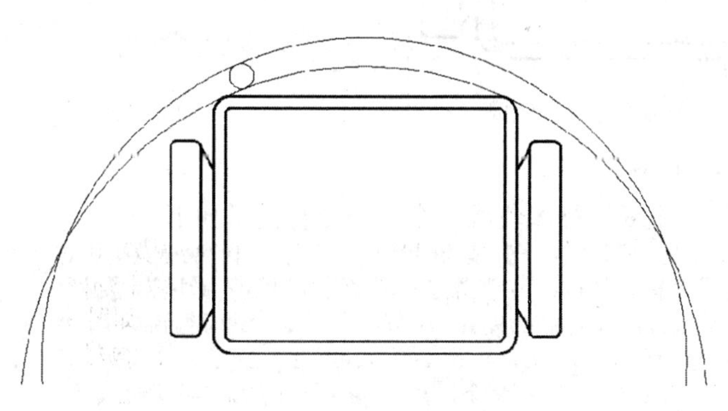

图 3-180 绘制半径为 17.5 的圆

重复绘制半径为17.5的圆的步骤，完成靠背另一侧圆弧的绘制，绘制后的效果如图3-181所示。

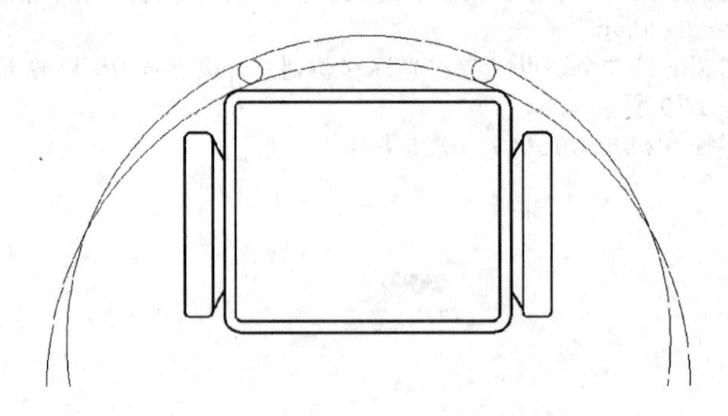

图3-181　绘制另一侧靠背圆弧

修剪办公椅靠背轮廓线的多余线。执行修剪命令，修剪后的效果如图3-182所示。

（8）绘制办公椅靠背支撑部件。执行多段线命令，命令行提示如下。

```
命令：PLINE↓
PLINE 指定起点：//单击办公椅座外轮廓线上边中点，如图 3-183 所示 PLINE 指定下一个点或［圆弧（A）/半宽（H）/长度（L）/放弃（U）/宽度（W）]：W↓
PLINE 指定起点宽度 < 0.0000 >：5↓
PLINE 指定端点宽度 < 5.0000 >：5↓
PLINE 指定下一个点或［圆弧（A）/半宽（H）/长度（L）/放弃（U）/宽度（W）]：↓//单击办公椅靠背内圆弧中点，然后按回车键结束命令
```

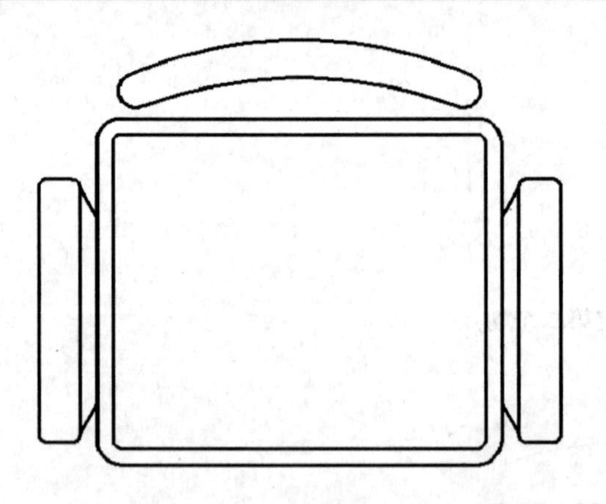

图3-182　办公椅靠背绘制完成

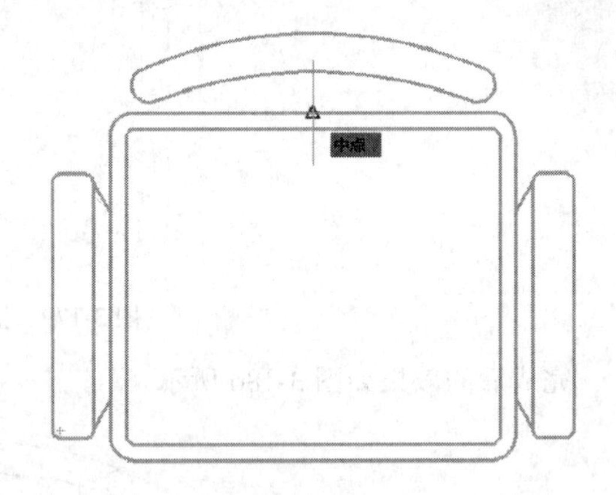

图3-183　指定多段线起点

绘制效果如图3-184所示。

按回车或空格键，重复执行多段线命令，命令行提示如下：

```
PLINE 指定起点：//按下【Shift】键的同时右击，在弹出的快捷菜单中选择“自（F）”命令
PLINE 指定起点：_from 基点：//单击上一步中绘制的多段线中点，如图 3-185 所示
PLINE 指定起点：_from 基点：< 偏移 >：@-44，10//此时得到点 1，如图 3-186 所示
PLINE 指定下一个点或［圆弧（A）半宽（H）长度（L）放弃（U）宽度（W）]：↓//将光标水平向右移动任意一段距离，当出现极轴虚线时在命令行输入 88，回车结束多段线命令
```

绘制完成后如图3-187所示。

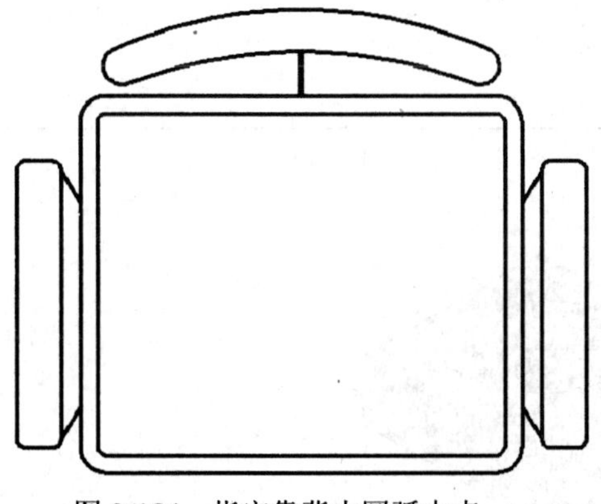

图 3-184　指定靠背内圆弧中点

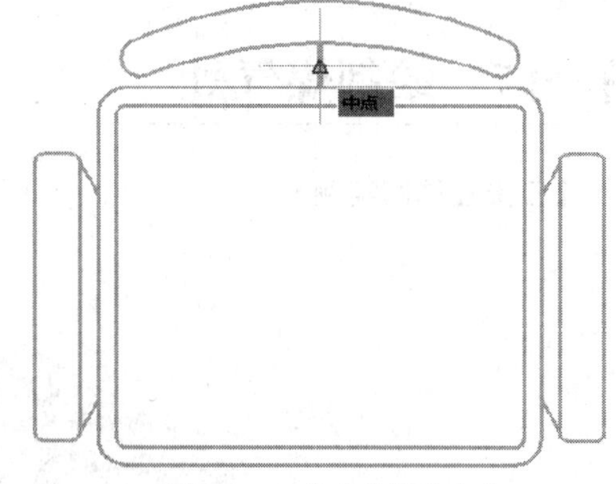

图 3-185　单击多段线中点

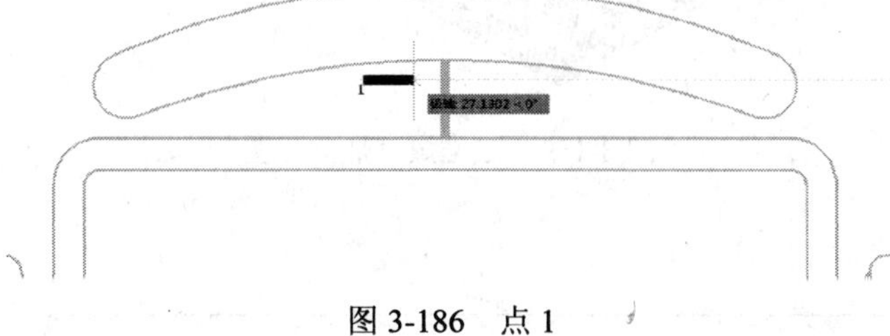

图 3-186　点 1

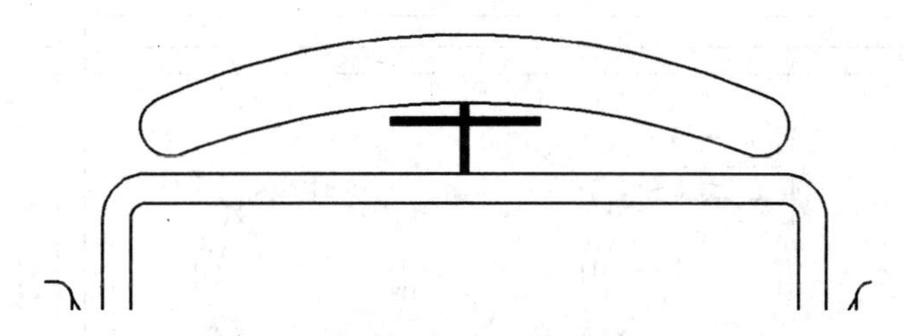

图 3-187　绘制长为 88 的靠背支撑部件

执行偏移命令，命令行提示如下：

命令：OFFSET↓

OFFSET 指定偏移距离或［通过（T）/删除（E）/图层（L）］< 通过 >：10↓

OFFSET 选择要偏移的对象，或［退出（E）/放弃（U）］< 退出 >：//选择刚刚绘制的长为 88 的多段线，向下偏移两次，然后回车结束偏移命令

此时办公椅的绘图过程全部完成，完成后的效果如图 3-188 所示。

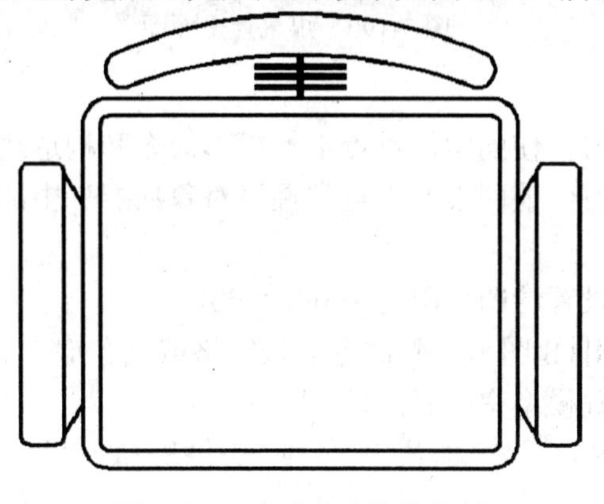

图 3-188　完成办公椅的绘制

单元 7　绘制煤气灶

【三维立体图实例】

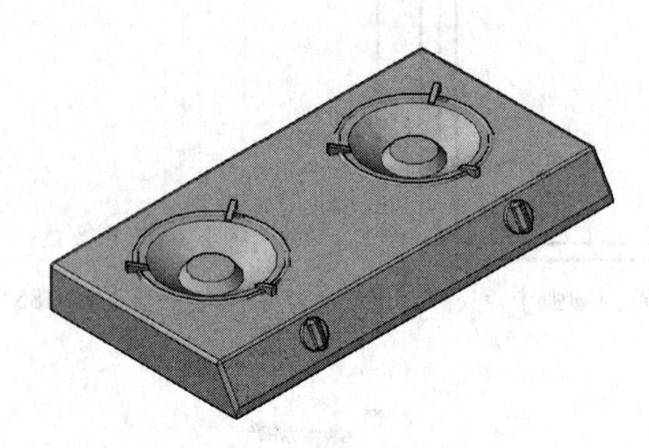

图 3-189　三维煤气灶立体图

【案例平面图】

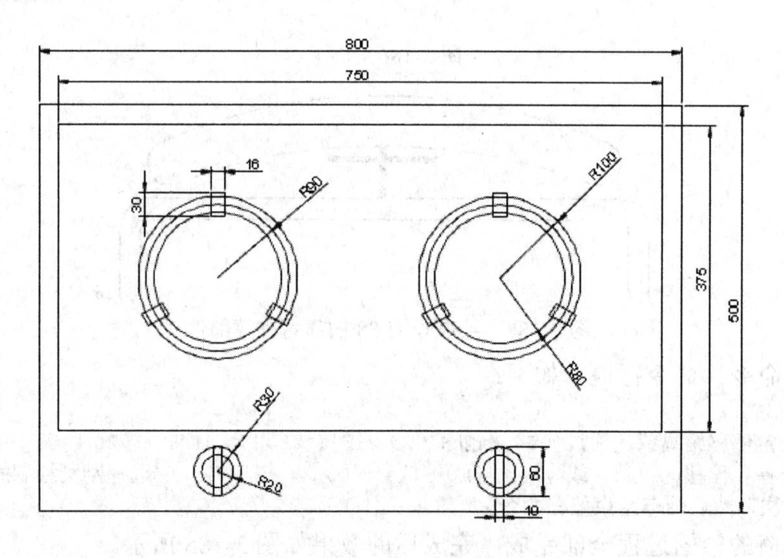

图 3-190　煤气灶平面图

【知识重点】

通过煤气灶案例的学习，使同学们重点掌握矩形命令和构造线命令的执行方法。

通过煤气灶案例的学习，使同学们重点掌握“对象捕捉”中的“自”命令。

【操作步骤】

（1）新建绘图区域并设置绘图界限为 1000，800。

① 在命令行输入 LIMITS 图形界限命令后按空格或回车键。

按命令行提示重新设置模型空间界限：

```
LIMITS 指定左下角点或 [开 (ON) /关 (OFF)] <0.0000, 0.0000>: ↓//回车，指定左下角点为原点
LIMITS 指定右上角点 <420.0000, 297.0000>: 1000, 800↓      //输入右上角点的坐标，回车
```

```
在命令行输入 ZOOM 缩放命令后按空格或回车键
在命令行输入 all 后按空格或回车键，则命令行出现正在重生成模型，此时完成图形界限设置
```

（2）执行矩形命令绘制矩形，第一个角点拾取绘图区中左下角的任意一点，第二个角点输入相对坐标为@800，500。

（3）继续绘制矩形，执行相对坐标确定第一个角点，基点如图 3-191 所示。在按【Shift】键的同时右击，在打开的快捷菜单中选取“自”命令，命令行提示如下：

```
命令：_rectang
指定第一个角点或 [倒角（C）/标高（E）/圆角（F）/厚度（T）/宽度（W）]：_from 基点：<偏移>：@25，-25↓
指定另一个角点或 [面积（A）/尺寸（D）/旋转（R）]：@750，-375↓
```

结果如图 3-191 所示。

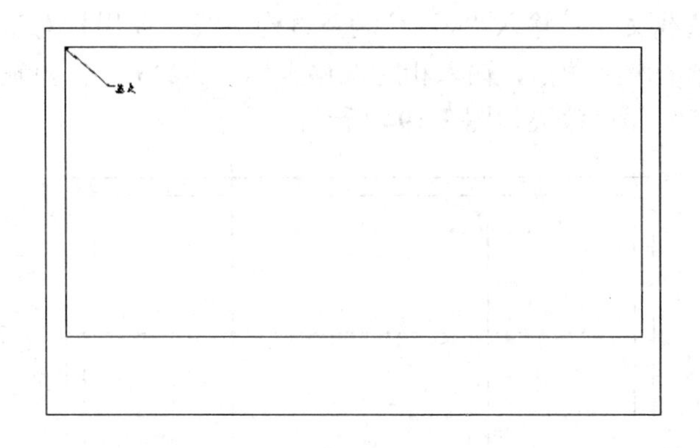

图 3-191　绘制煤气灶轮廓

（4）绘制“构造线”，单击下拉菜单栏中的“绘图”→“构造线”命令，输入“h”绘制水平构造线，构造线经过小矩形左边的中点，如图 3-192 所示。

图 3-192　绘制中间的“构造线”

（5）继续执行构造线命令，使用相对坐标确定水平构造线经过的点，基点为大矩形的左下角点，输入相对偏移坐标：@0，50，效果如图 3-193 所示。

图 3-193　继续绘制“构造线”

（6）继续执行构造线命令，输入“v”绘制竖直构造线，使用相对坐标确定竖直构造线经过的点，基点为大矩形的左上角点，输入相对偏移坐标：@225，0，再输入另一条竖直构造线的相对偏移坐标：@350，0，效果如图 3-194 所示。

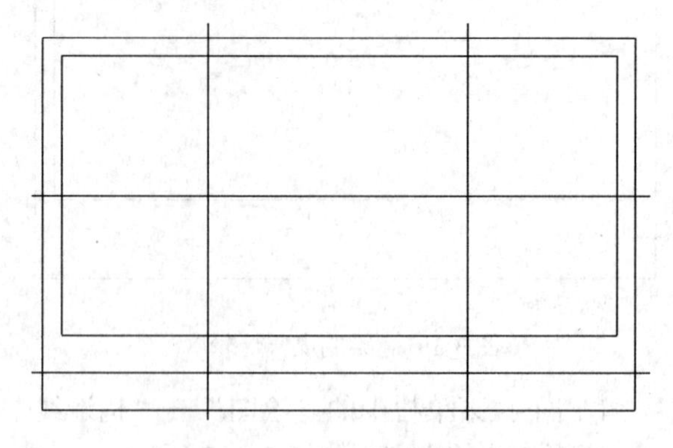

图 3-194　绘制竖直构造线

（7）执行“圆”命令，以构造线上面的交点为圆心，绘制半径分别为 80 和 100 两个圆；再以构造线下面交点为圆心，绘制半径分别为 20 和 30 两个圆，效果如图 3-195 所示。

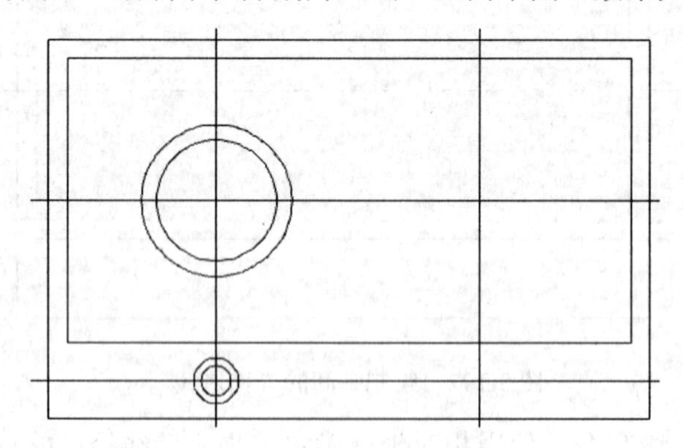

图 3-195　绘制 4 个圆

（8）绘制打火手柄。执行矩形命令，矩形尺寸为 10×60。在“对象捕捉”快捷菜单中选取“自”命令，基点是小圆圆心，输入第一个角点坐标：@−5，−30，第二个角点坐标：@10，60，效果如图 3-196 所示。

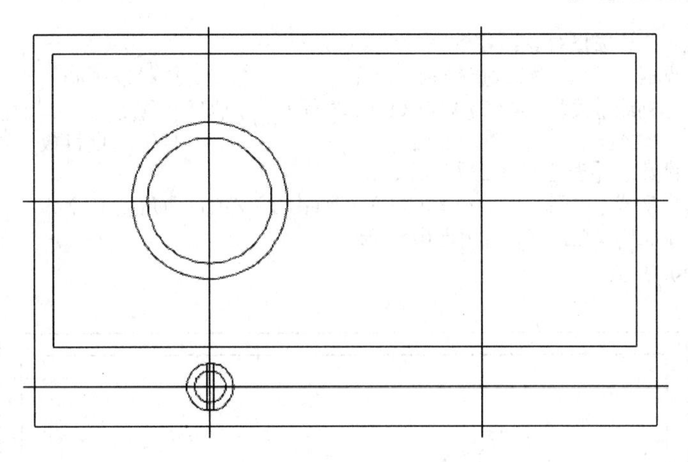

图 3-196 绘制打火手柄

（9）执行删除命令，删除构造线。

（10）绘制炉盘支架，绘制半径为 90 的圆。

绘制第一个支爪，执行矩形命令，选择“自”命令，基点是半径为 90 的圆的象限点，命令行提示如下：

```
命令：_rectang
指定第一个角点或 [倒角（C）/标高（E）/圆角（F）/厚度（T）/宽度（W）]：_from<偏移>：@-8，-15
指定另一个角点或 [面积（A）/尺寸（D）/旋转（R）]：@16，30
```

结果如图 3-197 所示。

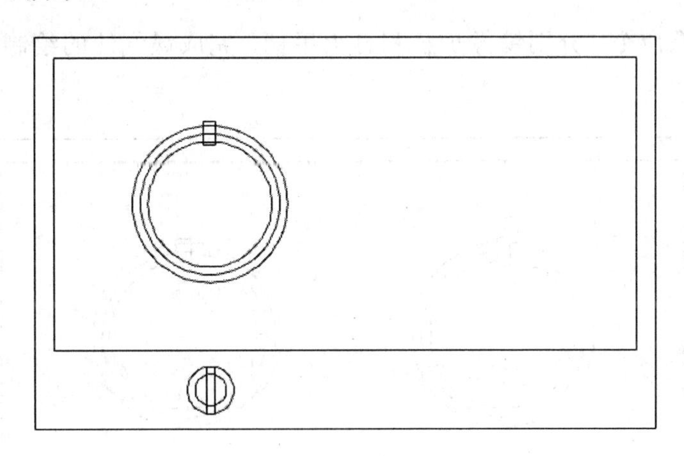

图 3-197 绘制炉盘支架

（11）执行阵列命令，绘制另外 2 个炉盘支架。

单击下拉菜单栏中的【修改】→【阵列】→【环形阵列】命令，如图 3-198 所示，命令行提示如下：

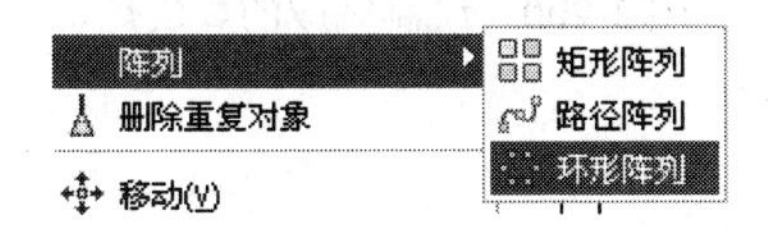

图 3-198 环形阵列

命令：_arraypolar 选择对象：找到 1 个
指定阵列的中心点或 [基点（B）/旋转轴（A）]：　　　　　　//拾取圆心
选择夹点以编辑阵列或 [关联（AS）/基点（B）/项目（I）/项目间角度（A）/填充角度（F）/行（ROW）/层（L）/旋转项目（ROT）/退出（X）] <退出>：I　　　　　　//输入项目数
输入阵列中的项目数或 [表达式（E）] <6>：3
选择夹点以编辑阵列或 [关联（AS）/基点（B）/项目（I）/项目间角度（A）/填充角度（F）/行（ROW）/层（L）/旋转项目（ROT）/退出（X）] <退出>：x

效果如图 3-199 所示。

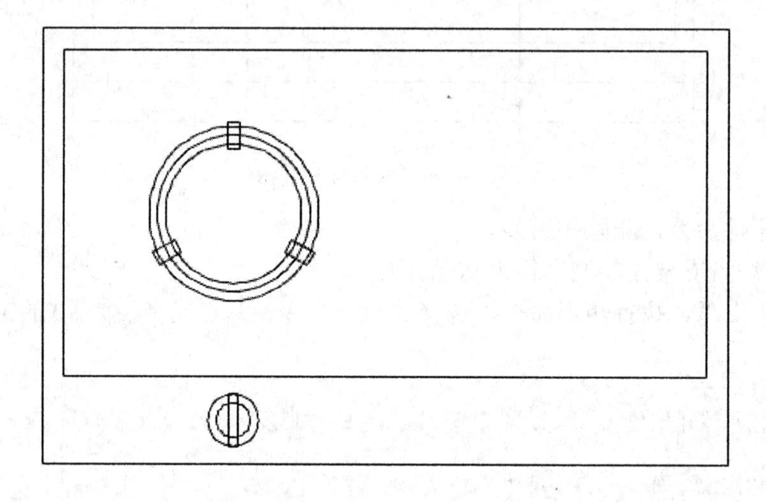

图 3-199　环形阵列炉盘支架

（12）执行镜像命令，分别镜像炉盘和打火手柄，完成煤气灶的绘制。效果如图 3-200 所示。

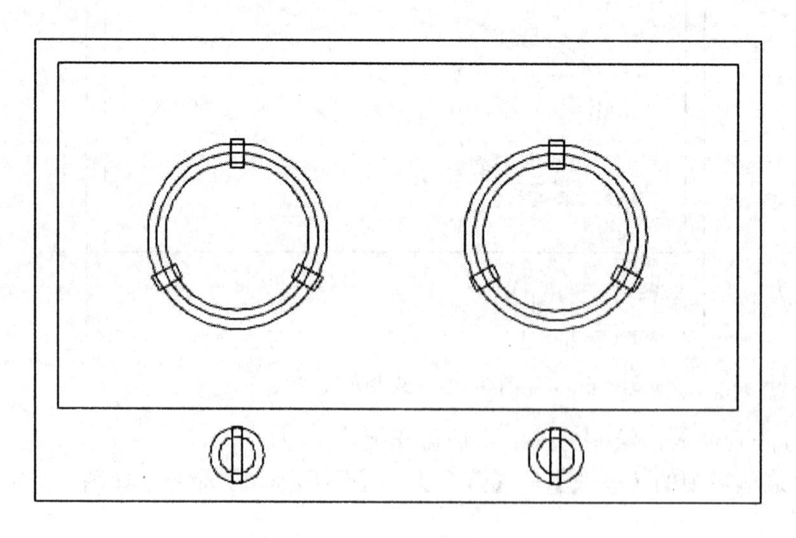

图 3-200　绘制完成的煤气灶

单元 8　绘制衣柜立面图

【案例立面图】

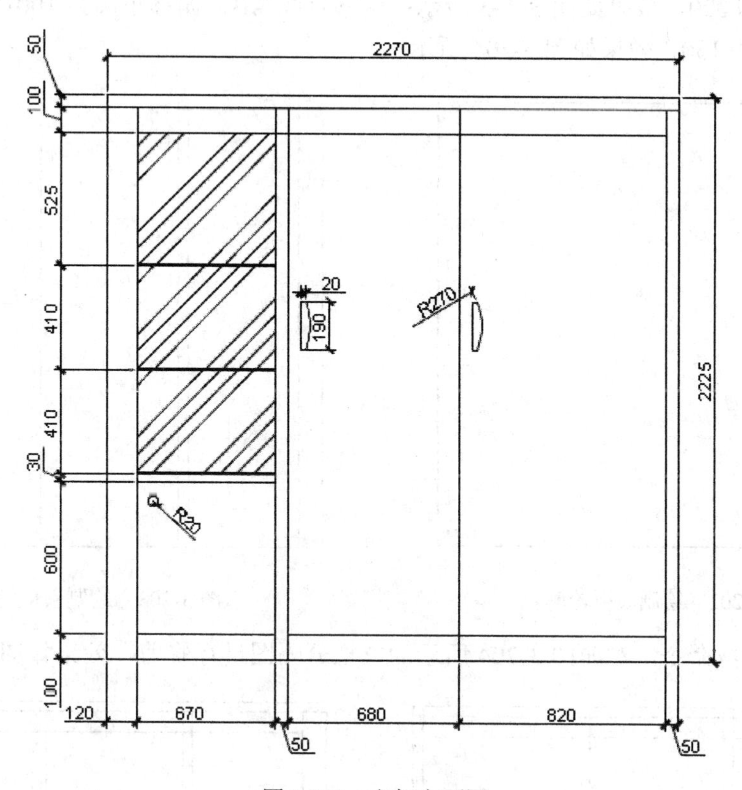

图 3-201　衣柜立面图

【知识重点】

通过衣柜立面图案例的学习，使同学们重点掌握矩形命令和多段线命令的执行方法。

【操作步骤】

（1）新建绘图区域并设置绘图界限为 3000，2500。

在命令行输入 LIMITS 图形界限命令后按空格或回车键。

按命令行提示重新设置模型空间界限：

```
LIMITS 指定左下角点或 [开（ON）/关（OFF）]：<0.0000，0.0000>↓//回车，指定左下角点为原点
LIMITS 指定右上角点 <420.0000，297.0000>：3000，2500↓        //输入右上角点的坐标，回车
在命令行输入 ZOOM 缩放命令后按空格或回车键。
在命令行输入 all 后按空格或回车键，则命令行出现正在重生成模型提示，此时完成图形界限设置。
```

（2）绘制衣柜轮廓。执行直线命令，命令行提示如下：

```
命令：_line
指定第一个点：
指定下一点或 [放弃（U）]：2270
指定下一点或 [放弃（U）]：2225
```

```
指定下一点或［闭合（C）/放弃（U）]：2270
指定下一点或［闭合（C）/放弃（U）]：c
```

效果如图 3-202 所示。

（3）执行偏移命令，绘制衣柜门板和分隔图。从左至右偏移直线 AD，偏移距离依次为 120，550，50，680 和 820，效果如图 3-203 所示；偏移直线 AB，偏移距离为 100；偏移直线 CD，偏移距离为 50 和 150，效果如图 3-204 所示。

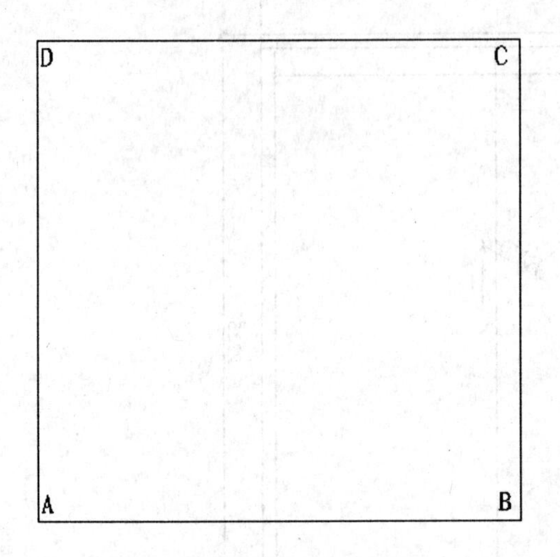

图 3-202　绘制衣柜轮廓

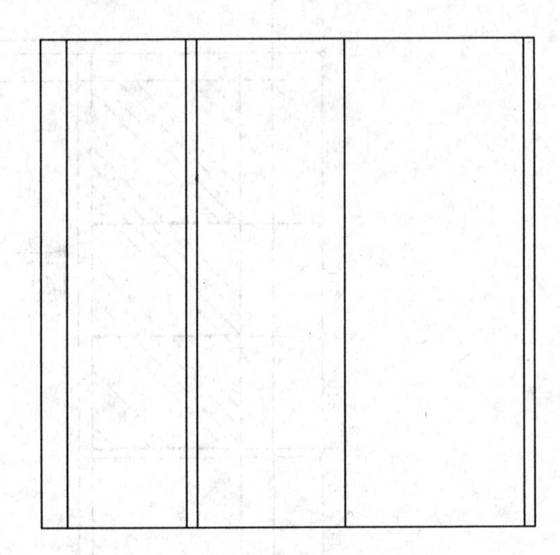

图 3-203　绘制衣柜门板

（4）执行修剪命令，对如图 3-204 所示的衣柜分隔图进行修剪，效果如图 3-205 所示。

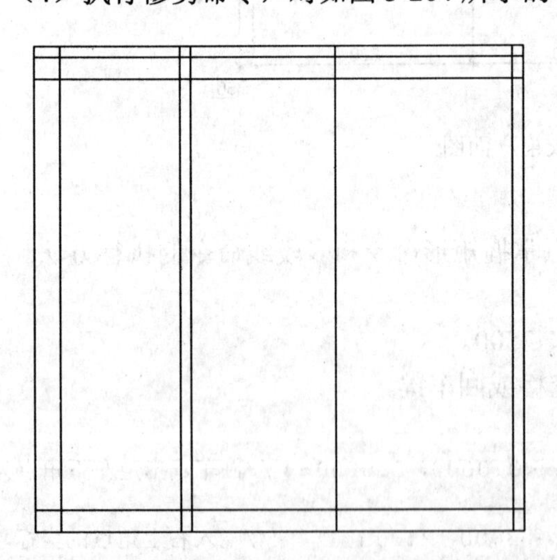

图 3-204　绘制衣柜分隔图

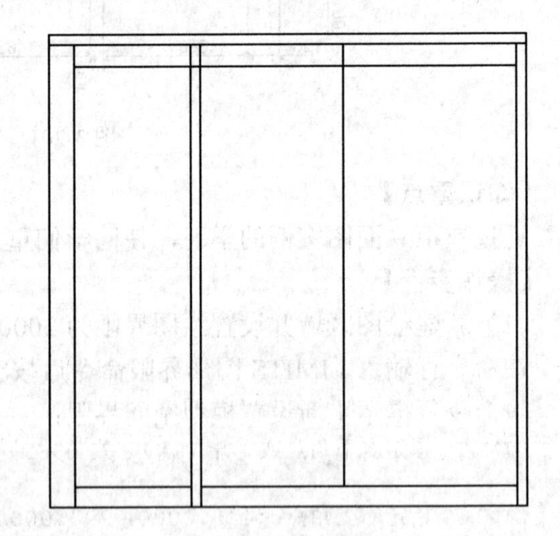

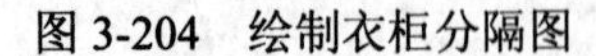

图 3-205　修剪结果

（5）执行偏移命令，偏移直线 AB，偏移距离为 600，得到直线 CD。再继续偏移该直线，依次向上偏移 30，35 和 40，效果如图 3-206 所示。

（6）执行偏移命令，绘制衣柜橱窗图形。偏移直线 CD，偏移距离为 440 和 450，效果如图 3-207 所示。

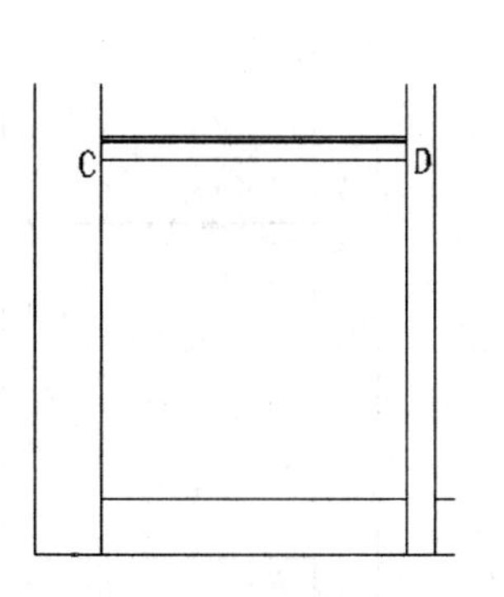

图 3-206 偏移直线 AB

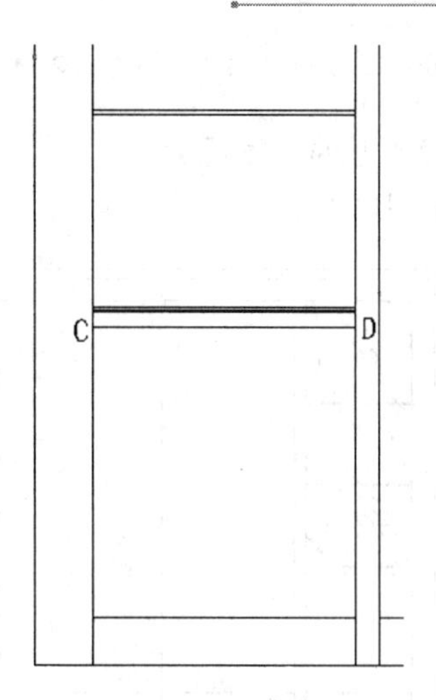

图 3-207 绘制衣柜橱窗图形

（7）执行复制命令，命令行提示如下：

```
命令：_copy
选择对象：指定对角点：找到 2 个                    //拾取刚刚偏移的直线
选择对象：↓                                      //回车
指定基点或 [位移（D）/模式（O）] <位移>：          //拾取直线的左端点
指定第二个点或 [阵列（A）] <执行第一个点作为位移>：410          //输入距离 410
指定第二个点或 [阵列（A）/退出（E）/放弃（U）] <退出>：↓      //回车
```

效果如图 3-208 所示。

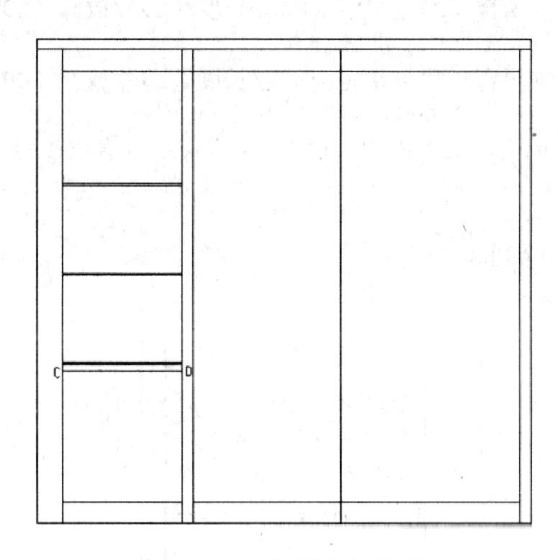

图 3-208 复制衣柜橱窗

（8）单击下拉菜单栏中的“绘图”→“图案填充”命令，选取图案“ANSI34”，设置比例为“15”，单击对话框“边界”拾取点按钮，单击衣柜橱窗的 3 个图形，单击【确定】按钮，填充图形，效果如图 3-209 所示。

（9）绘制衣柜拉手

① 执行圆命令，绘制衣柜圆形把手，命令行提示如下：

```
命令：_circle
```

```
指定圆的圆心或［三点（3P）/两点（2P）/切点、切点、半径（T）]：_from <偏移>：@65，-75
                                        //选取捕捉“自”命令，C点为基点
指定圆的半径或［直径（D)]：20                //输入半径值
```

效果如图3-210所示。

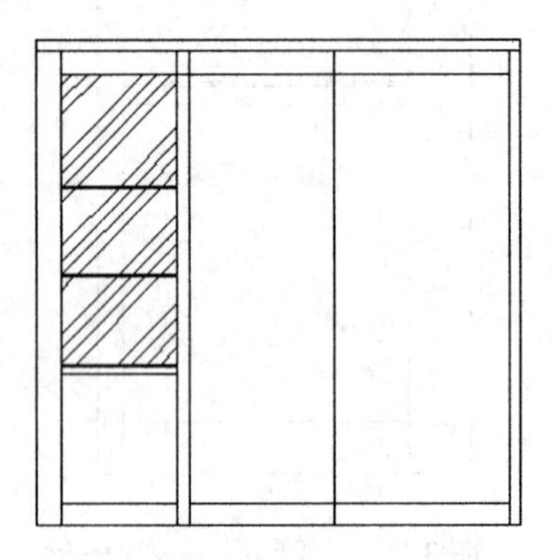

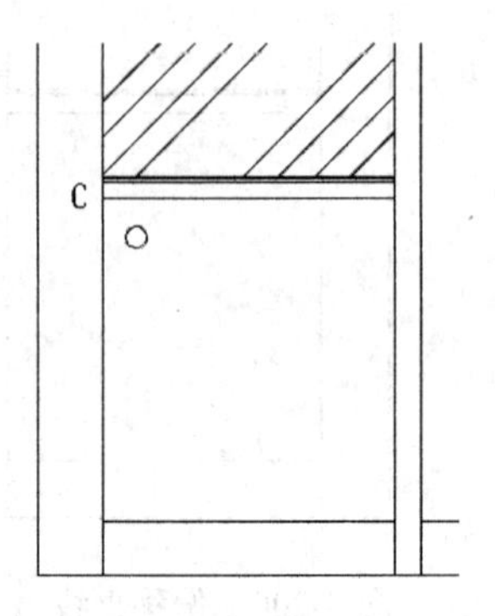

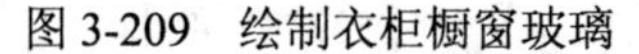

图3-209　绘制衣柜橱窗玻璃　　　图3-210　绘制衣柜圆形把手

② 绘制衣柜拉手。执行多段线命令，命令行提示如下：

```
命令：_pline
指定起点：_from <偏移>：@70，1315 //选取捕捉“自”命令，A点为基点，输入B点坐标
当前线宽为 0.0000
指定下一个点或［圆弧（A）/半宽（H）/长度（L）/放弃（U）/宽度（W)]：20    //向左输入C点
指定下一点或［圆弧（A）/闭合（C）/半宽（H）/长度（L）/放弃（U）/宽度（W)]：190
                                                                //向下输入D点
指定下一点或［圆弧（A）/闭合（C）/半宽（H）/长度（L）/放弃（U）/宽度（W)]：20
                                                                //向右输入E点
指定下一点或［圆弧（A）/闭合（C）/半宽（H）/长度（L）/放弃（U）/宽度（W)]：a //选取圆弧
指定圆弧的端点或
［角度（A）/圆心（CE）/闭合（CL）/方向（D）/半宽（H）/直线（L）/半径（R）/第二个点（S）/
放弃（U）/宽度（W)]：r                                          //选取半径选项
指定圆弧的半径：270                                              //输入半径值
指定圆弧的端点或［角度（A)]：                                     //选取B点
```

效果如图3-211所示。

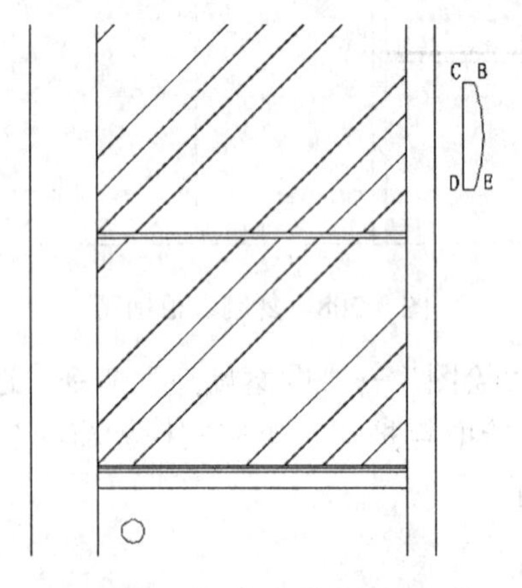

图3-211　绘制衣柜拉手

③ 复制衣柜拉手，复制距离为680，绘制完成的效果如图3-212所示。

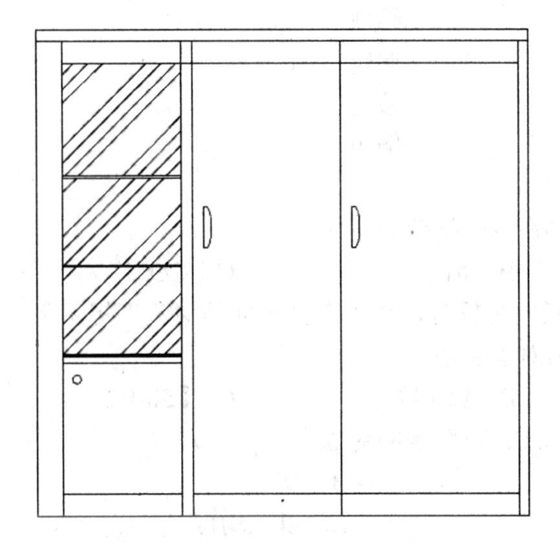

图3-212　绘制完成衣柜立面图

思考与练习题3

1．思考题

（1）复制命令与镜像命令有何区别？

（2）修剪命令与延伸命令有何区别与联系？

（3）多段线有哪些主要功能？

（4）圆角命令的作用是什么？

（5）环形阵列与矩形阵列各适用于哪种情况？

（6）旋转命令中复制（C）/参照（R）选项各有什么用途？

（7）移动命令中的位移选项应该如何使用？

（8）矩形阵列命令的列偏移和行偏移可以输入负值吗？输入负值结果如何？

（9）在绘图时对象捕捉中的捕捉“自”命令有什么用途？

（10）在绘图时对象捕捉中的捕捉“临时追踪点”选项有什么用途？

2．将左側的命令与右側的功能连接起来

ERASE	镜像
MIRROR	复制
COPY	删除
ARRAY	阵列
EXPLODE	修剪
TRIM	延伸
EXTEND	圆角
FILLET	分解

STRETCH　　拉伸
SCALE　　缩放
CHAMFER　　旋转
MOVE　　移动
ROTATE　　倒角

3．认证模拟题

（1）下列命令是移动命令快捷键的是（　　）。

A．RO　　B．M　　C．CO　　D．SC

（2）运用延伸命令延伸对象时，在“选择延伸的对象”提示下，按住（　　）键，可以由延伸对象状态变为修剪对象状态。

A．【Alt】　　B．【Ctrl】　　C．【Shift】　　D．以上均可

（3）分解命令 EXPLODE 可分解的对象有（　　）。

A．尺寸标注　　B．块　　C．多段线
D．图案填充　　E．以上均可

（4）设置图形界限的命令是（　　）。

A．SNAP　　B．LIMITS　　C．UNITS　　D．GRID

（5）当使用移动命令和复制命令编辑对象时，两个命令具有的相同功能是（　　）。

A．对象的尺寸不变
B．对象的方向被改变了
C．原实体保持不变，增加了新的实体
D．对象的基点必须相同

（6）将用矩形命令绘制的四边形分解后，该矩形分为几个对象？（　　）

A．4　　B．3　　C．2　　D．1

（7）边长为 20 的正五边形，进行圆角，半径为 5，则周长是（　　）。

A．90　　B．95　　C．98　　D．100

（8）将长度和角度精度设置为小数点后三位，绘制如题图 3-1 所示的图形，则 AB 弧长为（　　）。

A．127.552　　B．104.622　　C．115.552　　D．207.552

（9）如题图 3-2 所示快速恢复倒角成直角，最快的方法是？（　　）

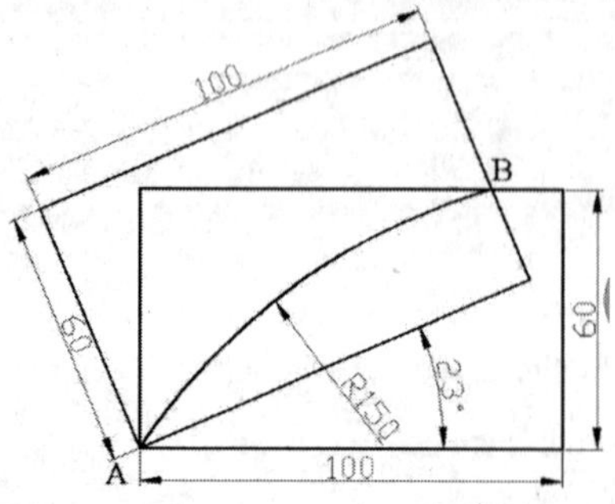

题图 3-1

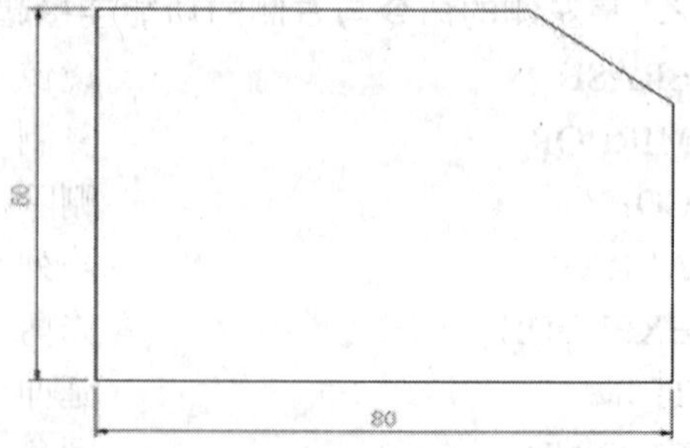

题图 3-2

A．选择倒角命令按住【Shift】键再选择两条倒角边
B．选择倒角命令，选择距离（D），指定第一个倒角距离为 0，指定第二个倒角距离为 0
C．延伸角然后删除多余的边
D．夹点编辑选择顶点移动
（10）如题图 3-3 所示，多段线的总长度是（　　）。

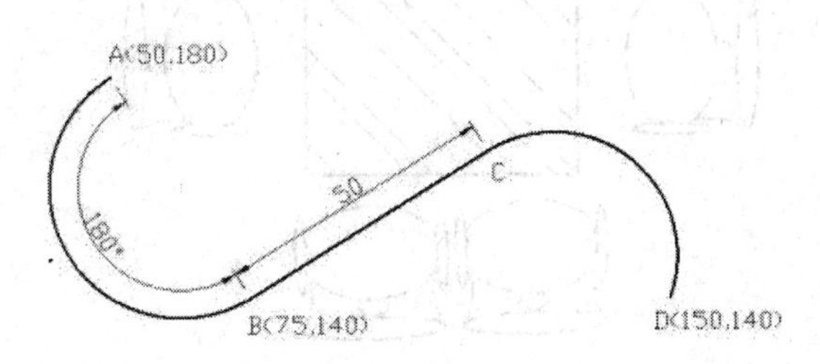

题图 3-3

A．130.527　　B．192.306　　C．179.171　　D．179.205

4．绘图题

（1）绘制燃气灶平面图，绘图时各部分尺寸自定，如题图 3-4 所示。

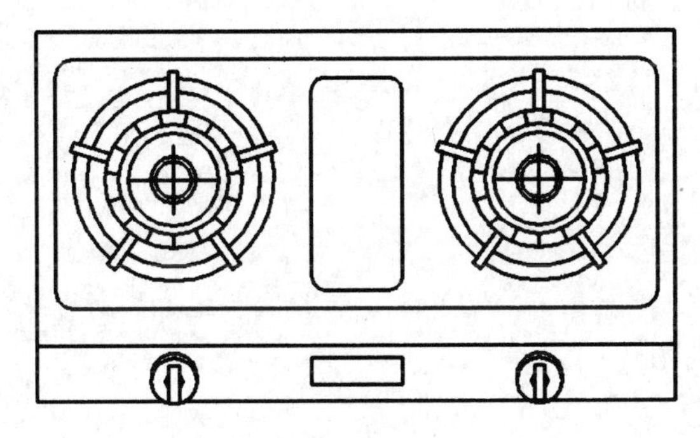

题图 3-4

（2）绘制沙发，如题图 3-5 所示。

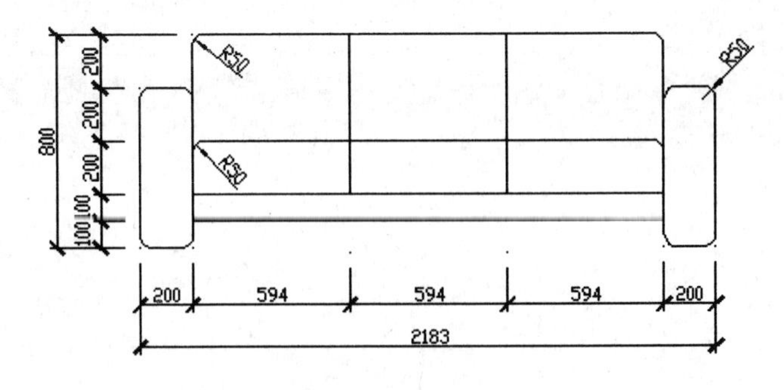

题图 3-5

（3）绘制餐桌平面图，绘图时各部分尺寸自定，如题图 3-6 所示。

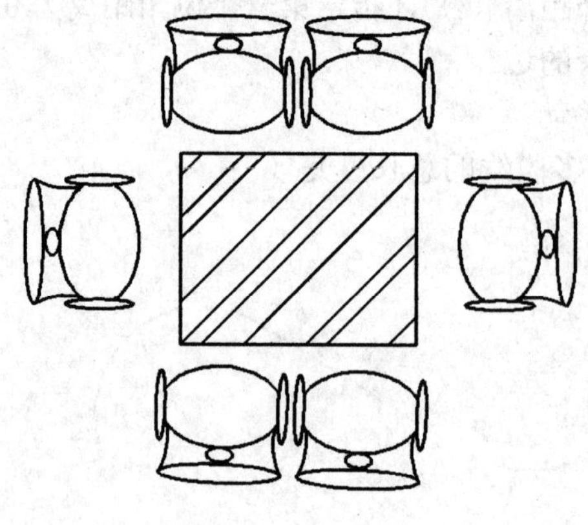

题图 3-6

模块二　建筑工程图设计

第4章

建筑工程图设计基础

建筑设计是指建筑物在建造之前，设计者按照建设任务设想施工过程和使用过程中所存在的或可能发生的问题，拟定好解决问题的办法、方案，并用图样和文件记录下来。

本章将简要介绍建筑设计的一些基本知识，包括建筑设计特点、建筑设计要求与规范、建筑设计内容等。主要讲解建筑总平面图、平面图、立面图、剖面图、详图的重点内容以及绘制步骤。

【学习要点】

- 建筑设计概述。
- 建筑制图基础知识。
- 建筑总平面图绘制。
- 建筑平面图绘制。
- 建筑立面图绘制。
- 建筑剖面图绘制。
- 建筑详图绘制。

单元 1　建筑设计概述

4.1.1　建筑设计基础

建筑设计是为人类建立生活环境的综合艺术和科学，是一门涵盖极广的科学。建筑设计从总体上说由三大阶段构成，即方案设计、初步设计和施工图设计。方案设计主要是构思建筑的总体布局，包括各个功能空间的设计、高度、层高、外观造型等内容；初步设计是对方案设计的进一步优化，确定建筑的具体尺度和大小，包括建筑平面图、建筑剖面图和建筑立面图等；施工图设计则是将建筑构思变成图纸的重要阶段，是建造建筑的主要依据，除了包括建筑平面图、建筑剖面图和建筑立面图外，还包括各个建筑大样图、建筑构造节点图以及其他专业设计图纸，如结构施工图、电气设备施工图、暖通空调设备施工图。

4.1.2 建筑设计过程简介

建筑设计是根据建筑物的使用性质、所处环境和相应的标准，运用物质技术手段和建筑美学原理，创造功能合理、舒适优美、满足人们物质和精神生活需要的室内外空间环境。设计构思时，需要运用物质技术手段，如各类装饰材料和设施设备等；还需要建筑美学原理，综合考虑使用功能、结构施工、材料设备、造价标准等多种因素。

具体来说，完成建筑施工图需要经过以下几个阶段。

1. 方案设计阶段

方案设计是在明确设计任务书和满足设计方要求的前提下，遵循国家有关设计标准和规范，综合考虑建筑的功能、空间、造型、环境、材料、技术等因素，做出一个设计方案，形成一定的方案设计文件。方案设计文件总体上包括设计说明书、总图、建筑设计图纸以及设计委托或合同规定的透视图、鸟瞰图、三维模型或模拟动画等方面。方案设计文件一方面要向建设方展示设计思想和方案成果，最大限度地突出方案的优势；另一方面，还要满足下一步编写初步设计的需要。

2. 初步设计阶段

初步设计是方案设计和施工图设计之间承前启后的阶段。它在方案设计的基础上吸取各方面的意见和建议，推敲、完善、优化设计方案，初步考虑结构布置、设备系统和工程概算，进一步解决各工种之间的技术协调问题，最终形成初步设计文件。初步设计文件总体上包括设计说明书、设计图纸和工程概算书三个部分，初步设计文件还包括设备表、材料表等内容。

3. 施工图设计阶段

施工图设计是在方案设计和初步设计的基础上，综合建筑、结构、设备等各个工种的具体要求，将他们反映在图样上，完成建筑、结构、设备全套图纸，目的在于满足设备材料采购、非标准设备制作和施工的要求。施工图设计文件总体上包括所有专业设计图样和合同要求的工程概算书。建筑专业设计文件应包括图样目录，施工图设计说明，设计图纸（包括总图、平面图、立面图、剖面图、大样图、节点详图）和计算书（由设计单位存档）。

单元 2 建筑制图基础知识

4.2.1 建筑制图概述

1. 建筑制图的概念

建筑设计图是建筑设计人员用来表达设计思想、传达设计意图的技术文件，是方案投标、技术交流和建筑施工的重要文件。建筑制图是根据正确的制图理论及方法，按照国家统一的建筑制图规范将设计思想和技术特征清晰、准确地表现出来。建筑图纸包括方案图、初始设计图、施工图等类型。国家标准《房屋建筑制图统一标准》（GB/T 50001—2001）、《总图制图标准》（GB/T 50103—2001）、《建筑制图标准》（GB/T 50101—2001）是建筑设计人员手工绘图和计算机制图的依据。

2. 建筑制图程序

建筑制图的程序是与建筑设计的程序相对应的。从整个设计过程来看，按照设计方案图、

初始设计图、施工图的顺序来进行，后面阶段的图样在前一阶段的基础上做深化、修改和完善。就每个阶段来看，一般遵循平面、立面、剖面、详图的过程来绘制。至于每种图样绘图的具体程序，将结合学习 AutoCAD 2014 的命令操作与实例绘制来讲解。

4.2.2　建筑制图的要求及规范

1. 图幅、标题栏及会签栏

（1）图幅即图面的大小，分为横式和立式两种。国家标准规定，按图面长和宽的大小确定图幅的等级。建筑常用的图幅有 A0 （也称 0 号图幅，其余类推）、A1、A2、A3 及 A4，每种图幅的长宽尺寸见表 4-1，表中尺寸代号的意义如图 4-1 所示。

表 4-1　图幅尺寸（mm）

幅面代号 / 尺寸代号	A0	A1	A2	A3	A4
$b \times l$	841×1189	594×841	420×594	297×420	210×297
c	10			5	
a	25				

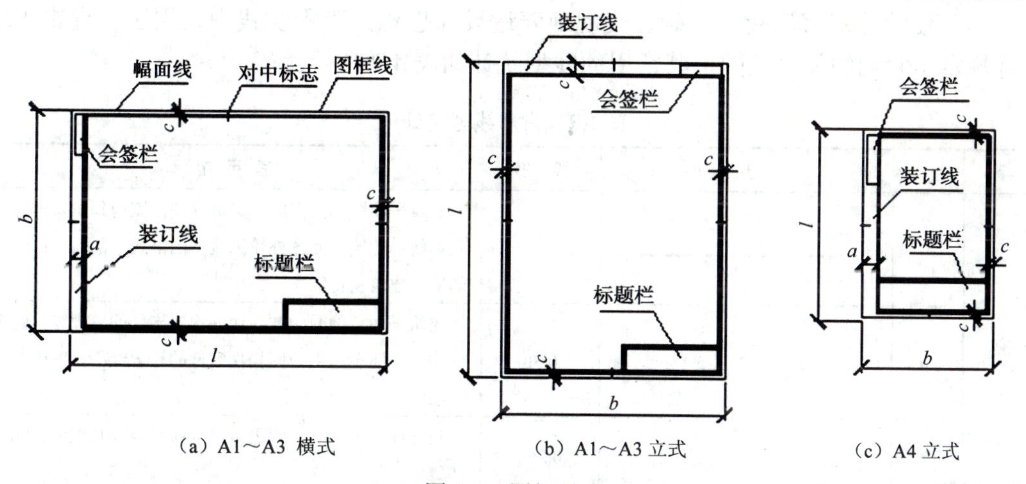

图 4-1　图幅尺寸

A0～A3 图纸可以对长边进行加长，但短边一般不应加长，加长尺寸如表 4-2 所示。如有特殊需要，可采用 $b \times l$=841mm×891mm 或 1891mm×1211mm 的幅图。

表 4-2　图纸长边加长尺寸（mm）

幅面代号	长边尺寸	长边加长后尺寸
A0	1189	1481 1635 1783 1932 2080 2230 2378
A1	841	1051 1261 1471 1682 1892 2102
A2	594	743 891 1041 1189 1338 1486 1635 1783 1932 2080
A3	420	630 841 1051 1261 1471 1682 1892
注：有特殊需要的图纸，可采用 $b \times l$ 为 841mm×891mm 与 1189mm×1211mm 的幅面。		

（2）标题栏包括设计单位名称、工程名称区、签字区、图名区以及图号区等内容。如今不少设计单位喜欢自行定制比较个性化的标题栏格式，但仍必须包括这几项内容。

（3）会签栏是为各工种负责人审核后签名用的表格，它包括专业、实名、签名、日期等内容，如图4-2所示。对于不需要会签的图纸，可以不设置此栏。

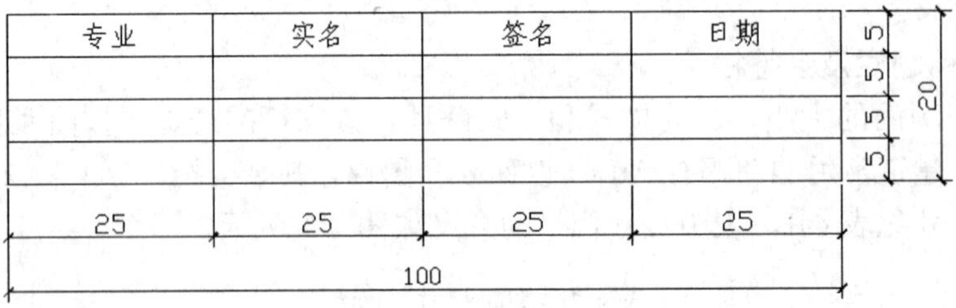

专业	实名	签名	日期

图4-2 会签栏

此外，需要微缩复制的图纸，其一个边上应附有一段准确米制尺度，4个边上均附有对中标志。米制尺度的总长应为100mm，分格应为10mm，对中标志应画在图样各边长的中点处，线宽应为0.35mm，伸入框内应为5mm。

2．线型要求

建筑图样主要由各种线条构成，不同的线型表示不同的对象和不同的部位，代表不同的含义。为了使绘图能够清晰、准确、美观地表达设计思想，工程实践中采用了一套常用的线型，并规定了它们的使用范围，其常用的线型统计如表4-3所示。

表4-3 常用线型统计

名 称	线 型		线 宽	适 用 范 围
实线	粗		b	建筑平面图、剖面图、构造详图被测切到主要构件截面轮廓线；建筑立面图外轮廓线；图框线；剖面线；总图中的新建建筑物轮廓
	中		0.5b	建筑平面、剖面中被剖切的次要构件的轮廓线；建筑平面图、立面图、剖面图构件配件的轮廓线；详图中的一般轮廓线
	细		0.25b	尺寸线、图例线、索引符号、材料线及其他细部刻画用线等
虚线	中		0.5b	主要用于构造详图中不可见的实物轮廓；平面图中的起重机轮廓；拟扩建的建筑物轮廓
	细		0.25b	其他不可见的次要建筑物轮廓线
点画线	细		0.25b	轴线、构配件的中心线、对称线等
折断线	细		0.25b	省画图样时的断开界线
波连线	细		0.25b	构造层次的断开界线，有时也表示省略图中的断开界线

其中，图线宽度b宜从下列线宽中选取：2.0mm、6.4mm、8.0mm、0.7mm、0.5mm、0.35mm。不同的b值，产生不同的线宽组。在同一张图样内，对于各个不同线宽组中的细线，可以统一采用较细的线宽组中的细线。但对于需要微缩的图样，线宽应大于0.18mm。

3. 尺寸标注

尺寸标注的一般原则有如下几点。

（1）尺寸标注应力求准确、清晰、美观大方。同一张图样中，标注风格应保持一致。

（2）尺寸线应尽量标注在图样轮廓线以外，从内到外依次标注从小到大的尺寸，不能将大尺寸标在内部，而小尺寸标在外部，如图 4-3 所示。

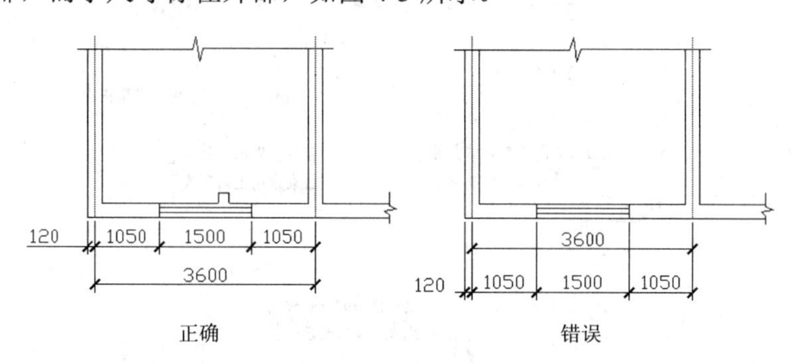

图 4-3 尺寸标注的原则

（3）最里面的一道尺寸线与图样轮廓线之间的距离不应小于 10mm，两道尺寸线之间的距离一般为 7～10mm。

（4）尺寸界线朝向图样的端头距图样轮廓的距离应大于等于 2mm，不宜直接与之相连。

（5）在图线拥挤的地方，应合理安排尺寸线的位置，但不宜与图线、文字及符号相交；可以考虑将轮廓线用作尺寸界线，但不能作为尺寸线。

（6）对于室内设计图中连续重复的构配件等，当不易标明定位尺寸时，可在总尺寸的控制下，不用数值而用“均分”或“EQ”字样表示定位尺寸，如图 4-4 所示。

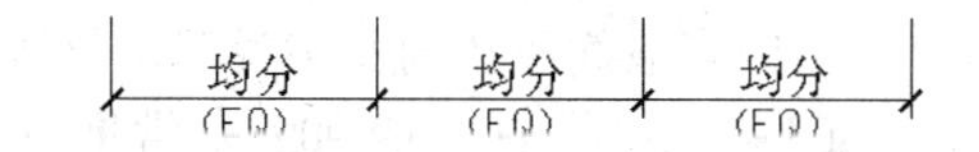

图 4-4 用“均分”或“EQ”字样表示定位尺寸

4. 文字说明

对于一幅完整的图样中用图线方式表现得不充分和无法用图线表示的地方，需要进行文字说明，例如，设计说明、材料说明、构配件名称、构造做法、统计表及图名等。文字说明是图纸内容的重要组成部分，制图规范对文字标注中的字体、字的大小、字体字号搭配等方面作了一些具体规定。

（1）一般原则：字体端正，排列整齐，清晰准确，美观大方，避免过于个性化的文字标注。

（2）字体：一般标注推荐采用仿宋字体，对于大标题、图册封面、地形图等中的文字，也可采用其他字体，但应易于辨认。

（3）字的大小：标注的文字高度要适中。同一类型的文字应采用同一大小的字。较大的字用于概括性的说明内容，较小的字用于细致的说明内容。文字的字高应从如下系列中选用：3.5mm、5mm、7mm、10mm、14mm、20mm。如需书写更大的字，其高度应按 $\sqrt{2}$ 的比值递增。注意字体及大小搭配的层次感。

5. 常用图示标志

（1）详图索引符号及详图符号：建筑平面图、立面图、剖面图中，在需要另设详图表示

的部位标注一个索引符号，以标明该详图的位置，这个索引符号即详图索引符号。详图索引符号采用细实线绘制，圆圈直径为 10mm。如图 4-5 所示，图中 a～g 用于索引剖面详图，当详图就在本张图纸上时，采用图 a 的形式，详图不在本张图纸时，采用 b～g 的形式。

详图符号即详图编号，用粗实线绘制，圆圈直径为 14mm，如图 4-6 所示。

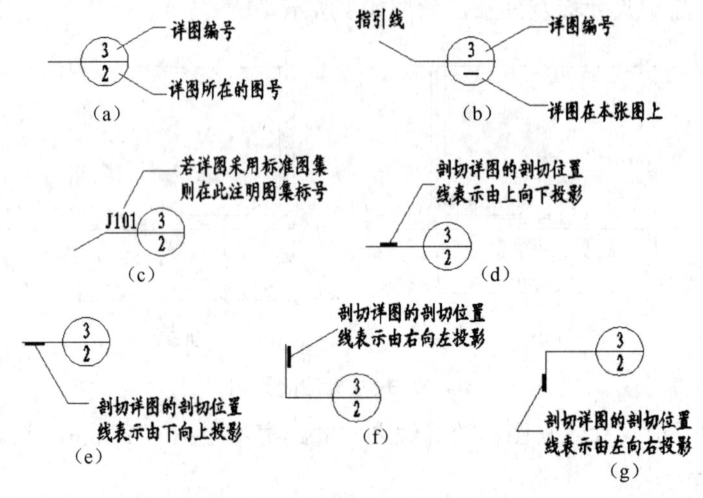

图 4-5　详图索引符号及详图符号

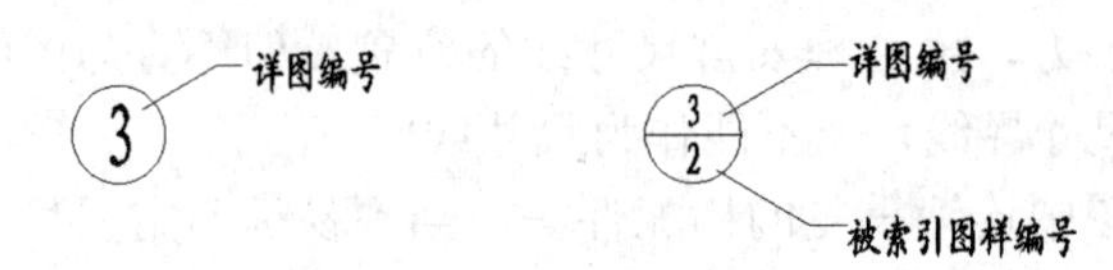

图 4-6　详图编号

（2）引出线：由图样引出一条或多条线段指向文字说明，该线段就是引出线。引出线与水平方向的夹角一般采用 0°、30°、45°、60° 或 90°，常见的引出线形式如图 4-7 所示。如图 a～f 所示为普通引出线，使用多层构造引出线时，注意构造分层的顺序应与文字说明的分层顺序一致，文字说明可以放在引出线的端头。

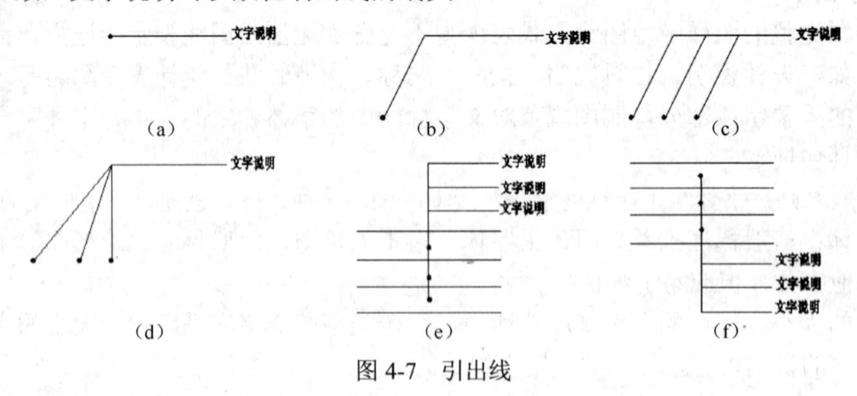

图 4-7　引出线

6. 常用绘图比例

下面列出常用的绘图比例，读者可根据实际情况灵活使用。

- 总图：1∶500，1∶1000，1∶2000。

- 平面图：1∶50，1∶100，1∶150，1∶200，1∶300。
- 立面图：1∶50，1∶100，1∶150，1∶200，1∶300。
- 剖面图：1∶50，1∶100，1∶150，1∶200，1∶300。
- 局部放大图：1∶10，1∶20，1∶25，1∶30，1∶50。
- 配件及构造详图：1∶1，1∶2，1∶5，1∶10，1∶15，1∶20，1∶25，1∶30，1∶50。

4.2.3　建筑制图的内容及编排顺序

1．建筑制图内容

建筑制图的内容包括总图、平面图、立面图、剖面图、构造详图、透视图、设计说明、图纸封面、图样目录等方面。

2．图纸编排顺序

图纸编排顺序一般应为图样目录、总图、建筑图、结构图、给水排水图、暖通空调图、电气图等。对于建筑专业，一般顺序为目录、施工图设计说明、附表（装修做法表、门窗表等)、平面图、立面图、剖面图、详图等。

单元 3　建筑总平面图绘制

总平面图用来表达整个建筑基地的总体布局，表达新建建筑物及构筑物的位置、朝向，以及与周边环境的关系，它是建筑设计中必不可少的要件。如图 4-8 所示为某小区的总平面图。

4.3.1　总平面图绘制概述

总平面专业设计成果包括设计说明书、设计图纸，以及按照合同规定的鸟瞰图、三维模型等。总平面图只是其中的设计图纸部分。在不同的设计阶段，总平面图除了具备基本功能外，表达设计意图的深度和倾向也有所不同。

在方案设计阶段，总平面图着重体现新建建筑物的体积大小，形状以及与周边道路、房屋、绿地、广场和红线之间的空间关系，同时传达室外空间的设计效果。由此可见，方案图在具有必要的技术性的基础上，还强调艺术性。就目前的情况来看，除了绘制 AutoCAD 线条图外，还需要对线条图进行套色、渲染处理或制作鸟瞰图、三维模型等。总之，设计者要尽量展现自己设计方案的优点及魅力，以在竞争中胜出。

在初步设计阶段，设计者需要进一步推敲总平面设计中涉及的各种因素和环节（如道路红线、建筑红线或用地界线、建筑控制高度、容积率、建筑密度、绿地率、停车位数，以及总平面布局、周围环境、空间处理、交通组织、环境保护、文物保护、分期建设等)，推敲方案的合理性、科学性和可实施性，进一步准确落实各种技术指标，深化竖向设计，为施工图的设计做准备。

在施工图设计阶段，总平面图专业成果包括图纸目录、设计说明、设计图纸和计算书。其中设计图纸包括总平面图、竖向布置图、土方图、管道综合图、景观布置图和详图等。总平面图是新建房屋定位、放线，以及布置施工现场的依据，可见，总平面图必须详细、准确、清楚地表达出设计思想。

如图 4-8 所示为某小区的总平面图。

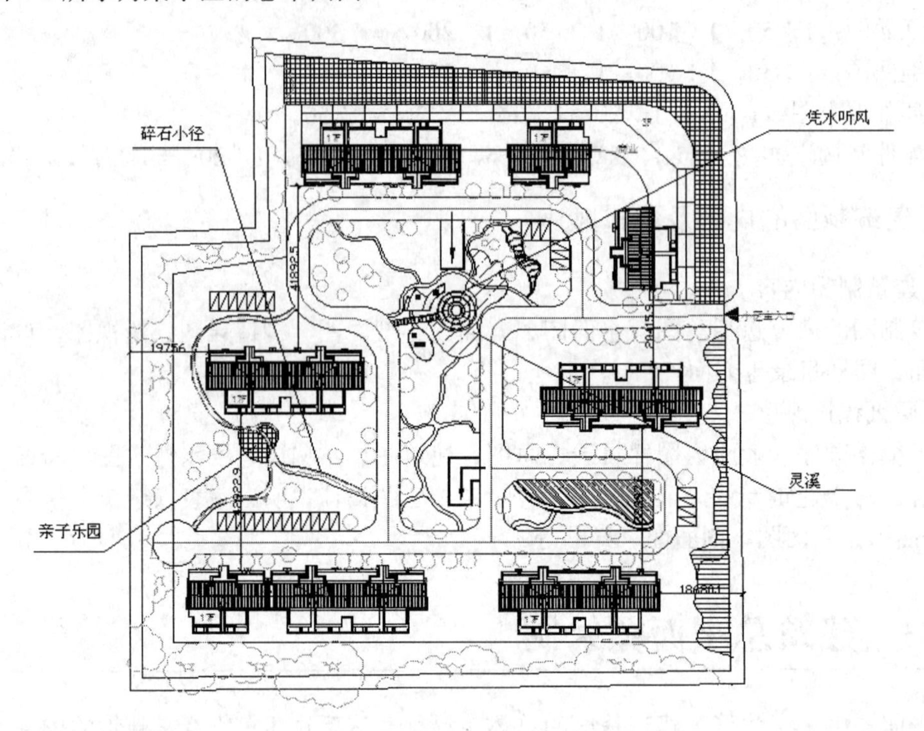

图 4-8　某小区的总平面图

4.3.2　总平面图中的图例说明

1．绘制建筑物

（1）新建建筑物：使用粗实线表示，当有需要时可以在右上角用点数或数字来表示建筑物的层数，如图 4-9 所示。

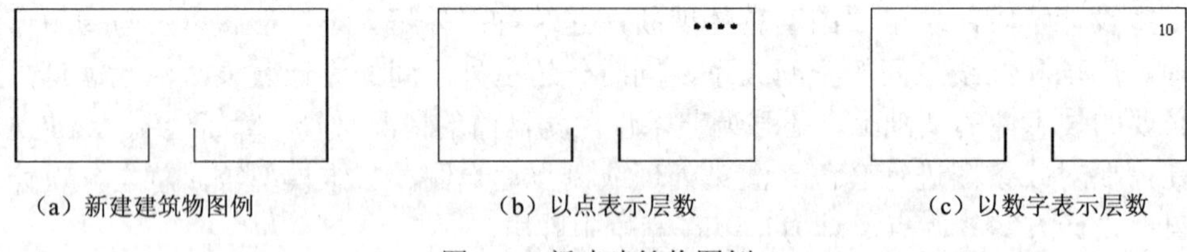

（a）新建建筑物图例　　（b）以点表示层数　　（c）以数字表示层数

图 4-9　新建建筑物图例

（2）旧建筑物：使用细实线表示，如图 4-10 所示。与新建建筑物图例一样，也可以采用在右上角用点数或数字来表示建筑物的层数。

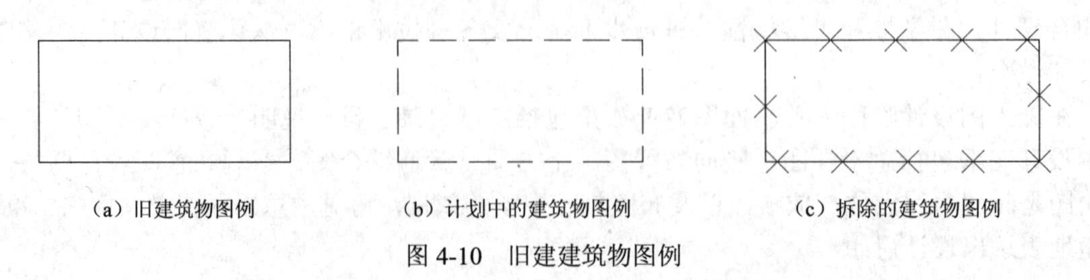

（a）旧建筑物图例　　（b）计划中的建筑物图例　　（c）拆除的建筑物图例

图 4-10　旧建筑物图例

2．用地范围

建筑师手中得到的地形图（或基地图）中一般都标明了本建设项目的用地范围。实际上，并不是所有用地范围内都可以布置建筑物。在此，关于场地界限的几个概念及其关系需要明确，也就是常说的红线及退红线问题。

（1）建设用地边界线

建设用地边界线指业主获得土地使用权的土地边界线，也称为地产线、征地线，如图 4-11 所示的 ABCD 范围。用地边界线范围表明地产权所属，是法律上权利和义务关系界定的范围，但并不是所有用地面积都可以用来开发建设。如果其中包括城市道路或其他公共设施，则要保证它们的正常使用（如图 4-11 所示的用地界限内就包括了城市道路）。

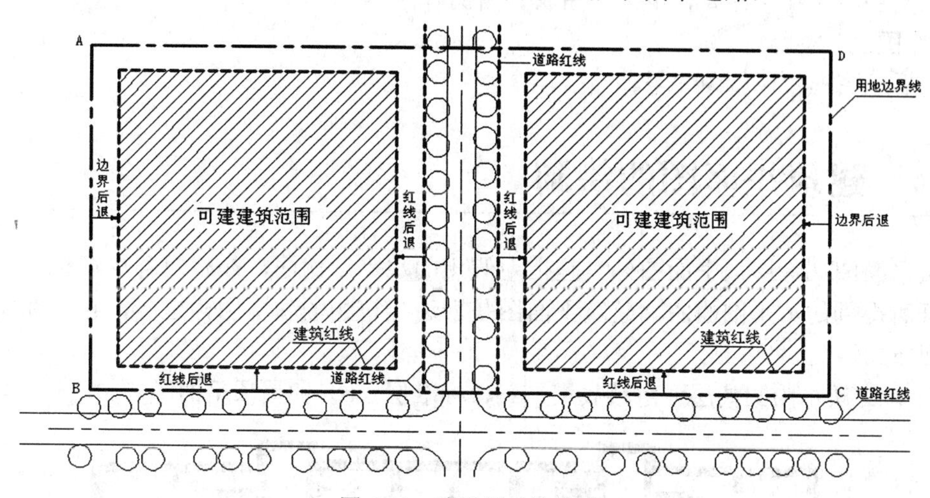

图 4-11　建设用地边界线

（2）道路红线

道路红线是指规划的城市道路路幅的边界线。也就是说，两条平行的道路红线之间为城市道路（包括居住区级道路）用地。建筑物及其附属设施的地下、地表部分，如基础、地下室、台阶等不允许突出道路红线。地上部分主体结构不允许突出道路红线，在满足当地城市规划部门的要求下，允许窗罩、遮阳、雨篷等构件突出，具体规定详见《民用建筑设计通则》（GB50357-2005）。

（3）建筑红线

建筑红线是指城市道路两侧控制沿街建筑物或构筑物（如外墙、台阶等）靠邻街面的界线，又称建筑控制线。建筑控制线划定可建造建筑物的范围。由于城市规划要求，在用地界线内需要由道路红线后退一定距离确定建筑控制线，这就称为红线后退。如果考虑到在相邻建筑之间按规定留出防火间距、消防通道和日照间距，也需要由用地边界后退一定的距离，这叫做后退边界。在后退的范围内可以修建广场、停车场、绿化、道路等，但不可以修建建筑物。至于建筑突出物的相关规定，与道路红线相同。

在拿到基地图时，除了明确地物、地貌外，还要清楚其中对用地范围的具体限定，为建筑设计做准备。

4.3.3 绘制总平面图的一般步骤

一般情况下，绘制总平面图一般包括以下四步。

1．地形图的处理

包括地形图的插入、描绘、整理、应用等。

2．总平面布置

包括建筑物、道路、广场、停车场、绿地、场地出入口布置等内容。

3．各种文字及标注

包括文字、尺寸、标高、坐标、图表、图例等内容。

4．布图

包括插入图框、调整图面等。

单元4 建筑平面图的绘制

建筑平面图（除屋顶平面图外）是指用假想的水平剖切面，在建筑各层窗台上方将整幢房屋剖开所得到的水平剖面图。建筑平面图是表达建筑物的基本图样之一，它主要反映建筑物的平面布局情况。

如图4-12所示为某高层住宅楼底层（a）、标准层（b）和屋顶平面图（c）。

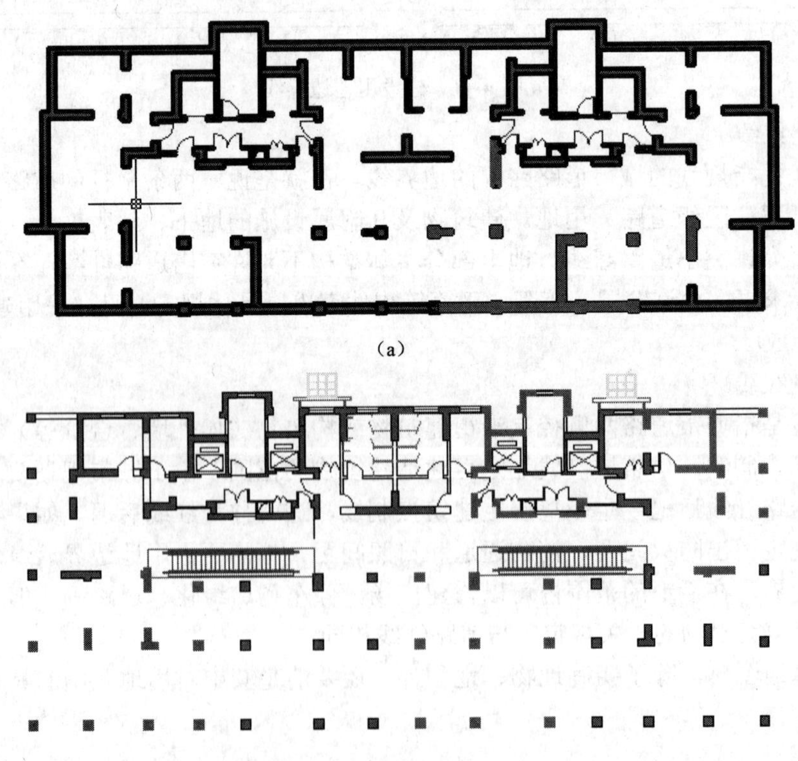

图4-12 建筑平面图

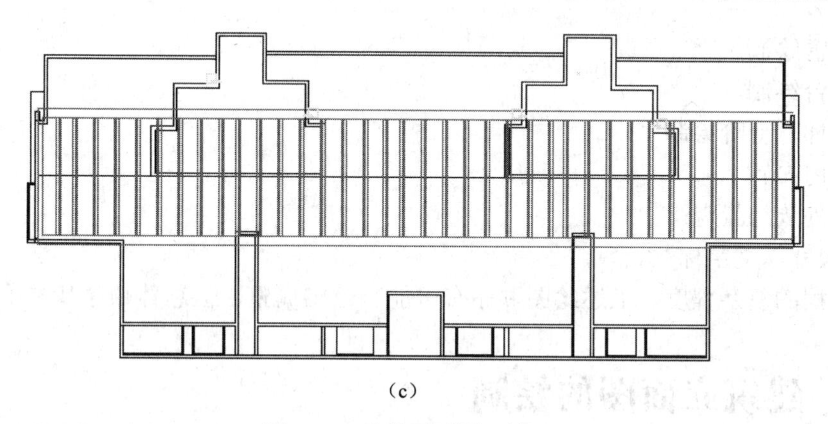

（c）

图 4-12　建筑平面图（续）

4.4.1　建筑平面图绘制概述

本节主要介绍建筑平面图一般包含的内容、类型及绘制平面图的一般方法，为掌握 AutoCAD 2014 的绘图操作做准备。

4.4.2　建筑平面图的内容

建筑平面图是假想在门窗洞口之间用一水平剖切面将建筑物剖成两半，下半部分在水平面（H 面）上的正投影图。在平面图中的主要图形包括墙、柱、门窗、楼梯，以及看到的地面、台阶、楼梯等剖切面以下的构件轮廓。由此可见，从平面图中可以看到建筑的平面大小、形状、空间平面布局、内外交通及联系、建筑构件、配件大小及材料等内容。为了清晰准确地表达这些内容，除了按制图知识和规范绘制建筑构件、配件平面图形外，还需要标注尺寸及文字说明、设置图面比例等。

4.4.3　建筑平面图的类型

1．根据剖切位置不同分类

根据剖切位置不同，建筑平面图可分为地下层平面图、底层平面图、××层平面图、标准层平面图、屋顶平面图和夹层平面图。

2．按不同的设计阶段分类

按不同的设计阶段，建筑平面图可分为方案平面图、初始设计平面图和施工平面图。不同阶段图纸表达的深度不同。

4.4.4　绘制建筑平面图的一般步骤

建筑平面图一般分为以下 10 个步骤。

（1）绘图环境设置。

（2）轴线绘制。

（3）墙线绘制。

（4）柱绘制。

（5）门窗绘制。

（6）阳台绘制。

（7）楼梯、台阶绘制。

（8）室内布置

（9）室外周边景观。

（10）尺寸、文字标注。

根据工程的复杂程度，上述绘图顺序有可能小范围调整，但总体顺序基本不变。

单元5　建筑立面图的绘制

建筑立面图是指用正投影法对建筑各个外墙面进行投影所得到的正投影图。与平面图一样，建筑的立面图也是表达建筑物的基本图样之一，它主要反映建筑物的立面形式和外观情况，这是因为建筑物给人的外表美感主要来自其立面的造型和装修。建筑立面图用来进行研究建筑立面的造型和装修。反映主要入口或比较显著地反映建筑外貌特征的一面的立面图叫做正立面图，其他面的立面图相应地称为背立面图和侧立面图。如果按照房屋的朝向来分，可以称为南立面图、东立面图、西立面图和北立面图。如果按照轴线编号来分，也可以有①-⑥立面图、Ⓐ-Ⓓ立面图等。建筑立面图使用大量图例来表示很多细部，这些细部的构造和做法，一般都另有详图。如果建筑物有一部分立面不平行于投影面，可以将这一部分展开到与投影面平行，再画出其立面图，然后在图名后注写“展开”字样。

如图4-13所示为某别墅的正立面图。

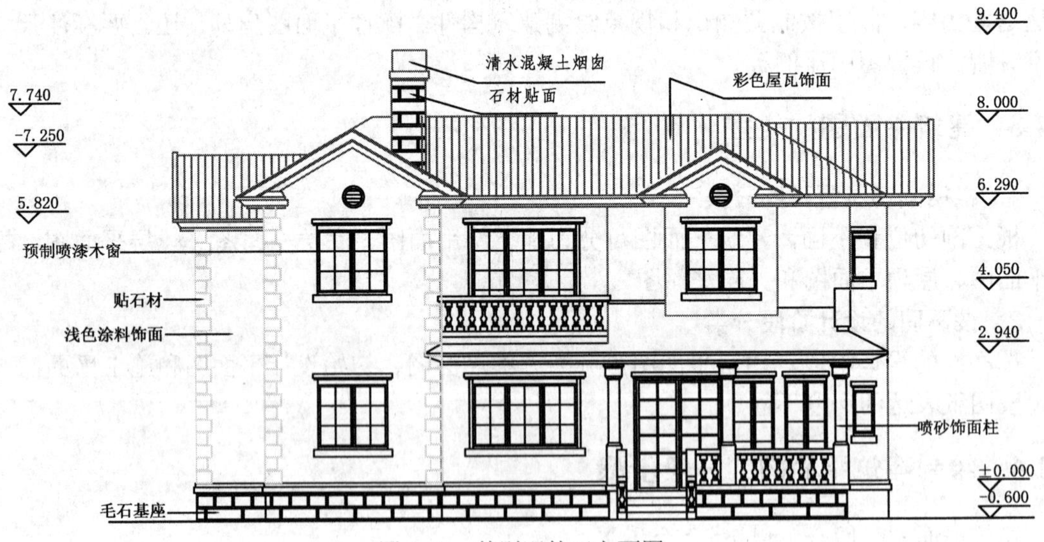

图4-13　某别墅的正立面图

4.5.1　建筑立面图的图示内容

建筑立面图的图示内容主要包括以下四个方面。

（1）室内外的地面线、房屋的勒脚、台阶、门窗、阳台、雨篷；室外的楼梯，墙和柱；

外墙的预留孔洞、檐口、屋顶、雨水管、墙面修饰构件等。

（2）外墙各个主要部位的标高。

（3）建筑物两端或分段的轴线和编号。

（4）标出各个部分的构造、装饰节点详图的索引符号。使用图例和文字说明外墙面的装饰材料和做法。

4.5.2　建筑立面图的命名方式

建筑立面图命名的目的在于能够一目了然地识别其立面的位置。由此可见，各种命名方式都是围绕“明确位置”这一主题来实施的。至于采取哪种方式，则视具体情况而定。

1．以相对主入口的位置特征命名

以相对主入口的位置特征命名的建筑立面图称为正立面图、背立面图和侧立面图。这种方式一般适用于建筑平面图方正、简单，入口位置明确的情况。

2．以相对地理方位的特征命名

以相对地理方位的特征命名，建筑立面图通常称为南立面图、北立面图、东立面图和西立面图。这种方式一般适用于建筑平面图规整、简单，而且朝向相对正南正北偏转不大的情况。

3．以轴线编号来命名

以轴线编号来命名是指用立面起止定位轴线来命名，如①-⑥立面图、Ⓔ-Ⓐ立面图等。这种方式命名准确，便于查对，特别适用于平面较复杂的情况。

根据国家标准 GB/T-50104，有定位轴线的建筑物，宜根据两端定位轴线号命名立面图；无定位轴线的建筑物可按平面图各面的朝向确定名称。

4.5.3　绘制建筑立面图的一般步骤

从总体上来说，立面图是在平面图的基础上引出定位辅助线确定立面图样的水平位置及大小，然后根据高度、方向的设计尺寸确定立面图样的竖向位置及尺寸，从而绘制出图样。

绘制立面图的一般步骤如下。

（1）绘图环境设置。

（2）确定定位辅助线：包括墙、柱定位轴线、楼层水平定位辅助线及其他立面图样的辅助线。

（3）立面图样绘制：包括墙体外轮廓及内部凹凸轮廓、门窗（幕墙）、入口台阶及坡道、雨篷、窗台、窗楣、壁柱、檐口、栏杆、外露楼梯、各种线脚等内容。

（4）配景：包括植物、车辆、人物等。

（5）尺寸、文字标注。

（6）线型、线宽设置。

【说明】 对上述绘制步骤需要说明的是，并不是绘制完成所有的辅助线后再绘制图样，一般是由总体到局部，由粗到细，一项一项地完成。如果将所有的辅助线一次绘出，则会密密麻麻，不够清晰。

单元6　建筑剖面图的绘制

建筑剖面图就是假想使用一个或多个垂直于外墙轴线的铅垂剖切面，将建筑物剖开后所得到的投影图，简称剖面图。剖面图的剖切方向一般是横向（平行与侧面），当然这也不是绝对的要求。剖切位置一般选择在能反映出建筑物内部构造比较复杂和典型的部位，并应通过门窗的位置。多层建筑物应该选择在楼梯间或层高不同的位置。剖面图上的图名应与平面图上所标注的剖切符号的编号一致，剖面图的断面处理和平面图的处理相同。如图 4-14 所示为某别墅的剖面图。

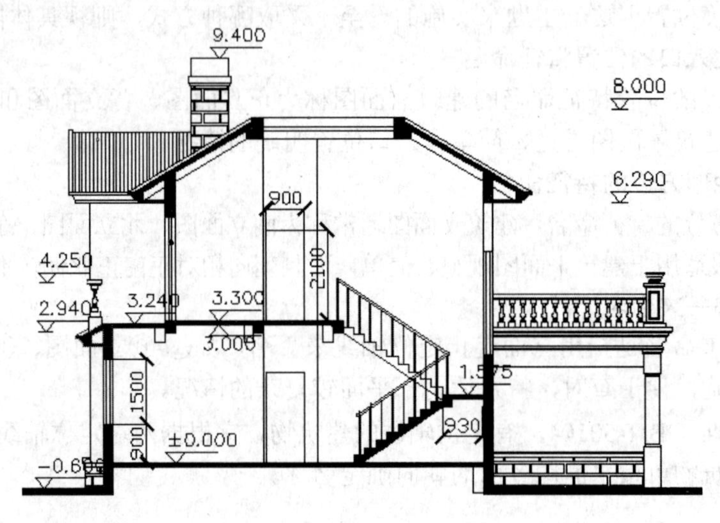

图 4-14　某别墅的剖面图

4.6.1　建筑剖面图的图示内容

剖面图的数量是根据建筑物的具体情况和施工需要来确定的，其图示内容包括以下几个方面。

（1）墙、柱及其定位轴线。

（2）室内底层地面、地沟；各层的楼面、顶棚、屋顶、门窗、楼梯、阳台、雨篷、墙洞、防潮层、室外地面、散水、脚踢板等能看到的内容。习惯上可以不画基础的大放脚。

（3）各个部位完成面的标高：室内外地面、各层楼面、各层楼梯平台、檐口或女儿墙顶面、楼梯间顶面、电梯间顶面的标高。

（4）各部位的高度尺寸：包括外部尺寸和内部尺寸。外部尺寸包括门、窗洞口的高度，层间高度以及总高度。内部尺寸包括地坑深度、隔断、搁板、平台、室内门窗的高度。

（5）楼面和地面的构造。一般采用引出线指向所说明的部位，按照构造的层次顺序，逐层加以文字说明。

（6）详图的索引符号。

4.6.2　剖切位置及投射方向的选择

根据规范规定，剖面图的剖切部位应根据图纸的用途或设计深度，在平面图上选择空间

复杂，能够反映全貌、构造特征，以及具有代表性的部位剖切。

投射方向一般宜向左、向上，当然也需要根据工程情况而定。剖切符号标在底层平面图中，短线的指向为投射方向。剖面图编号标在投射方向一侧，剖切线若有转折，应在转角的外侧加注与该符号相同的编号。

4.6.3 绘制建筑剖面图的一般步骤

建筑剖面图一般在平面图、立面图的基础上，并参照平、立面图绘制。其一般绘制步骤如下。

（1）绘图环境设置。

（2）确定剖切位置和投射方向。

（3）绘制定位辅助线：包括墙、柱定位轴线，楼层水平定位辅助线及其他剖面图样的辅助线。

（4）剖面图样及看线绘制：包括剖到和看到的墙柱、地坪、楼层、屋面、门窗（幕墙）、楼梯、台阶及坡道、雨篷、窗台、窗楣、檐口、阳台、栏杆、各种线脚等内容。

（5）配景：包括植物、车辆、人物等。

（6）尺寸、文字标注。

至于线型、线宽的设置，则贯穿到绘图过程中去。

单元 7 建筑详图的绘制

前面介绍的平面、立面、剖面图均是全局性的图纸，由于比例的限制，不可能将一些复杂的细部或局部情况表示清楚，因此需要将这些细部和局部的构造、材料及相互关系采用较大的比例详细绘制出来，以指导施工。这样的建筑图形称为详图，也称大样图。对于局部平面（如厨房、卫生间）放大绘制的图形，习惯叫做放大图。需要绘制详图或局部平面放大图的位置一般包括室内外墙节点、楼梯、电梯、厨房、卫生间、门窗、室内外装饰等。

内外墙节点一般用平面和剖面表示，常用比例为 1∶20。平面节点详图表示出墙、柱或构造柱的材料和构造关系。剖面节点详图即常说的墙身详图，需要表示出墙体与室内外地坪、楼面、屋面的关系，同时表示出相关的门窗洞口、梁或圈梁、雨篷、阳台、女儿墙、檐口、散水、防潮层、屋面防水、地下室防水等构造的做法。墙身详图可以从室内外地坪、防潮层处开始一直画到女儿墙压顶。为了节省图纸，在门窗洞口处可以断开，也可以重点绘制地坪、中间层、屋面处的几个节点，而将中间层重复使用的节点集中到一个详图中表示。节点编号一般由上到下编号。如图 4-15 所示为台阶的结构详图。

4.7.1 建筑详图的图示内容

1. 楼梯详图

包括平面、剖面和节点 3 部分。平面、剖面常用 1∶50 的比例绘制，楼梯中的节点详图可以根据对象大小酌情采用 1∶5、1∶10、1∶20 等比例。楼梯平面图与建筑平面图不同之处在于：它只需绘制出楼梯及四面相接的墙体；而且， 楼梯平面图需要准确地表示出楼梯间净

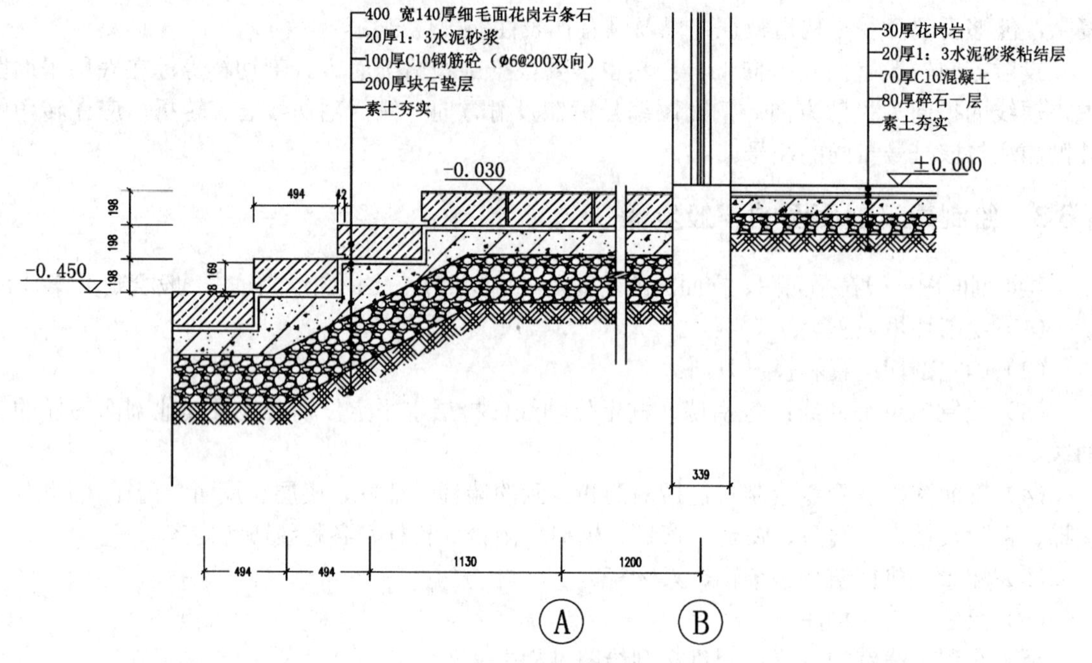

图 4-15　台阶的结构详图

空、梯段长度、梯段宽度、踏步宽度和级数、栏杆（栏板）的大小及位置，以及楼面、平台处的标高等。楼梯间剖面图只需绘制出与楼梯相关的部分，相邻部分可用折断线断开。选择在底层第一跑梯并能够剖到门窗的位置剖切，向底层另一跑梯段方向投射。尺寸需要标注层高、平台、梯段、门窗洞口、栏杆高度等竖向尺寸，并应标注出室内外地坪、平台、平台梁底面的标高。水平方向需要标注定位轴线及编号、轴线尺寸、平台、梯段尺寸等。梯段尺寸一般用“踏步宽（高）×级数=梯段宽（高）”的形式表示。此外，楼梯剖面上还应注明栏杆构造节点详图的索引编号。

2．电梯详图

一般包括电梯间平面图、机房平面图和电梯间剖面图 3 部分，常用 1∶50 的比例绘制。平面图需要表示出电梯井、电梯厅、前室相对定位轴线的尺寸及自身的净空尺寸，表示出电梯图例及配重位置、电梯编号、门洞大小及开口形式、地坪标高等。机房平面需要表现出设备平台位置及平面尺寸、顶面标高、楼面标高，以及通往平台的梯子形式等内容。剖面图需要剖在电梯井、门洞处，表示出地坪、楼层、地坑、机房平台的竖向尺寸和高度，标注出门洞高度。为了节约图纸，中间相同部分可以折断绘制。

3．厨房、卫生间放大图

根据其大小可酌情采用 1∶30、1∶40、1∶50 的比例绘制。需要详细表示出各种设备的形状、大小、位置、地面设计标高、地面排水方向，以及坡度等，对于需要进一步说明的构造节点，需标明详细索引符号、绘制节点详图或引用图集。

4．门窗详图

一般包括立面图、断面图节点详图等内容。立面图常用 1∶20 的比例绘制，断面图常用 1∶5 的比例绘制，节点图常用 1∶10 的比例绘制。标准化的门窗可以引用有关标准图集，说明其门窗图集编号和所在位置。根据《建筑工程设计文件编制深度规定》（2003 年版），非标准的

门窗、幕墙需绘制详图。如委托加工，需绘制出立面分格图，标明开取扇、开取方向，说明材料、颜色，以及与主体结构的连接方式等。

对详图而言，详图兼有平面图、立面图、剖面图的特征，它综合了平面图、立面图、剖面图绘制的基本操作方法，并具有自己的特点，只要掌握一定的绘图程序，难度不大。真正的难度在于对建筑构造、建筑材料、建筑规范等相关知识的掌握。

通过对建筑详图的说明，读者已经清楚地了解了建筑详图的绘制内容，具体如下所示。

（1）具有详图编号，而且要求对应平面图上的剖切符号编号。

（2）详图说明的建筑屋面、楼层、地面和檐口的构造。

（3）详图说明楼板与墙的连接情况以及楼梯梯段与梁、柱之间的连接情况。

（4）详细说明门窗顶、窗台及过梁的构造情况。

（5）详细说明勒脚、散水等构造的具体情况。

（6）具有各个部位的标高以及各个细部的大小尺寸和文字说明。

4.7.2　绘制建筑详图的一般步骤

详图绘制的一般步骤如下。

（1）图形轮廓绘制：包括断面轮廓和看线。

（2）材料图例填充：包括各种材料图例的选用和填充。

（3）符号、尺寸、文字等标注：包括设计深度要求的轴线及编号、标高，索引、折断符号和尺寸、说明文字等。

【本章小结】

本章讲述了建筑总平面图、建筑平面图、建筑立面图、建筑剖面图和建筑详图的基本概念、绘制要求及其绘制步骤。

在总平面图的绘制概述中，介绍了方案设计、初步设计、施工图设计三个阶段，讲解了用地范围及其相关术语。为后续的学习做了一定的铺垫。

思考与练习

1．思考题

（1）建筑总平面图能够表达什么？

（2）点平面图中的图例有哪些？

（3）什么是建筑用地边界线？

（4）什么是道路红线？

（5）什么是建筑红线？

（6）红线后退与边界后退有什么不同？

（7）建筑平面图根据剖切位置不同可以分成几类？

（8）建筑立面图的分类方法是什么？

2．认证模拟题

（1）关于矩形说法错误的是？（　　）

A．根据矩形的周长就可以绘制矩形

B．矩形是复杂实体，是多段线

C．矩形可以进行倒圆、倒角

D．已知面积和一条边长度可以绘制矩形

（2）在进行修剪操作时，首先要定义修剪边界，没有选择任何对象，而是直接按回车或空格键，则（　　）。

A．无法进行下面的操作

B．系统继续要求选择修剪边界

C．修剪命令马上结束

D．所有显示的对象作为潜在的剪切边

（3）利用偏移命令不可以（　　）。

A．复制直线　　　　B．创建等距曲线

C．删除图形　　　　D．画平行线

（4）关于ZOOM（缩放）和PAN（平移）的几种说法，哪一个正确？（　　）

A．ZOOM改变实体在屏幕上的显示大小，也改变实体的实际尺寸

B．ZOOM改变实体在屏幕上的显示大小，但不改变实体的实际尺寸

C．PAN改变实体在屏幕上的显示位置，也可改变实体的实际位置

D．PAN改变实体在屏幕上的显示位置，其坐标值也随之改变

（5）现在要将A对象的特性匹配到B对象上，方法是（　　）。

A．调用“特性匹配”，首先选择“源对象”A，然后选择“目标对象”B

B．调用“特性匹配”，首先选择“目标对象”B，然后选择“源对象”A

C．调用“特性匹配”，选择A和B

D．选择A和B，调用“特性匹配”

（6）半径为72.5的圆的周长为（　　）。

A．455.5309　　　　B．16512.9964

C．910.9523　　　　D．261.0327

（7）打开如题图4-1所示的图片。其中上侧第二个点距离底边的距离是（　　）。

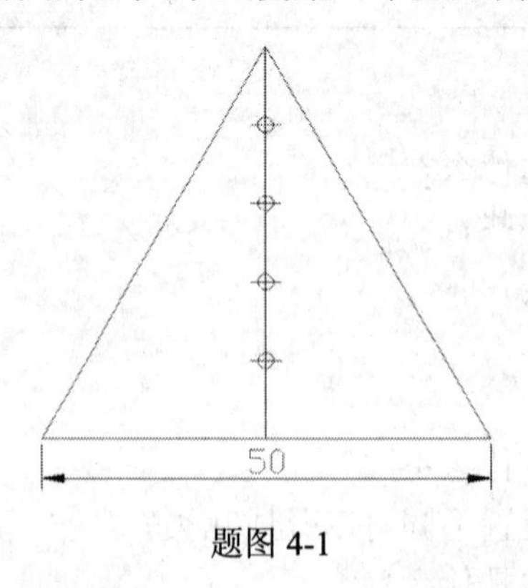

题图4-1

A．25.98　　　　B．34.38　　　　C．17.32　　　　D．28.91

（8）下列说正确的是（　　）。

A．模型空间用于绘制图形的空间，提供了一个二维绘图空间
B．图纸空间是布置图形的空间，提供了一个三维绘图空间
C．模型空间用于绘制图形的空间，提供了一个三维绘图空间
D．模型空间和图纸空间不能切换

（9）不可以通过“图层过滤器特性”对话框中过滤的特性是（　　）。
A．图层名、颜色、线型、线宽和打印样式。
B．打开还是关闭图层。
C．锁定图层还是解锁图层。
D．图层是 ByLayer 还是 ByBlock

（10）在“设计中心”的树状视图框中选择一个图形文件，下列哪一个不是“设计中心”中列出的项目？（　）
A．标注样式　　B．外部参照　　C．打印样式　　D．布局

3．观察下面图形是什么图

请观察如题图 4-2～题图 4-6 所示的图是平面图、立面图、剖面图还是详图？

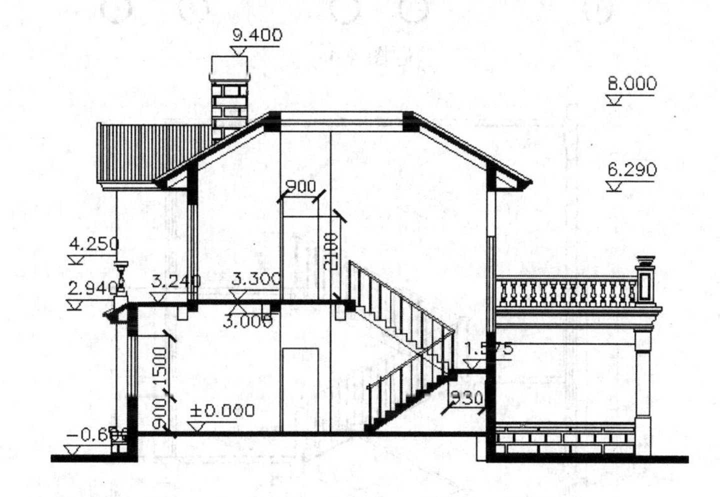

题图 4-2

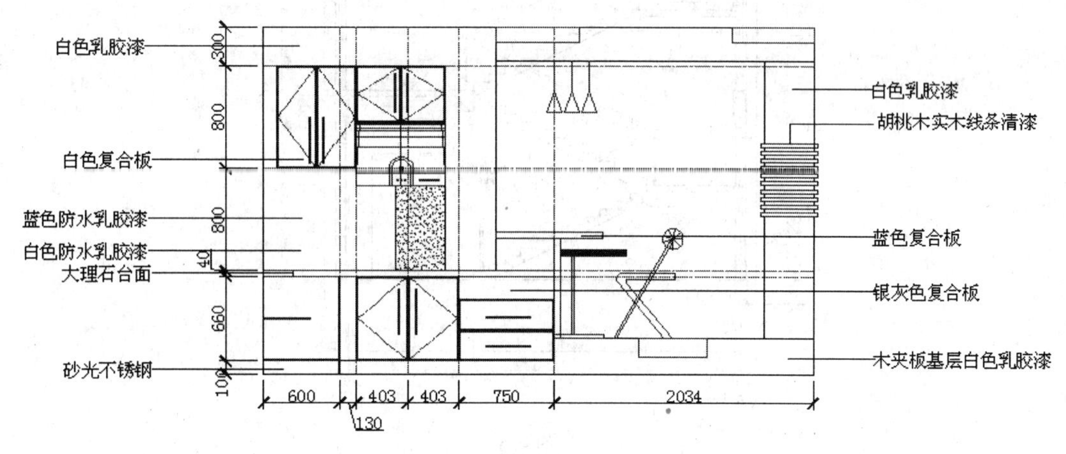

题图 4-3

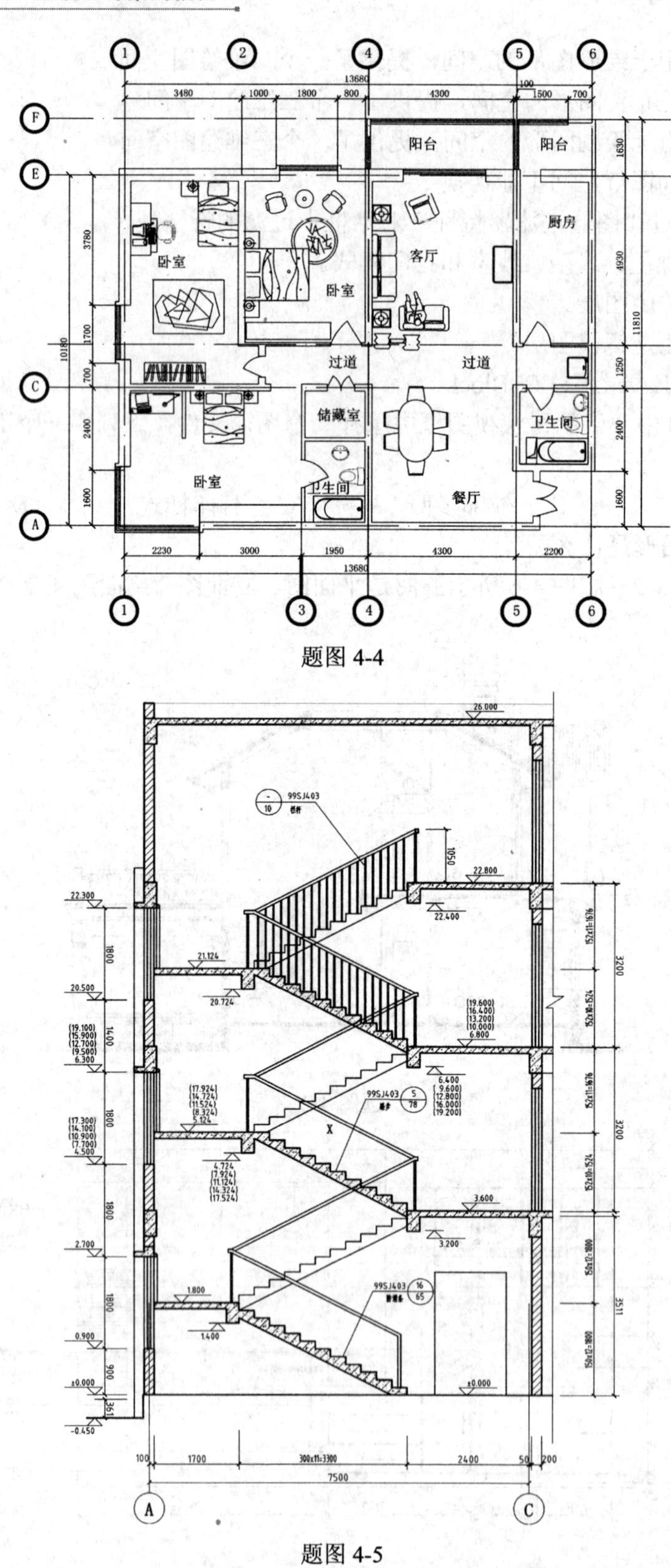

题图 4-4

题图 4-5

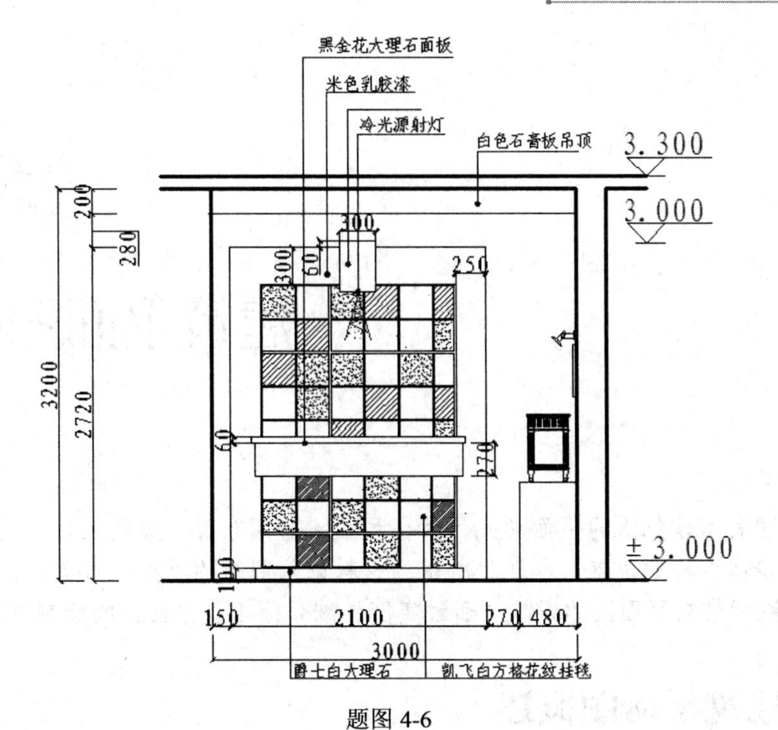
黑金花大理石面板
米色乳胶漆
冷光源射灯
白色石膏板吊顶
3.300
3.000
±3.000
3200
2720
200
280
300
300
60
250
60
270
100
150
2100
270
480
3000
爵士白大理石
凯飞白方格花纹挂毯

题图 4-6

第5章

建筑平面图的绘制

【本章导读】

建筑平面图表示建筑物的平面形式，大小尺寸、房间布置、建筑入口、门厅及楼梯布置的情况，表明墙体、柱的位置，厚度和所用的材料以及门窗的类型、位置等。本章讲解绘制某住宅楼施工图标准层平面图的过程，通过实例详细介绍建筑平面图的绘制方法。

单元1　建筑平面图概述

本实例建筑物为地上1～5层都采用框架结构，这种结构提供较大地灵活的布置空间，又具有良好的抗震性能。因此，目前这种结构体系已在住宅楼、住宅、公寓、饭店、教学楼等房屋建筑中得到广泛地应用。

【知识要点】

本章将以住宅楼施工图标准层平面图为实例讲解建筑平面图的绘制，该实例是一个比较复杂的平面图，如图5-1所示。大楼由许多房间组成。本实例采用灵活划分的方式，首先绘制轴线、墙体等主要构件，然后绘制门窗、楼梯，最后标注和写文字说明。在绘制墙体过程中，先绘制主墙，后绘制隔墙，最后合并调整。在绘制门窗时，先在墙上开门窗洞，然后在门窗洞上绘制门和窗。

【操作过程】

（1）设置绘图环境。

（2）绘制轴线。

（3）绘制外墙和隔墙。

（4）开门窗洞。

（5）绘制门窗和插入。

（6）绘制楼梯。

（7）尺寸标注和写文字。

（8）绘制轴号和标高。

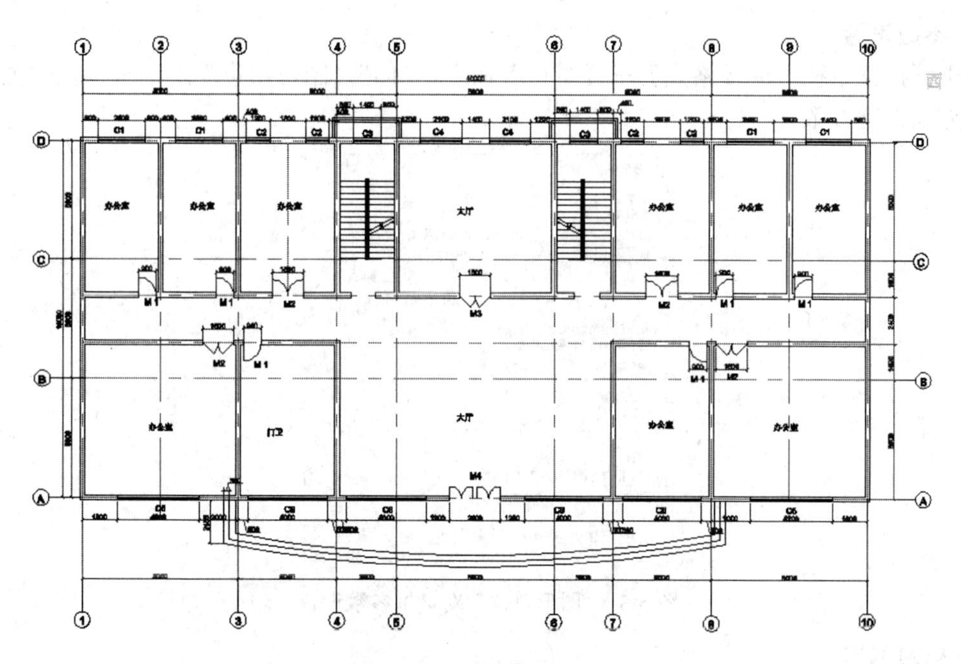

图 5-1　住宅楼标准层平面图

单元 2　住宅楼标准层平面图的绘制

5.2.1　设置绘图环境

【操作步骤】

1．建立新图

单击下拉菜单栏中的【文件】→【新建】命令，打开“选择样板”对话框，选择“acadiso”样板图，如图 5-2 所示。

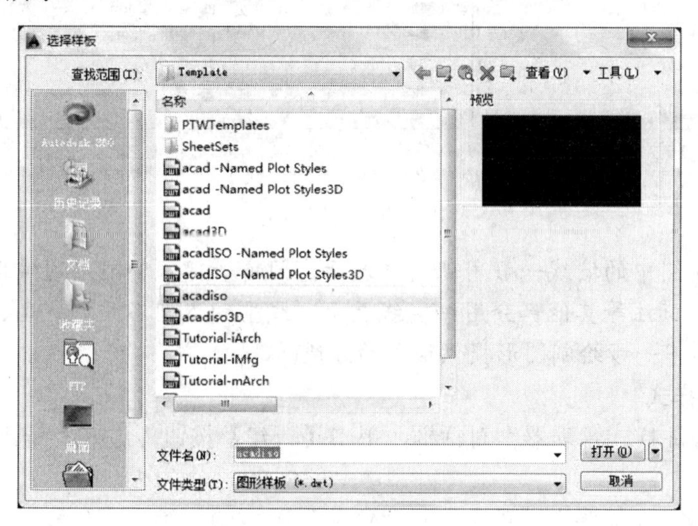

图 5-2　选择样板

2．参数设置

单击下拉菜单栏中的【格式】→【单位】命令，打开“图形单位”对话框，按照如图 5-3 所示的方式设置参数。

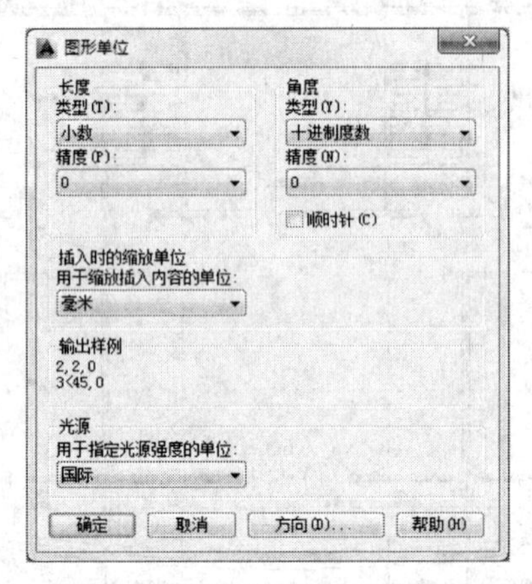

图 5-3 “图形单位”对话框参数设置

3．新建图层

使用“图层特性管理器”对话框，设置新图层如图 5-4 所示。保存图层。单击下拉菜单中的【文件】→【另存为】命令，打开“图形另存为”对话框，在“文件名”列表框中输入“住宅楼标准层平面图”。

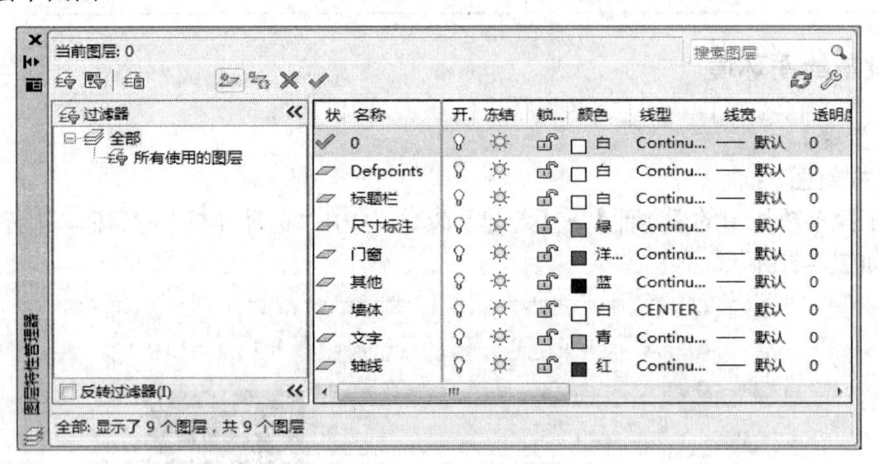

图 5-4 设置图层

【说明】 平面图中的墙线一般用粗实线表示，门窗等建筑物附件通常用中实线表示，轴线用点画线表示，标注等其他部分用细实线表示。线型的类型不同，线型、线宽、颜色的设置都不同，可以为下一步绘制图形提供很大的方便。

4．设置标注样式

（1）打开“标注样式管理器”对话框，单击【新建】按钮，进入“新建标注样式：建筑”对话框。

（2）选择“符号和箭头”选项卡，在“箭头”区域的“第一个”和“第二个”下拉列表

中选择“建筑标记”选项，设置“箭头大小”为1，如图5-5所示。

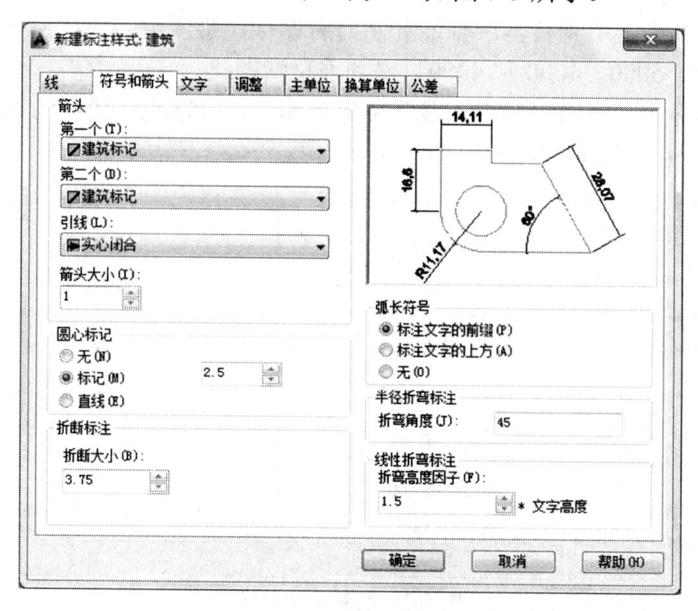

图5-5　“符号和箭头”选项卡参数设置

（3）选择“调整”选项卡，在“调整选项”区域中选择“箭头”单选按钮，在“文字位置”区域中选择“尺寸线上方，带引线”单选按钮，在“标注特征比例”区域中，指定“使用全局比例”为100，如图5-6所示。

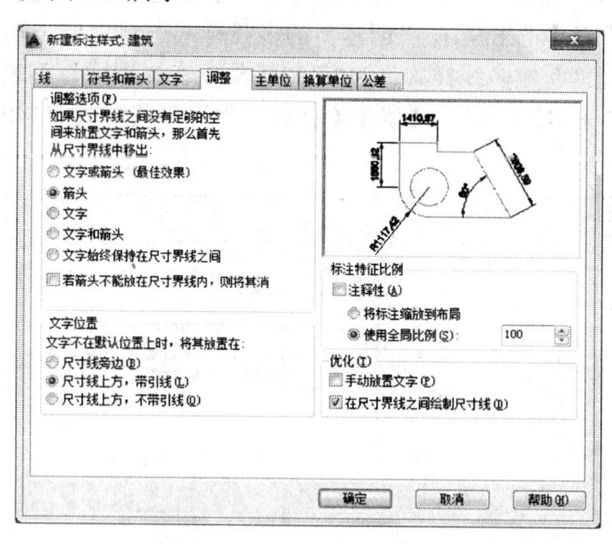

图5-6　“调整”选项卡参数设置

5.2.2　绘制辅助线

（1）设置当前图层为“辅助线”。

（2）按下【F8】功能键，打开“正交”模式。

（3）绘制水平基准轴线，长度为40000，在左端绘制垂直基准轴线，长度为18000。

（4）设置“缩放”“全部缩放”，显示整个图形。

（5）使用偏移命令，将垂直基准轴线分别向右偏移，偏移距离依次为4000、4000、5000、3000、8000、3000、5000、4000和4000，得到垂直辅助线。

（6）使用偏移命令，将水平基准轴线分别向上偏移，偏移距离依次为6000、1800、2400、1800和6000，得到水平辅助线，如图5-7所示。

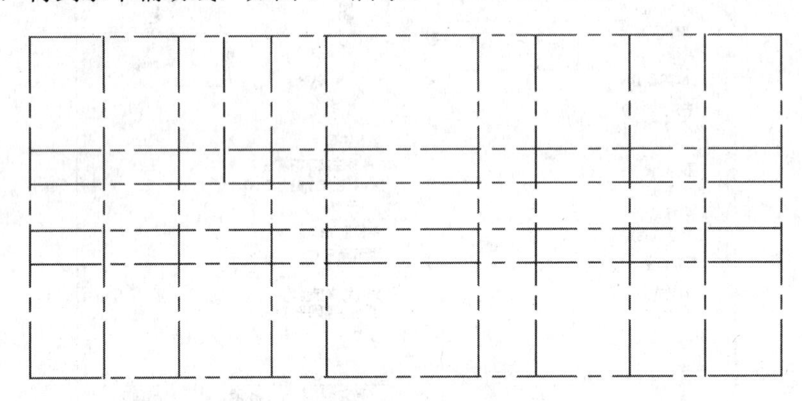

图5-7　绘制辅助轴线

5.2.3　绘制墙体

（1）设置当前图层为“墙体”。

（2）设置多线样式。选择下拉菜单栏中的【格式】→【多线样式】命令，弹出“多线样式”对话框，单击【新建】按钮，在“创建新的多线样式”对话框中输入样式名“240”，单击【继续】按钮，打开“新建多线样式：240”对话框，在“图元”列表框中，将其中图元的偏移量分别设置为120和-120，单击【确定】按钮，保存多线样式“240”，参数设置如图5-8所示。

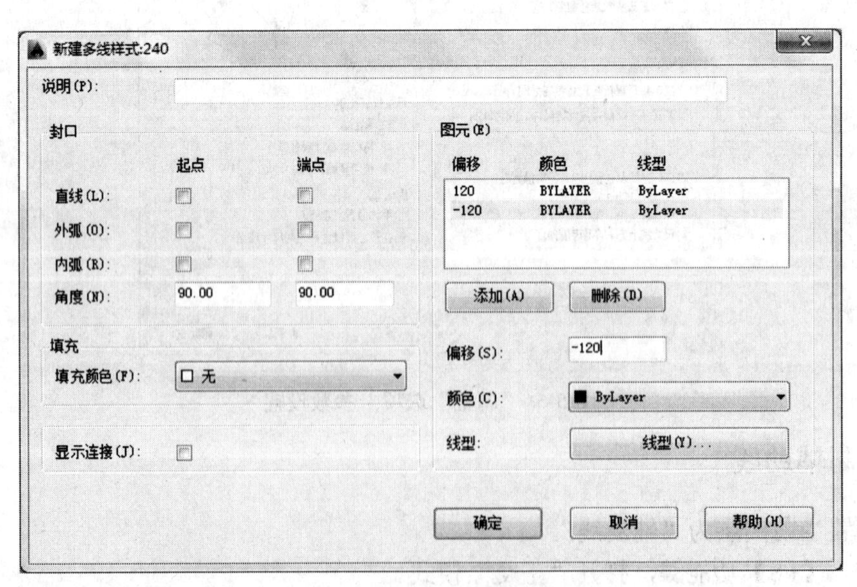

图5-8　设置多线样式

（3）多线样式的调整。选择下拉菜单栏中的【绘图】→【多线】命令，命令行提示如下：

```
命令：_mline                                              //激活多线命令
当前设置：对正 = 上，比例 = 20.00，样式 = 240
指定起点或［对正（J）/比例（S）/样式（ST）]：j              //选择对正选项 j
输入对正类型［上（T）/无（Z）/下（B)］<上>：z               //选择居中对正方式 z
当前设置：对正 = 无，比例 = 20.00，样式 = 240
指定起点或［对正（J）/比例（S）/样式（ST）]：s              //选择多线比例选项 s
输入多线比例 <20.00>：1                                   //输入新比例 1
当前设置：对正 = 无，比例 = 1.00，样式 = 240               //调整结束
```

（4）绘制左边第一单元的墙体。依据辅助线和尺寸进行绘制，如图 5-9 所示。由于该单元的墙体是对称图形，先绘制一半墙体，修改后再镜像完成另一半墙体。

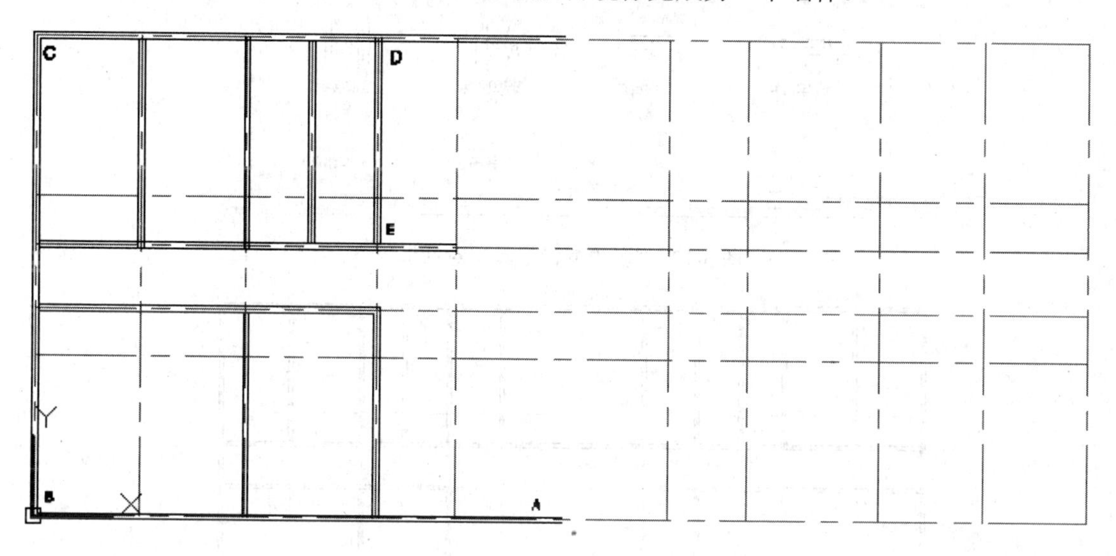

图 5-9　绘制墙体

选择下拉菜单栏中的【绘图】→【多线】命令，命令行提示如下：

```
命令：_mline                                              //激活多线命令
当前设置：对正 = 无，比例 = 1.00，样式 = 240
指定起点或［对正（J）/比例（S）/样式（ST）]：               //指定 A 点
指定下一点：                                              //指定 B 点
指定下一点或［放弃（U）]：                                 //指定 C 点
指定下一点或［闭合（C）/放弃（U）]：                        //指定 D 点
指定下一点或［闭合（C）/放弃（U）]：                        //指定 E 点
指定下一点或［闭合（C）/放弃（U）]：                        //回车，结束第一段多线
```

两次回车，然后绘制其他多线。

（5）编辑墙体线。选择下拉菜单栏中的【修改】→【对象】→【多线】命令，打开“多线编辑工具”对话框，如图 5-10 所示。选择对话框中合适的编辑工具：“T 形合并”和“角点结合”，对墙体逐段进行修改。

（6）编辑墙体，选择下拉菜单栏中的【修改】→【镜像】命令，框选要镜像的所有墙体，右击或者按回车键，然后选择镜像线的两端，按回车键结束命令。修改后的墙体如图 5-11 所示。

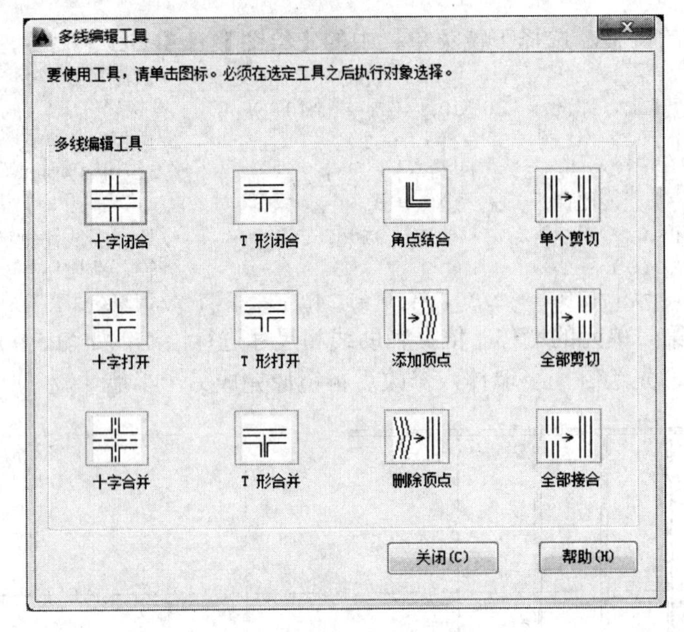

图 5-10 “多线编辑工具”对话框

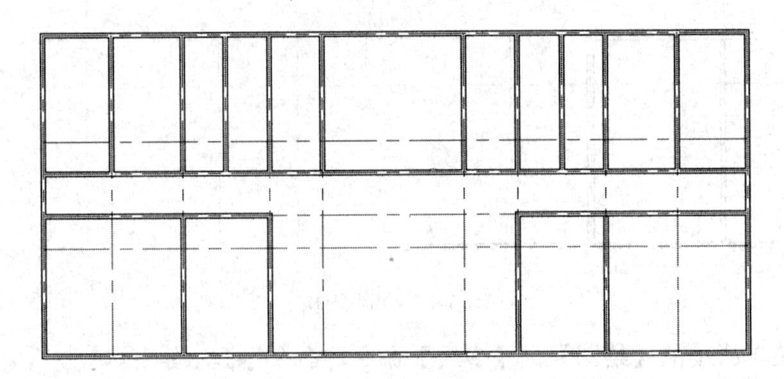

图 5-11 绘制墙体结果

5.2.4 绘制门窗楼梯

1．开门窗洞

（1）根据门窗尺寸和具体位置，在对应的墙体上绘制门窗边界线。

在绘制门窗之前，要在墙体上开门洞和窗洞（以主卧室上的窗为例）。

① 打开“轴线”层，设置“门窗”层位于当前图层。

② 利用偏移命令分别将轴线 2 与轴线 4 向右和向左偏移 800。

③ 修剪墙体，得到门洞。

（2）偏移门窗边界线，得到门窗的具体位置图。

（3）选择修剪命令，对各个门窗洞进行修剪，绘制结果如图 5-12 所示。

2．绘制门

将“门窗”层设置为当前层，使用直线和圆弧命令绘制两个门，如图 5-13 所示。

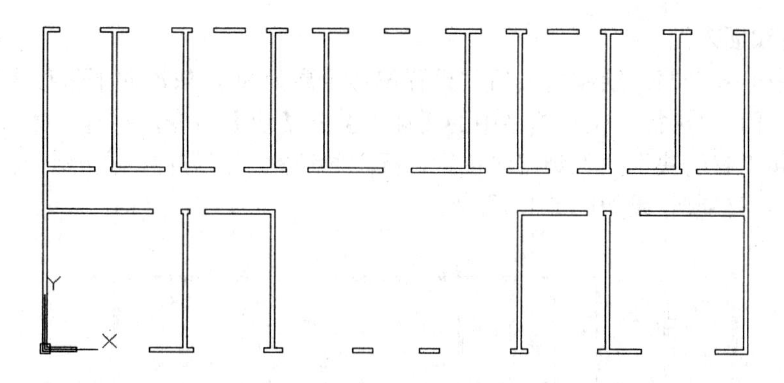

图 5-12 开窗门洞

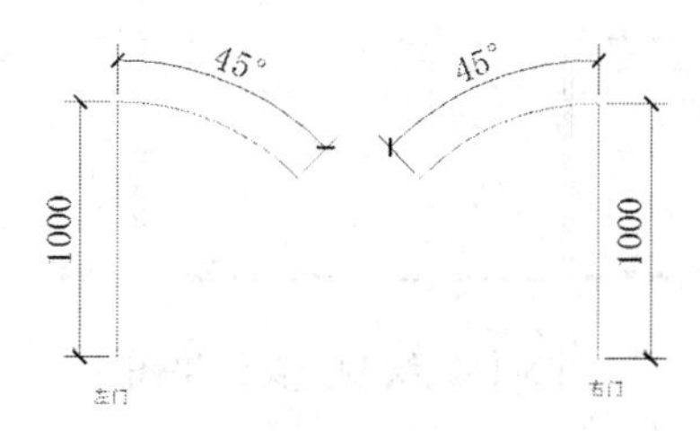

图 5-13 绘制门

3. 使用写块命令，定义门块

在命令行输入：W，然后按回车键，打开“写块”对话框，如图 5-14 所示。“基点”拾取直线下端点，单击“选择对象”按钮，选择左门，在“文件名和路径”文本框中输入块名“左门块”，单击【确定】按钮，完成门块定义。

同理定义右门块。

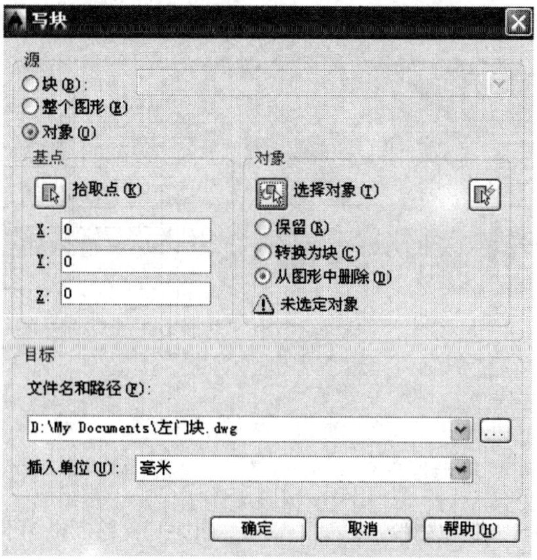

图 5-14 “写块”对话框

4．绘制窗和插入门

（1）绘制中间6个窗。绘制直线后，设置偏移距离为80，依次向下偏移3次。

（2）插入“门”。选择下拉菜单栏中的【插入】→【块】命令，打开“插入”对话框，选择“左门块”和“右门块”插入到门洞位置，插入时注意开门方向，在屏幕上指定旋转角度。

完成全部门窗绘制结果如图5-15所示。

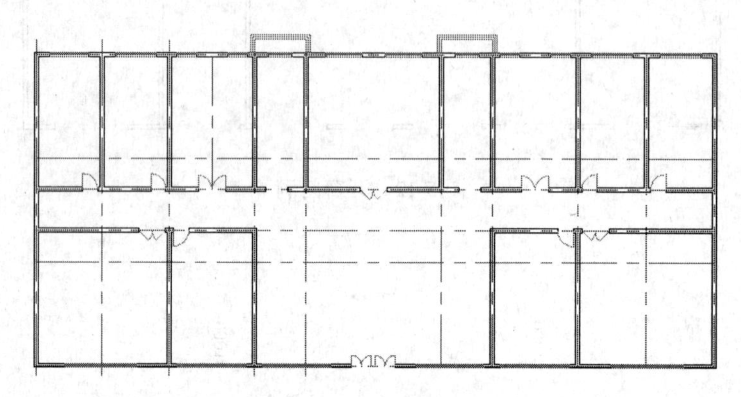

图5-15　绘制门窗结果图

5．绘制进户楼梯

（1）绘制基准线。捕捉楼道两侧房间的墙体中点，绘制直线。

（2）绘制一个60×3900的矩形。

（3）向外偏移矩形，偏移距离为60。

（4）移动矩形到楼道的正中间，然后修剪，如图5-16所示。

（5）绘制楼梯台阶。选择偏移命令，设置偏移距离为300，把中线分别向上和向下各偏移6次，得到全部台阶线。

（6）绘制楼梯的剖切符号参见第二章，如图5-17所示。

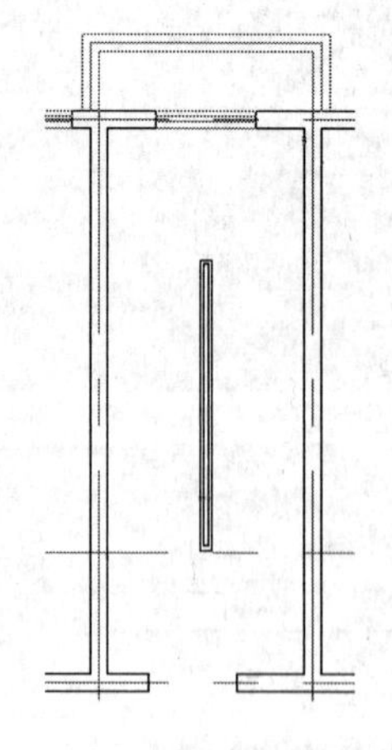

图5-16　进户楼梯

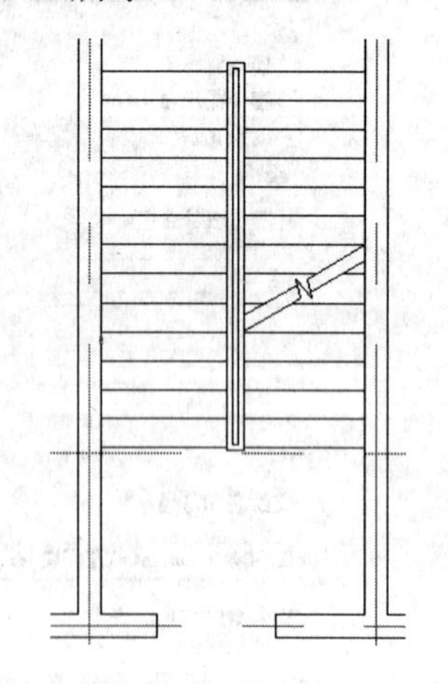

图5-17　绘制楼梯剖切符号

最终完成进户楼梯的绘制，如图5-18所示。

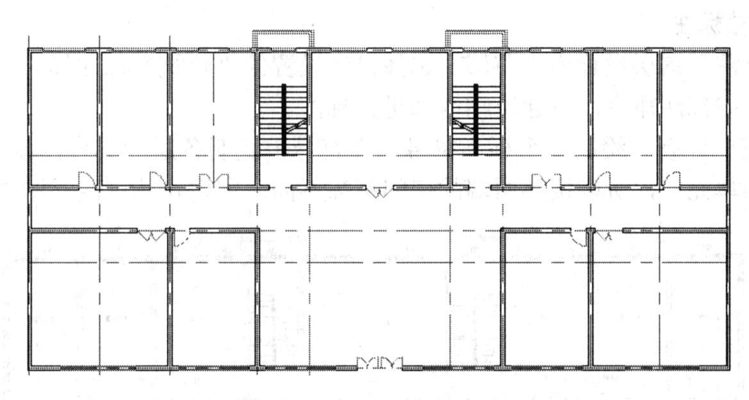

图 5-18 进户楼梯的绘制

5.2.5 绘制阳台

阳台的绘制有多种方法，本次采用圆弧命令的“起点、端点、角度”方式绘制阳台，操作步骤如下。

利用对象捕捉选中点 1，利用正交命令向下绘制直线，尺寸为 2185，绘制出直线 1，2，然后镜像出直线 3，4，命令行提示如下：

```
命令：_arc
指定圆弧的起点或［圆心（C）]:                                //选取图中的点 2
指定圆弧的圆心或［角度（A）/方向（D）/半径（R)]：R        //输入 R 表示以半径方式绘制圆弧
指定圆弧的半径：72500                                      //表示所绘制的圆弧半径为 72500
捕捉另一侧的点 3，完成最外侧的绘制
```

最后利用偏移命令，依次向内侧做 2 次偏移，距离均为 300，绘制结果如图 5-19 所示。

5.2.6 尺寸标注和写文字

1．写文字

将“文字”图层设置为当前层。激活“单行文字”命令，设置文字高度为 300，对各个房间进行标注。然后对门窗、楼梯、阳台窗进行标注，结果如图 5-19 所示。

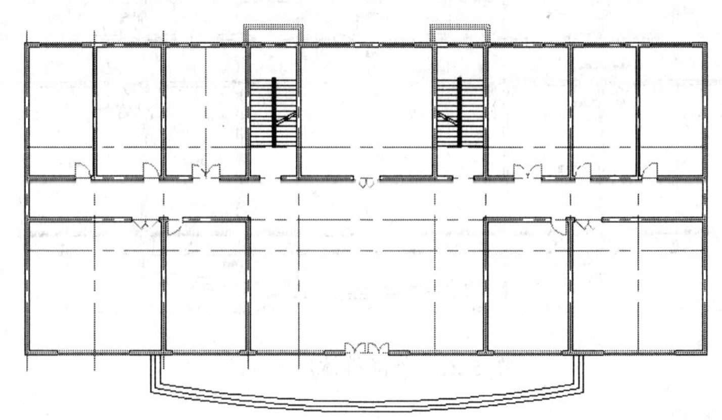

图 5-19 阳台的绘制和文字的标注

2．室内尺寸标注

（1）将“标注”图层设置为当前层，选择已经设置的“建筑”标注样式。

（2）激活对齐标注命令，对建筑物内部进行标注。

（3）标注室内标高。绘制一个标高符号，在符号上注明各层的具体高度。由于本例是一个带室内楼梯的单元房，所以楼梯两端的房间标高不同。室内尺寸标注如图 5-20 所示。

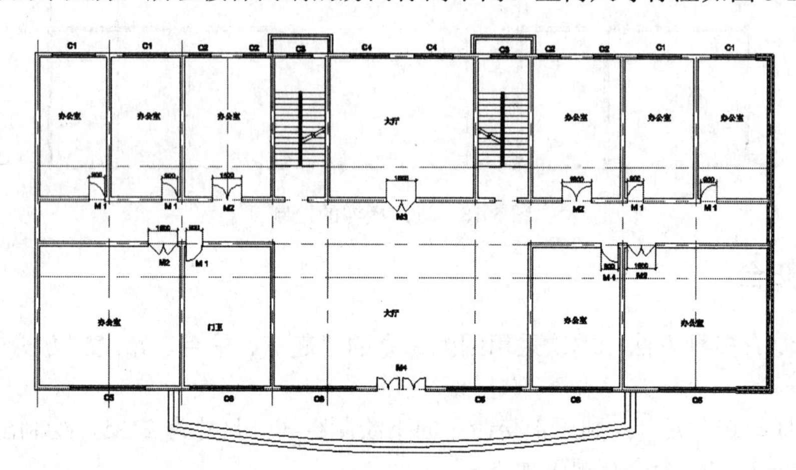

图 5-20　室内尺寸标注

3．外部整体尺寸标注

（1）将“标注”图层设置为当前层，选择已经设置的“建筑”标注样式。

（2）激活对齐标注命令，对建筑物外部的各个建筑部件进行标注。要求尺寸标注符合标注规则，形成多层次的、美观的尺寸标注。外部整体尺寸标注如图 5-21 所示。

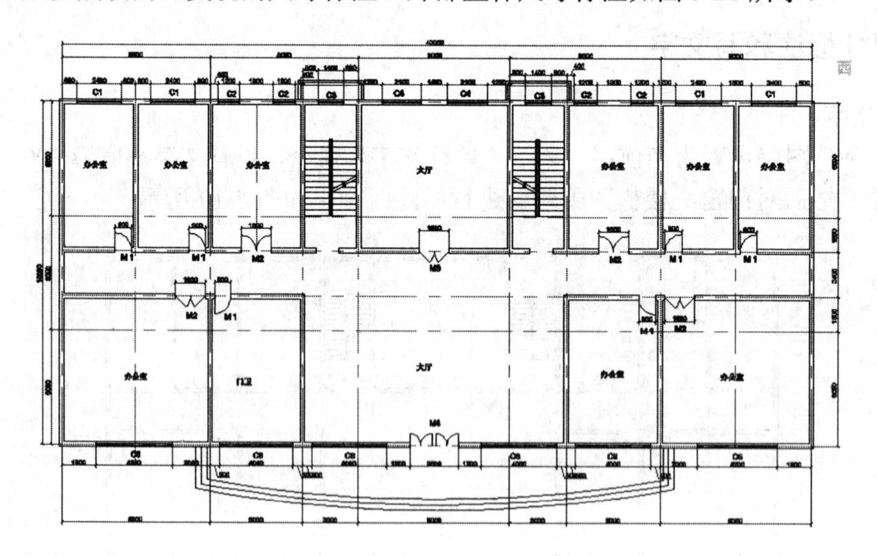

图 5-21　外部整体尺寸标注

4．绘制轴线编号

（1）将“轴线编号”图层设置为当前层。

（2）绘制半径为 400 的圆。

（3）写文字，将文字“A”写到圆心点，设置文字高度为300，完成轴线编号。

（4）复制轴线编号到各个轴线的端点。

（5）双击轴线编号内的文字来逐一修改轴线编号的内容，横向使用1、2、3、4、…进行编号，竖向使用A、B、C、D、…来编号。

（6）最后绘制完成住宅楼标准层的平面图，如图5-22所示。

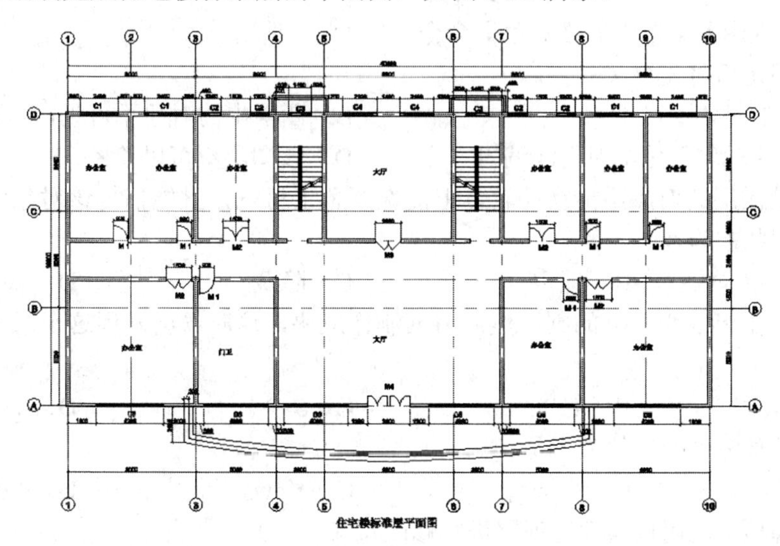

图5-22 绘制完成的住宅楼标准层平面图

思考与练习题5

1．思考题

（1）绘制一张完整的建筑平面图有哪几个步骤？

（2）用多线命令绘制墙体之前，如何设置多线样式？

（3）门块在创建和插入时对图层有何要求？

（4）写块命令与创建块命令有什么不同？

（5）建筑图尺寸标注一般应修改哪些设置？

（6）轴线编号有什么要求？

（7）如何绘制绘制轴线编号？

2．认证模拟题

（1）使用某个命令时，欲了解该命令的操作，可以（　　）。

A．按功能键【F1】　　B．按功能键【F10】

C．按功能键【F2】　　D．按功能键【F12】

（2）文本窗口与图形编辑窗口快速切换的功能键是（　　）。

A．【F2】　　B．【F7】　　C．【F6】　　D．【F8】

（3）哪一个选项将所有图形显示到满绘图区域？（　　）

A．Zoom/窗口（w）　　B．Pan

C. Zoom/范围（E）　　D. Zoom/全部（A）

（4）更改绘图区域、命令行的颜色可以（　　）。

A. 通过【选项】对话框的【显示】选项卡

B. 通过【格式】菜单中的【颜色】命令

C. 通过【视图】菜单中的【渲染】命令

D. 通过【视图】菜单中的【着色】命令

（5）图层锁定后将使得（　　）。

A. 图层中的对象不可见　　B. 图层中的对象不可见，可以编辑

C. 图层中的对象可见，但无法编辑　　D. 该图层不可以绘图

（6）如果某图层的对象不能被编辑，但能在屏幕上可见，且能捕捉该对象的特殊点和标注尺寸，该图层状态为（　　）。

A. 冻结　　B. 锁定　　C. 隐藏　　D. 块

（7）绘制一个半径为 10 的圆，然后将其制作成块，这时候会发现这个圆有几个夹点？（　　）

A. 1 个　　B. 4 个　　C. 5 个　　D. 0 个

（8）插入外部参照的文件类型是（　　）。

A. *.dwt　　B. *.dwg　　C. *.dws　　D. *.dwf

（9）下列哪项不能用块属性管理器进行修改？（　　）

A. 属性文字如何显示

B. 属性的个数

C. 属性所在的图层和属性的颜色，宽度及类型

D. 属性的可见性

（10）插入块的命令 BLOCK，其功能是（　　）。

A. 只能插入块　　B. 只能插入图形文件

C. 可以插入块和图形文件　　D. 可以插入样板文件

3. 绘图题

（1）绘制如题图 5-1 所示的别墅一层平面图。

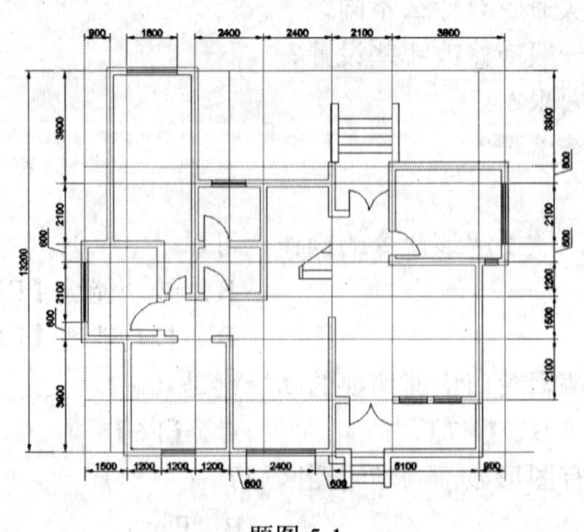

题图 5-1

（2）绘制如题图 5-2 所示的商品房单元平面图。

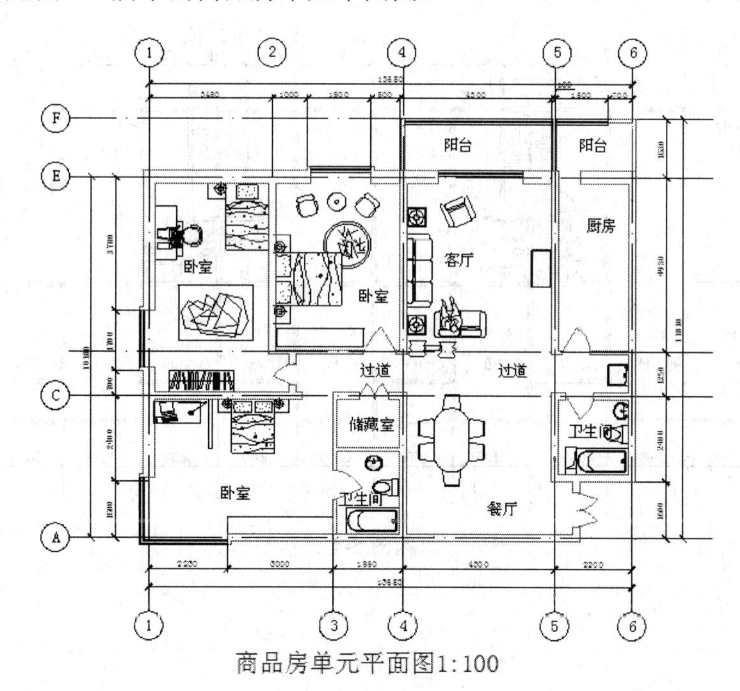

题图 5-2

（3）绘制如题图 5-3 所示的两室两厅平面图。

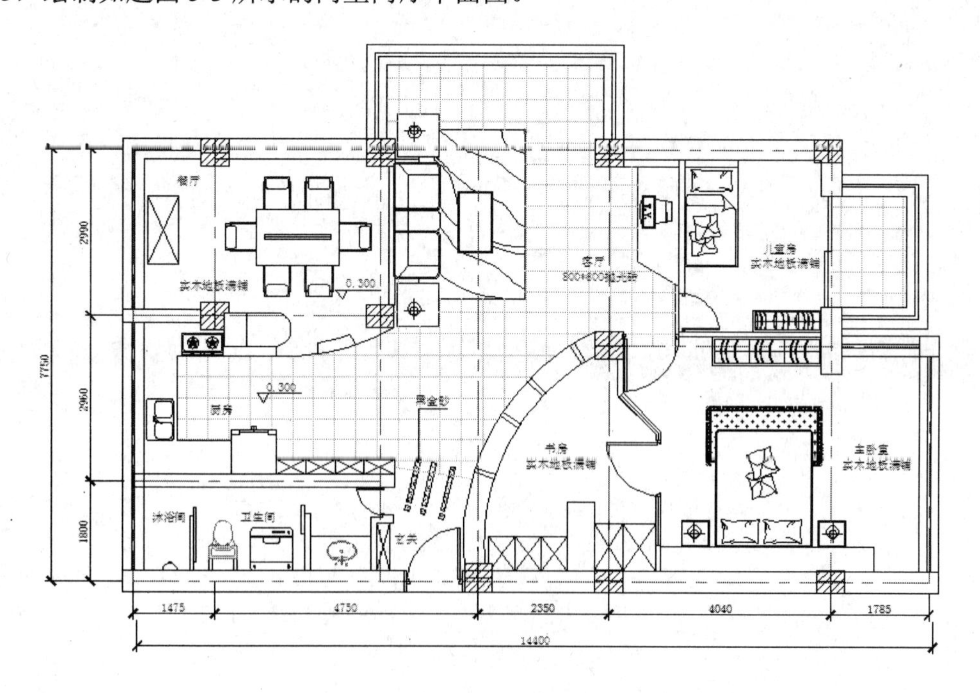

题图 5-3

（4）绘制如题图 5-4 所示的商品楼平面图。

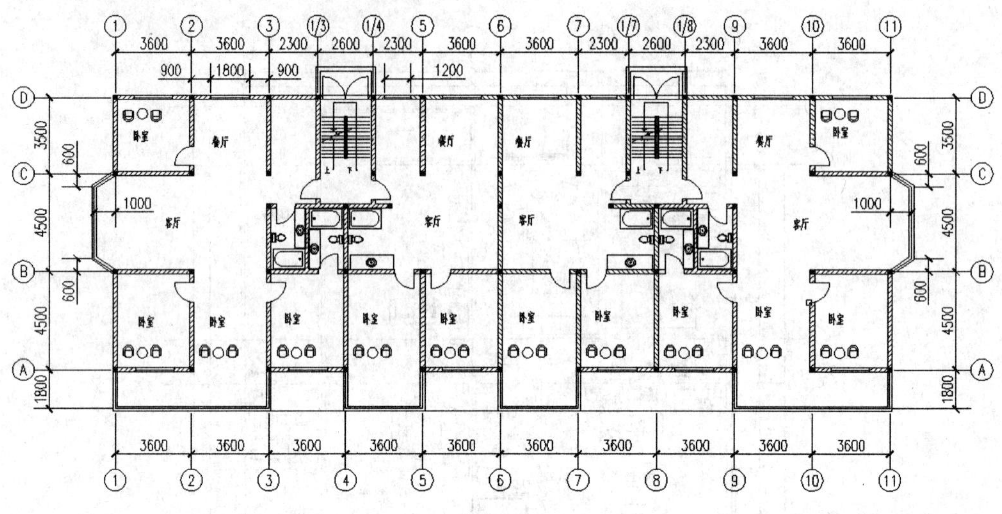

题图 5-4

第 6 章

建筑立面图绘制

【本章导读】

建筑立面图是指使用正投影法对建筑物各个外墙面进行投影所得到的正投影图。与上一章平面图一样，建筑立面图也是表达建筑物的基本图样之一，它主要反映建筑物的外貌形状，屋面、门窗、阳台、雨篷、台阶等形式和位置，建筑物垂直方向各部分的高度，艺术造型的效果和外部装饰做法等。

本章以某办公楼实例讲述建筑立面图的绘制方法和操作技巧。

单元 1　设置绘图环境

办公楼的立面图主要表现建筑物的立面及建筑外形轮廓，如房屋的总高度、檐口、屋顶的形状及大小等；还表示墙面、屋顶等各部分使用的建筑材料等；同时也表示门、窗的式样；室外台阶、雨篷、雨水管的形状及位置等。

用 AutoCAD 2014 绘制建筑立面图，通常先根据轴线尺寸画出竖向轴线，依据标高确定水平轴线，再根据轴线绘制立面图。但对立面图本身，没有十分固定的绘制方法，绘图过程随建筑立面图的复杂程度和绘制者的绘图习惯而不同。

本章将以如图 6-1 所示的办公楼立面图为例，详细讲述建筑立面图的绘制过程及方法。

【操作过程】

（1）设置绘图环境。

（2）绘制轴线。

（3）绘制底层和标准层立面。

（4）立面标注。

1．使用样板创建新图形文件

单击下拉菜单栏中的“标准”→“新建”命令，打开“选择样板”对话框。从列表框中选择样板文件“A3 建筑图模板.dwt”，单击【确定】按钮，进入绘图界面。

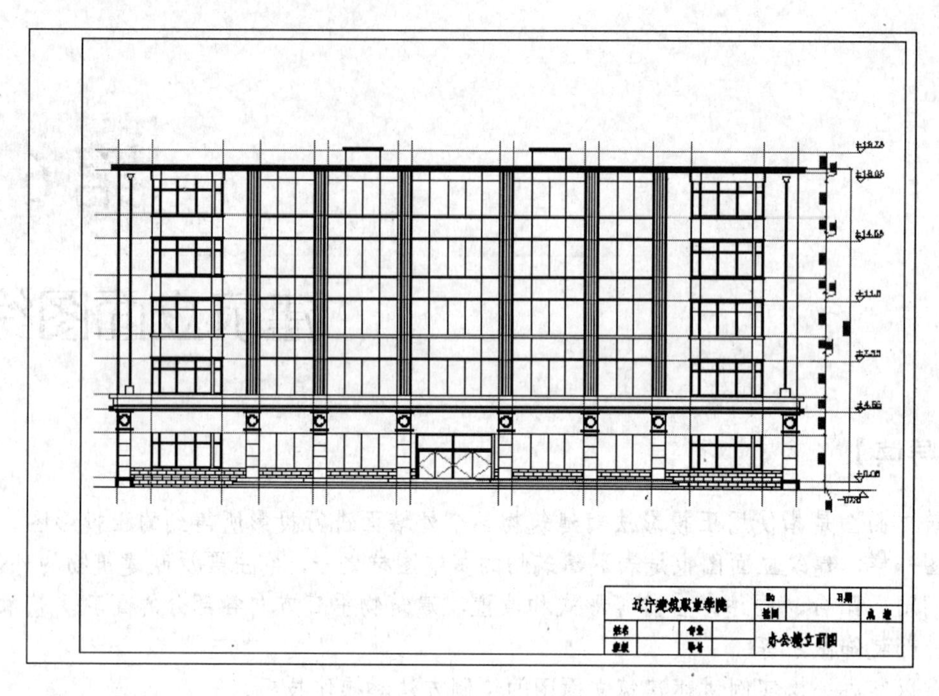

图 6-1　办公楼立面图

2．设置绘图区域

单击下拉菜单栏中的【格式】→【图形界限】命令，命令行提示如下：

```
命令：_limits
重新设置模型空间界限：
指定左下角点或 [开(ON)/关(OFF)] <0.0000，0.0000>：↓  //回车默认左下角坐标为 0，0
指定右上角点 <420.0000，297.0000>：42000，29700    //指定右上角坐标为 42000，29700
```

3．放大图框线和标题栏

单击下拉菜单栏中的【修改】→【缩放】命令，命令行提示如下：

```
命令：_scale
选择对象：指定对角点：找到 3 个                    //选择图框线和标题栏
选择对象：
指定基点：0，0                                     //指定 0，0 点为基点
指定比例因子或 [复制(C)/参照(R)] <1.0000>：100     //指定比例因子为 100
```

4．显示全部作图区域，使用 ZOOM（A）命令进行全部缩放

5．修改标题栏中的文本

（1）在标题栏中双击，打开“增强属性编辑器”对话框。

（2）在“增强属性编辑器”的“属性”选项卡下的列表框中顺序单击各属性，在“值”文本框中依次输入相应的文本。

（3）单击【确定】按钮，标题栏文本编辑完成后如图 6-2 所示。

<table>
<tr><td colspan="4" rowspan="2">辽宁建筑职业学院</td><td>NO</td><td></td><td>日期</td><td></td></tr>
<tr><td>批阅</td><td></td><td></td><td>成绩</td></tr>
<tr><td>姓名</td><td></td><td>专业</td><td></td><td colspan="4" rowspan="2">办公楼立面图</td></tr>
<tr><td>班级</td><td></td><td>学号</td><td></td></tr>
</table>

图 6-2　编辑完成的标题栏文本

6．设置图层

（1）打开“图层特性管理器”对话框，单击【新建】按钮，新建 11 个图层：辅助线、轴线、门窗、墙体、……。

（2）设置颜色。单击“轴线”层对应的颜色图标，设置该层颜色为红色。

（3）设置线型。将“轴线”层的线型设置为“CENTER2”，“立面”层的线型保留默认的“Continuous”实线型。

（4）同理完成其他图层的设置，最后单击【确定】按钮。

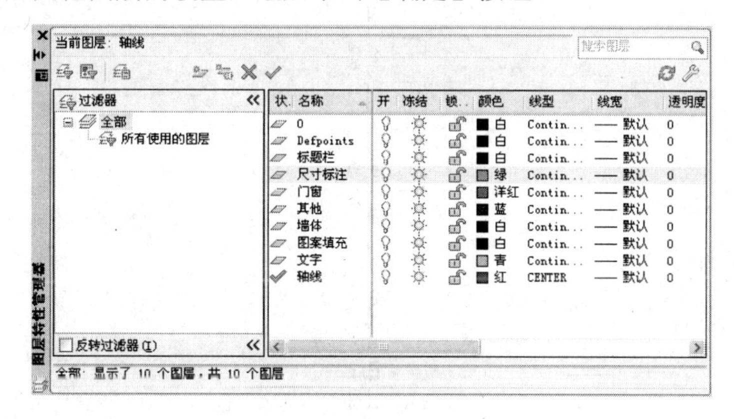

图 6-3 设置图层

7．设置线型比例

在命令行输入线型比例命令 LTS 并按回车键，将全局比例因子设置为 100。

【注意】 在扩大了图形界限的情况下，为使点画线能正常显示，须将全局比例因子按比例放大。

8．设置文字样式和标注样式

（1）本例使用“A3 建筑图模板.dwt”中的文字样式，“汉字”样式采用“仿宋_GB2312”字体，宽度比例设置为 0.8，“数字”样式采用“Simplex.shx”字体，宽度比例设置为 0.8，用于书写数字及特殊字符。

（2）单击下拉菜单栏中的【格式】→【标注样式】命令，打开“标注样式管理器”对话框，选择“建筑”标注样式，然后单击【修改】命令按钮，打开“修改标注样式：建筑”对话框，将“调整”选项卡中“标注特征比例”区域的“使用全局比例”修改为 100。单击【确定】按钮，返回“标注样式管理器”对话框，单击【关闭】按钮，完成标注样式的设置。

单元 2 绘制轴线

轴线用来在绘图时对图形准确定位。

【操作步骤】

（1）将“轴线”图层设置为当前层。单击状态栏中的【正交】按钮，打开正交状态。

（2）执行直线命令，在图幅内适当的位置绘制水平基准线和竖直基准线。

（3）按照如图 6-4 和图 6-5 所示的尺寸，利用偏移命令，绘制出全部轴线。

（4）绘制完成的轴线如图 6-6 所示。

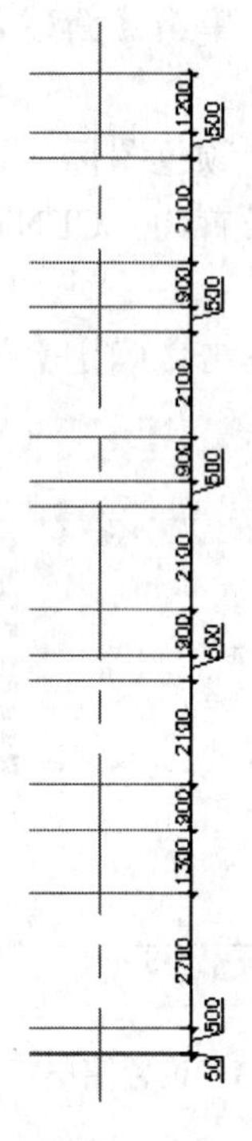

图 6-4 水平轴线

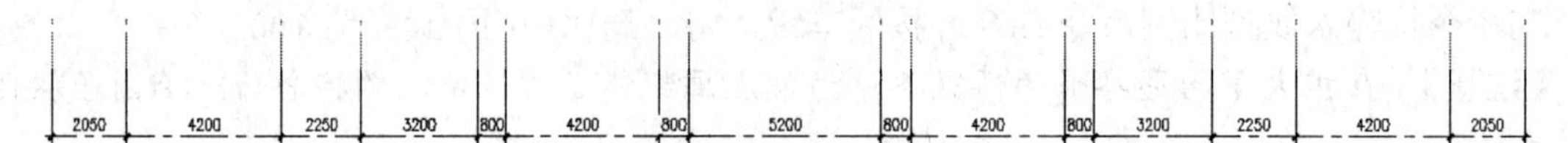

图 6-5 竖直轴线

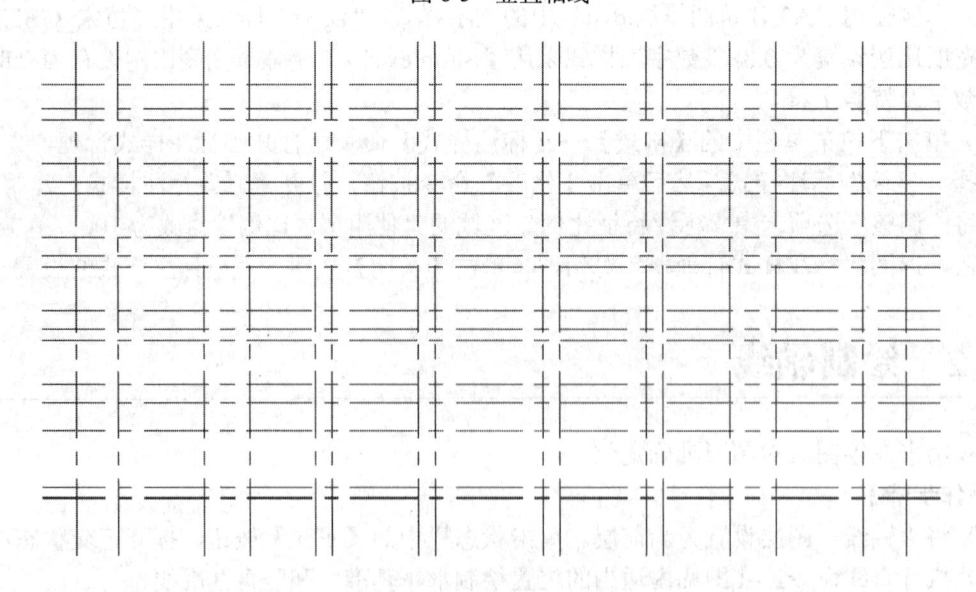

图 6-6 绘制完成的全部轴线

单元 3　绘制底层和标准层立面

6.3.1　绘制底层和标准层的轮廓线

（1）将“立面”层设为当前层，单击状态栏中的“对象捕捉”按钮，打开对象捕捉方式，然后设置捕捉方式为“端点”和“交点”方式。

（2）绘制地坪线。

激活多段线选项，命令行提示如下：

```
命令：_pline                                          //激活多段线命令
指定起点：                                             //捕捉水平基准线的左端点 A
当前线宽为 0.0000
指定下一个点或 [圆弧(A)/半宽(H)/长度(L)/放弃(U)/宽度(W)]：w  //输入 w 并回车设置线宽
指定起点宽度 <0.0000>：30                              //设置起点线宽为 30
指定端点宽度 <0.5000>：30                              //设置端点线宽为 30
指定下一个点或 [圆弧(A)/半宽(H)/长度(L)/放弃(U)/宽度(W)]：
                                                       //捕捉水平基准线的右端点 D
指定下一点或 [圆弧(A)/闭合(C)/半宽(H)/长度(L)/放弃(U)/宽度(W)]：↓ //回车，结束命令
```

（3）绘制底层和标准层的轮廓线。

两次回车键重复多段线命令，命令行提示如下：

```
命令：_pline                                          //激活多段线命令
指定起点：                                             //捕捉轴线的左下角端点 B
当前线宽为 30.0000
指定下一个点或 [圆弧(A)/半宽(H)/长度(L)/放弃(U)/宽度(W)]： //捕捉轴线左上方相应交点 E
指定下一点或 [圆弧(A)/闭合(C)/半宽(H)/长度(L)/放弃(U)/宽度(W)]：
                                                       //捕捉轴线右上方相应交点 F
指定下一点或 [圆弧(A)/闭合(C)/半宽(H)/长度(L)/放弃(U)/宽度(W)]：
                                                       //捕捉轴线右下方相应交点 C
指定下一点或 [圆弧(A)/闭合(C)/半宽(H)/长度(L)/放弃(U)/宽度(W)]：↓
                                                       //回车结束绘制
```

绘制完成的底层和标准层轮廓线如图 6-7 所示。

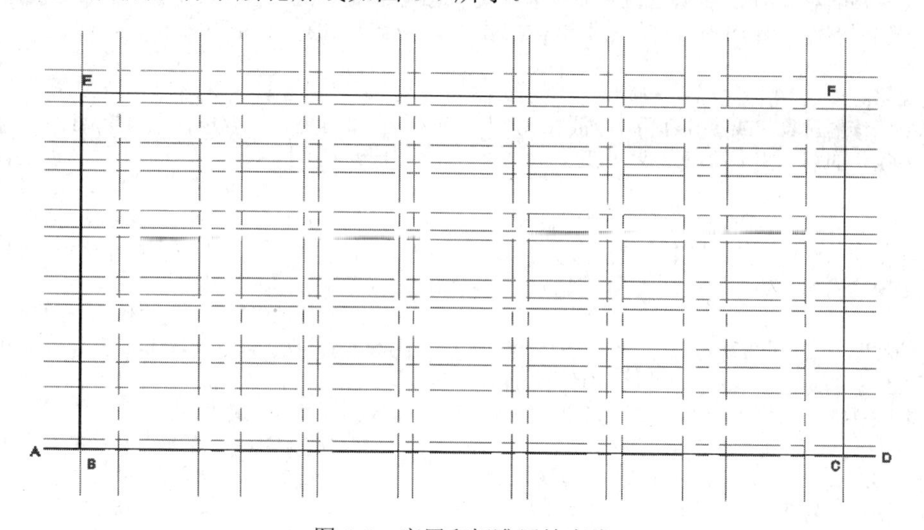

图 6-7　底层和标准层轮廓线

6.3.2 绘制底层和标准层的窗

窗户是立面图上的重要图形对象，在绘制窗之前，先观察一下这栋建筑物上一共有多少种类的窗户，在作图的过程中，每种窗户只需作出一个，其余都可以利用复制命令或阵列命令来实现。

【操作步骤】

（1）将“立面”图层设置为当前层。

（2）绘制底层最左面的窗外轮廓线。

① 激活矩形选项，命令行提示如下：

```
命令：_rectang                                  //激活矩形命令
指定第一个角点或 [倒角(C)/标高(E)/圆角(F)/厚度(T)/宽度(W)]:
                                                //捕捉轴线上窗左下角点的位置 G
指定另一个角点或 [面积(A)/尺寸(D)/旋转(R)]：@4200，2100
                                                //输入窗外轮廓线右上角的相对坐标
```

② 绘制内轮廓线。激活偏移命令，命令行提示如下：

```
命令：_offset                                           //激活偏移命令
当前设置：删除源=否  图层=源  OFFSETGAPTYPE=0
指定偏移距离或 [通过(T)/删除(E)/图层(L)] <1450>：60↓   //输入偏移距离 60 并回车
选择要偏移的对象，或 [退出(E)/放弃(U)] <退出>：          //选择窗轮廓线 GM 和 LR
指定要偏移的那一侧上的点，或 [退出(E)/多个(M)/放弃(U)] <退出>：//在窗内侧单击
```

③ 利用已知尺寸绘制窗扇。

a．激活分解命令，命令行提示如下：

```
命令：_explode
选择对象：找到 1 个                                      //选择窗的内轮廓线
选择对象：↓                                              //回车键结束命令
```

b．激活偏移命令，命令行提示如下：

```
命令：_offset                                           //激活偏移命令
当前设置：删除源=否  图层=源  OFFSETGAPTYPE=0
指定偏移距离或 [通过(T)/删除(E)/图层(L)] <80>： 420↓    //输入偏移距离 420 回车
选择要偏移的对象，或 [退出(E)/放弃(U)] <退出>：          //选择窗内轮廓线左侧线条
指定要偏移的那一侧上的点，或 [退出(E)/多个(M)/放弃(U)] <退出>：
                                                        // 在窗内侧单击偏移出 HN
指定偏移距离或 [通过(T)/删除(E)/图层(L)] <420>： 940↓   //输入偏移距离 940 回车
选择要偏移的对象，或 [退出(E)/放弃(U)] <退出>：          //选择窗内轮廓线左侧线条
指定要偏移的那一侧上的点，或 [退出(E)/多个(M)/放弃(U)] <退出>：
                                                        // 在窗内侧单击偏移出 IO
指定偏移距离或 [通过(T)/删除(E)/图层(L)] <940>：1040↓   //输入偏移距离 1040 回车
选择要偏移的对象，或 [退出(E)/放弃(U)] <退出>：          //选择窗内轮廓线左侧线条
指定要偏移的那一侧上的点，或 [退出(E)/多个(M)/放弃(U)] <退出>：
                                                        // 在窗内侧单击偏移出 JP
指定偏移距离或 [通过(T)/删除(E)/图层(L)] <1040>： 940↓  //输入偏移距离 940 回车
选择要偏移的对象，或 [退出(E)/放弃(U)] <退出>：          //选择窗内轮廓线左侧线条
指定要偏移的那一侧上的点，或 [退出(E)/多个(M)/放弃(U)] <退出>：
                                                        // 在窗内侧单击偏移出 KQ
指定偏移距离或 [通过(T)/删除(E)/图层(L)] <940>： 420↓   //输入偏移距离 420 回车
选择要偏移的对象，或 [退出(E)/放弃(U)] <退出>：          //选择窗内轮廓线左侧线条
指定要偏移的那一侧上的点，或 [退出(E)/多个(M)/放弃(U)] <退出>：
```

```
                                                        // 在窗内侧单击偏移出 LR
```

c．两次空格键重复偏移命令，命令行提示如下：

```
命令：_offset
当前设置：删除源=否  图层=源  OFFSETGAPTYPE=0
指定偏移距离或 [通过(T)/删除(E)/图层(L)] <420>: 100↓        // 输入偏移距离 100 回车
选择要偏移的对象，或 [退出(E)/放弃(U)] <退出>:                 //选择窗扇的左窗框线 NH
指定偏移距离或 [通过(T)/删除(E)/图层(L)] <100>: 60↓   // 输入偏移距离 60 回车
选择要偏移的对象，或 [退出(E)/放弃(U)] <退出>:                 //选择窗扇的左窗框线 OI
指定要偏移的那一侧上的点，或 [退出(E)/多个(M)/放弃(U)] <退出>:     //在右侧单击
选择要偏移的对象，或 [退出(E)/放弃(U)] <退出>:                 //选择窗扇的右窗框线 PJ
指定偏移距离或 [通过(T)/删除(E)/图层(L)] <60>: 100↓   // 输入偏移距离 100 回车
选择要偏移的对象，或 [退出(E)/放弃(U)] <退出>:                 //选择窗扇的左窗框线 QK
选择要偏移的对象，或 [退出(E)/放弃(U)] <退出>: ↓              //回车结束命令
```

绘制完成的底层最左侧的窗如图 6-8 所示。

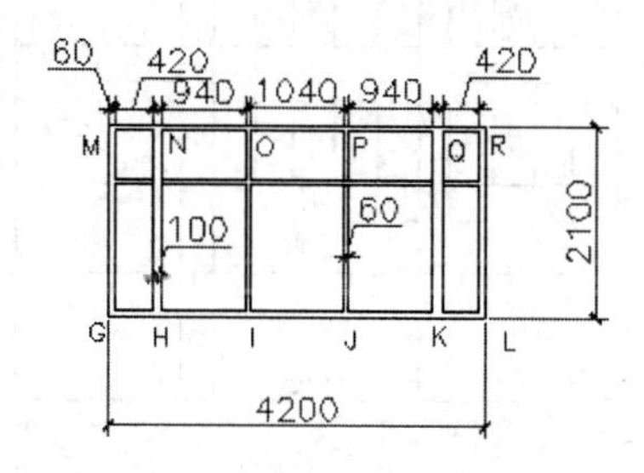

图 6-8　绘制好的底层最左侧的窗

（3）用以上的方法，绘制出中间的小窗，中间小窗的尺寸如图 6-9 所示，绘制完成后如图 6-10 所示。

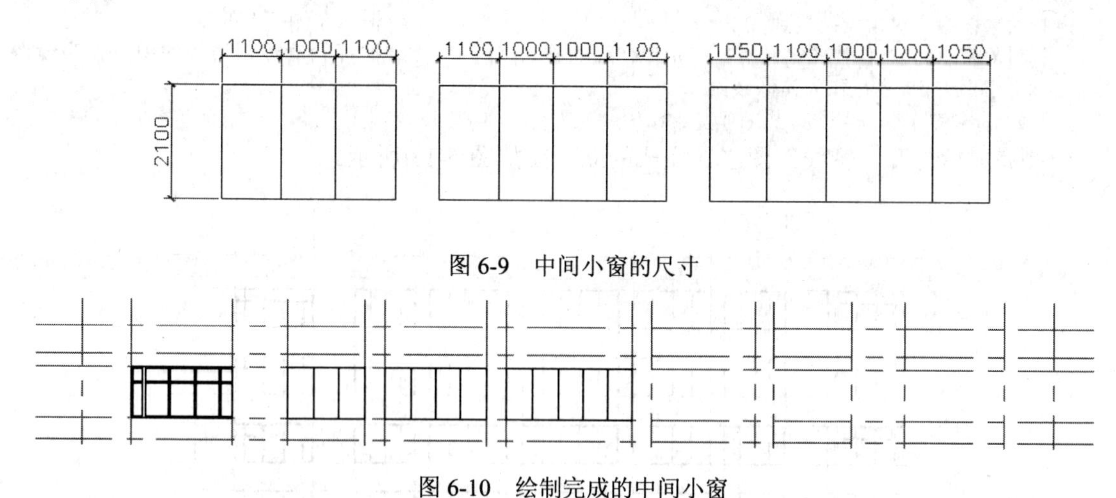

图 6-9　中间小窗的尺寸

图 6-10　绘制完成的中间小窗

（4）阵列出立面图中各层左侧的窗和中间的小窗。

激活阵列命令，框选前面绘制的两个窗，在“阵列创建”面板中设置行数为 4，列数为 1，行偏移为 3500，参数设置如图 6-11 所示。阵列后的窗如图 6-12 所示。

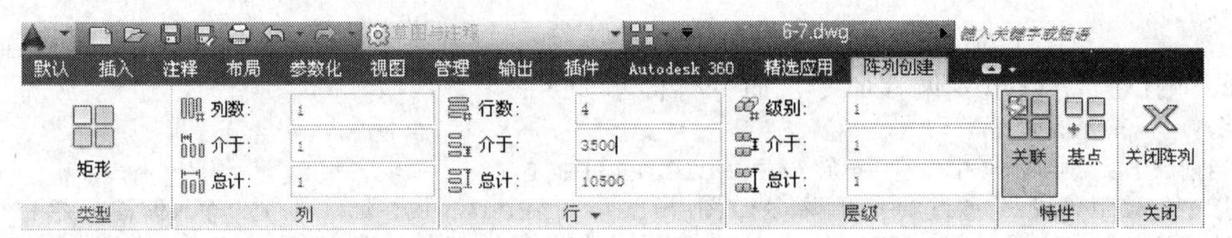

图 6-11 “阵列创建”面板

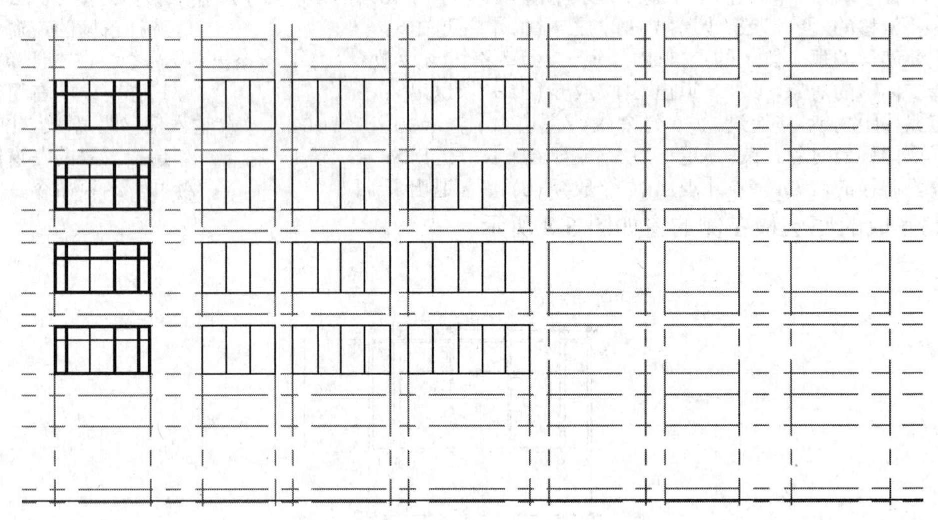

图 6-12 阵列后的窗

（5）镜像出右侧的窗。

激活镜像命令，命令行提示如下：

```
命令：_mirror
选择对象：指定对角点：找到 36 个                    //框选左侧所有的窗
选择对象： 指定镜像线的第一点：指定镜像线的第二点：    //捕捉轮廓线顶边线的中点作为镜像线第一点，到底边捕捉垂足作为镜像线第二点
要删除源对象吗？［是(Y)/否(N)］ <N>:
```

绘制完成后打开“轴线”图层，完成的立面图如图 6-13 所示。

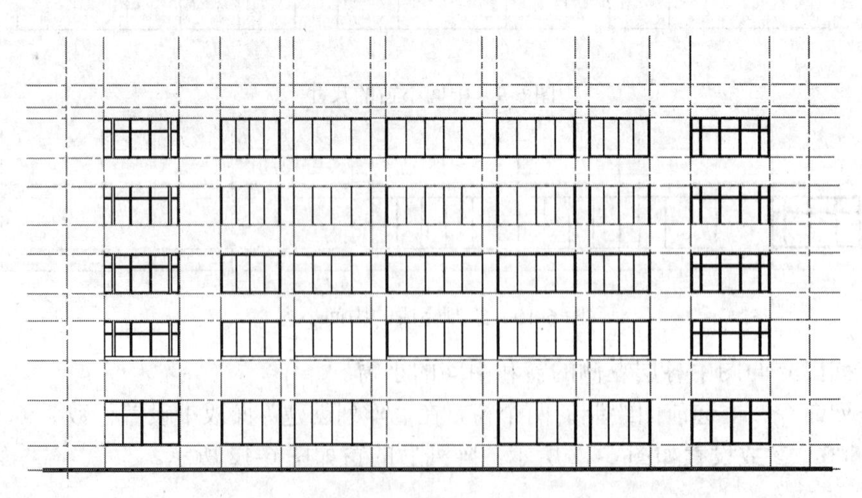

图 6-13 绘制完底层和标准层窗后的立面图

【注意】 在立面图中，也可以采用另外一种方法绘制窗户。由于窗户都应符合国家标准，所以可以提前绘制一些一定结构的窗户，然后按照前面章节讲述的方法保存成图块，在需要的时候直接插入即可。

（6）绘制阳台，尺寸如图6-14所示。绘制完成后分别复制到对应位置。

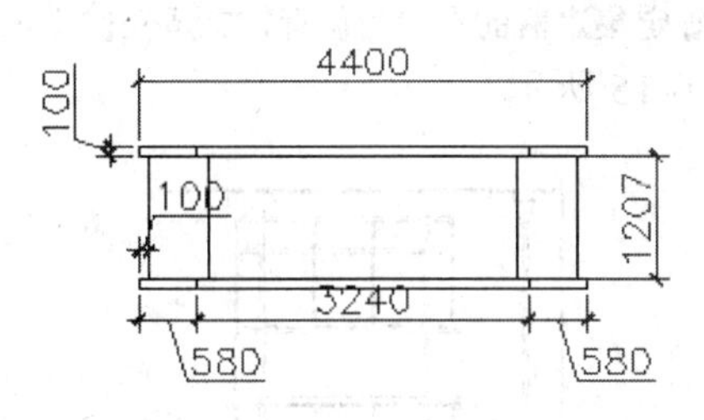

图6-14　阳台尺寸

6.3.3　绘制雨水管

雨水管是用来排放屋顶积水的管道，雨水管的上部是梯形漏斗，下面是一个细长的管道，底部有一个矩形的集水器。雨水管的绘制步骤如下。

1．绘制梯形漏斗

（1）将“立面”层设为当前层，关闭“轴线”层。

（2）激活直线命令，命令行提示如下：

```
命令：_line 指定第一点：_from 基点：<偏移>：@500，-200↓
//按住【Shift】键的同时右击，在弹出的快捷菜单中选择“自”命令，捕捉到底层和标准层轮廓线的左上角点，输入相对坐标@500，-200，回车确定梯形漏斗顶边线的起点
指定下一点或 [放弃(U)]：400                    //向右移动长度为400
指定下一点或 [放弃(U)]：@-100，-350            //依次由相对坐标绘制梯形漏斗其他边线
指定下一点或 [闭合(C)/放弃(U)]：200
指定下一点或 [闭合(C)/放弃(U)]：c
```

2．绘制左侧的雨水管

（1）激活直线命令，命令行提示如下：

```
命令：LINE 指定第一点：_from 基点：<偏移>：@50，0↓//按住【Shift】键的同时右击，在弹出的快捷菜单中选择“自”命令，捕捉到梯形漏斗的左下角，输入相对坐标@50，0 回车，确定雨水管左边线的顶端位置
指定下一点或 [放弃(U)]：12050                  //向下移动长度为12050
指定下一点或 [放弃(U)]：↓                      //回车退出直线命令
```

（2）激活偏移命令，命令行提示如下：

```
命令：_offset
当前设置：删除源=否  图层=源  OFFSETGAPTYPE=0
指定偏移距离或 [通过(T)/删除(E)/图层(L)] <通过>： 100↓//输入偏移距离100回车
选择要偏移的对象，或 [退出(E)/放弃(U)] <退出>：//选中雨水管左边线
指定要偏移的那一侧上的点，或 [退出(E)/多个(M)/放弃(U)] <退出>：
                                               //在右侧单击
选择要偏移的对象，或 [退出(E)/放弃(U)] <退出>：
```

3．绘制矩形集水器

激活矩形命令，命令行提示如下：

```
命令：_rectang
```

指定第一个角点或［倒角(C)/标高(E)/圆角(F)/厚度(T)/宽度(W)］：_from 基点：<偏移>：@-250，0↓

//按住【Shift】键的同时右击，在弹出的快捷菜单中选择“自”命令，捕捉到雨水管干管左下角，输入相对坐标@-250，0 回车，确定底部矩形集水器的左上角位置

指定另一个角点或 ［面积(A)/尺寸(D)/旋转(R)］：@500，-500

//由相对坐标@500，-500 确定集水器的右下角位置，完成左侧雨水管的绘制

绘制完的雨水管干管如图 6-15 所示。

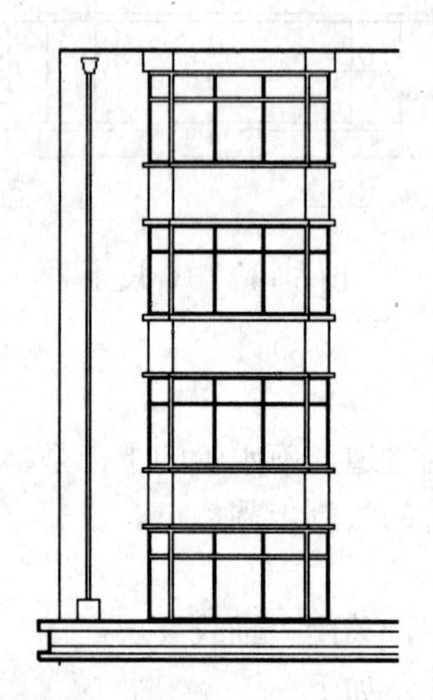

图 6-15 绘制完的雨水管干管

4．利用镜像命令绘制出右侧的雨水管

激活镜像命令，命令行提示如下：

命令：_mirror

选择对象：指定对角点：找到 7 个 //框选左侧雨水管

选择对象：

指定镜像线的第一点：指定镜像线的第二点： //捕捉轮廓线顶边中点为镜像线的第一点，捕捉轮廓线底边中点为镜像线的第二点

要删除源对象吗？［是(Y)/否(N)］ <N>：

绘制完成两侧雨水管的效果如图 6-16 所示。

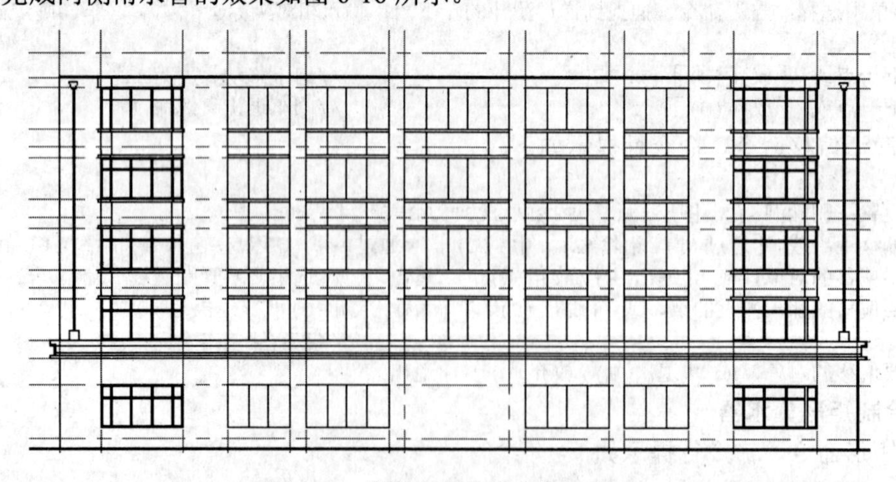

图 6-16 绘制完雨水管后的立面图

6.3.4　绘制墙面装饰

现代建筑为了外形的美观，在外装修中常用一些建筑材料制作一些简洁明快的图案。本章所示住宅墙面的装饰比较少，主要是在建筑物底层窗下的墙面上粘贴了一些瓷砖，并在一、二层分界处和三、四层分界处制做了两条分隔线。下面讲述具体的绘制方法。

1．绘制花岗岩蘑菇石贴面

花岗岩蘑菇石贴面的绘制应先画出边界线，然后再利用图案填充命令完成绘图。

（1）将“立面”层设为当前层，打开“轴线”层，设置对象捕捉方式为“端点”“中点”和“交点”。

（2）利用直线命令画出花岗岩蘑菇石贴面的上边界。激活直线命令，命令行提示如下：

```
命令：_line
指定第一点：                    //捕捉底层窗下缘轴线与轮廓线的左交点A（如图6-17所示）
指定下一点或 [放弃(U)]：         //捕捉底层窗下缘轴线与轮廓线的右交点B（如图6-17所示）
指定下一点或 [放弃(U)]：↓        //回车结束直线命令
```

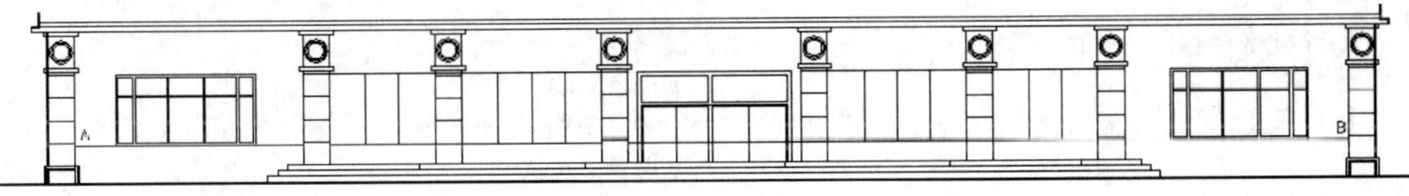

图6-17　捕捉点A、B的位置

（3）关闭“轴线”图层，激活修剪命令，将花岗岩蘑菇石贴面上边界的多余线段修剪掉，命令行提示如下：

```
命令：_trim
当前设置：投影=UCS，边=无
选择剪切边...
选择对象或 <全部选择>： 找到 1 个                          //依次选择剪切边界
选择对象：指定对角点：找到 1 个，总计 8 个
选择要修剪的对象，或按住【Shift】键选择要延伸的对象，或
[栏选(F)/窗交(C)/投影(P)/边(E)/删除(R)/放弃(U)]：          //依次选择需剪切的各线段
```

绘制完的花岗岩蘑菇石贴面上边界如图6-18所示。

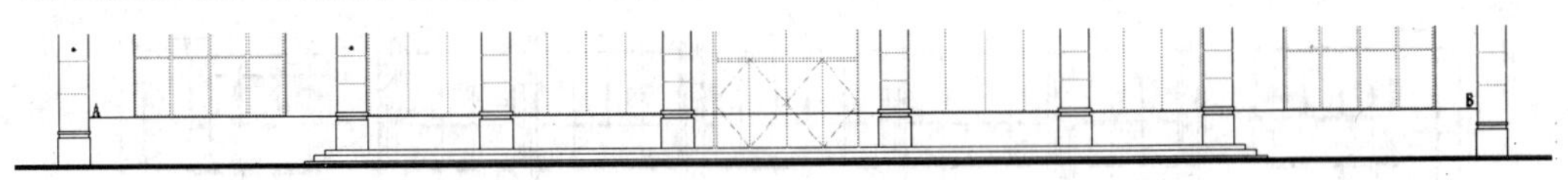

图6-18　绘制完的花岗岩蘑菇石贴面上边界的效果

（4）利用图案填充命令完成花岗岩蘑菇石贴面的绘制。

激活图案填充命令，打开“图案填充和渐变色”对话框。单击“图案”下拉列表后面的按钮，或者单击“样例”后面的填充图案，弹出“填充图案选项板”对话框，单击“其他预定义”选项卡，从中选择“BRICK”图案。然后单击【确定】按钮，重新回到“图案填充和渐变色”对话框。

单击【添加：拾取点】按钮，进入绘图界面。在需要填充的多个闭合的区域内单击，选择填充区域后，按【Enter】键或右击结束选择，重新打开“图案填充和渐变色”对话框。在

“比例”下拉列表框中修改要填充图案的比例为45，最后单击【确定】按钮，完成花岗岩蘑菇石贴面的填充，如图6-19所示。

【注意】 本例中已给出填充图案的比例，否则，应单击对话框左下角的【预览】按钮，观看填充效果是否合适，如果不满意，调整填充图案的比例，直到满意为止。

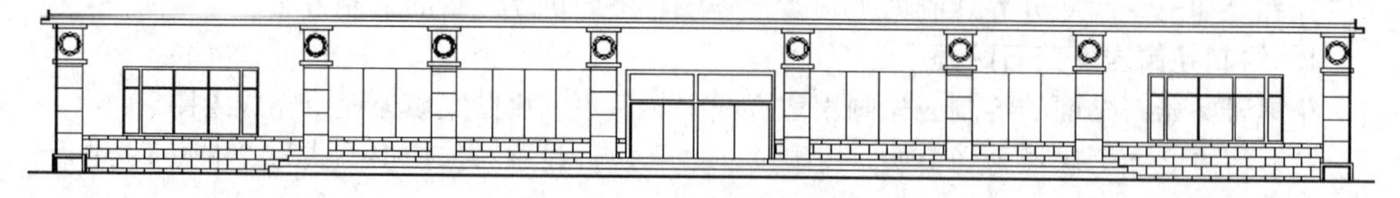

图6-19 花岗岩蘑菇石贴面的效果

2. 绘制分隔线

（1）分隔线的绘制比较简单，用直线命令、修剪命令和复制命令即可完成。

（2）打开“正交”方式，关闭“对象捕捉”方式，激活复制命令，命令行提示如下：

```
命令：_copy
选择对象：找到 1 个，总计 1 个                //选择刚绘出的分隔线
选择对象：↓                                  //回车结束选择
指定基点或 [位移(D)] <位移>: 指定第二个点或 <使用第一个点作为位移>：<正交 开> 100
                                             //向上移动 100
指定第二个点或 [退出(E)/放弃(U)] <退出>：↓//回车结束命令，绘制完一、二层间的分隔线。
```

【注意】 如用偏移命令，需多次选择对象，本步骤中利用复制命令沿指定方向输入距离的方式确定点的位置，这种方式不失为一种好的方法。

（3）按空格键重复复制命令，将分隔线复制到四层阳台下相应位置，完成三、四层间分隔线的绘制。命令行提示如下：

```
命令：_copy
选择对象：指定对角点：找到 2 个               //依次框选底层和二层间的分隔线
选择对象：↓                                  //回车结束选择
指定基点或 [位移(D)] <位移>： 6000            //向上移动 6000
指定第二个点或 [退出(E)/放弃(U)] <退出>：     //回车键结束命令
```

绘制完成分割线后，效果如图6-20所示。

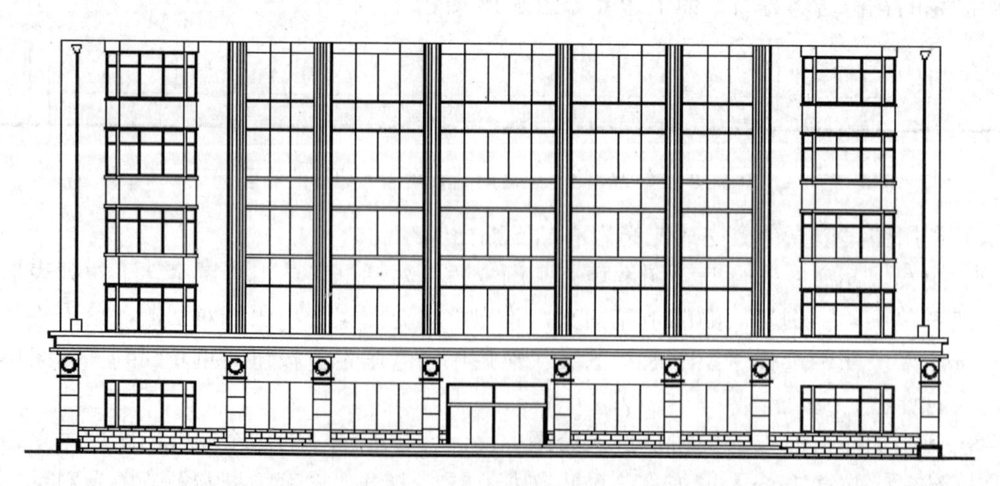

图6-20 绘制完花岗岩蘑菇石贴面后的立面图

6.3.5　绘制屋檐

（1）将“立面”层设置为当前层，关闭“轴线”层。

（2）激活矩形命令，画一个尺寸为 22600×100 的矩形，命令行提示如下：

```
命令：_rectang
指定第一个角点或 [倒角(C)/标高(E)/圆角(F)/厚度(T)/宽度(W)]： //在任意位置单击
指定另一个角点或 [面积(A)/尺寸(D)/旋转(R)]：@22600，100↓   //输入相对坐标@22600，
100 回车
```

（3）移动矩形。激活移动命令，命令行提示如下：

```
命令：_move
选择对象：找到 1 个                                 //选择刚绘制好的矩形
选择对象：↓                                         //回车结束选择
指定基点或 [位移(D)] <位移>： 指定第二个点或 <使用第一个点作为位移>：
//捕捉矩形底边的中点作为基点，捕捉到轮廓线顶边的中点作为第二点
```

（4）使用相同的方法，画一个尺寸为 22700×50 的矩形，将它移到第 2、3 步中所画的矩形上面，使二者相临边的中点重合，完成屋檐的绘制。

到此为止，底层和标准层上的立面图绘制完成，如图 6-21 所示。

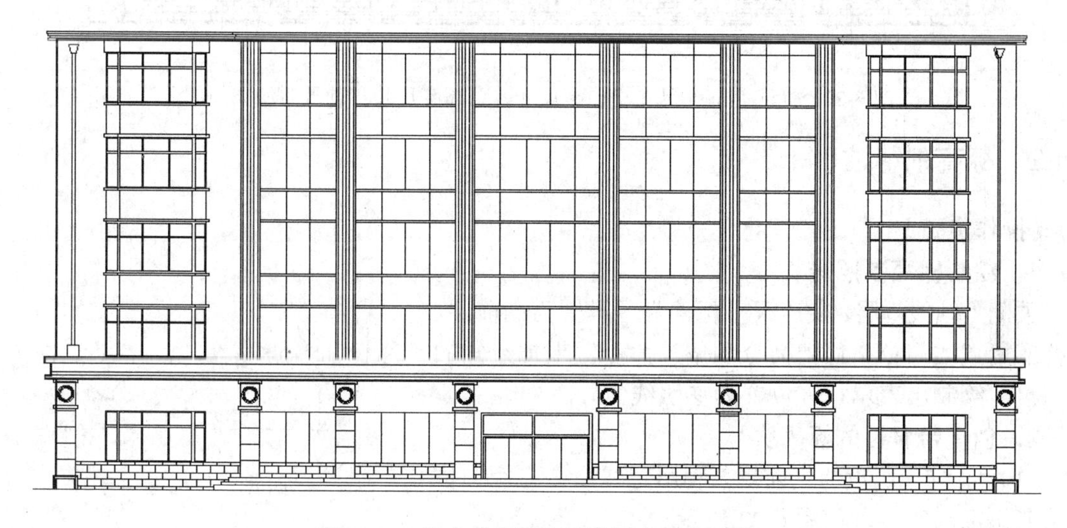

图 6-21　已完成底层和标准层上的立面图

单元 4　立面尺寸标注

6.4.1　尺寸标注

立面图的标注和平面图的标注不同，立面图上必须标注出建筑物的竖向标高，通常还需要标注出细部尺寸、层高尺寸和总高度尺寸。立面图的标注不能完全利用系统的标注功能来实现。

标注标高时，可先绘制出标高符号，然后以三角形的顶点作为插入基点，保存成图块。然后依次在相应的位置插入图块即可。

在建筑立面图中，还需要标注出轴线符号，以表明立面图所在的范围，本实例的立面图要标注出两条轴线的编号，分别是轴线1和轴线10。

立面图细部尺寸、层高尺寸、总高度尺寸和轴号的标注方法与任务二建筑平面图的尺寸标注完全相同，在此不再赘述，完成标注后的立面图如图6-22所示。

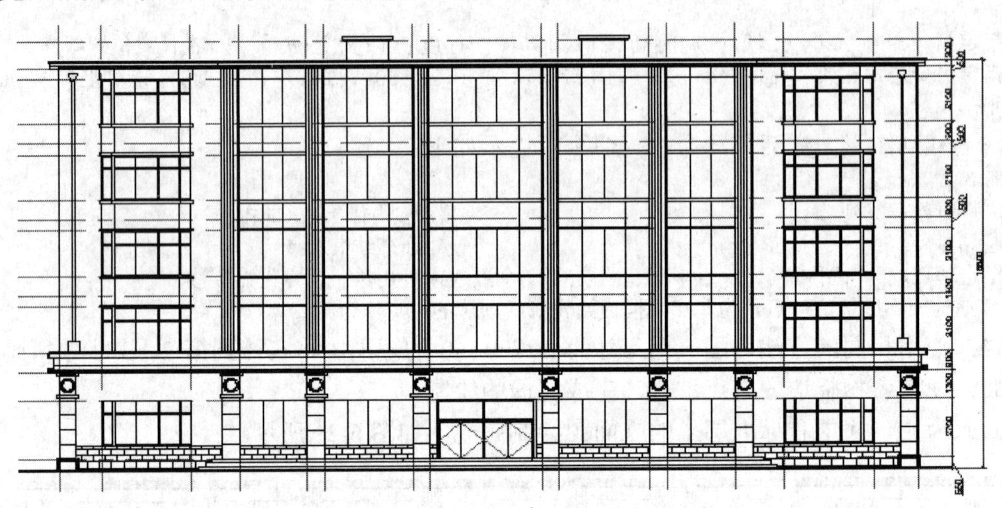

图6-22　标注完细部尺寸、层高尺寸、总高度尺寸和轴号后的立面图

6.4.2　标高的标注

【操作步骤】

1．绘制标高参照线

关闭“轴线”层，将“尺寸标注”层设置为当前层，综合应用直线命令、修剪命令和偏移命令，根据已知的标高尺寸绘制出表示标高位置的参照线。

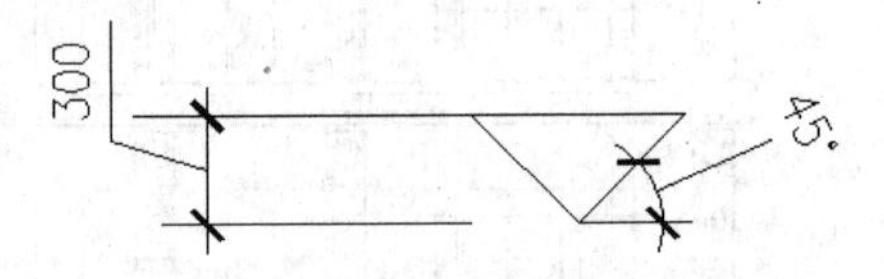

图6-23　标高轴号

2．创建带属性的标高块

（1）将“0”层设为当前层，利用直线命令在空白位置绘制出标高符号，如图6-23所示。

（2）单击下拉菜单栏中的【绘图】→【块】→【定义属性】命令，打开“属性定义”对话框。

（3）在“属性定义”对话框的“属性”选项区域中“标记”文本框中输入“BG”，“提示”文本框中输入“输入标高”，“默认”文本框中输入“%%P0.00”。勾选“插入点”选项区域中的“在屏幕上指定”复选框和“模式”选项区域中的“锁定位置”复选框。在“文字设置”选项区域中设置文字高度为300。“属性定义”对话框参数设置如图6-24所示。

（4）单击“属性定义”对话框中的【确定】按钮，返回到绘图界面，然后指定插入点在标高符号的上方，完成“BG”属性的定义。

（5）单击下拉菜单栏中的【绘图】→【块】→【创建】选项，打开“块定义”对话框，输入块名称为“bg”，单击“选择对象”按钮，退出“块定义”对话框返回到绘图界面，框选标高符号和刚才定义的属性“BG”，右击又弹出“块定义”对话框，单击“拾取点”按钮，捕捉标高符号三角形下方的顶点为插入点，然后返回到“块定义”对话框，再选中“删除对象”

单选按钮，此时的“块定义”对话框如图 6-25 所示。

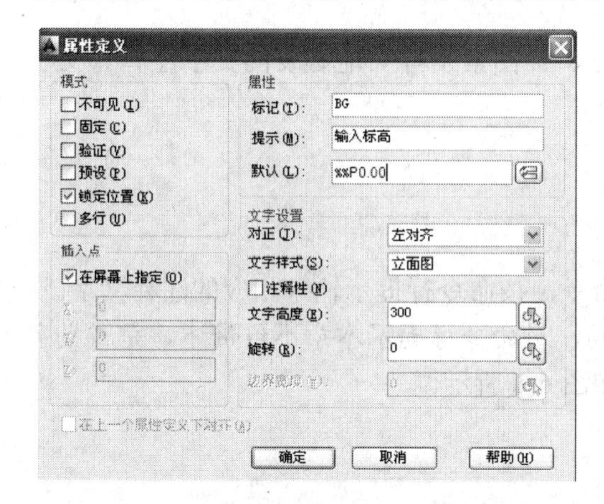

图 6-24 “属性定义”对话框参数设置

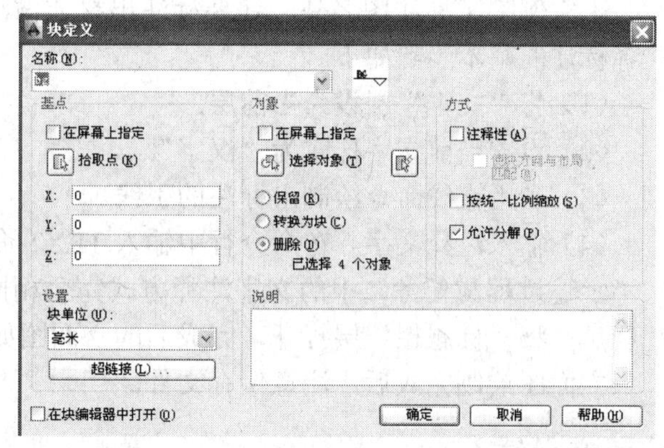

图 6-25 “块定义”对话框

（6）单击“块定义”对话框中的【确定】按钮，返回到绘图界面，所绘制的标高符号被删除。定义完带属性的标高块，名为“bg”。

3．插入标高块，完成标高标注

（1）将“尺寸标注”层设置为当前层。

（2）单击“插入块”命令按钮，弹出“插入”对话框，在名称下拉列表中选择“bg”，选中“插入点”列表框中“在屏幕上指定”单选项。

（3）单击“插入”对话框中的【确定】按钮，返回到绘图界面。命令行提示如下：

```
命令：_insert
指定插入点或 [基点(B)/比例(S)/旋转(R)]:
输入属性值
输入标高 <±0.000>：-0.600 ↓                    //输入属性值-0.600 后回车
```

完成一个标高尺寸的标注。

（4）两次回车重复插入块命令，同理标注出其他的标高尺寸。

标高标注完成后的立面图如图 6-26 所示。

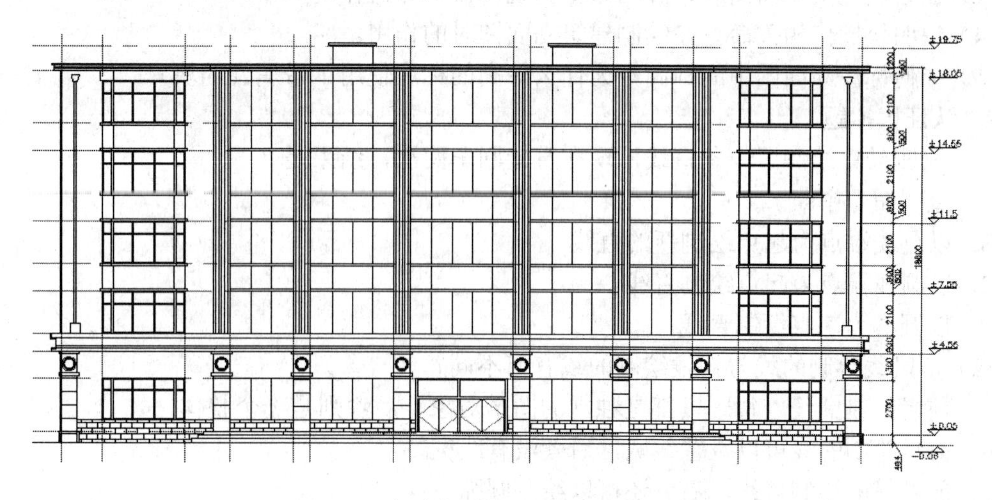

图 6-26 标高标注完成后的建筑立面图

6.4.3 写文字

本实例除了标注图名外，还要标注出材质做法、详图索引等其他必要的文字注释。文字注释标注的基本步骤如下。

（1）将“文本”层设为当前层。

（2）设置当前文字样式为“汉字”。

（3）利用直线命令绘制出标注的引线。

（4）输入注释文字。在命令行中输入 TEXT 命令，按命令行提示输入相应的注释文字。

上述过程与任务二中的文字注释方式完全相同，对命令行提示本章不再赘述。完成文字注释后，将“标题栏”层打开，完成后的立面图如图 6-1 所示。

立面图绘制完成后，注意保存文件。

【本章小结】

本章着重介绍了绘制建筑立面图的一般方法，并利用 AutoCAD 2014 绘制了一幅完整的建筑物立面图。绘制建筑立面图首先要设置绘图环境，然后绘制辅助线，最后分别按底层、标准层和顶层的顺序逐层绘制。标准层中的图形可只绘制一层，然后用阵列命令绘制出其他层。如果立面图是对称的，则只需绘制一半，再利用镜像命令绘制另一半。立面图尺寸标注的方法与平面图基本一致，标高的标注使用了带属性的块。同时，必须注意建筑立面图必须和建筑总平面图、建筑平面图和建筑剖面图相互对应。

思考与练习题 6

1．思考题

（1）总结利用 AutoCAD 2014 绘制建筑立面图的基本过程？

（2）建筑立面图中的窗和门如何绘制？

（3）在绘制建筑立面图时，阵列命令和镜像命令有何作用？

（4）说明块操作相关命令在绘制建筑立面图时的作用。

（5）如何标注立面图中的标高？为什么标高的标注使用了带属性的块？

2．认证模拟题

（1）刚刚结束绘制了一条直线，现在直接回车两次，结果是（　　）。

A．直线命令中断

B．以直线端点为起点绘制新的直线

C．以圆弧端点为起点绘制直线

D．以圆心为起点绘制直线

（2）多段线绘制的线与直线绘制的线有何不同？（　　）

A．前者绘制的线，每一段都是独立的图形对象，后者则是一个整体

B．前者绘制的线可以设置线宽，后者没有线宽

C．前者只能绘制直线，后者还可以绘制圆弧

D．前者绘制的线是一个整体，后者绘制的线的每一段都是独立的图形对象

（3）带属性的块经分解后，属性显示为（　　）。

A．属性值　　B．标记　　C．提示　　D．不显示

（4）下面关于块的说法哪个正确？（　　）

A．任何一个图形文件都可以作为块插入另一幅图中

B．只有用 WBIOCK 命令写到盘上的图块才可以插入另一图形文件中

C．用 BLOCK 定义块，再用 WBLOCK 把该块写到盘上，此块才能使用

D．用 BLOCK 命令定义的块，可以直接通过下拉菜单栏中的【插入】→【块】命令，插入到任何文件中。

（5）如果 A 图和 B 图都附加了 C 图，同时 A 图还附加了 B 图，在外部参照属性管理器中，以下说法正确的是？（　　）

A．使用“列表图”显示两个 C 图，使用“树状图”显示一个 C 图

B．使用“列表图”显示两个 C 图，使用“树状图”显示两个 C 图

C．使用“列表图”和“树状图”都显示两个 C 图

D．使用“列表图”和“树状图”都显示一个 C 图

（6）下列尺寸标注中共用一条基线的是（　　）。

A．基线标注　　B．连续标注　　C．公差标注　　D．引线标注

（7）标注样式比例因子设置为 2，绘制长度为 100 的直线，标注后显示尺寸为（　　）。

A．200　　B．100　　C．10　　D．1000

（8）通过【帮助】下拉菜单，查看【scale】命令，它的功能是（　　）。

A．放大或缩小选定对象，并且缩放后对象的比例保持不变

B．放大或缩小选定对象

C．增大或缩小选定文字对象而不改变其位置

D．控制布局视口，页面布局和打印的可用缩放比例列表

（9）下列不是自动约束类型的是（　　）。

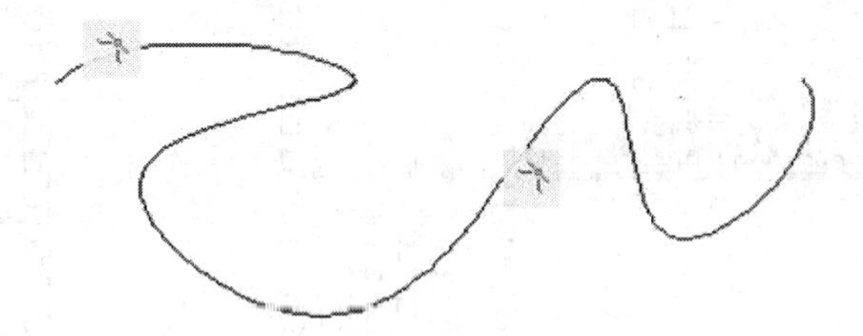

A．共线约束　　B．固定约束　　C．同心约束　　D．水平约束

（10）对“极轴”追踪进行设置，把增量角设置为 30°，附加角设置为 10°，采用极轴追踪时得到的角度是（　　）。

A．10　　B．30　　C．40　　D．60

3．绘图题

（1）绘制客厅立面图，如题图 6-1 所示。

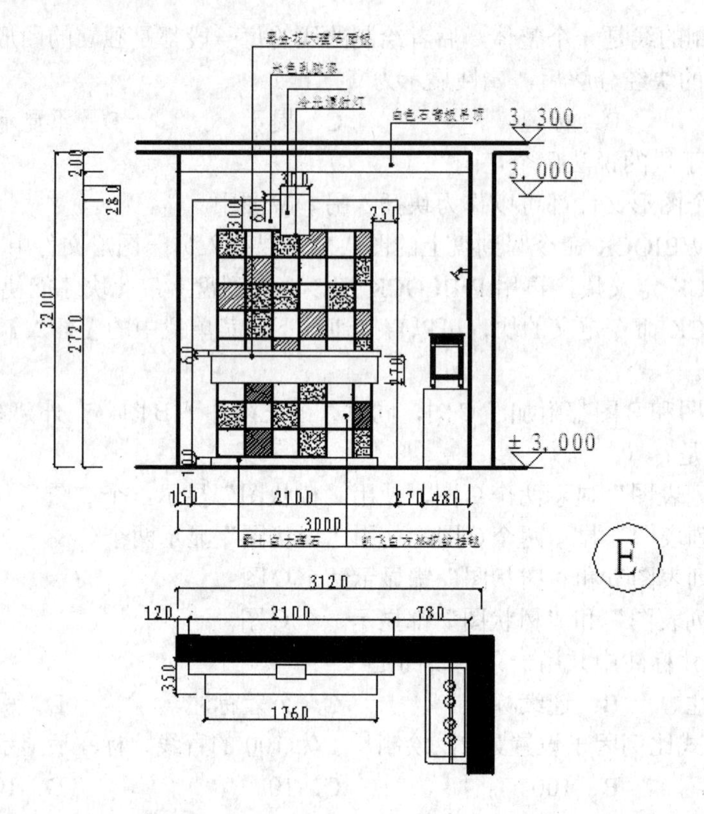

题图 6-1

（2）绘制别墅立面图，如题图 6-2 所示。

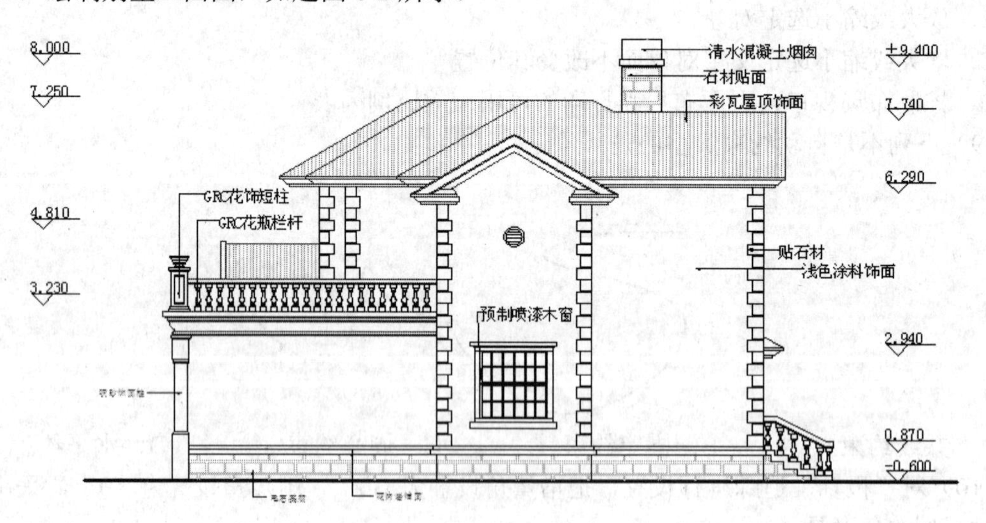

题图 6-2

（3）绘制写字楼立面图，如题图 6-3 所示。

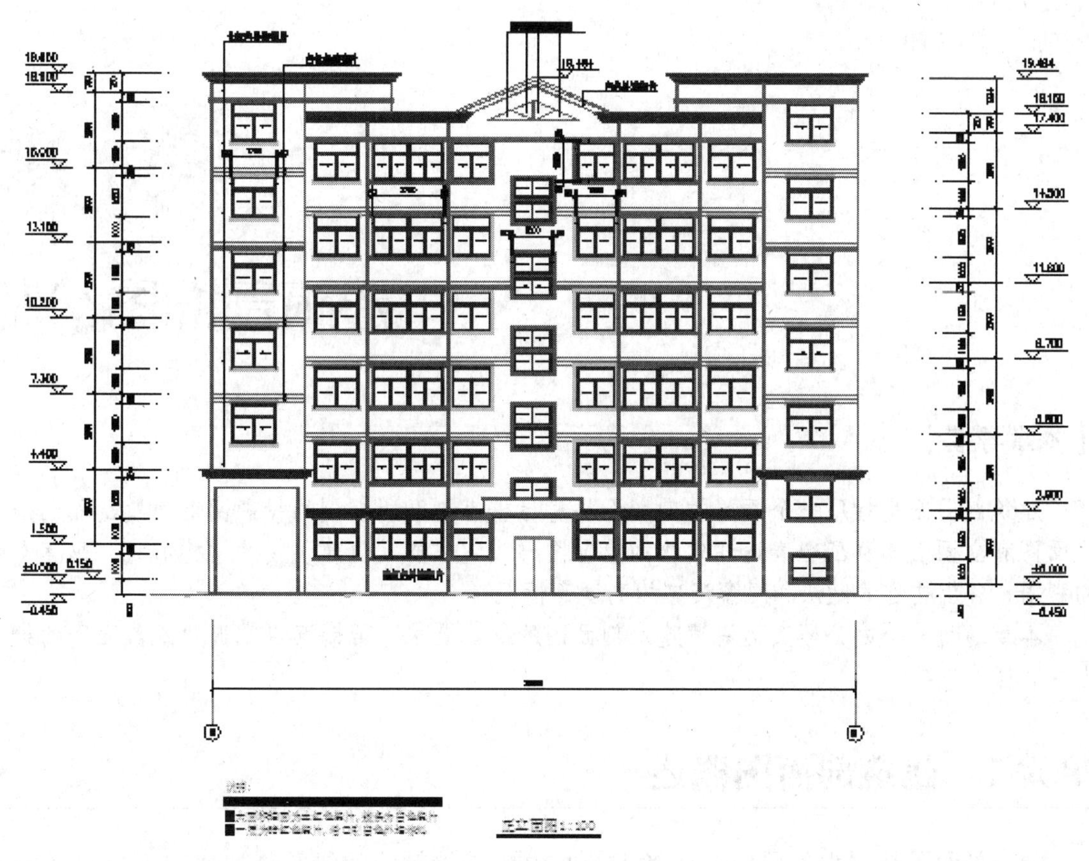

题图 6-3

第7章

建筑剖面图绘制

【本章导读】

建筑剖面图是指用一个假想的剖切面将房屋垂直剖开所得到的投影图。建筑剖面图是与平面图和立面图相互配合表达建筑物的重要图样，它主要反映建筑物的结构形式、垂直空间的利用、各层构造的做法和门窗洞口的高度等情况。

本章通过一个办公楼实例讲述建筑剖面图的基本要求，帮助读者掌握建筑剖面图的绘制方法和操作技巧。

单元1　建筑剖面图概述

建筑剖面图是假想使用一个或者多个垂直于外墙轴线的铅垂剖切面，将建筑物垂直剖开后所得到的投影图，简称剖面图。剖面图的剖切方向一般是横向（平行于侧面），当然这也不是绝对的要求。剖切位置一般选择在能反映出建筑物内部构造比较复杂和典型，并通过门窗的位置。多层建筑物应该选择在楼梯间或者是层高不同的位置。剖面图上的图名应与平面图上所标注的剖切符号的编号相一致，剖面图的断面处理和平面图的处理相同。

【操作步骤】

（1）设置绘图环境。

（2）绘制轴线网。

（3）绘制底层、标准层。

（4）绘制错层和顶层。

（5）图案填充。

（6）文字标注。

办公楼剖面图如图7-1所示。

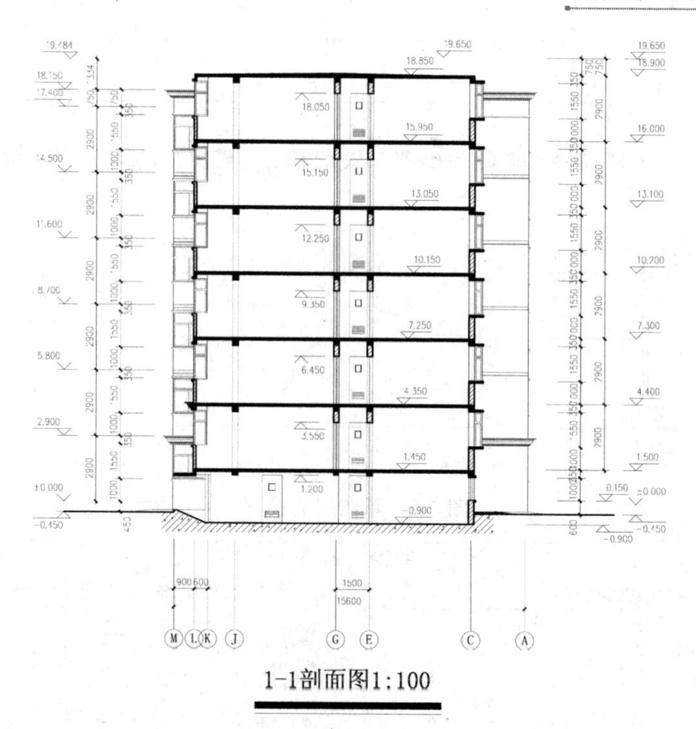

图 7-1　办公楼的剖面图

单元 2　剖面图绘制案例

7.2.1　设置绘图环境

1．使用样板创建新图形文件

打开“选择样板”对话框。从列表框中选择样板文件“acadiso.dwt”，单击【确定】按钮，进入绘图界面。

2．新建图层

使用“图层特性管理器”设置新图层，如图 7-2 所示。

3．设置标注样式

（1）打开“标注样式管理器”对话框，单击“修改”按钮，进入“新建标注样式：ISO-25”对话框。

（2）选择“线”选项卡，设定“尺寸界线”列表框中的“超出尺寸线”为 150，“起点偏移量”为 300，如图 7-3 所示。

（3）选择“符号和箭头”选项卡，选择“箭头”列表框“第一个”下拉列表中的“建筑标记”选项，设定“箭头大小”为 200，如图 7-4 示。

（4）选择“文字”选项卡，将“文字外观”列表框中的“文字高度”设定为 300，“文字位置”列表框中的“从尺寸线偏移”设定为 150，如图 7-5。

（5）选择“调整”选项卡，在“文字位置”列表框中选择“尺寸线上方，不加引线”单选项，如图 7-6 所示，完成标注样式的设置。

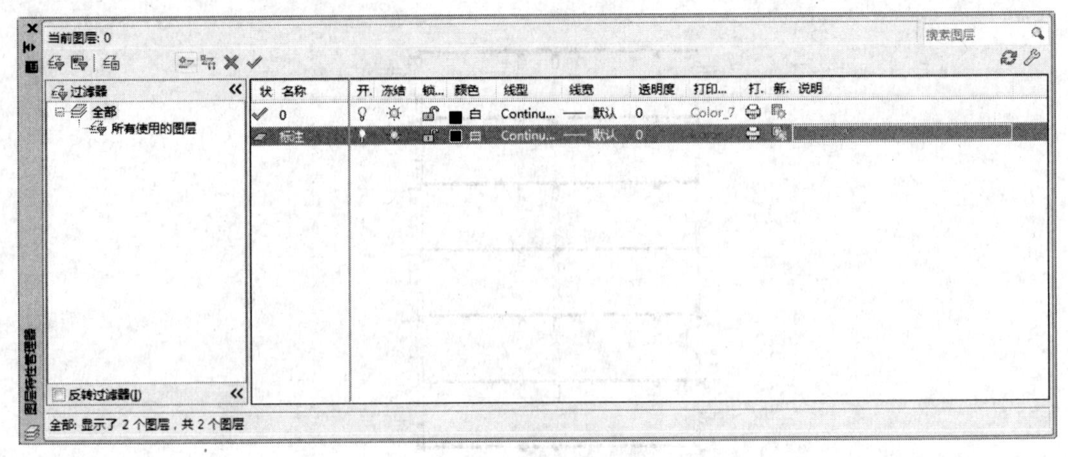

图 7-2　新图层的设置

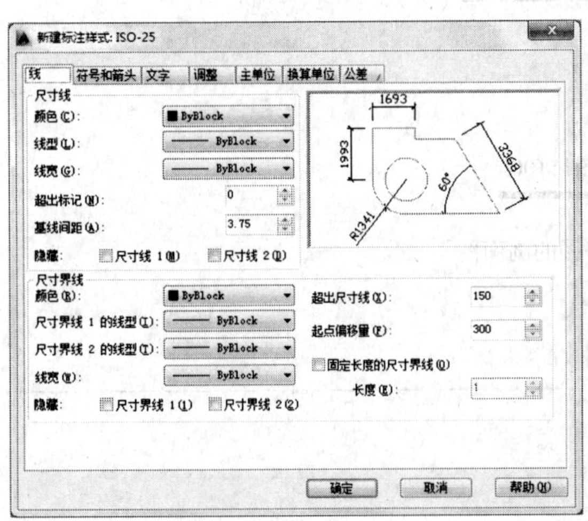

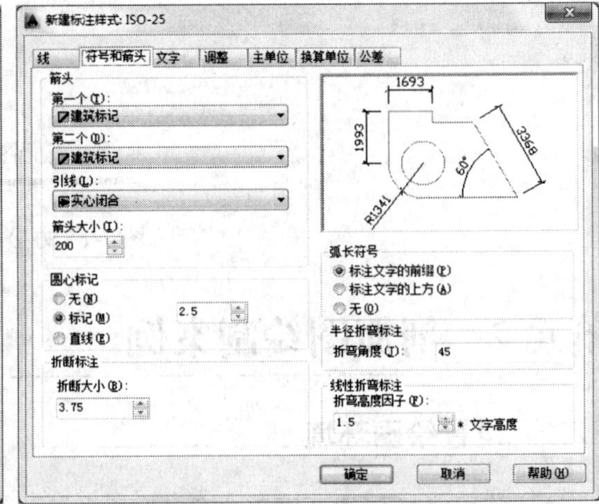

图 7-3　设置尺寸界线

图 7-4　设定箭头大小

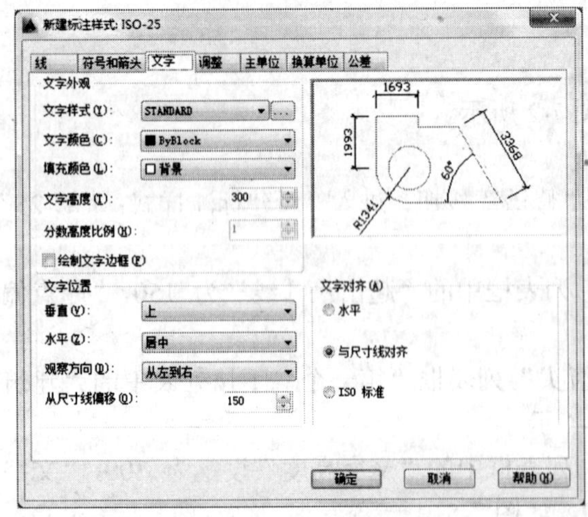

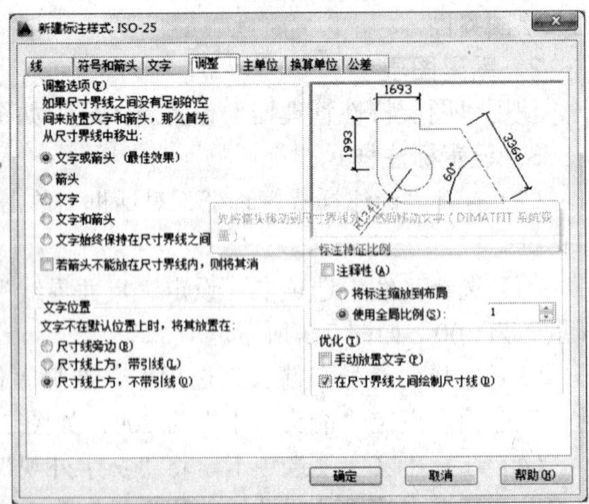

图 7-5　设置文字外观和位置

图 7-6　文字显示效果的设置

7.2.2　绘制底层剖面图

1．绘制底层轴线网

（1）将“辅助线”图层设置为当前层。

（2）选择直线命令，绘制水平基准轴线，长度为 20000。选择偏移命令，把水平线连续向上偏移 450、1800 和 100；再绘制垂直基准轴线，长度为 25000；把垂直线连续向右偏移 1440、240、960、240、4260、240、1260、240、4260、240 和 2400，绘制完成轴线网，如图 7-7 所示。

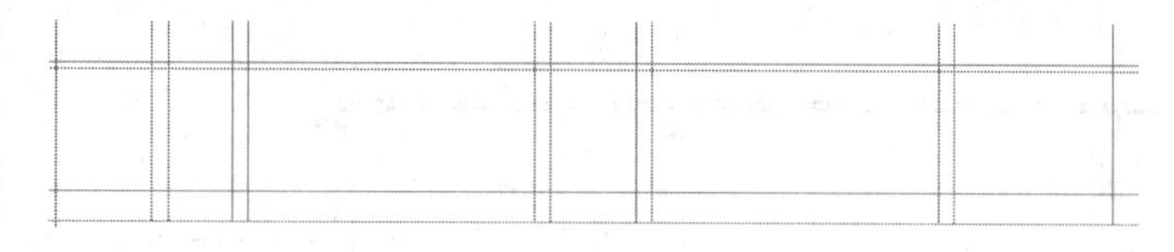

图 7-7　绘制轴线网

2．绘制墙体

（1）将“墙体”图层设置为当前层。

（2）选择多段线命令，设置多段线宽度为 50，参照底层辅助线尺寸绘制被剖切到的墙体，底层顶板剖切效果如图 7-8 所示。

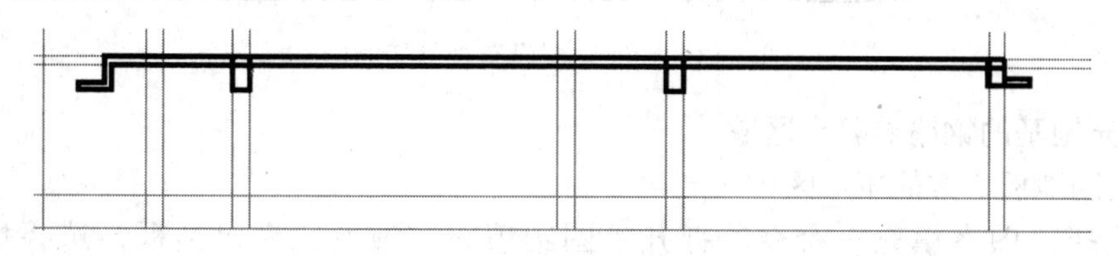

图 7-8　底层顶板剖切效果图

3．绘制底层地板

选择多段线命令，设置多段线宽度为 50，参照底层辅助线尺寸绘制被剖切到的地面，完成的底层地板剖切效果图如图 7-9 所示。

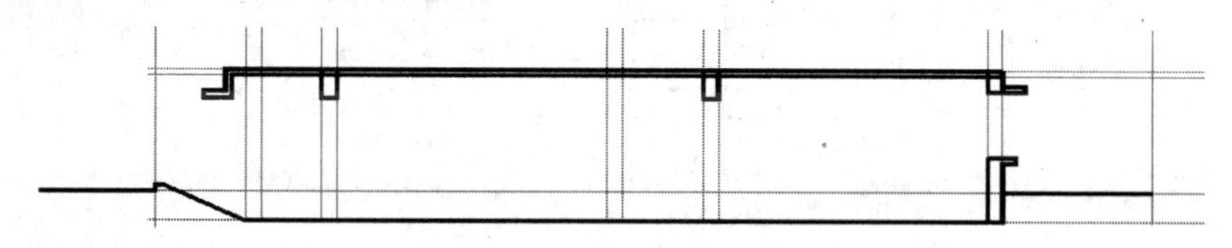

图 7-9　完成的底层地板剖切效果图

4．绘制门窗

（1）将“门窗”图层设置为当前层。

（2）使用直线命令绘制底层剖切到的门窗，窗户尺寸如图 7-10 所示。绘制底层门窗后的效果如图 7-11 所示。

（3）绘制没有被剖切到的 2 个门。使用直线命令绘制门，该门尺寸如图 7-12 所示。绘制完成的效果如图 7-13 所示。

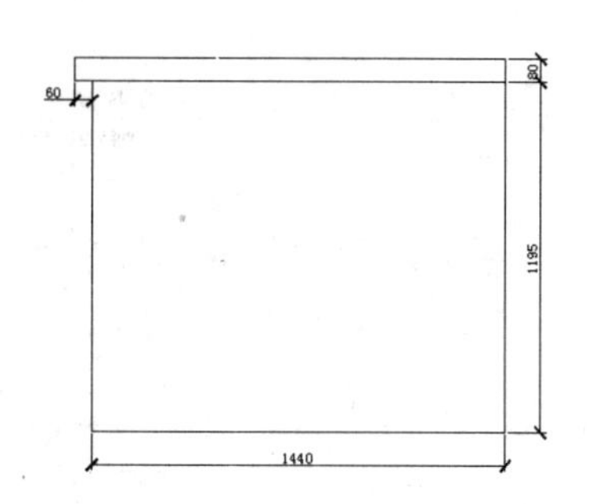

图 7-10　底层剖切到的窗户尺寸

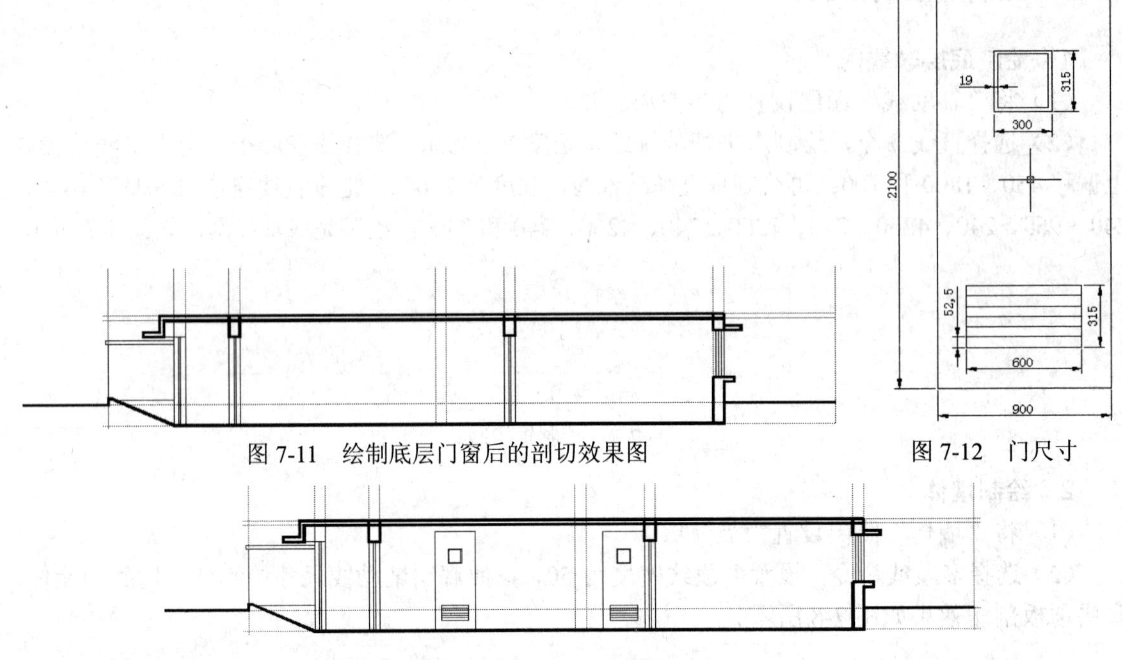

图 7-11　绘制底层门窗后的剖切效果图

图 7-12　门尺寸

图 7-13　绘制底层没有被剖切的门

5．填充地基的钢筋混凝土区域

（1）绘制地板下方的矩形区域。

（2）选择"图案填充"命令，打开"图案填充和渐变色"对话框，选择填充图案为"ANSI31"，修改填充"比例"为 60，如图 7-14 所示。

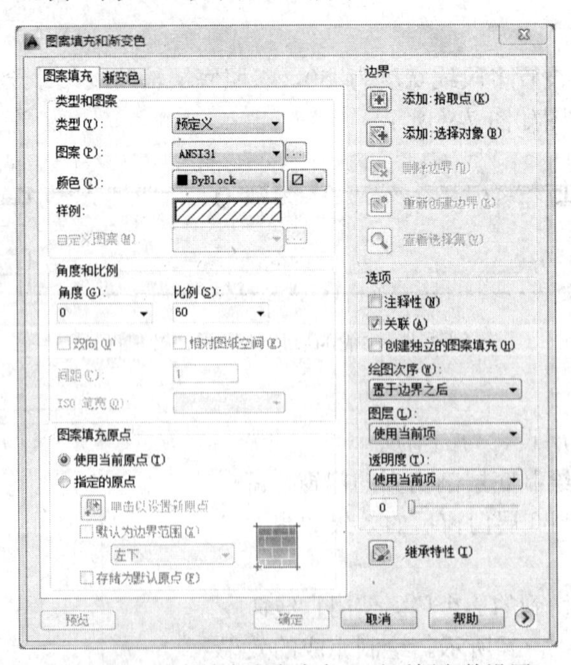

图 7-14 "图案填充和渐变色"对话框参数设置

（3）选取“拾取点”按钮返回绘图区，选择填充区域：地板下方的矩形区域和右边墙体，单击【确定】按钮完成填充操作。

（4）重复填充。选择“图案填充”命令，打开“图案填充和渐变色”对话框，选择填充图案为“AR-CONC”，修改填充“比例”为5，再次选择填充区域：地板下方的矩形区域，单击【确定】按钮完成填充操作，效果如图7-15所示。

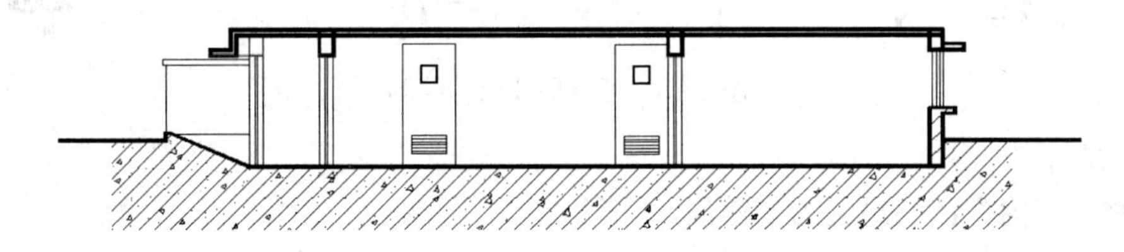

图7-15　地基钢筋混凝土区域的填充

7.2.3　绘制标准层剖面图

1．绘制标准层轴线

打开如图7-7所示的轴线网，将最上边的水平基准线向上偏移3600，得到标准层的轴线网如图7-16所示。

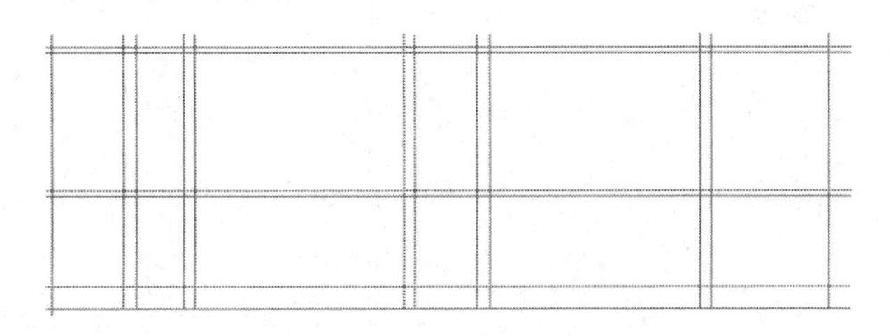

图7-16　标准层的轴线网

2．绘制墙体

（1）将“墙体”图层设置为当前层。

（2）选择多段线命令，分别绘制左端和右端被剖切到的墙体，完成的标准层墙体的剖切效果如图7-17所示。

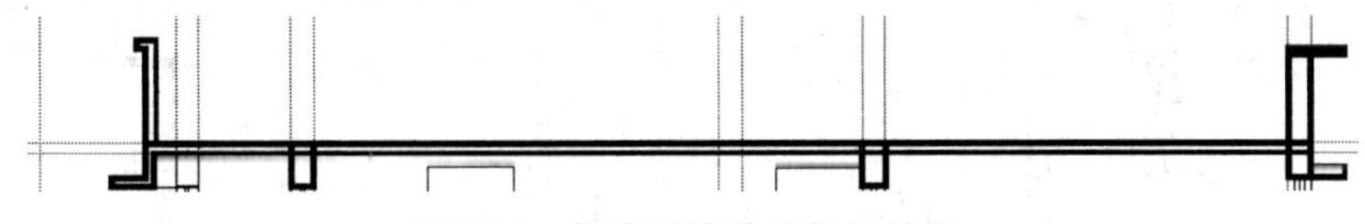

图7-17　标准层墙体的剖切效果

3．绘制标准层顶板

选择多段线命令，绘制标准层顶板，再绘制标准层顶板中间的梁。标准层顶板的剖切效果如图7-18所示。

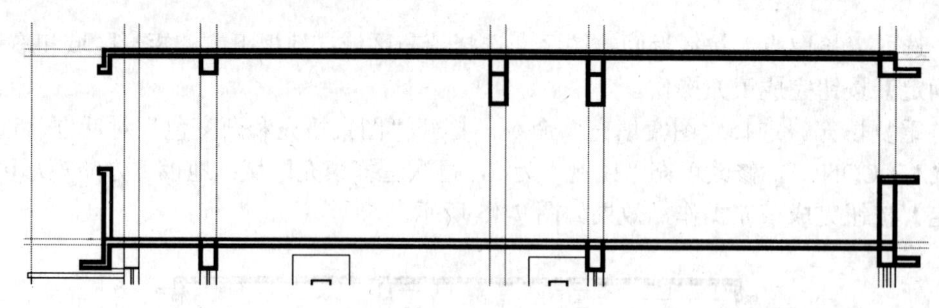

图 7-18　标准层顶板的绘制

4．绘制门窗

（1）将“门窗”图层设置为当前层。

（2）绘制剖切门。顶板中间的梁下的门，尺寸参照底层绘制。

（3）绘制左端的小窗，尺寸如图 7-19 所示。使用写块命令，定义为“小窗”。

（4）绘制右端的大窗，尺寸如图 7-20 所示。使用“写块”命令，定义为“大窗”。

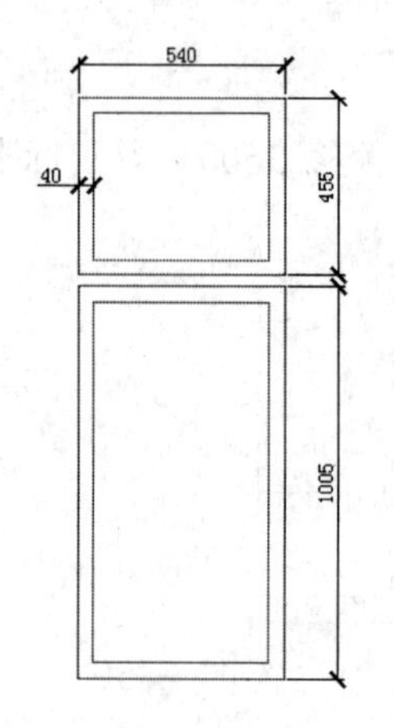

图 7-19　小窗的尺寸

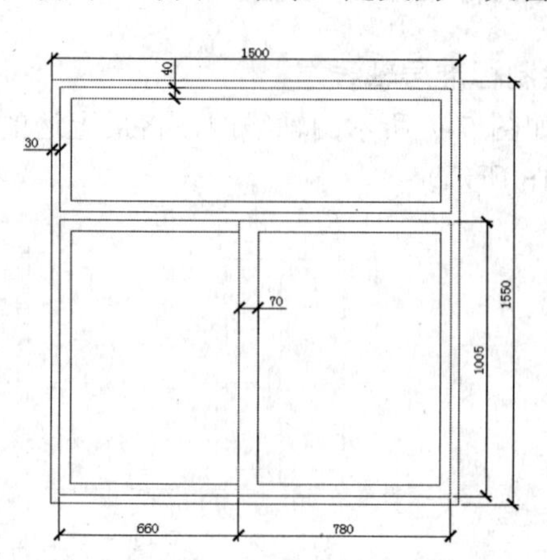

图 7-20　大窗的尺寸

（5）插入 2 个窗户，“小窗”和“大窗”，绘制效果如图 7-21 所示。

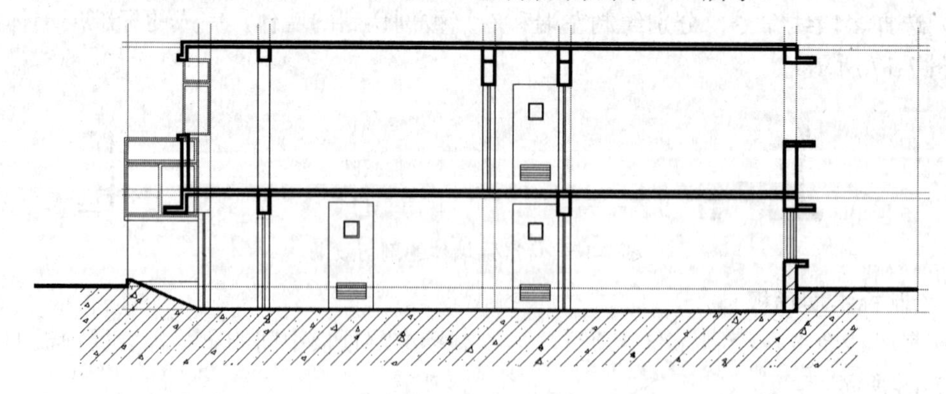

图 7-21　插入门和窗后的效果图

5．绘制右端的小窗

窗户尺寸如图 7-22 所示。

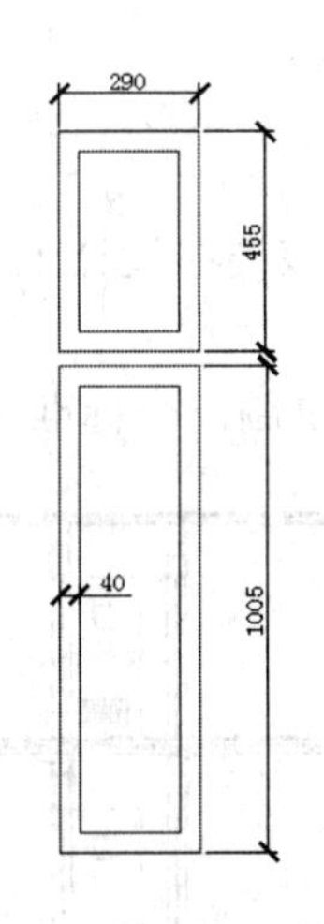

图 7-22 绘制右端的小窗

6．修剪多余线条，复制右端的小窗，完成标准层门窗效果如图 7-23 所示。

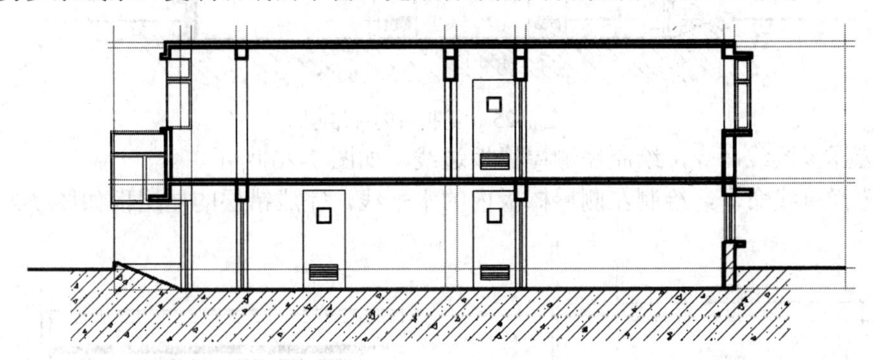

图 7-23 标准层门窗绘制效果

7．绘制标准层左端和右端墙体

（1）将“墙体”设为当前层。

（2）绘制标准层左端的一段墙体。

（3）绘制标准层右端突出的墙体。

完成效果图如图 7-24 所示。

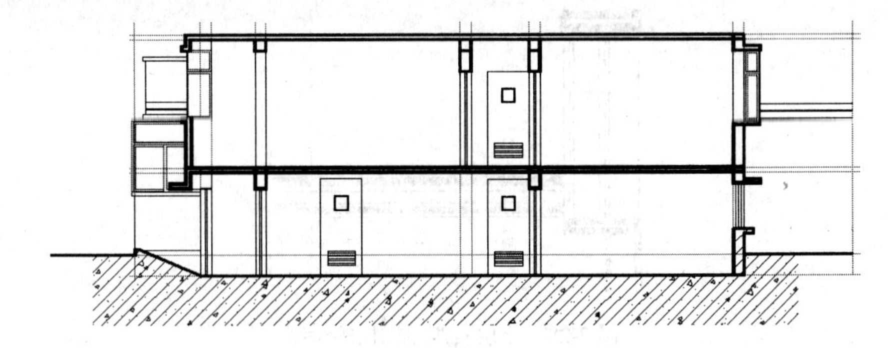

图 7-24 绘制标准层左端和右端墙体

7.2.4 绘制错层剖面图

在底层的基础上组合标准层。由于该楼在设计上有错层，所以在组合标准层时必须进行调整。

（1）复制标准层。在标准层之上再复制一个标准层，如图 7-25 所示。

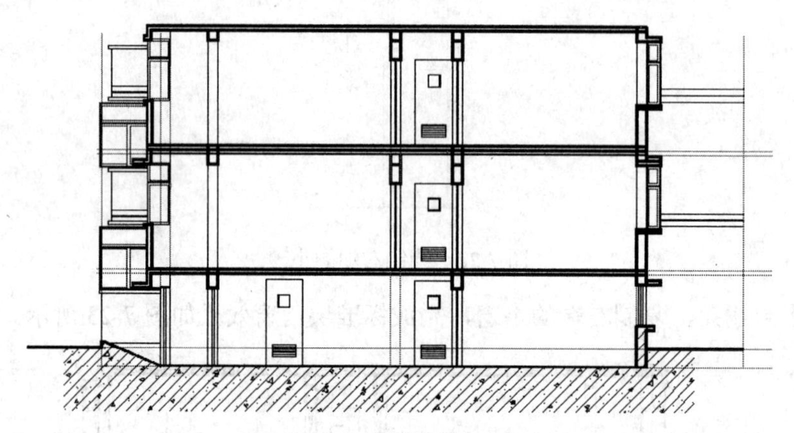

图 7-25 复制后的标准层

（2）选择多段线命令，绘制左侧屋檐板边线，如图 7-26 所示。

（3）选择直线命令，绘制左侧屋檐板内的水平线，完成错层的屋檐板如图 7-27 所示。

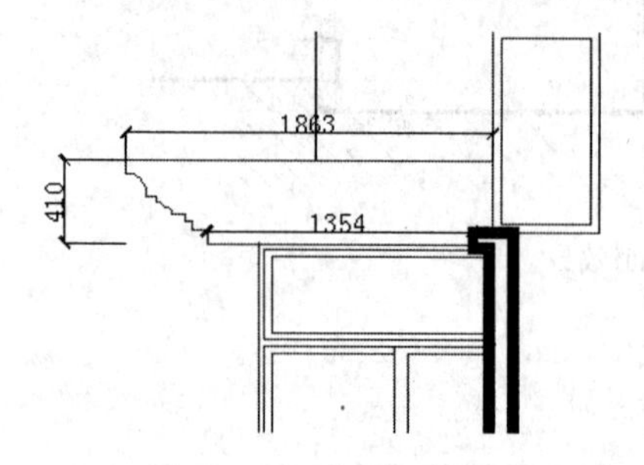

图 7-26 绘制的左侧屋檐板边线

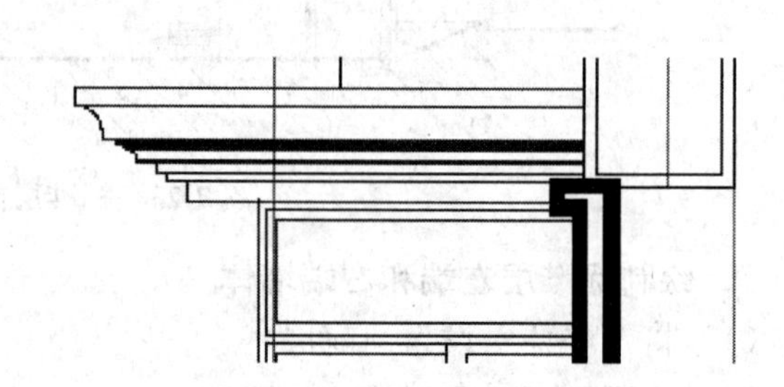

图 7-27 错层左侧屋檐板的绘制

（4）选择多段线命令，使用同样方法绘制错层右侧的屋檐板，完成效果如图 7-28 所示。

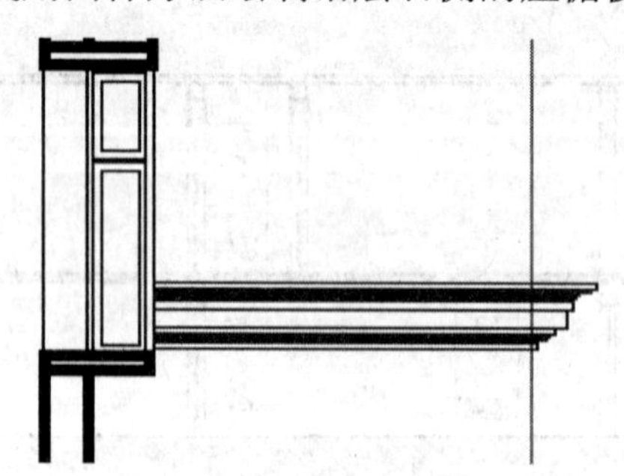

图 7-28 错层右侧屋檐板的绘制

（5）组合标准层。复制 3 个楼层，绘制完成的标准层和错层结果如图 7-29 所示。

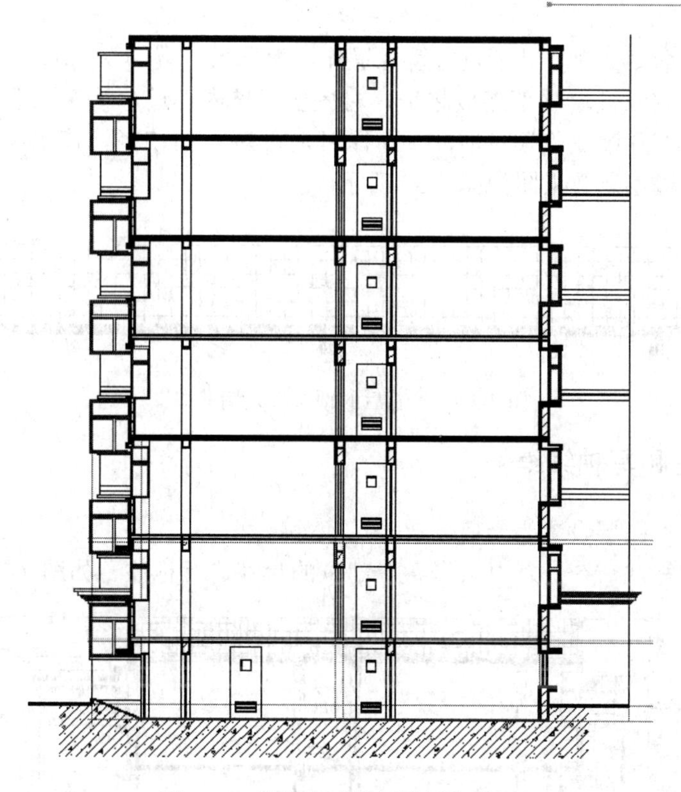

图 7-29　绘制完成的标准层和错层

7.2.5　绘制顶层剖面图

居民楼的顶层，即第 7 层，是一个标准层，在这个标准层的基础上进行修改即可以得到顶层的剖面图。

（1）修改顶层左侧端部屋板。删除窗户阳台，选择复制命令，复制下边错层左侧的屋檐板到窗户的位置，然后选择延伸命令进行修改，如图 7-30 所示。

（2）修改顶层右侧端部屋板。选择复制命令，复制下边错层右端的屋檐板到顶层右端的位置，然后选择延伸命令进行修改，如图 7-31 所示。

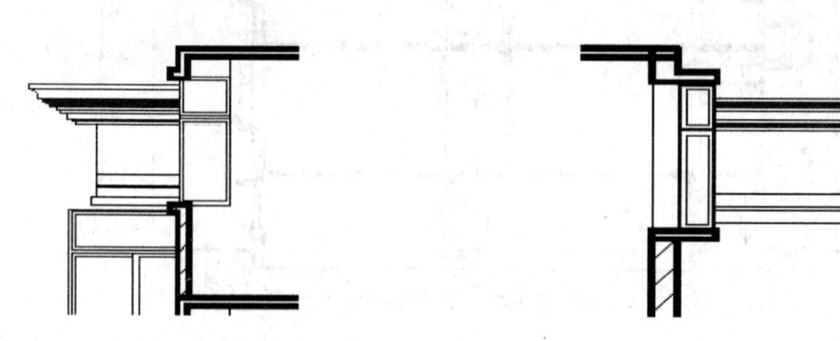

图 7-30　修改后的顶层左侧端部屋板　　　　图 7-31　修改后的顶层右侧端部屋板

（3）修改顶部屋板。选择复制命令，复制对应的一段立墙到顶部的屋板上，得到女儿墙。

（4）复制一个檐口图案到女儿墙的顶部。

（5）选择镜像命令，对女儿墙进行镜像操作，得到另一端的女儿墙。

（6）使用直线将女儿墙顶部连接起来，对屋板斜坡内部进行填充。选择“图案填充”命令，打开“图案填充和渐变色”对话框，选择填充图案为“NET”，修改填充“比例”为60。

（7）顶层女儿墙绘制效果图如图7-32所示。

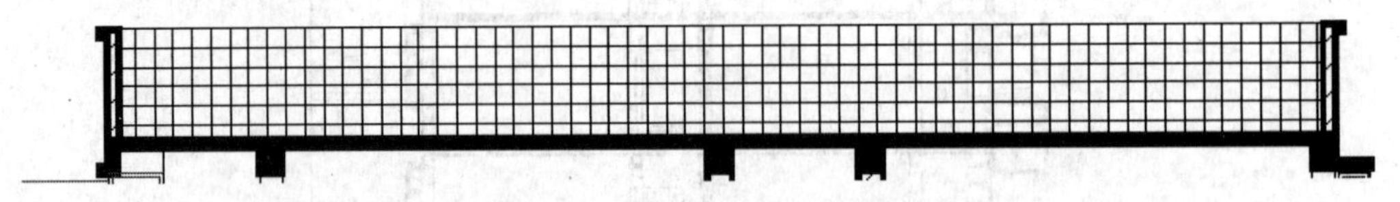

图7-32　绘制后的顶层女儿墙效果图

7.2.6　尺寸标注和写轴线编号

（1）将“标注”图层设置为当前层。

（2）使用对齐标注命令，对办公楼各个部位的尺寸进行标注，如图7-33所示。

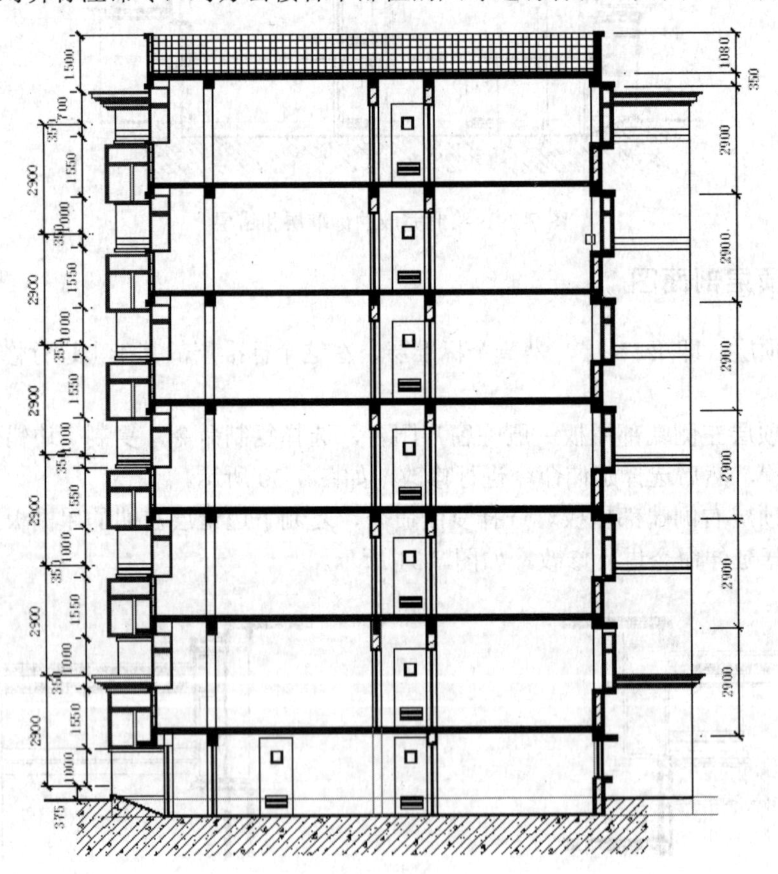

图7-33　办公楼各个部位的尺寸标注

（3）绘制标高参照线。综合应用直线命令、修剪命令和偏移命令，绘制出标高符号。

（4）创建带属性的标高块，参见第六章的实例。

（5）插入标高块，每次插入时输入标高数值，逐一完成标高标注，如图7-34所示。

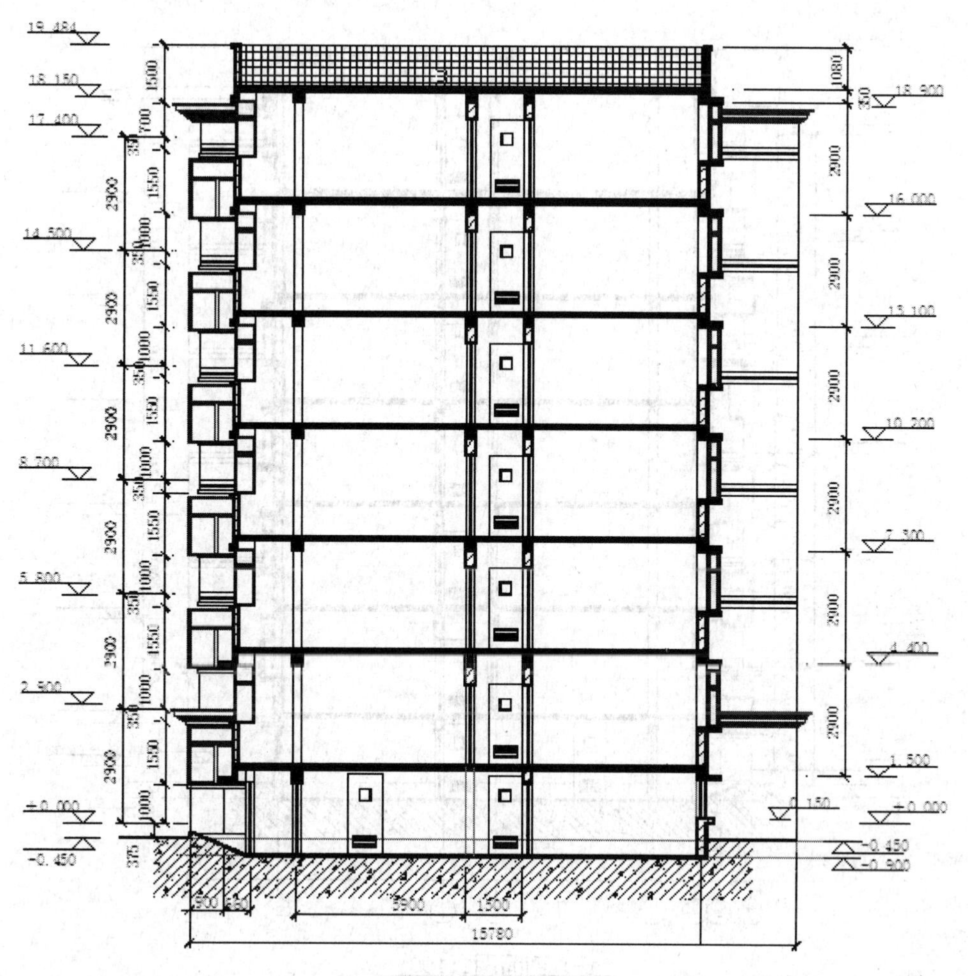

图 7-34 标高的标注

（6）写轴线编号。

① 将“0”图层设置为当前层。

② 绘制半径为 350 的圆。

③ 写文字，将文字“A”写到圆心点，设置文字高度为 300，完成轴线编号。

④ 复制轴线编号到各个轴线的端点。

⑤ 双击轴线编号内的文字逐一修改轴线编号的内容，竖向使用 A、B、C、D、…编号。

（7）写文字。

绘制两条不同宽度的直线，在直线上方写文字“1-1 剖面图 1:100”。

至此办公楼建筑剖面图绘制完成，最终效果如图 7-35 所示。

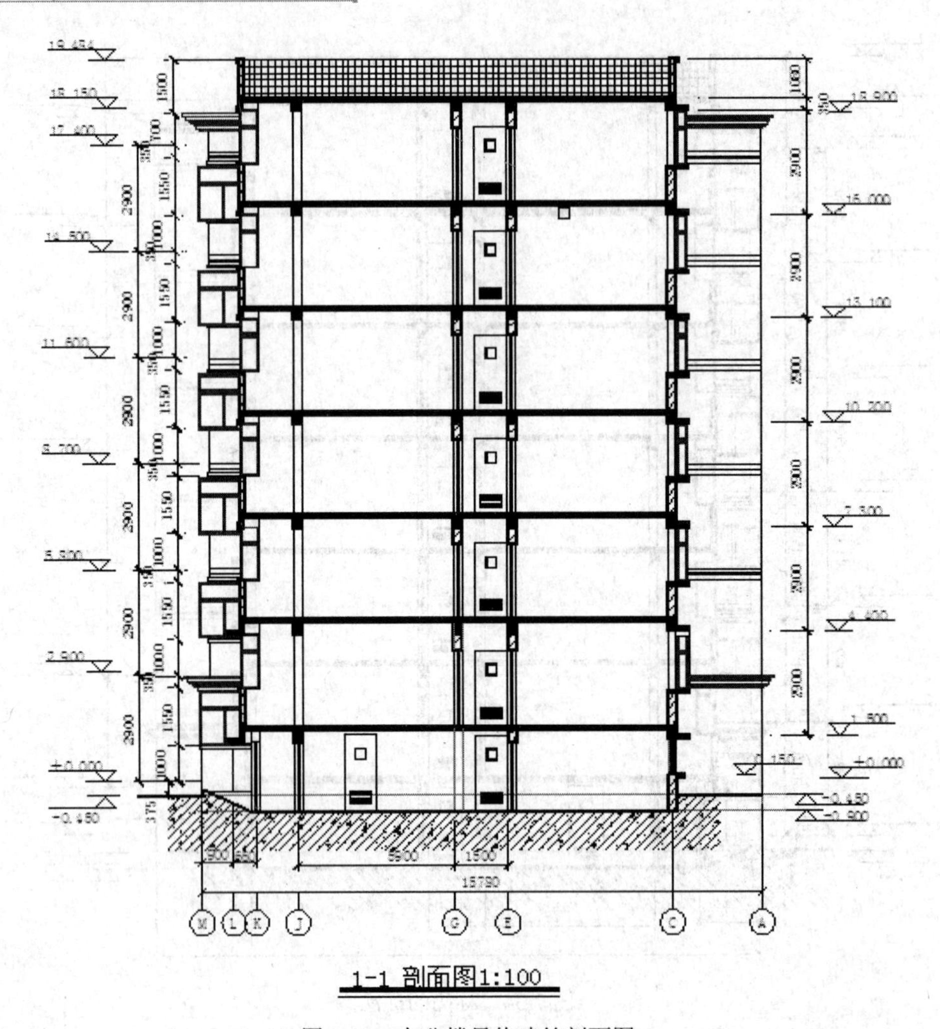

图 7-35　办公楼最终建筑剖面图

思考与练习 7

1．思考题

（1）绘制一张完整的建筑剖面图有哪几个步骤？

（2）剖面图中的剖切面为什么使用一个或者多个垂直于外墙轴线的铅垂剖切面？

（3）剖面图与平面图和立面图之间有何关系？

（4）建筑剖面图标高标注一般应标注哪些设置？

（5）建筑剖面图对于轴线编号有什么要求？

2．认证模拟题

（1）属性定义中的插入点和块的插入点的概念为（　　）。

A．一般为同一点

B．属性定义的插入点为属性文本的插入点

C．块的插入点为属性值的起点

D．块的插入点一定为线段的端点

（2）关于块编辑器，以下说法不正确的是（　　）。

A．可以将参数和动作从块编辑器拖到任何工具选项板

B．可以指定块编辑器绘图区域的背景颜色

C．块编辑器提供了专门的编辑选项板，通过它们可以快速访问块编写工具

D．在块编辑器中选定了对象后，"特性"选项板中显示的坐标值将反映块定义空间

（3）关于属性的定义要求（　　）。

A．块必须定义属性　　B．一个块只能定义一个属性

C．多个块可以共用一个属性　　D．一个块中可以定义多个属性

（4）下面有关字体样式中"字体"选项区域的设置，正确的是（　　）。

A．在"使用大字体"复选框没有选择时，左边的"字体名"下拉列表框中包含了 Windows 系统中所有的字体文件和 AutoCAD 中的*.shx 字体文件

B．"高度"文本框中可以设置标注文字的高度，缺省值为 0

C．选择了"使用大字体"复选框，可以选择 bigfont 字体文件，"字体样式"下拉列表变为"大字体"且下拉列表被激活

D．以上都对

（5）在系统中，颜色的默认设置是（　　）。

A．白色　　B．黑色　　C．随层（Bylayer）　　D．随块（Byblock）

（6）如果 A 图和 B 图都附加了 C 图，在外部参照属性管理器中，以下说法正确的是（　　）。

A．使用"列表图"显示两个 C 图，使用"树状图"显示一个 C 图

B．使用"列表图"显示一个 C 图，使用"树状图"显示两个图

C．使用"列表图"和"树状图"都显示两个 C 图

D．使用"列表图"和"树状图"都显示一个 C 图

（7）绘制如题图 7-1 所示的多段线，然后将其转换为样条曲线，则样条曲线长度为（　　）。

A．136.5512　　B．163.2531

C．158.4492　　D．183.6612

（8）直线的端点坐标分别为（50，120）和（250，200），则直线的倾角为（　　）。

A．20.35　　B．21.80

C．22.45　　D．39.29

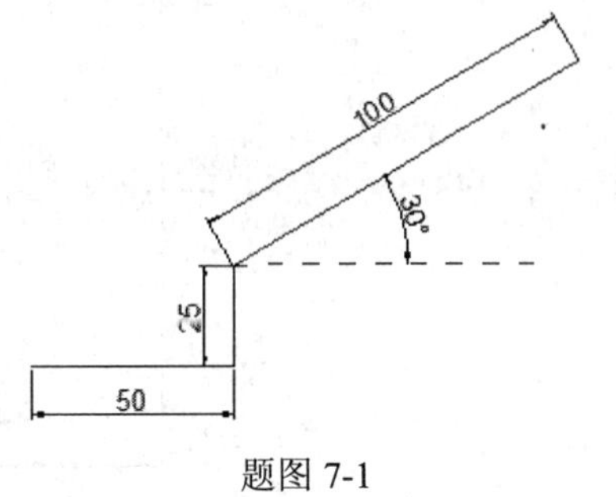

题图 7-1

（9）使用偏移命令时，下列说法正确的是（　　）。

A．偏移值可以小于 0，这时向反向偏移

B．可以框选对象，一次偏移多个对象

C．一次只能偏移一个对象

D．偏移命令执行时不能删除原对象

（10）在用 EATTEDIT 命令调用的"增强属性编辑器"对话框中，可以修改属性的

（　　）。

A．值　　　　B．提示　　　　C．标记　　　　D．以上三项均可以

3．绘图题

（1）绘制剖面图，如题图 7-2 所示。

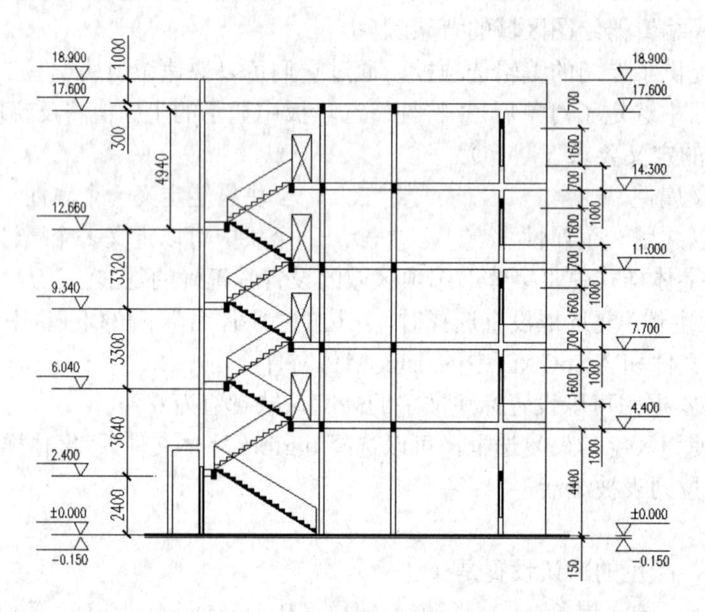

题图 7-2

（2）绘制剖面图，如题图 7-3 所示。

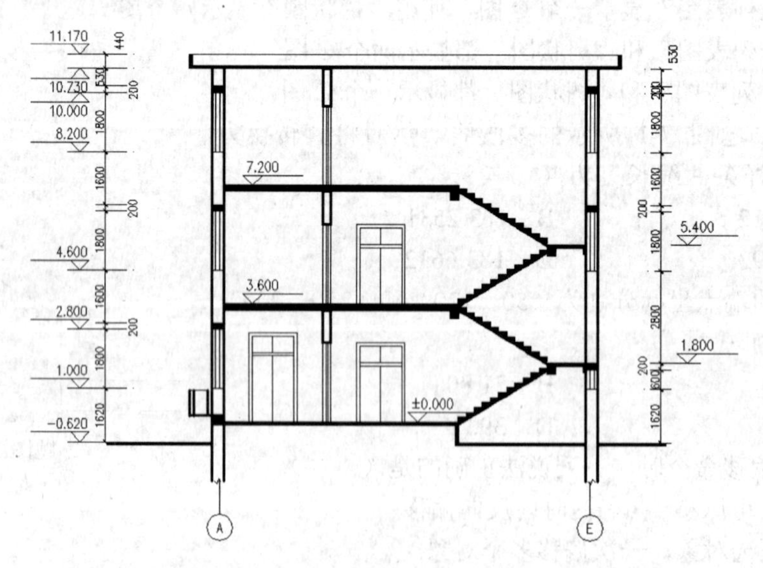

题图 7-3

第 8 章

建筑详图的绘制

【本章导读】

建筑物详图是建筑施工图绘制中的一项重要内容，它与建筑构造设计息息相关。本章结合几个详图实例讲解使用 AutoCAD 2014 绘制详图的方法与技巧。

单元 1　建筑详图的图示内容

建筑详图是将房屋构造的局部用较大的比例画出大样图。详图常用的比例有 1∶5、1∶10、1∶20 和 1∶50。详图的内容有构造做法、尺寸、构配件的相互位置及建筑材料等。它是补充建筑平、立、剖面图的辅助图样，是建筑施工中的重要依据之一。需要绘制详图或局部平面放大图的位置一般包括室内外墙节点、楼梯、电梯、厨房、卫生间、门窗、室内外装饰等。

内外墙节点一般用平面和剖面图表示，常用比例为 1：20。平面节点详图表示出墙、柱或构造柱的材料和构造关系。剖面节点详图即常说的墙身详图，需要表示出墙体与室内外地坪、楼面、屋面的关系，同时表示出相关的门窗洞口、梁或圈梁、雨篷、阳台、女儿墙、檐口、散水、防潮层、屋面防水、地下室防水等构造的做法。墙身详图可以从室内外地坪、防潮层处开始一直画到女儿墙压顶。为了节省图纸，在门窗洞口处可以断开，也可以重点绘制地坪、中间层、屋面处的几个节点，而将中间层重复使用的节点集中到一个详图中表示。节点编号一般由上到下编号。

1．外墙身详图

外墙身详图将其局部按 1：20 放大绘制。根据剖面图的编号，对照平面图上的编号，可以知道该详图的剖切位置和投影方向。墙身详图可以表示檐口部分的详细结构，可知屋面的承重层是预制钢筋混凝土空心板，上面应有油毡防水层和架空层，以加强屋面的隔热和防漏。檐口外侧做一个天沟，并通过女儿墙所留的孔洞（雨水口兼通风孔），使得雨水沿雨水管集中后流到地面。从楼板与墙身连接部分来看，可以了解各层楼板的搁置方向及与墙身的关系。从勒脚部分来看，可知外墙的防潮、防水和排水的方法。外墙身的防潮层，一般做在底层室内地面以下约 60mm 处，以防地下水对墙身侵蚀。在外墙面，离室外地面 300～500mm 高度范围内，使用坚硬防水材料做成勒脚。

2．楼梯详图

楼梯详图是多层房屋上下交通的主要设施。楼梯是由楼梯段（简称梯段，包括踏步和斜梁)、平台（包括平台板和梁）和栏板等组成。详图包括平面、剖面和节点图 3 部分。平面、剖面图常用 1∶50 的比例绘制，楼梯中的节点详图可以根据对象的大小酌情采用 1∶5、1∶10、1∶20 等比例绘制。楼梯平面图与建筑平面图不同之处在于：它只需绘制出楼梯及四面相接的墙体；而且，楼梯平面图需要准确地表示出楼梯间净空、梯段长度、梯段宽度、踏步宽度和级数、栏杆（栏板）的大小及位置，以及楼面、平台处的标高等。楼梯间剖面图只需绘制出与楼梯相关的部分，相邻部分可用折断线断开。选择在底层第一跑梯并能够剖到门窗的位置剖切，向底层另一跑梯段方向投射。尺寸需要标注层高、平台、梯段、门窗洞口、栏杆高度等竖向尺寸，并应标注出室内外地坪、平台、平台梁底面的标高。水平方向需要标注定位轴线及编号、轴线尺寸、平台、梯段尺寸等。梯段尺寸一般用“踏步宽（高）×级数=梯段宽（高）”的形式表示。此外，楼梯剖面上还应注明栏杆构造节点详图的索引编号。

3．电梯详图

一般包括电梯间平面图、机房平面图和电梯间剖面图 3 部分，常用 1∶50 的比例绘制。平面图需要表示出电梯井、电梯厅、前室相对定位轴线的尺寸及自身的净空尺寸，表示出电梯图例及配重位置、电梯编号、门洞大小及开口形式、地坪标高等。机房平面需要表现出设备平台位置及平面尺寸、顶面标高、楼面标高，以及通往平台的梯子形式等内容。剖面图需要剖在电梯井、门洞处，表示出地坪、楼层、地坑、机房平台的竖向尺寸和高度，标注出门洞高度。为了节约图纸，中间相同部分可以折断绘制。

4．厨房、卫生间放大图

根据其大小可酌情采用 1∶30、1∶40 和 1∶50 的比例绘制。需要详细表示出各种设备的形状、大小、位置、地面设计标高、地面排水方向，以及坡度等，对于需要进一步说明的构造节点，需标明详细索引符号、绘制节点详图或引用图集。

5．门窗详图

一般包括立面图、断面图、节点详图等内容。立面图常用 1∶20 的比例绘制，断面图常用 1∶5 的比例绘制，节点图常用 1∶10 的比例绘制。标准化的门窗可以引用有关标准图集，说明其门窗图集编号和所在位置。根据《建筑工程设计文件编制深度规定》(2008 年版)，非标准的门窗、幕墙需绘制详图。如委托加工，需绘制出立面分格图，标明开取扇、开取方向，说明材料、颜色，以及与主体结构的连接方式等。

对详图而言，详图兼有平面图、立面图、剖面图的特征，它综合了平面图、立面图、剖面图绘制的基本操作方法，并具有自己的特点，只要掌握一定的绘图程序，难度应该不大。真正的难度在于对建筑构造、建筑材料、建筑规范等相关知识的掌握。

通过对建筑详图的说明，读者已经清楚的了解了建筑详图的绘制内容，具体如下所示。

- 具有详图编号，而且要求对应平面图上的剖切符号编号。
- 详细说明建筑屋面、楼层、地面和檐口的构造。
- 详细说明楼板与墙的连接情况以及楼梯梯段与梁、柱之间的连接情况。
- 详细说明门窗顶、窗台及过梁的构造情况。
- 详细说明勒脚、散水等构造的具体情况。
- 具有各个部位的标高以及各个细部的大小尺寸和文字说明。

单元 2　绘制建筑详图

用 AutoCAD 2014 绘制建筑详图，通常情况下，如已完成建筑平面图、建筑立面图、建筑剖面图的绘制，可以从中选取相应的位置，再使用 AutoCAD 2014 进行绘制，但有些构造节点必须独立绘制完成。

本章主要以两个详图案例为大家讲解详图绘制的方法。

8.2.1　设置绘图环境

1. 设置作图区域

（1）单击标准工具栏中的“新建”按钮，新建一个名为“建筑详图”的文件。

（2）选择下拉菜单栏中的【格式】→【图形界限】命令，命令行提示如下：

```
命令：_limits
重新设置模型空间界限：
指定左下角点或 [开（ON）/关（OFF）] <0.0000，0.0000>：↓          //回车
指定右上角点 <4200.0000，2970.0000>：42000，29700          //输入右上角的绝对坐标
```

（3）在命令行中输入“ZOOM”，　命令行提示如下：

```
命令：_zoom
指定窗口的角点，输入比例因子（nX 或 nXP），或者
[全部（A）/中心（C）/动态（D）/范围（E）/上一个（P）/比例（S）/窗口（W）/对象（O）] <实时>：a 正在重生成模型          //输入 a，将作图区域全部显示出来
```

2. 设置图层

单击“图层特性管理器”对话框中的按钮，在“图层特性管理器”对话框中，新建“墙体”“填充”“文本”“标注”等图层，如图 8-1 所示。

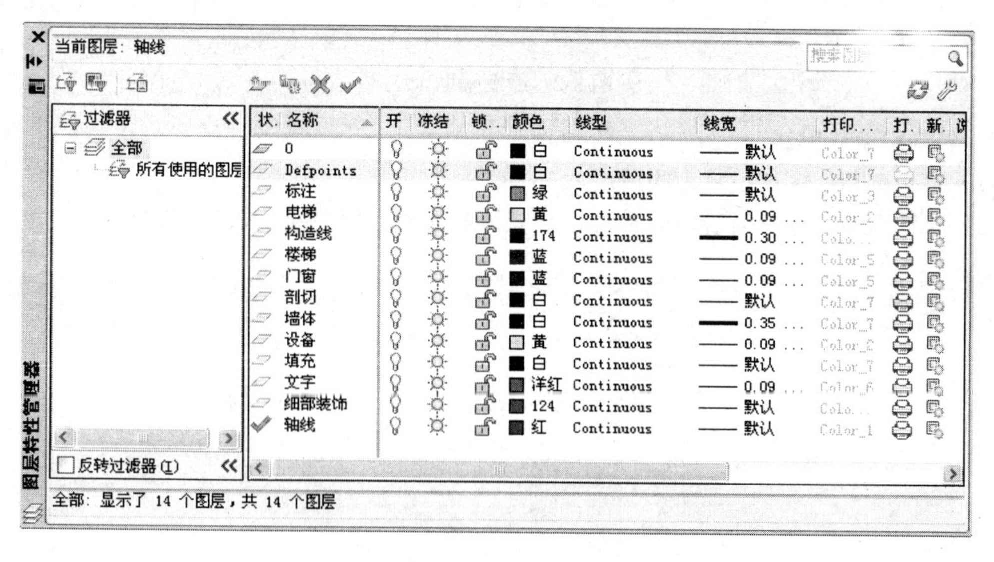

图 8-1　图层设置

8.2.2 绘制外墙剖面详图

【知识重点】

绘制剖面详图，重点是图案填充、阵列、尺寸标注的设定与应用等命令。

【操作步骤】

1. 绘制外墙详图的辅助轴线

（1）将“轴线”图层设置为当前层。

（2）执行偏移命令偏移轴线。

使水平轴线分别向下偏移 30、50、120、20 和 700 的距离，再把水平轴线分别向上偏移 120、10、270、40、10、50、100、20、50、500 和 60 的距离。

使垂直轴线分别向左偏移 30、50、80、220、50、40 和 550 的距离，再将垂直轴线分别向右偏移 20、50、200、50、20 和 1600 的距离。偏移结果如图 8-2 所示。

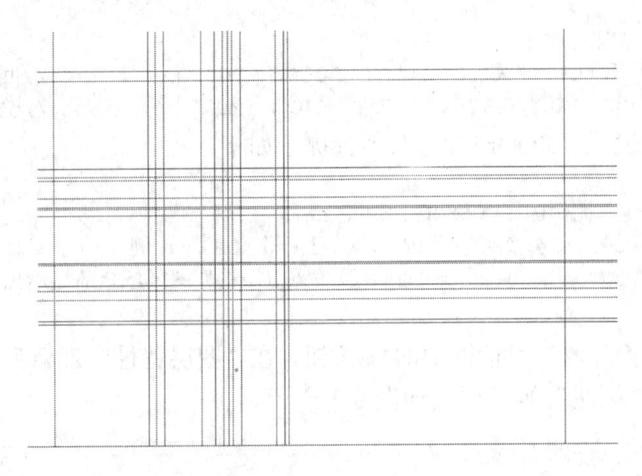

图 8-2 绘制辅助轴线

2. 绘制墙身轮廓线

（1）将“剖切”图层设置为当前层。

（2）执行直线命令，沿着辅助轴线绘制墙体及其楼层剖切线，如图 8-3 所示。

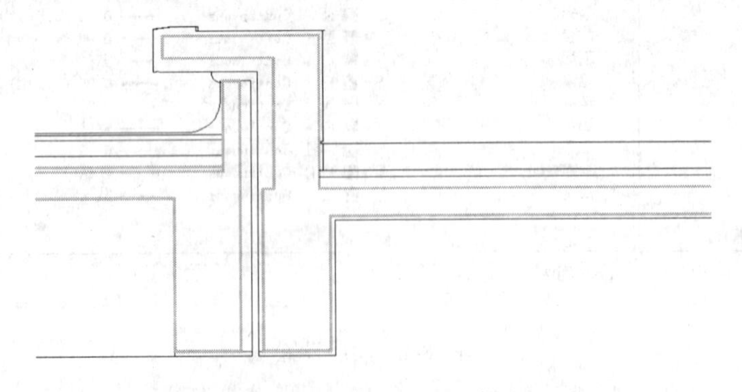

图 8-3 绘制墙体及楼层剖切线

（3）将“填充”图层设置为当前层。填充剖切墙体，选择“图案填充”命令，在弹出的

对话框中选取图案“ANSI31”和“AR-CONC”，设置第一个比例为 20，第二个比例为 1 进行填充，填充后墙体剖切如图 8-4 所示。

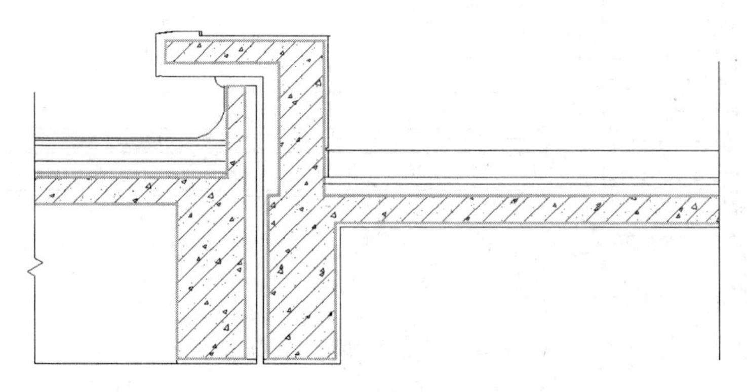

图 8-4　填充剖切墙体

（4）绘制阳台玻璃及栏杆。将“细部装饰”图层设置为当前层。选择矩形和直线命令绘制阳台玻璃和栏杆，如图 8-5 所示。

（5）绘制玻璃剖切线。由于其他标准层的外墙窗台剖面与此剖面相同，在刚刚绘制的阳台玻璃上绘制两条平行线，将平行线中间的部分剪切掉，代表其他相同的层略去，效果如图 8-6 所示。

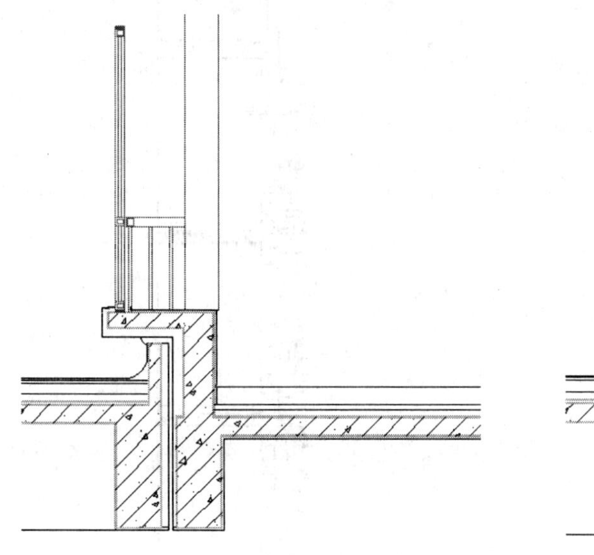

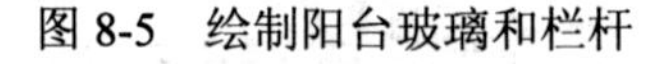

图 8-5　绘制阳台玻璃和栏杆

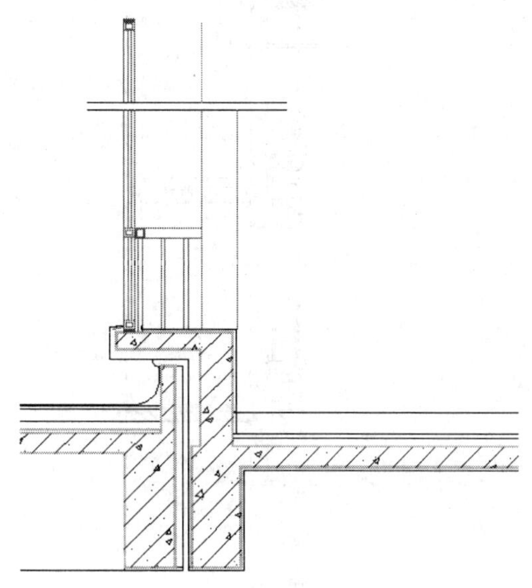

图 8-6　绘制玻璃剖切线

（6）绘制上层楼板和空调机位置图。

① 将“轴线”图层设置为当前层。

② 选择复制和偏移命令，将轴线向上偏移。

③ 将“剖切”图层设置为当前层，在阳台上方绘制上层的楼板和窗台剖切图。

④ 将“细部装饰”图层设置为当前层，绘制楼层之间的空调机位百叶窗，完成效果如图 8-7 所示。

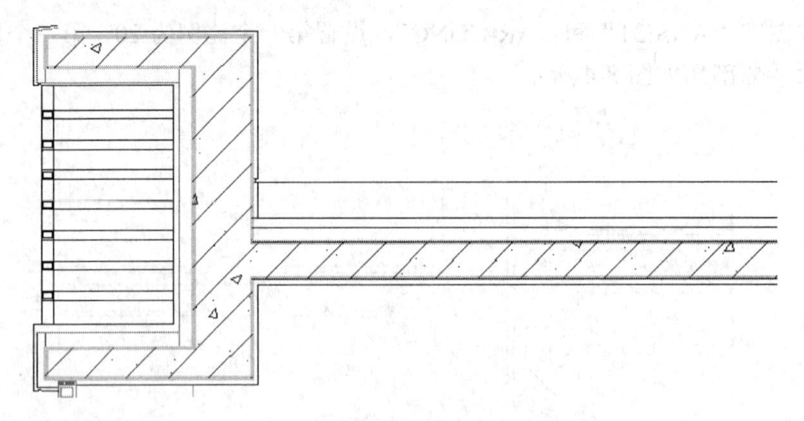

图 8-7　绘制空调机位百叶窗

（7）复制楼板和窗户。选择复制命令，向上复制两层，如图 8-8 所示。

（8）绘制女儿墙及屋顶防水层剖切详图。

① 将“墙体”图层设置为当前层。选择直线命令绘制女儿墙。

② 将“墙体”图层设置为当前层。选择直线命令绘制屋顶防水层。

绘制的建筑标准层外墙详图如图 8-9 所示。

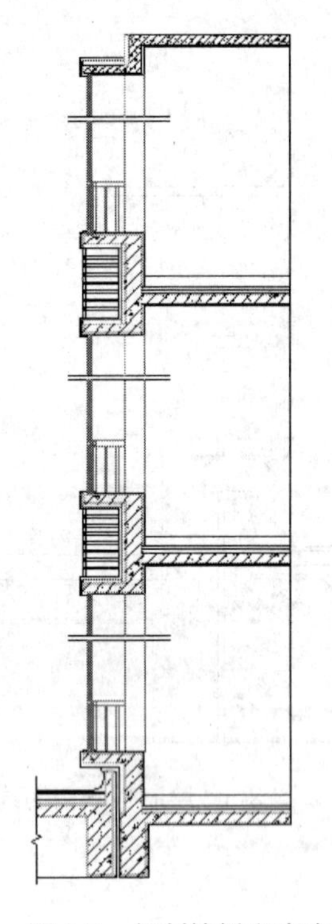

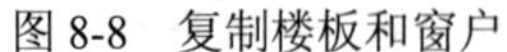

图 8-8　复制楼板和窗户

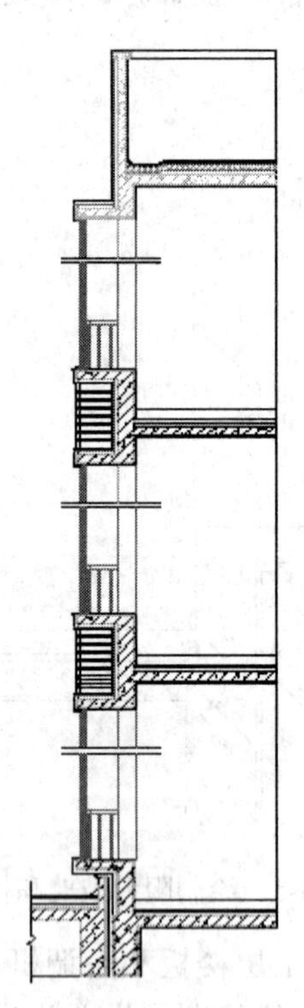

图 8-9　建筑标准层外墙详图

【注意】 高层建筑物平屋顶防水屋面根据防水层材料和做法不同通常分为刚性防水、柔性防水、涂膜防水和粉剂防水等。刚性防水层是以刚性材料，如防水砂浆、细石混凝土、配筋细石混凝土等构成，施工方便，造价经济，维修方便，但是对于温度变化和屋面变形比较

敏感。柔性防水屋面的基本构造层为结构层、找坡层、找平层、结合层、防水层和保护层。

3．尺寸标注及写文字

（1）设置标注样式。

① 建立新样式“详图标注”，单击“线”选项卡，设置“超出尺寸线”为 50，“起点偏移量”为 100。

② 打开“符号和箭头”选项卡，选择“箭头”列表框中“第一个”下拉列表中的“建筑标记”选项，设置“箭头大小”为 50。

③ 打开“文字”选项卡，在“文字外观”列表框中设置“文字高度”为 250，在“文字位置”列表框中设置“尺寸线偏移”为 50。

（2）设置文字样式。建立新文字样式“汉字”，在“字体”下拉列表框中选择“仿宋”。

（3）详图标注。将“标注”图层设置为当前层，将“详图标注”设置为当前标注样式，进行尺寸标注，如图 8-10 所示。

（4）利用前面章节所学知识创建带属性的标高块。

（5）插入标高块，每次插入时输入标高数值，逐一完成标高标注。

（6）写文字说明。

① 将“标注”图层设置为当前层，将“汉字”设置为当前文字样式，选择“单行文字”命令，把字高设置为 100，指定文字起点进行写文字。

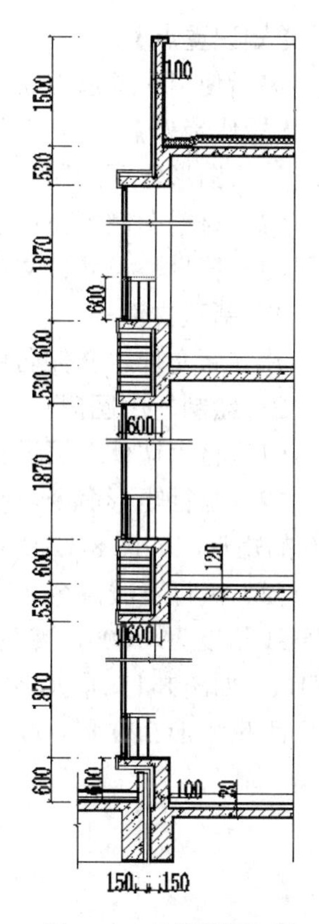

图 8-10　外墙详图标注

② 绘制两条不同宽度的直线，在直线上方写文字“①标准层外墙详图”。

8.2.3　绘制建筑构造节点详图

【案例构造节点详图】

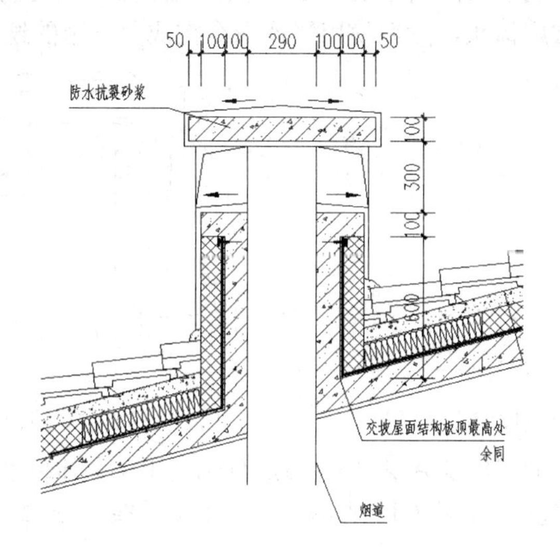

图 8-11　屋顶构造节点详图

【知识重点】

灵活使用对象追踪绘制图形，掌握绘制大比例详图的标注设置。

【操作步骤】

（1）图形轮廓绘制：包括断面轮廓和看线。

（2）材料图例填充：包括各种材料图例选用和填充。

（3）符号、尺寸、文字等标注。

1．新建文件

建立新文件，文件名称为“节点详图”，设置绘图环境。

2．绘制轮廓图形

（1）将“墙体”层设置为当前层。

（2）执行矩形命令，在作图区域内绘制一个长为 790、宽为 100 的矩形，如图 8-12 所示。

图 8-12　绘制矩形

（3）执行直线命令，追踪矩形中点向右 145 的距离，向下绘制直线长度为 1000，然后执行偏移命令，将直线向右偏移 100 和 100，如图 8-13 所示，然后利用端点追踪，绘制两条水平直线，分别距离矩形 300 和 400，如图 8-14 所示，然后执行修剪命令，如图 8-15 所示。

图 8-13　偏移直线　　图 8-14　绘制水平线　　图 8-15　修剪线条

（4）执行偏移命令，绘制砂浆面层厚度为 20，执行直线命令，绘制坡度线，如图 8-16 所示，利用多段线命令绘制坡度箭头，然后使用镜像命令完成另一半的绘制，如图 8-17 所示。

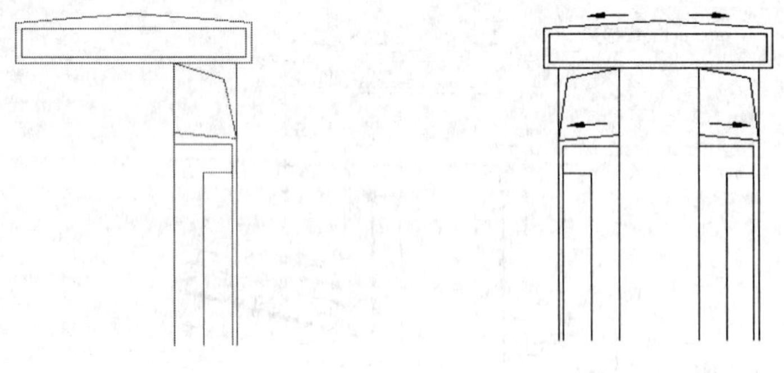

图 8-16　绘制坡度线　　图 8-17　镜像

（5）执行构造线命令，指定角度 A 为 15，然后分别向下偏移 120 和 20，向上偏移 120 和 60，利用修剪和延伸命令修改，如图 8-18 所示，然后用多段线命令绘制，如图 8-19 所示。

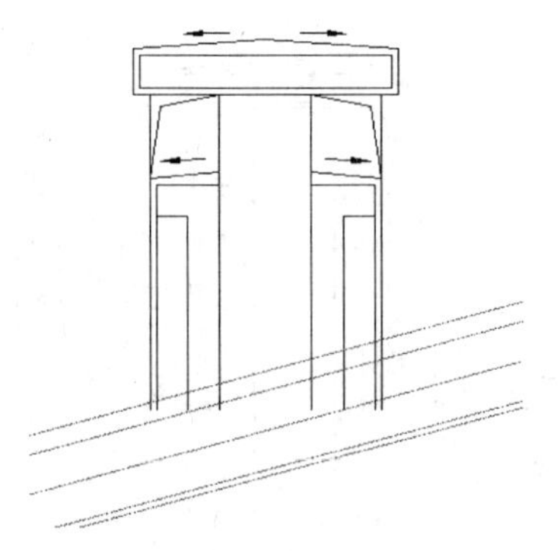

图 8-18　绘制构造线

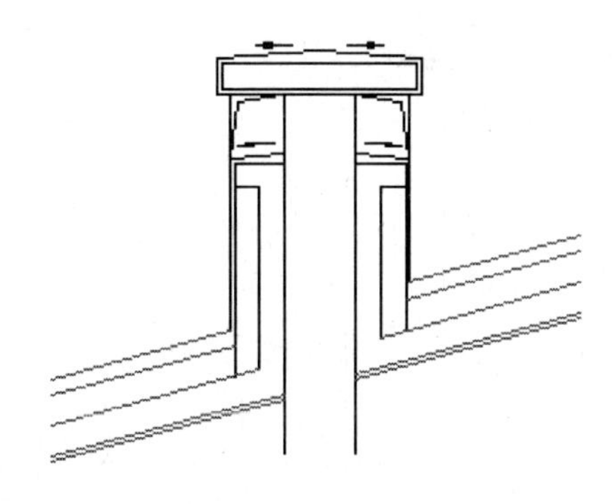

图 8-19　修改结果

（6）执行直线命令，绘制屋顶瓦片，具体操作略。

3. 填充剖切图案

这里需要在同一区域内填充两种图案。

（1）填充第一层图案。

① 执行直线命令，封闭如图 8-21 所示的图形两侧（图案填充必须是封闭图形），然后将“填充”层设置为当前层。

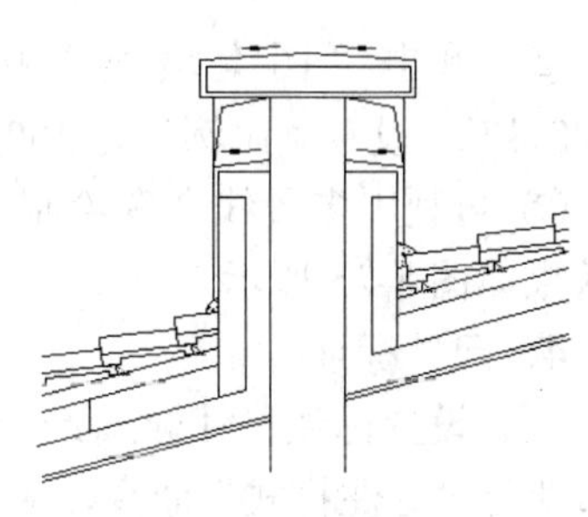

图 8-20　绘制瓦片

② 执行“图案填充”命令，打开“图案填充和渐变色”对话框如图 8-22 所示，选择填充区域，如图 8-23 所示。

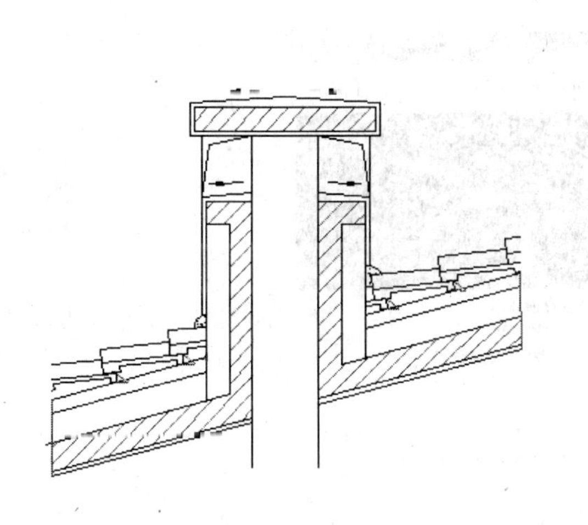

图 8-21　绘制封闭线

图 8-22 “图案填充和渐变色”对话框

（2）填充第二层图案。

① 执行“图案填充”命令，选择填充图案“AR-CONC”，设置“比例”为 20，填充效果如图 8-23 所示。

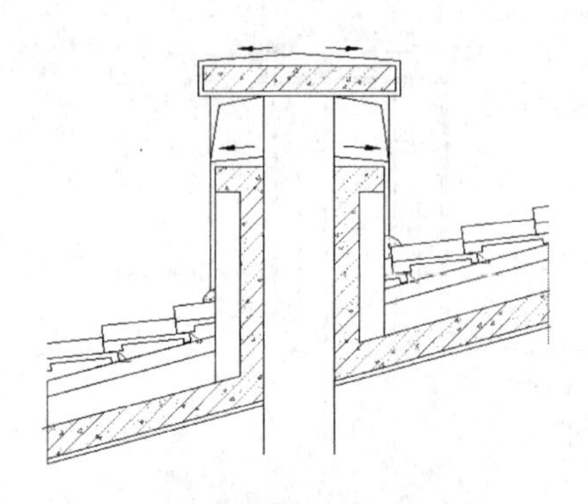

图 8-23　填充图案

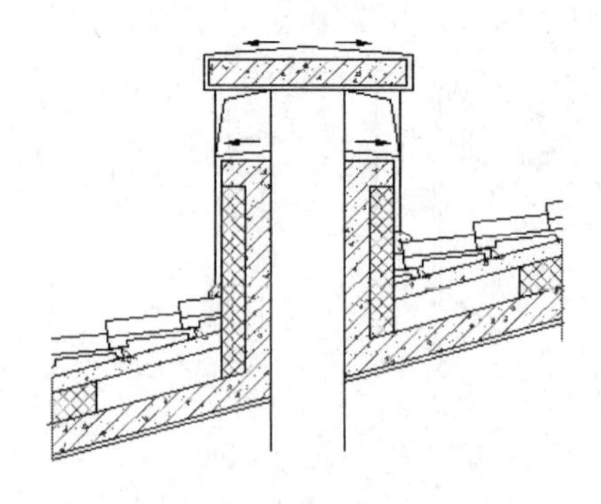

图 8-24　填充图案“AR-CONC”

② 单击“图案填充”按钮，选择填充图案“ANSI37”，设置“比例”为 300，效果如图 8-24 所示。

③ 再利用多段线命令绘制出防水材料和铁钉，完成效果如图 8-25 所示。

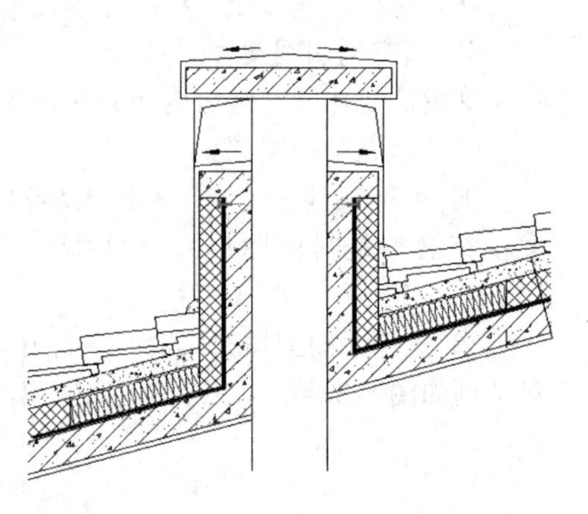

图 8-25　填充剖切图案效果

4．尺寸标注

（1）设置标注尺寸样式。

执行“标注样式”命令，在“标注样式管理器”对话框中，单击【新建】按钮，在打开的“创建新标注样式”对话框中，将新样式名设置为“详图”，在“新建标注样式：详图”对话框中将箭头设置为“建筑标记”，将“调整”选项卡内“标注特征比例”区域的“使用全局比例”设置为“60”，如图 8-26 所示。

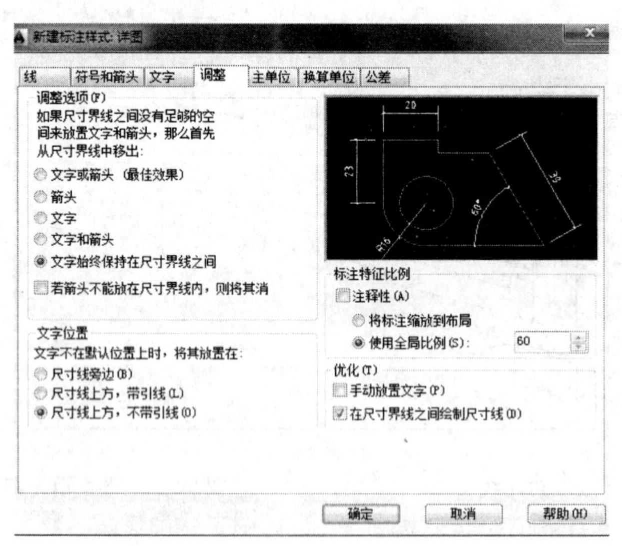

图 8-26 “新建标注样式：详图”对话框

（2）标注尺寸。

① 将当前图层设为“标注”层。

② 单击“标注样式”按钮，在“标注样式管理器”对话框中设置“详图标注”为当前样式。

③ 执行“线性标注”命令，连续标注按钮，为图形作尺寸标注，如图 8-27 所示。

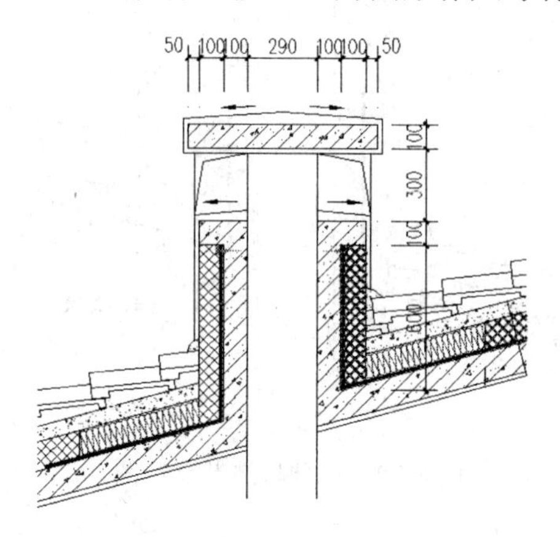

图 8-27 详图标注

5．文字标注

（1）设置文字样式。

执行“文字样式”命令，打开“文字样式”对话框，新建一个文字样式，命名为“汉字”，在“字体”区域的“字体名”下拉列表中选择“仿宋”选项。将“效果”区域中的“宽度因子”设置为“0.7”，如图 8-28 所示。

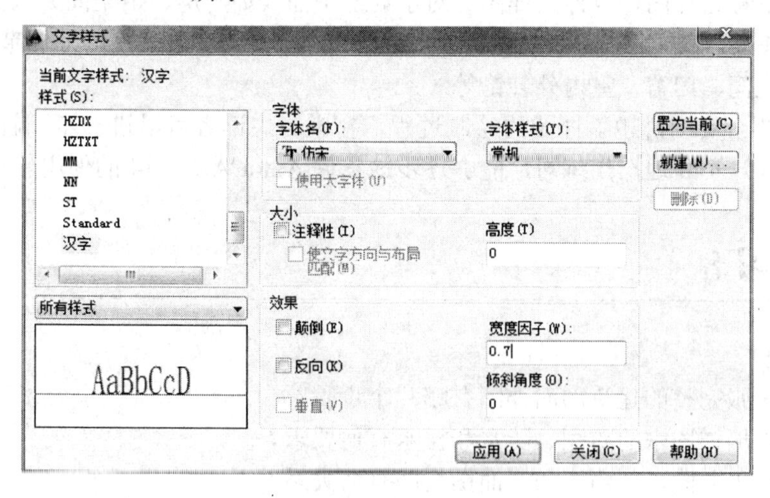

图 8-28 “文字样式”对话框参数设置

（2）标注文字。

① 将“文字”层设为当前层，“汉字”样式为当前样式。

② 执行多行文字命令，设置多行文字区域后，在“多行文字编辑器”中右击，在弹出的快捷菜单中，选择【段落对齐】→【右对齐】命令，然后输入说明文字，文字大小为“60”。

③ 执行直线命令，在如图 8-29 所示的位置绘制折线。

④ 执行移动命令，将多行文字移到如图 8-29 所示绘制的折线位置上。

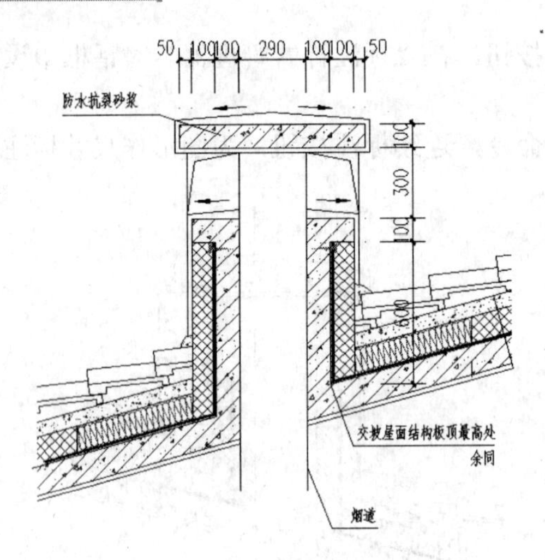

图 8-29　屋顶构造节点详图

⑤ 执行保存命令，保存文件。

绘制完成的屋顶构造节点详图如图 8-29 所示。

【本章小结】

建筑详图由于绘图比例的限制，不可能将一些复杂的细部或局部做法表示清楚，因此需要将这些细部和局部的构造、材料及相互关系采用较大的比例详细绘制出来，以指导施工。这样的建筑图形称为详图，也称大样图。对于局部平面（如厨房、卫生间）放大绘制的图形，习惯叫做放大图。需要绘制详图或局部平面放大图的位置一般包括室内外墙节点、楼梯、电梯、厨房、卫生间、门窗、室内外装饰等。

本章通过两个实例讲述了详图的绘制过程，在学习中读者可以进一步了解建筑绘图的特殊需要，同时经过不断地操作练习，能够逐步地掌握 AutoCAD 2014 的使用。

思考与练习 8

1．思考题

（1）绘制一张完整的建筑剖面详图有哪几个步骤？

（2）建筑外墙详图中的防潮、防水和排水有何要求？

（3）详图与平面图、剖面图和立面图之间有何关系？

（4）建筑详图标高标注一般应标注哪些设置？

（5）建筑物平屋顶的防水层可以分为几类？

2．认证模拟题

（1）绘制图形时要保证与图层的颜色一致，图形的颜色应该设置为（　　）。

A．BYLAYER　B．BYBLOCK　C．COLOR　D．CIRCLE

（2）当设置线型为 CENTER 绘制轴线时，发现绘制的是直线，修改线性比例的命令是（　　）。

A．LINETYPE　B．LTYPE　C．LTSCALE　D. LINE

（3）设置图层的颜色、线型、线宽后，在该层上绘图，还知道图像对象将（　　）。

A．必然使用该图层的这些特性

B．不能使用该图层的这些特性

C．使用该图层的所有这些特性，不可以单独使用

D．可以使用该图层的这些特性，也可以在“对象特性”工具栏中设置其他特性

（4）以下关于布局的说法哪个不准确？（　　）

A．布局相当于一个图纸环境，一个布局就是一张图纸，并且提供预置的打印选项卡设置

B．在布局中可以创建和定位视口，并能生产图框和标题栏等

C．布局中的每个视口都可以有不同的显示缩放比例或者冻结解冻的图层

D．在打开的图形中，可以删除所有的布局

（5）矩形阵列的方向是由什么决定的？（　　）

A．行数和列数　B．行间距与列间距

C．图像对象的位置　D．行数和列数的正负值

（6）在模型空间如果有多个图形，只需要打印其中一张，最简单的方法是（　　）。

A．在打印范围下选择：显示

B．在打印范围下选择：图形界限

C．在打印范围下选择：窗口

D．在打印选项下选择：后台打印

（7）新建一个标注样式，此标注样式的基准标注为（　　）。

A．ISO-25

B．当前标注样式

C．应用最多的标注样式

D．命名最靠前的标注样式

（8）在修改标准样式时，“文字”选项卡中的“分数高度比例”一栏只有在设置什么选项后才有效？（　　）

A．绘制文字边框

B．使用全局比例

C．选用公差标注

D．显示换算单位

（9）删除块属性时，下列说法正确的是（　　）。

A．块属性不能删除

B．可以从块定义和当前图形中现有的块参照中删除属性，删除的属性会立即从绘图区域中消失

C．可以从块中删除所有的属性

D．如果需要删除所有属性，则需要重新定义块

（10）以下哪项不属于标准文件（*.dws）可以检查的范围？（　　）

A．图层特性

B．标注样式

C．线形和文字样式的文件

D．属于块的特性

3．绘图题

（1）绘制外墙身详图，如题图 8-1 所示。

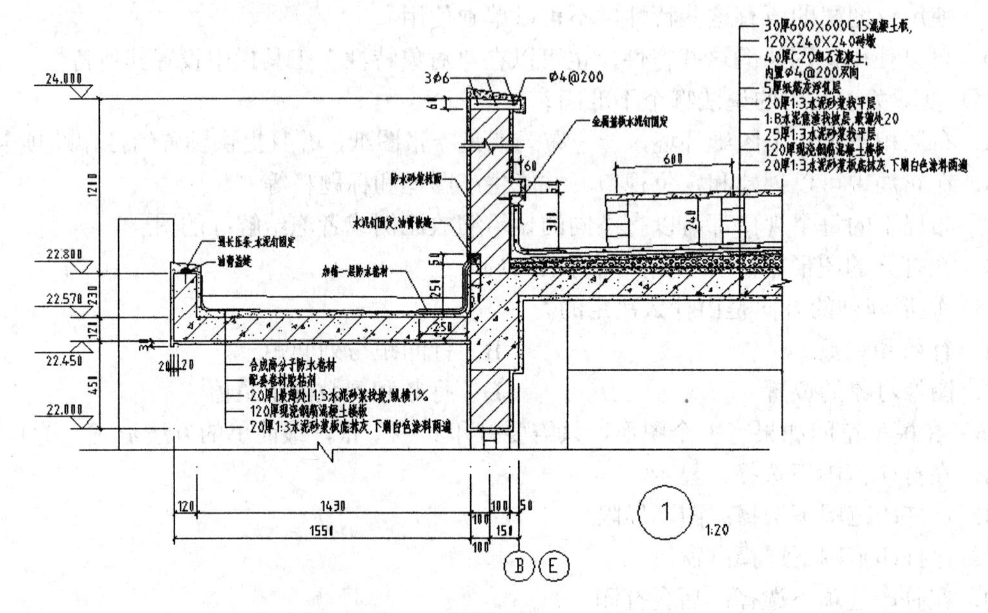

题图 8-1

（2）绘制外墙身详图，如题图 8-2 所示。

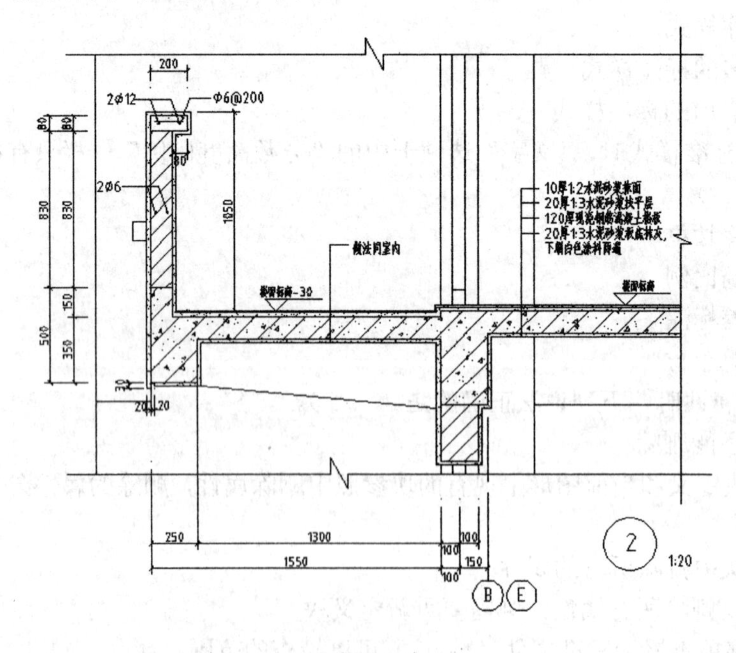

题图 8-2

（3）绘制外墙身详图，如题图 8-3 所示。

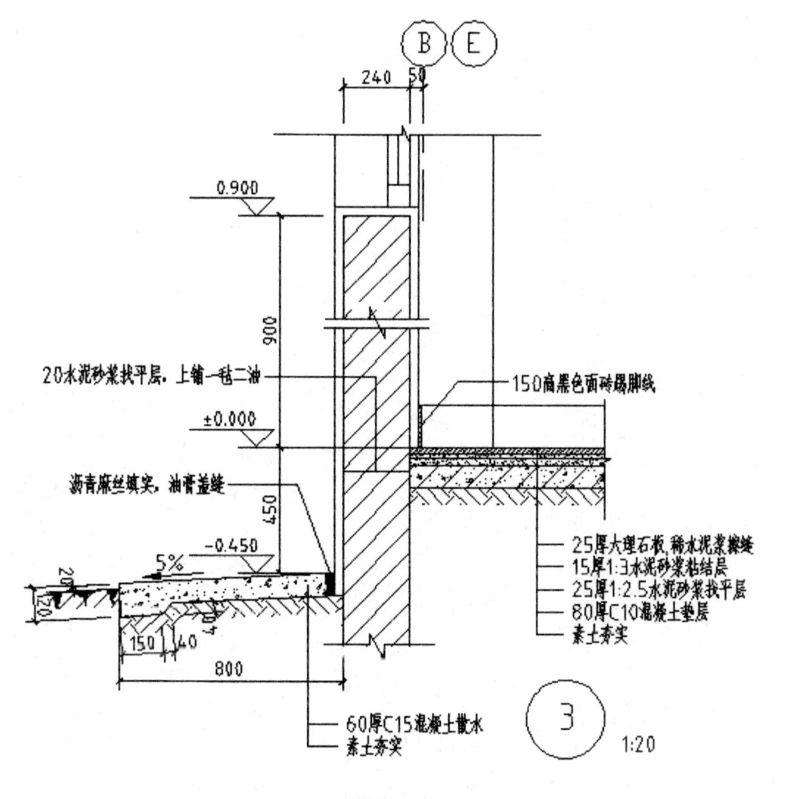

B
E
240
50
0.900
900
20水泥砂浆找平层，上铺一毡二油
150高黑色面砖踢脚线
±0.000
沥青麻丝填实，油膏盖缝
450
-0.450
5%
20
120
150
40
800
25厚大理石板，稀水泥浆擦缝
15厚1:3水泥砂浆粘结层
25厚1:2.5水泥砂浆找平层
80厚C10混凝土垫层
素土夯实
60厚C15混凝土散水
素土夯实
3
1:20

题图 8-3